从零开始

中文版

AutoCAD 2010 机械制图基础培训教程

第2版

布克科技 姜勇 李善锋 韩志强 编著

人民邮电出版社
北京

图书在版编目（CIP）数据

AutoCAD 2010中文版机械制图基础培训教程 / 布克科技等编著. -- 2版. -- 北京 : 人民邮电出版社, 2023.5
（从零开始）
ISBN 978-7-115-61294-6

Ⅰ. ①A… Ⅱ. ①布… Ⅲ. ①机械制图—AutoCAD软件—教材 Ⅳ. ①TH126

中国国家版本馆CIP数据核字(2023)第040025号

内 容 提 要

本书实用性强，将 AutoCAD 的应用与精选的产品绘图实例相结合，重点培养读者的 AutoCAD 绘图技能，有助于读者提高解决实际问题的能力。

全书共 13 讲，主要内容包括 AutoCAD 绘图环境及基本操作，绘制线段、平行线及圆，绘制多边形、椭圆及填充剖面图案，编辑图形，参数化绘图，书写文字，标注尺寸，绘制零件图，绘制装配图，查询信息、图块及外部参照，打印图形，三维建模及编辑三维模型等。

本书颇具特色之处是将典型实例的绘制过程录制成了视频，读者可以下载观看。本书可供各类机械制图培训班作为教材使用，也可供相关工程技术人员及高等院校相关专业学生自学参考。

◆ 编　著　布克科技　姜　勇　李善锋　韩志强
责任编辑　李永涛
责任印制　胡　南

◆ 人民邮电出版社出版发行　北京市丰台区成寿寺路 11 号
邮编　100164　电子邮件　315@ptpress.com.cn
网址　https://www.ptpress.com.cn
固安县铭成印刷有限公司印刷

◆ 开本：787×1092　1/16
印张：15　　2023 年 5 月第 2 版
字数：412 千字　　2025 年 1 月河北第 7 次印刷

定价：59.90 元

读者服务热线：(010) 81055410　印装质量热线：(010) 81055316
反盗版热线：(010) 81055315
广告经营许可证：京东市监广登字 20170147 号

前 言

计算机技术的进步，使计算机辅助设计及绘图技术得到了前所未有的发展。三十几年前，AutoCAD 悄然进入中国，如今，其应用范围遍及机械、建筑、航天、轻工等领域。AutoCAD 的广泛使用改变了传统的绘图模式，极大地提高了设计效率，使设计人员得以将更多精力投入到提高设计质量上。

内容和特点

本书突出实用性，注重培养读者的实践能力，具有以下特色。

1．在充分考虑课程教学内容及特点的基础上组织本书内容及编排方式。书中既介绍了 AutoCAD 基础理论知识，又提供了非常丰富的绘图练习，以便教师在课前安排教学内容，并实现课堂教学“边讲边练”的教学方式。

2．在内容的组织上突出了易懂、实用原则，精心选取 AutoCAD 的一些常用功能及与机械绘图密切相关的知识构成全书主要内容。

3．以绘图实例贯穿全书，将理论知识融入大量的实例中，使读者在实际绘图过程中轻松地掌握理论知识，提高绘图技能。

4．本书专门安排两讲内容介绍用 AutoCAD 绘制典型零件图及装配图的方法。通过这部分内容的学习，读者可以了解用 AutoCAD 绘制机械图的特点，并掌握一些实用的作图技巧，从而提高解决实际问题的能力。

本书作者长期从事 CAD 的应用、开发及教学工作，并且一直在跟踪 CAD 技术的发展，对 AutoCAD 的功能、特点及其应用有较深入的理解和体会。作者对本书的结构体系作了精心安排，力求系统、全面、清晰地介绍用 AutoCAD 绘制机械图形的方法与技巧。

全书分为 13 讲，主要内容如下。

- 第 1 讲：介绍 AutoCAD 2010 的用户界面及一些基本操作。
- 第 2 讲：介绍线段、平行线、圆及圆弧连接的绘制方法。
- 第 3 讲：介绍绘制多边形、椭圆及填充剖面图案的方法。
- 第 4 讲：介绍常用的编辑方法及技巧。
- 第 5 讲：介绍参数化绘图的一般方法及技巧。
- 第 6 讲：介绍如何书写文字。
- 第 7 讲：介绍如何标注尺寸。
- 第 8 讲：通过实例说明绘制零件图的方法和技巧。
- 第 9 讲：通过实例说明绘制二维装配图及拆绘零件图的方法。
- 第 10 讲：介绍如何查询图形信息，以及图块和外部参照的使用方法。
- 第 11 讲：介绍怎样输出图形。

- 第 12 讲：介绍创建三维实体模型的方法。
- 第 13 讲：介绍编辑三维实体模型的方法。

读者对象

本书将 AutoCAD 的基本命令与典型零件的设计实例相结合，条理清晰、讲解透彻、易于掌握，可供各类机械制图培训班作为教材使用，也可供广大工程技术人员及高等院校相关专业学生自学参考。

配套资源

本书配套资源包括以下 3 部分内容。

1. “.dwg”图形文件

本书所有练习用到的及典型实例完成后的“.dwg”图形文件都收录在配套资源的“dwg”文件夹下，读者可以调用和参考这些文件。

2. “.mp4”视频文件

本书典型实例的绘制过程都录制成了“.mp4”视频文件，收录在配套资源的“mp4”文件夹下。

3. PPT 文件

本书提供了 PPT 文件，供教师教学使用。

要获得以上配套资源，请打开异步社区官网（http://www.epubit.com），注册并登录账号；在主页中单击🔍按钮，在打开页面的搜索框中输入“61294”，单击搜索产品按钮；进入本书的产品页面，在【配套资源】栏目中单击去下载按钮；在打开的页面中单击链接地址即可进入配套资源下载页面，按提示进行操作。

感谢您选择了本书，也欢迎您把本书的相关意见和建议告诉我们，电子邮箱：liyongtao@ptpress.com.cn。

布克科技

2023 年 3 月

目 录

第 1 讲 AutoCAD 绘图环境及基本操作 1

1.1 功能讲解——了解用户界面及学习基本操作 1

1.1.1 AutoCAD 2010 用户界面 1

1.1.2 用 AutoCAD 绘图的基本过程 4

1.1.3 调用命令 7

1.1.4 鼠标操作 7

1.1.5 选择对象的常用方法 8

1.1.6 删除对象 9

1.1.7 终止和重复命令 9

1.1.8 取消已执行的操作 9

1.1.9 快速缩放及移动图形 9

1.1.10 窗口放大、全部显示及返回上一次的显示 9

1.1.11 设定绘图区域的大小 10

1.2 范例解析——布置用户界面及设定绘图区域大小 12

1.3 功能讲解——设置图层、线型、线宽及颜色 13

1.3.1 创建及设置机械图的图层 ... 13

1.3.2 控制图层状态 15

1.3.3 修改对象图层、颜色、线型和线宽 15

1.3.4 修改非连续线的外观 16

1.4 范例解析——使用图层及修改线型全局比例因子 17

1.5 功能讲解——画线的方法（一） 17

1.5.1 输入点的坐标画线 17

1.5.2 使用对象捕捉精确画线 19

1.5.3 利用正交模式辅助画线 21

1.5.4 修剪线条 21

1.5.5 延伸线条 22

1.6 范例解析——输入坐标画线 24

1.7 课堂实训——输入点的坐标及利用对象捕捉画线 25

1.8 综合实例——绘制线段构成的平面图形 26

1.9 课后作业 27

第 2 讲 绘制线段、平行线及圆 29

2.1 功能讲解——画线的方法（二） 29

2.1.1 结合对象捕捉、极轴追踪及对象捕捉追踪功能画线 29

2.1.2 绘制平行线 31

2.1.3 打断线条 32

2.1.4 调整线条长度 33

2.2 范例解析——使用 LINE、OFFSET 及 TRIM 命令绘图 34

2.3 功能讲解——绘制斜线、切线、圆及圆弧连接 36

2.3.1 使用 LINE 及 XLINE 命令绘制任意角度斜线 36

2.3.2 绘制切线、圆及圆弧连接 ... 37

2.3.3 倒圆角及倒角 39

2.4 范例解析——形成圆弧连接关系 41
2.5 课堂实训——绘制平行线、圆及圆弧连接 42
2.6 综合实例 1——绘制线段、圆及圆弧构成的平面图形 43
2.7 综合实例 2——绘制卡车主视图 44
2.8 课后作业 45

第 3 讲 绘制多边形、椭圆及填充剖面图案 47

3.1 功能讲解——绘制多边形、阵列及镜像对象 47
3.1.1 绘制矩形、正多边形及椭圆 47
3.1.2 矩形阵列对象 49
3.1.3 环形阵列对象 50
3.1.4 镜像对象 51
3.2 范例解析——绘制对称图形 52
3.3 功能讲解——多段线、等分点、断裂线及填充剖面图案 53
3.3.1 绘制多段线 53
3.3.2 点对象、等分点及测量点 56
3.3.3 绘制断裂线及填充剖面图案 57
3.4 范例解析——阵列对象及填充剖面图案 59
3.5 功能讲解——面域造型 60
3.5.1 创建面域 60
3.5.2 并运算 61
3.5.3 差运算 61
3.5.4 交运算 62
3.6 范例解析——面域造型应用实例 62
3.7 课堂实训——绘制椭圆、多边形等 64
3.8 综合实例——绘制由多边形、椭圆等对象构成的平面图形 65
3.9 课后作业 66

第 4 讲 编辑图形 68

4.1 功能讲解——改变图形位置、调整图形倾斜方向及形状 68
4.1.1 移动及复制对象 68
4.1.2 旋转对象 70
4.1.3 对齐对象 71
4.1.4 拉伸对象 73
4.1.5 按比例缩放对象 74
4.2 范例解析——使用复制、旋转、拉伸及对齐命令绘图 75
4.3 功能讲解——关键点编辑方式 76
4.3.1 利用关键点拉伸对象 77
4.3.2 利用关键点移动及复制对象 78
4.3.3 利用关键点旋转对象 78
4.3.4 利用关键点缩放对象 79
4.3.5 利用关键点镜像对象 80
4.4 范例解析——利用关键点编辑方式绘图 81
4.5 功能讲解——编辑图形元素属性 82
4.5.1 用 PROPERTIES 命令改变对象属性 82
4.5.2 对象特性匹配 83
4.6 课堂实训——使用复制、旋转等命令绘图 83
4.7 综合实例 1——使用编辑命令绘图 85
4.8 综合实例 2——绘制动车视图 86
4.9 课后作业 88

第 5 讲 参数化绘图 90

5.1 功能讲解——几何约束 90
5.1.1 添加几何约束 90
5.1.2 编辑几何约束 92

5.1.3 修改已添加几何约束的对象......93
5.2 功能讲解——尺寸约束......93
5.2.1 添加尺寸约束......93
5.2.2 编辑尺寸约束......96
5.2.3 用户变量及方程式......97
5.3 范例解析——参数化绘图的一般步骤......98
5.4 课堂实训——添加几何约束及尺寸约束......101
5.5 综合实例——利用参数化功能绘图......102
5.6 课后作业......102
第 6 讲 书写文字......104
6.1 功能讲解——书写文字的方法......104
6.1.1 创建国标文字样式及书写单行文字......104
6.1.2 修改文字样式......107
6.1.3 在单行文字中加入特殊符号......108
6.1.4 创建多行文字......108
6.1.5 添加特殊字符......110
6.1.6 创建分数及公差形式文字......111
6.1.7 编辑文字......111
6.2 范例解析——填写明细表及创建多行文字......112
6.3 功能讲解——创建表格对象..113
6.3.1 表格样式......113
6.3.2 创建及修改空白表格......115
6.4 范例解析——使用 TABLE 命令创建及填写标题栏......116
6.5 课堂实训——书写及编辑文字......117
6.6 综合实例 1——在图样中添加文字及特殊符号......118
6.7 综合实例 2——给轿车转向器结构图添加说明文字......119
6.8 课后作业......120
第 7 讲 标注尺寸......122
7.1 功能讲解——标注尺寸的方法......122
7.1.1 创建国标规定的标注样式......123
7.1.2 创建长度尺寸标注......124
7.1.3 创建对齐尺寸标注......126
7.1.4 创建连续和基线尺寸标注......126
7.1.5 创建角度尺寸标注......128
7.1.6 创建直径和半径尺寸标注......129
7.1.7 利用角度标注样式簇标注角度......129
7.1.8 标注尺寸公差及形位公差......130
7.1.9 引线标注......132
7.1.10 编辑尺寸标注......134
7.2 范例解析......135
7.2.1 标注平面图形......135
7.2.2 插入图框、标注零件尺寸及表面结构代号......136
7.3 课堂实训——创建及编辑尺寸标注......138
7.4 综合实例 1——标注零件图...138
7.5 综合实例 2——标注汽车无极变速器端盖......139
7.6 课后作业......140
第 8 讲 绘制零件图......142
8.1 范例解析——绘制典型零件图......142
8.1.1 轴套类零件......142
8.1.2 盘盖类零件......145
8.1.3 叉架类零件......148
8.1.4 箱体类零件......150

8.2 课堂实训——绘制零件图 154
8.3 综合实例——绘制发动机缸套零件图 155
8.4 课后作业 158
第 9 讲 绘制装配图 160
9.1 范例解析 160
9.1.1 根据装配图拆绘零件图 160
9.1.2 检验零件间装配尺寸的正确性 161
9.1.3 由零件图组合装配图 162
9.1.4 标注零件序号 164
9.1.5 编写明细表 165
9.2 课堂实训——绘制装配图 166
9.3 综合实例——绘制气缸装配图 166
9.4 课后作业 167
第 10 讲 查询信息、图块及外部参照 168
10.1 功能讲解——获取图形信息的方法 168
10.1.1 获取点的坐标 168
10.1.2 测量距离及连续线的长度 169
10.1.3 测量半径及直径 169
10.1.4 测量角度 170
10.1.5 计算图形面积及周长 170
10.1.6 列出对象的图形信息 172
10.2 范例解析——查询图形信息综合练习 172
10.3 功能讲解——图块及块属性 173
10.3.1 定制及插入标准件图块 173
10.3.2 创建及使用图块属性 175
10.3.3 编辑图块的属性 177
10.3.4 参数化的动态图块 178
10.3.5 利用表格参数驱动动态图块 179
10.4 范例解析——图块及属性综合练习 182
10.5 功能讲解——外部参照 182
10.5.1 引用外部图形 182
10.5.2 更新外部引用文件 184
10.5.3 转化外部引用文件的内容为当前图形的一部分 184
10.6 范例解析——使用外部参照 185
10.7 课堂实训——查询图形信息、图块及外部参照练习 186
10.8 综合实例——创建表格驱动的轴承图块 187
10.9 课后作业 188
第 11 讲 打印图形 190
11.1 功能讲解——了解打印过程及设置打印参数 190
11.1.1 打印图形的过程 190
11.1.2 选择打印设备 192
11.1.3 选择打印样式 192
11.1.4 选择图纸幅面 193
11.1.5 设定打印区域 194
11.1.6 设定打印比例 195
11.1.7 设定着色打印 195
11.1.8 调整图形打印方向和位置 196
11.1.9 预览打印效果 196
11.1.10 保存打印设置 197
11.2 范例解析 197
11.2.1 打印单张图纸 197
11.2.2 将多张图纸布置在一起打印 198
11.3 课后作业 199
第 12 讲 三维建模 200
12.1 功能讲解——三维建模基础 200
12.1.1 三维建模空间 200
12.1.2 用标准视点观察模型 201

12.1.3 三维动态旋转 202
12.1.4 视觉样式 203
12.1.5 创建三维基本实体 204
12.1.6 将二维对象拉伸成实体或曲面 205
12.1.7 旋转二维对象形成实体或曲面 207
12.1.8 通过扫掠创建实体或曲面 208
12.1.9 通过放样创建实体或曲面 209
12.1.10 加厚曲面形成实体 211
12.1.11 利用平面或曲面剖切实体 211
12.1.12 螺旋线、涡状线 212
12.1.13 与实体显示有关的系统变量 213
12.1.14 用户坐标系 213
12.1.15 显示 UCS 的 *xy* 平面视图 214
12.2 范例解析——利用布尔运算构建复杂的实体模型 214
12.3 课堂实训——创建 V 形导轨实体模型 215
12.4 课后作业 216
第 13 讲 编辑三维模型 217
13.1 功能讲解——调整模型位置及编辑实体表面 217
13.1.1 显示及操作小控件 217
13.1.2 利用小控件编辑模式移动、旋转及缩放对象 218
13.1.3 三维移动 220
13.1.4 三维旋转 221
13.1.5 三维缩放 222
13.1.6 三维阵列 222
13.1.7 三维镜像 223
13.1.8 三维对齐 224
13.1.9 三维倒圆角及倒角 225
13.1.10 拉伸面 226
13.1.11 旋转面 227
13.1.12 压印 227
13.1.13 抽壳 228
13.2 范例解析——编辑实体表面形成新特征 228
13.3 课堂实训——创建固定圈模型 229
13.4 渲染机械产品 178

第1讲

AutoCAD 绘图环境及基本操作

通过学习本讲，读者可以熟悉 AutoCAD 2010 的用户界面并掌握一些基本操作。

学习目标

- AutoCAD 2010用户界面的组成。
- 调用AutoCAD命令的方法。
- 选择对象的常用方法。
- 快速缩放、移动图形及全部缩放图形。
- 重复命令和取消已执行的操作。
- 图层、线型及线宽等。
- 输入点的坐标画线。
- 修剪及延伸线条。

1.1 功能讲解——了解用户界面及学习基本操作

本节将介绍 AutoCAD 2010 用户界面的组成，并讲解一些常用的基本操作。

1.1.1 AutoCAD 2010 用户界面

启动 AutoCAD 2010 后，其用户界面如图 1-1 所示，主要由菜单浏览器、快速访问工具栏、功能区、绘图窗口、命令提示窗口和状态栏等部分组成，下面分别介绍各部分的功能。

(1) 菜单浏览器。

单击菜单浏览器按钮▲·，展开菜单浏览器，如图 1-2 所示。该菜单包含【新建】【打开】【保存】等常用命令。在菜单浏览器顶部的搜索栏中输入关键字或短语，就可定位相应菜单命令。选择搜索结果，即可执行命令。

单击菜单浏览器顶部的按钮，显示最近使用的文件。单击按钮，显示已打开的所有图形文件。将鼠标指针悬停在文件名上时，将显示预览图片及文件路径、修改日期等信息。

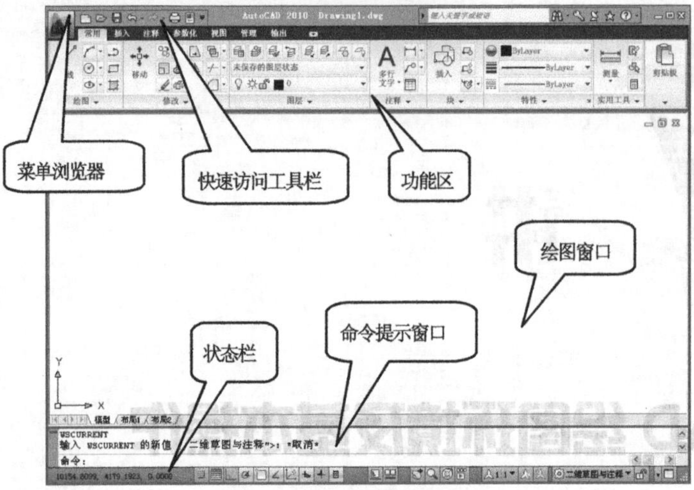

图1-1　AutoCAD 2010 用户界面

(2)　快速访问工具栏。

快速访问工具栏用于存放经常访问的命令按钮，在按钮上单击鼠标右键，弹出快捷菜单，如图 1-3 所示。选择【自定义快速访问工具栏】命令可向工具栏中添加按钮，选择【从快速访问工具栏中删除】命令可删除相应按钮。

图1-2　菜单浏览器

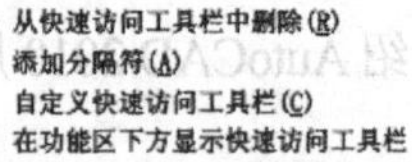

图1-3　快捷菜单

单击快速访问工具栏上的▼按钮，选择【显示菜单栏】选项，会显示 AutoCAD 主菜单。

除快速访问工具栏外，AutoCAD 还提供了许多其他工具栏。在菜单命令【工具】/【工具栏】/【AutoCAD】下选择相应的子命令，即可打开相应的工具栏。

(3)　功能区。

功能区由【常用】【插入】【注释】等选项卡组成，如图 1-4 所示。每个选项卡又由多个面板组成，如【常用】选项卡是由【绘图】【修改】【图层】等面板组成。面板上布置了许多命令按钮及控件。

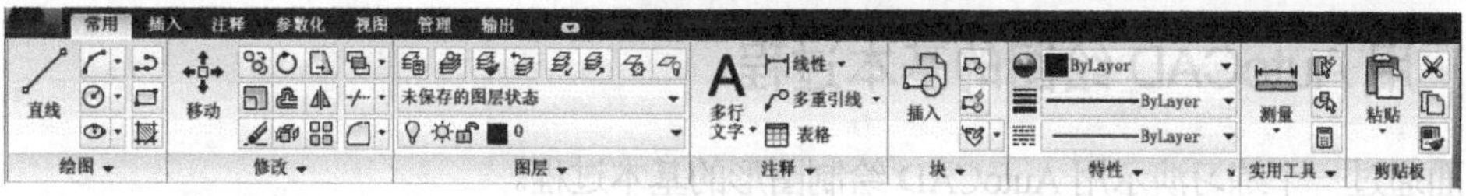

图1-4　功能区

单击功能区顶部的按钮，可展开或收拢功能区。

单击某一面板上的按钮，展开该面板。单击按钮，固定该面板。

用鼠标右键单击任一选项卡标签，弹出快捷菜单，选择【显示选项卡】命令下的选项卡名称，可打开或关闭相应选项卡。

选择菜单命令【工具】/【选项板】/【功能区】，可打开或关闭功能区，对应的命令为RIBBON或RIBBONCLOSE。

在功能区顶部位置单击鼠标右键，弹出快捷菜单，选择【浮动】命令，可移动功能区，还可改变功能区的形状。

(4)　绘图窗口。

绘图窗口是用户绘图的工作区域，该区域无限大，其左下方有一个表示坐标系的图标，此图标指示了绘图区的方位。图标中的箭头分别指示 x 轴和 y 轴的正方向。

当移动鼠标时，绘图区域中的十字光标会跟随移动，与此同时，在用户界面底部的状态栏中将显示光标点的坐标值。

绘图窗口包含模型空间和图纸空间两种绘图环境。在此窗口底部有 3 个选项卡 模型/布局1/布局2，默认情况下，【模型】选项卡是按下的，表明当前绘图环境是模型空间，用户在这里一般按实际尺寸绘制二维或三维图形。当选择【布局 1】或【布局 2】选项卡时，就切换至图纸空间。用户可以将图纸空间想象成一张图纸（系统提供的模拟图纸），可在这张图纸上将模型空间的图形按不同缩放比例布置在图纸上。

(5)　命令提示窗口。

命令提示窗口位于AutoCAD用户界面的底部，用户输入的命令、系统的提示及相关信息都反映在此窗口中。默认情况下，该窗口仅显示3行，将鼠标指针放在窗口的上边缘，鼠标指针变成双向箭头，按住鼠标左键向上拖动鼠标指针就可以增加命令提示窗口显示的行数。

按F2键打开命令提示窗口，再次按F2键则关闭此窗口。

(6)　状态栏。

状态栏上将显示绘图过程中的许多信息，如十字光标处的坐标值、一些提示文字等，还包含许多辅助绘图工具。

利用状态栏上的按钮可以切换工作空间。工作空间是 AutoCAD 用户界面中包含的工具栏、面板及选项板等的组合。当用户绘制二维或三维图形时，就切换到相应的工作空间，此时系统仅显示与绘图任务密切相关的工具栏及面板等，隐藏一些不必要的界面元素。

单击按钮，弹出快捷菜单，该快捷菜单上列出了 AutoCAD 工作空间名称，选择其中之一，就切换到相应的工作空间。AutoCAD提供的默认工作空间有以下4个。

- 二维草图与注释。
- 三维建模。
- AutoCAD 经典。
- 初始设置工作空间。

1.1.2 用 AutoCAD 绘图的基本过程

下面通过一个练习演示用 AutoCAD 绘制图形的基本过程。

练习1-1 用 AutoCAD 绘制一个简单图形。

1. 启动 AutoCAD 2010。
2. 单击按钮，选择【新建】/【图形】命令(或单击快速访问工具栏上的按钮创建新图形)，打开【选择样板】对话框，如图 1-5 所示。该对话框列出了许多用于创建新图形的样板文件，默认的样板文件是“acadiso.dwt”，保持默认状态，单击打开(O)按钮。

图1-5 【选择样板】对话框

3. 按下状态栏上的、及按钮。注意，不要按下按钮。
4. 单击【常用】选项卡中【绘图】面板上的按钮，系统提示如下。

```
命令: _line 指定第一点:                      //单击 A 点，如图 1-6 所示
指定下一点或 [放弃(U)]: 520                  //向下移动十字光标，输入线段长度并按 Enter 键
指定下一点或 [放弃(U)]: 300                  //向右移动十字光标，输入线段长度并按 Enter 键
指定下一点或 [闭合(C)/放弃(U)]: 130          //向下移动十字光标，输入线段长度并按 Enter 键
指定下一点或 [闭合(C)/放弃(U)]: 800          //向右移动十字光标，输入线段长度并按 Enter 键
指定下一点或 [闭合(C)/放弃(U)]: c            //输入选项 “C”，按 Enter 键结束命令
```

结果如图 1-6 所示。

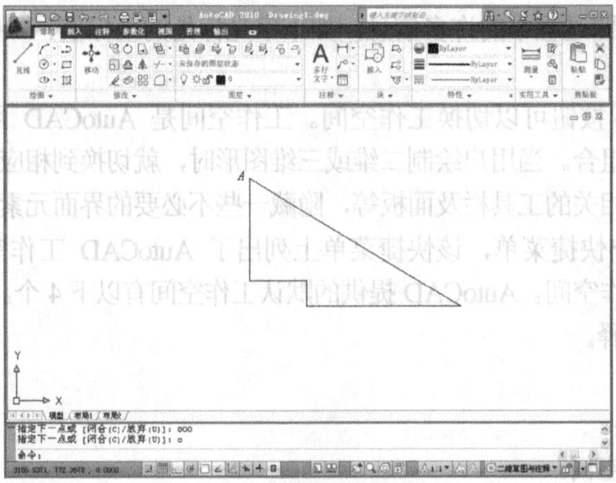

图1-6 绘制连续折线

5. 按Enter键重复画线命令，绘制线段*BC*，如图1-7所示。

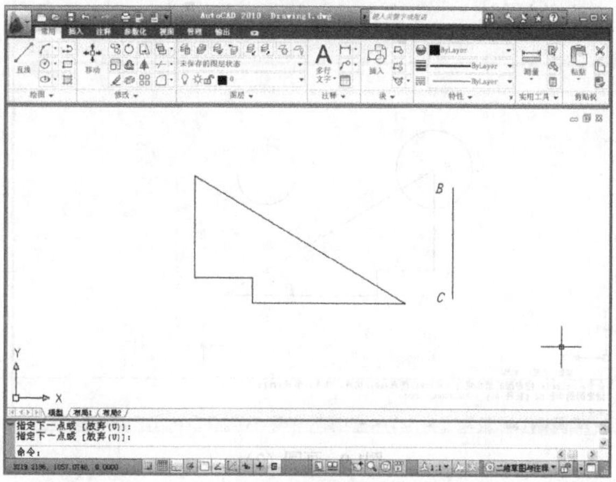

图1-7 绘制线段*BC*

6. 单击快速访问工具栏上的↶按钮，线段*BC*消失，再单击该按钮，连续折线也消失。单击↷按钮，连续折线又显示出来，继续单击该按钮，线段*BC*也显示出来。

7. 输入画圆命令全称CIRCLE或简称C，系统提示如下。

命令：CIRCLE　　//输入命令，按Enter键

指定圆的圆心或 [三点(3P)/两点(2P)/相切、相切、半径(T)]:

　　//单击*D*点，指定圆心，如图1-8所示

指定圆的半径或 [直径(D)]: 150　　//输入圆的半径，按Enter键

结果如图1-8所示。

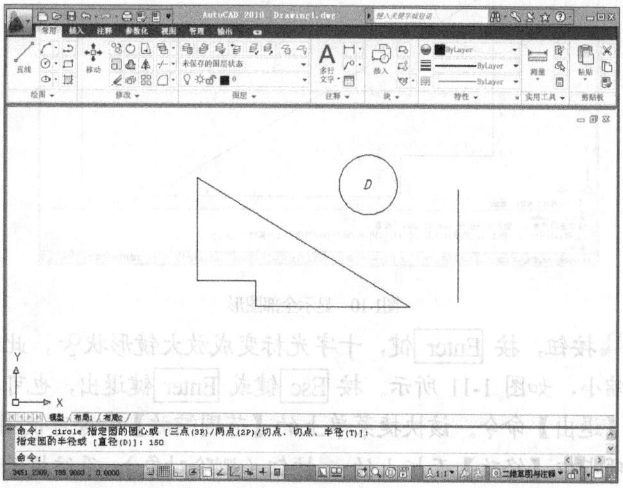

图1-8 画圆（1）

8. 单击【常用】选项卡中【绘图】面板上的⊙按钮，系统提示如下。

命令：_circle 指定圆的圆心或 [三点(3P)/两点(2P)/相切、相切、半径(T)]:

　　//将十字光标移动到端点*E*处，系统自动捕捉该点，单击确认，如图1-9所示

指定圆的半径或 [直径(D)] <100.0000>: 200　　//输入圆的半径，按Enter键

结果如图1-9所示。

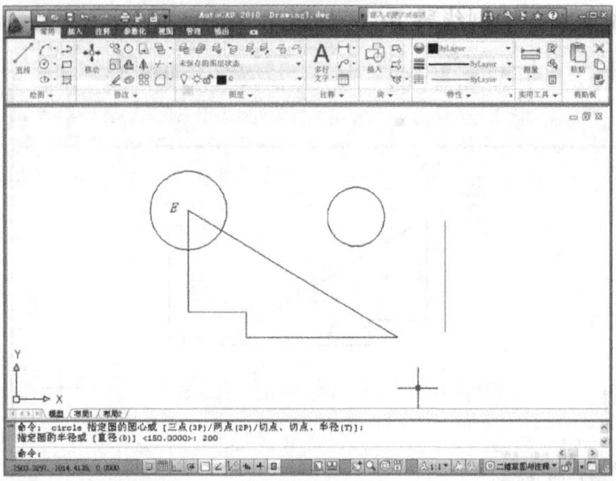

图1-9　画圆（2）

9. 单击状态栏上的按钮，十字光标变成手的形状，按住鼠标左键向右拖动鼠标，直至图形不可见为止。按Esc键或Enter键退出。
10. 单击【视图】选项卡中【导航】面板上的按钮，图形又全部显示在窗口中，如图 1-10 所示。

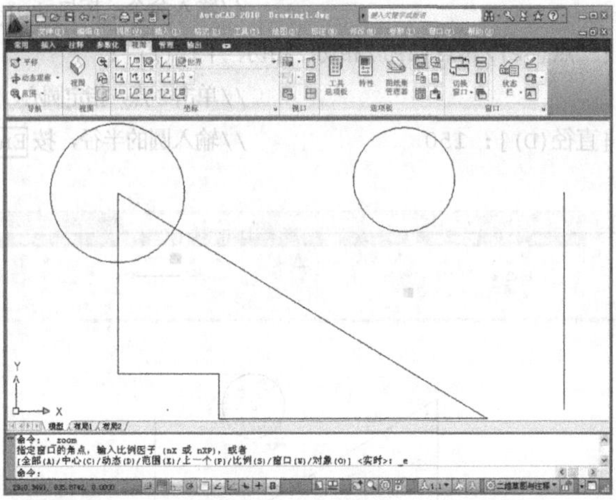

图1-10　显示全部图形

11. 单击状态栏上的按钮，按 Enter 键，十字光标变成放大镜形状，此时按住鼠标左键向下拖动鼠标，图形缩小，如图 1-11 所示。按 Esc 键或 Enter 键退出，也可单击鼠标右键，弹出快捷菜单，选择【退出】命令。该快捷菜单上的【范围缩放】命令可使图形充满绘图窗口。
12. 单击【常用】选项卡中【修改】面板上的按钮（删除对象），系统提示如下。

命令：_erase
选择对象：　　　　　　　　　　　//单击 E 点，如图 1-12 左图所示
指定对角点：找到 4 个　　　　　//向右下方移动十字光标，出现一个实线矩形窗口
　　　　　　　　　　　　　　　　//在 G 点处单击，矩形窗口内的对象被选中，被选对象变为虚线
选择对象：　　　　　　　　　　　//按Enter键删除对象
命令:ERASE　　　　　　　　　　　//按Enter键重复命令
选择对象：　　　　　　　　　　　//单击 H 点

```
指定对角点：找到 2 个                    //向左下方移动十字光标，出现一个虚线矩形窗口
                                        //在 I 点处单击，矩形窗口内及与该窗口相交的所有对象都被选中
选择对象：                              //按 Enter 键删除圆和直线
```

结果如图 1-12 右图所示。

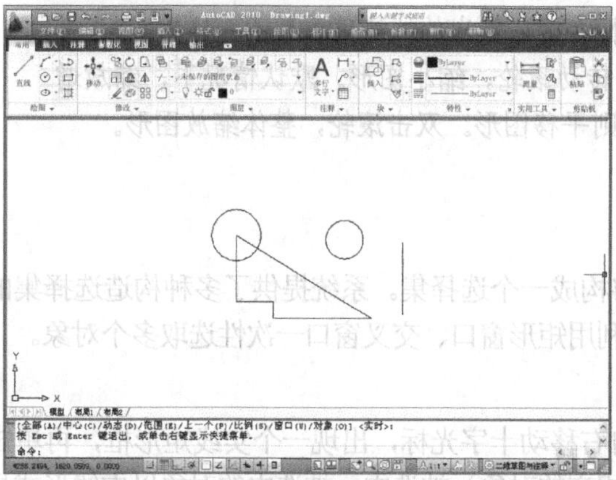

图1-11 缩小图形

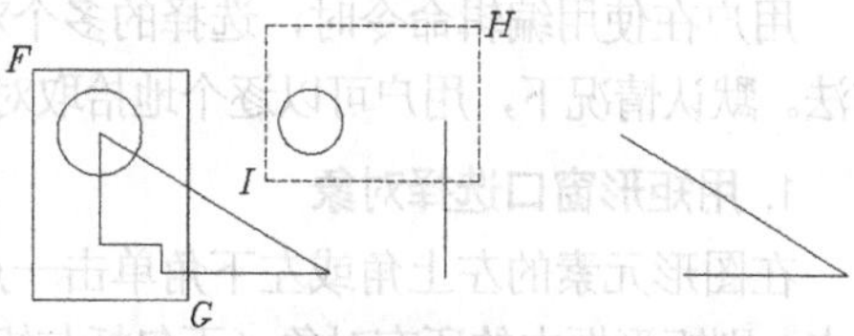

图1-12 删除对象

13. 单击按钮，选择【另存为】命令（或单击快速访问工具栏上的按钮），弹出【图形另存为】对话框，在该对话框的【文件名】文本框中输入新文件名。该文件默认类型为“.dwg”，若想更改，可在【文件类型】下拉列表中选择其他类型。

1.1.3 调用命令

启动 AutoCAD 命令的方法一般有两种：一种是在命令行中输入命令全称或简称，另一种是选择菜单命令或单击工具栏中的命令按钮。

AutoCAD 的命令执行过程是交互式的，当输入命令或必要的绘图参数后，需按 Enter 键确认，系统才执行该命令。一个典型的命令执行过程如下。

```
命令：circle                            //输入画圆命令全称 CIRCLE 或简称 C，按 Enter 键
指定圆的圆心或 [三点(3P)/两点(2P)/相切、相切、半径(T)]：  90,100
                                        //输入圆心的 x、y 坐标，按 Enter 键
指定圆的半径或 [直径(D)] <50.7720>：70    //输入圆的半径，按 Enter 键
```

(1) 方括号“[ ]”中以“/”隔开的内容表示各个选项。若要选择某个选项，则需输入选项对应括号中的内容，字母可以是大写形式，也可以是小写形式。例如，想通过三点画圆，就输入“3P”。

(2) 尖括号“<>”中的内容是当前默认值。

要点提示 当使用某一命令时按 F1 键，系统将显示该命令的帮助信息。也可将鼠标指针在命令按钮上放置片刻，此时系统在按钮附近显示该命令的简要提示信息。

1.1.4 鼠标操作

用 AutoCAD 绘图时，鼠标的使用是很频繁的，各按键的功能如下。

- 左键：拾取键，用于单击工具按钮及选取菜单命令，也可在绘图过程中指定点和选

择图形对象等。

- 右键：一般作为 Enter 键，有确认及重复命令的功能。无论是否启动命令，单击右键将弹出快捷菜单，该菜单上提供【确认】【取消】【重复】等命令。这些命令与十字光标或鼠标指针的位置及 AutoCAD 的当前状态有关。例如，将鼠标指针放在绘图窗口、工具栏或功能区内然后单击鼠标右键，弹出的快捷菜单是不一样的。
- 滚轮：向前转动滚轮，放大图形；向后转动滚轮，缩小图形。默认情况下，缩放增量为 10%。按住鼠标滚轮并拖动鼠标，则平移图形。双击滚轮，整体缩放图形。

1.1.5 选择对象的常用方法

用户在使用编辑命令时，选择的多个对象将构成一个选择集。系统提供了多种构造选择集的方法。默认情况下，用户可以逐个地拾取对象或利用矩形窗口、交叉窗口一次性选取多个对象。

1. 用矩形窗口选择对象

在图形元素的左上角或左下角单击一点，向右移动十字光标，出现一个实线矩形框，再单击一点，则矩形框中的所有对象（不包括与矩形边相交的对象）被选中，被选中的对象以虚线形式显示，如图 1-13 左图所示。

2. 用交叉窗口选择对象

在图形元素的右上角或右下角单击一点，然后向左移动十字光标，出现一个虚线矩形框，再单击一点，则框内的对象和与框边相交的对象全部被选中，被选中的对象以虚线形式表示出来，如图 1-13 右图所示。

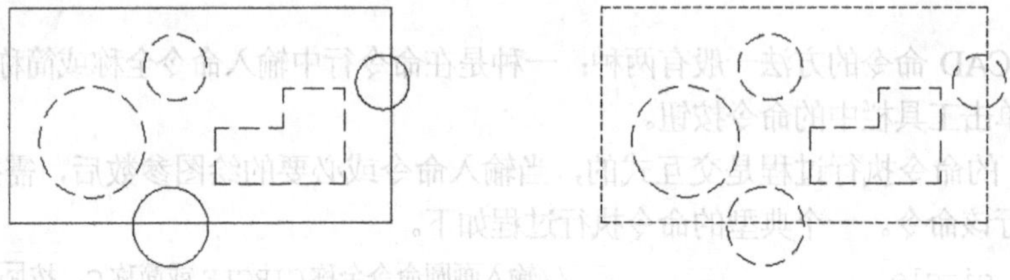

图1-13 用矩形窗口或交叉窗口选择对象

3. 给选择集添加或去除对象

编辑过程中，用户构造选择集常常不能一次完成，需向选择集中添加或从选择集中去除对象。在添加对象时，可直接选取或利用矩形窗口、交叉窗口选择要加入的图形元素。若要去除对象，可先按住 Shift 键，再从选择集中选择要清除的图形元素。

例如，先选择所有对象，如图 1-14 左图所示，再按住 Shift 键选择要去除的两个圆，则最后的选择集中只有矩形，如图 1-14 右图所示。

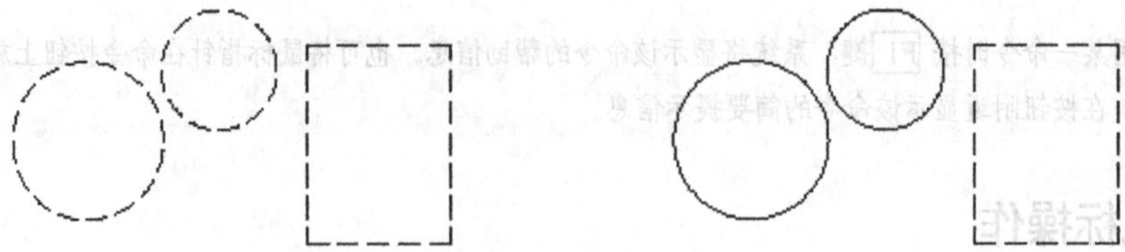

图1-14 修改选择集

1.1.6　删除对象

ERASE 命令用来删除对象，该命令没有任何选项。要删除一个对象，用户可以先选择该对象，然后单击【修改】面板上的按钮，或者键入 ERASE（命令简称 E）命令；也可先发出删除命令，再选择要删除的对象。

1.1.7　终止和重复命令

发出某个命令后，用户可随时按 Esc 键终止该命令。此时，系统又返回到命令行。

用户经常遇到的一种情况是在图形区域内偶然选择了对象，该对象上出现了一些高亮的小框，这些小框被称为关键点，可用于编辑对象（在第 4 讲中将详细介绍），要取消这些关键点，按 Esc 键即可。

在绘图过程中，用户会经常重复使用某个命令，重复刚使用过的命令的方法是按 Enter 键。

1.1.8　取消已执行的操作

在使用 AutoCAD 绘图的过程中，不可避免地会出现各种各样的错误，用户要修正这些错误可使用 UNDO（命令简称 U）命令或单击快速访问工具栏上的按钮。如果想要取消前面执行的多个操作，可反复使用 UNDO 命令或反复单击按钮。此外，也可单击按钮右边的按钮，然后选择要取消的几个操作。

当取消一个或多个操作后，若又想恢复原来的效果，可使用 MREDO 命令或单击快速访问工具栏上的按钮。此外，也可单击按钮右边的按钮，然后选择要恢复的几个操作。

1.1.9　快速缩放及移动图形

AutoCAD 的图形缩放及移动功能是很完备的，使用起来也很方便。绘图时，经常通过状态栏上的、按钮来实现这两项功能。此外，不论 AutoCAD 命令是否运行，单击鼠标右键，弹出快捷菜单，菜单上的【缩放】及【平移】命令也能实现同样的功能。

1. 缩放图形

单击按钮并按 Enter 键，或者选择右键快捷菜单上的【缩放】命令，系统进入实时缩放状态，十字光标变成放大镜形状，此时按住鼠标左键向上拖动鼠标，就可以放大视图，向下拖动鼠标就缩小视图。要退出实时缩放状态，可按 Esc 键、Enter 键，或者单击鼠标右键打开快捷菜单，然后选择【退出】命令。

2. 平移图形

单击按钮，或者选择右键快捷菜单上的【平移】命令，系统进入实时平移状态，十字光标变成手的形状，此时按住鼠标左键并拖动鼠标，就可以平移视图。要退出实时平移状态，可按 Esc 键、Enter 键，或者单击鼠标右键打开快捷菜单，然后选择【退出】命令。

1.1.10　窗口放大、全部显示及返回上一次的显示

在绘图过程中，用户经常要将图形的局部区域放大，以方便绘图。绘制完成后，又要全部显

示图形或返回上一次的显示，以观察图形的整体效果。此缩放过程可用以下操作方式实现。

(1) 利用矩形窗口放大局部区域。

单击状态栏上的按钮，系统提示“指定窗口的角点”，拾取 *A* 点，再根据提示拾取 *B* 点，如图 1-15 左图所示。矩形框 *AB* 是设定的放大区域，其中心是新的显示中心，系统尽可能地将该矩形内的图形放大以充满绘图窗口，图 1-15 右图显示了放大后的效果。

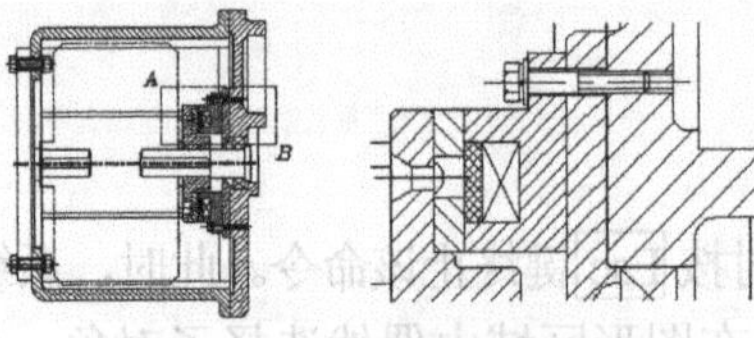

图1-15 利用矩形窗口放大视图

单击鼠标右键，在弹出的快捷菜单中选择【缩放】命令。再次单击鼠标右键，在弹出的快捷菜单中选择【窗口缩放】命令，按住鼠标左键拖出一个矩形窗口，则该矩形内的图形被放大至充满绘图窗口。

(2) 全部显示。

双击鼠标滚轮，将所有图形对象充满绘图窗口。

单击鼠标右键，在弹出的快捷菜单中选择【缩放】命令。再次单击鼠标右键，在弹出的快捷菜单中选择【范围缩放】命令，则全部图形充满绘图窗口。

(3) 返回上一次的显示。

单击状态栏上的按钮，再单击鼠标右键，在弹出的快捷菜单中选择【上一个】命令，返回上一次的显示。若连续使用此命令，则系统将恢复前几次显示过的图形（最多 10 次）。绘图时，常利用此命令返回到原来的某个视图。

1.1.11 设定绘图区域的大小

AutoCAD 的绘图区域是无限大的，但用户可以设定在绘图窗口中显示出的绘图区域的大小。绘图时，事先对绘图区域的大小进行设定，将有助于用户了解图形分布的范围。当然，也可在绘图过程中随时缩放（使用按钮）图形，以控制其在屏幕上显示的效果。

设定绘图区域的大小有以下两种方法。

(1) 将一个圆充满绘图窗口，依据圆的尺寸就能轻易地估计出当前绘图区域的大小。

(2) 用 LIMITS 命令设定绘图区域的大小。该命令可以改变栅格的长宽尺寸及位置。所谓栅格是点在矩形区域中按行、列形式分布形成的图案。当栅格在绘图窗口中显示出来后，用户就可根据栅格分布的范围估算出当前绘图区域的大小。

练习1-2 设定绘图区域的大小。

1. 单击【绘图】面板上的按钮，系统提示如下。

```
命令： circle 指定圆的圆心或 [三点(3P)/两点(2P)/相切、相切、半径(T)]:
                                    //在屏幕的适当位置单击一点
指定圆的半径或 [直径(D)]: 50          //输入圆的半径
```

2. 双击鼠标滚轮，直径为 100 的圆充满绘图窗口，如图 1-16 所示，则当前窗口的高度为 100。

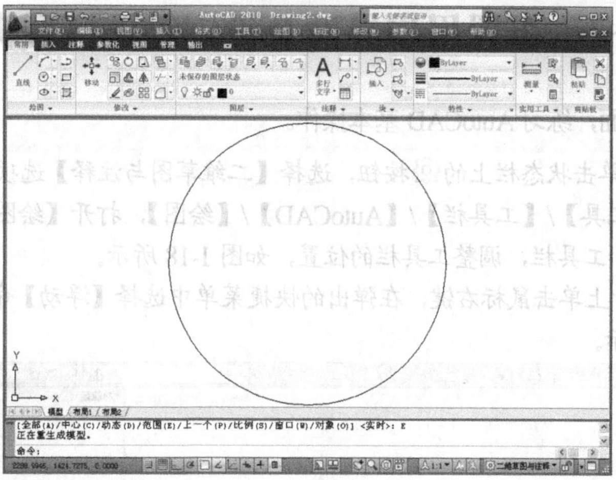

图1-16 设定绘图区域的大小（1）

练习1-3 用 LIMITS 命令设定绘图区域的大小。

1. 选择菜单命令【格式】/【图形界限】，系统提示如下。

命令：'_limits

指定左下角点或 [开(ON)/关(OFF)] <0.0000,0.0000>:100,80

//输入 *A* 点的 *x*、*y* 坐标，或者任意单击一点，如图 1-17 所示

指定右上角点 <420.0000,297.0000>: @150,200

//输入 *B* 点相对于 *A* 点的坐标，按 Enter 键（在 1.5.1 小节中将介绍相对坐标）

2. 双击鼠标滚轮，使设定的绘图区域充满绘图窗口，则当前绘图窗口的长宽尺寸近似为 150 × 200。
3. 将鼠标指针移动到绘图窗口下方的▦按钮上，单击鼠标右键，在弹出的快捷菜单中选择【设置】命令，打开【草图设置】对话框，取消选择【显示超出界线的栅格】复选项。
4. 关闭【草图设置】对话框，单击▦按钮，打开栅格显示。再单击状态栏上的🔍按钮，适当缩小栅格，结果如图 1-17 所示。该栅格的长宽尺寸为 150 × 200。

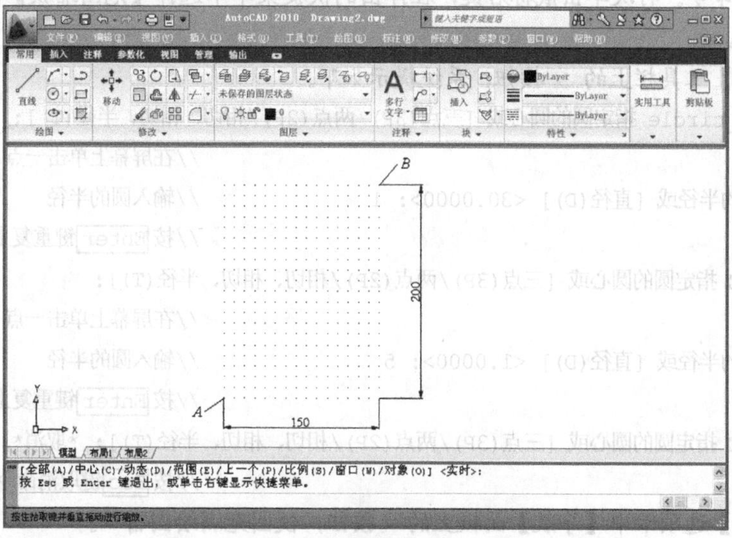

图1-17 设定绘图区域的大小（2）

1.2 范例解析——布置用户界面及设定绘图区域大小

练习1-4　布置用户界面，练习 AutoCAD 基本操作。

1. 启动 AutoCAD，单击状态栏上的按钮，选择【二维草图与注释】选项。
2. 选择菜单命令【工具】/【工具栏】/【AutoCAD】/【绘图】，打开【绘图】工具栏，用同样的方法打开【修改】工具栏，调整工具栏的位置，如图 1-18 所示。
3. 在功能区的选项卡上单击鼠标右键，在弹出的快捷菜单中选择【浮动】命令，调整功能区的位置，如图 1-18 所示。

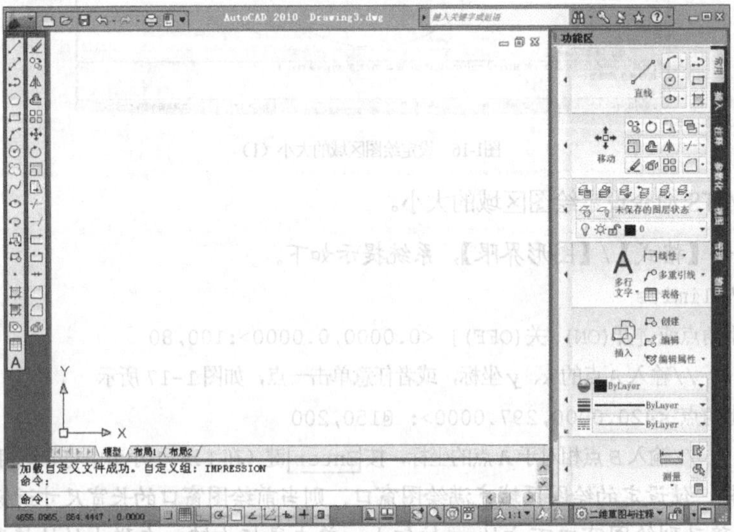

图1-18　新的用户界面

4. 利用 AutoCAD 提供的样板文件“acad.dwt”创建新文件。
5. 设定绘图区域的大小为 1500 × 1200。打开栅格显示，单击鼠标右键，在弹出的快捷菜单中选择【缩放】命令。再次单击鼠标右键，在弹出的快捷菜单中选择【范围缩放】命令，使栅格充满绘图窗口。
6. 单击【绘图】工具栏上的按钮，系统提示如下。

```
命令: _circle 指定圆的圆心或 [三点(3P)/两点(2P)/相切、相切、半径(T)]:
                                              //在屏幕上单击一点
指定圆的半径或 [直径(D)] <30.0000>: 1          //输入圆的半径
命令:                                         //按Enter键重复上一个命令
CIRCLE 指定圆的圆心或 [三点(3P)/两点(2P)/相切、相切、半径(T)]:
                                              //在屏幕上单击一点
指定圆的半径或 [直径(D)] <1.0000>: 5           //输入圆的半径
命令:                                         //按Enter键重复上一个命令
CIRCLE 指定圆的圆心或 [三点(3P)/两点(2P)/相切、相切、半径(T)]: *取消*
                                              //按Esc键取消命令
```

7. 单击【视图】选项卡中【导航】面板上的按钮，使圆充满绘图窗口。
8. 利用状态栏上的、按钮移动和缩放图形。

9. 以文件名“User.dwg”保存文件。

1.3 功能讲解——设置图层、线型、线宽及颜色

可以将AutoCAD的图层想象成透明胶片，用户把各种类型的图形元素绘制在这些胶片上，然后将这些胶片叠加在一起显示出来。如图1-19所示，在图层*A*上绘制了挡板，图层*B*上绘制了支架，图层*C*上绘制了螺钉，最终显示结果是各层内容叠加后的效果。

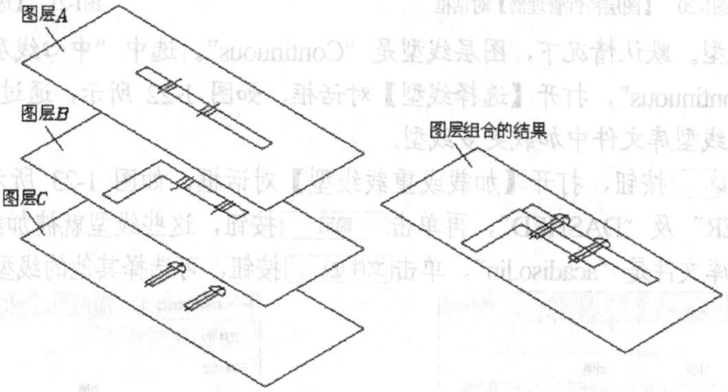

图1-19 图层

1.3.1 创建及设置机械图的图层

AutoCAD的图形对象总是位于某个图层上。默认情况下，当前图层是0图层，此时所画图形对象在0层上。每个图层都有与其相关联的颜色、线型及线宽等属性信息，用户可以对这些信息进行设定或修改。

练习1-5 创建以下图层并设置图层线型、线宽及颜色。

名称	颜色	线型	线宽
轮廓线层	白色	Continuous	0.5
中心线层	红色	CENTER	默认
虚线层	黄色	DASHED	默认
剖面线层	绿色	Continuous	默认
尺寸标注层	绿色	Continuous	默认
文字说明层	绿色	Continuous	默认

1. 创建第一个图层。单击【图层】面板上的按钮，打开【图层特性管理器】对话框，再单击按钮，列表框显示出名称为“图层1”的图层，直接输入“轮廓线层”，按Enter键结束。
2. 创建其余图层。再次按Enter键，又创建新图层。总共创建6个图层，如图1-20所示。图层“0”前有绿色标记“√”，表示该图层是当前图层。
3. 指定图层颜色。选中“中心线层”，单击与所选图层关联的■白图标，打开【选择颜色】对话框，选择红色，如图1-21所示。再设置其他图层的颜色。

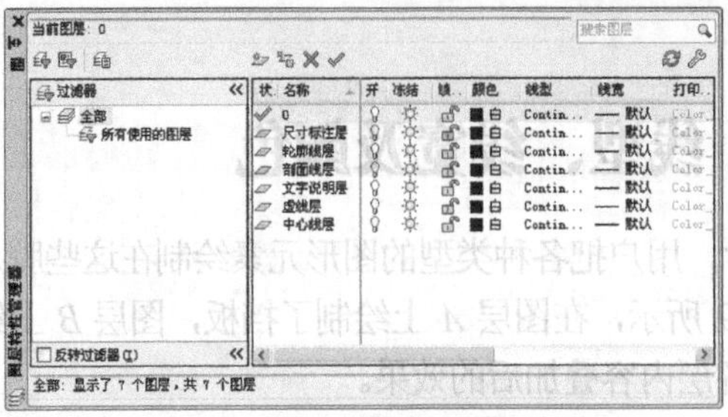

图1-20 【图层特性管理器】对话框

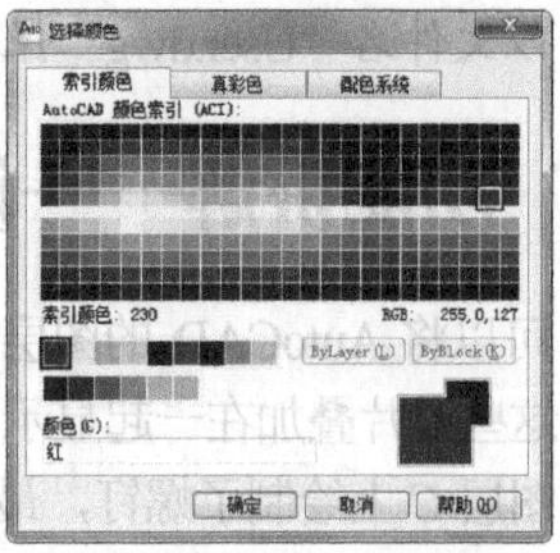

图1-21 【选择颜色】对话框

4. 给图层分配线型。默认情况下，图层线型是“Continuous”。选中“中心线层”，单击与所选图层关联的“Continuous”，打开【选择线型】对话框，如图 1-22 所示，通过此对话框可以选择一种线型或从线型库文件中加载更多线型。

- 单击加载(L)...按钮，打开【加载或重载线型】对话框，如图 1-23 所示。选择线型“CENTER”及“DASHED”，再单击确定按钮，这些线型就被加载到系统中。当前线型库文件是“acadiso.lin”，单击文件(F)...按钮，可选择其他的线型库文件。

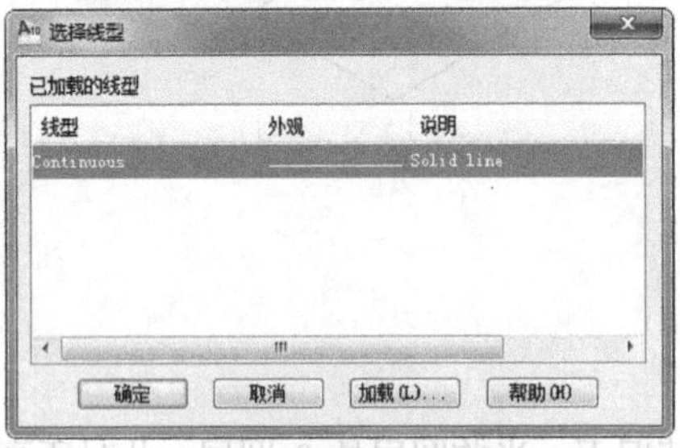

图1-22 【选择线型】对话框

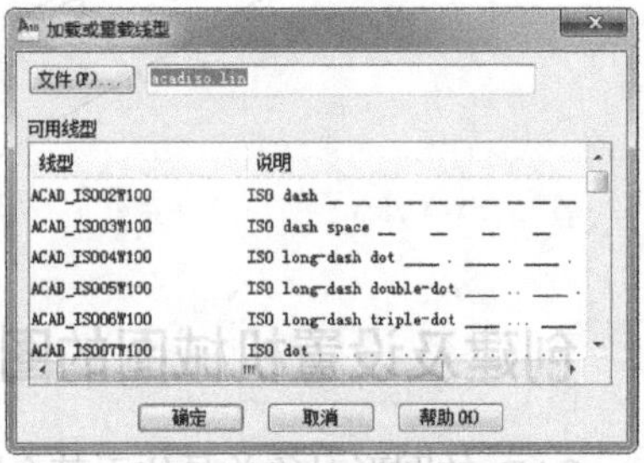

图1-23 【加载或重载线型】对话框

- 返回【选择线型】对话框，选择“CENTER”，单击确定按钮，该线型就分配给“中心线层”。用相同的方法将“DASHED”线型分配给“虚线层”。

5. 设定线宽。选中“轮廓线层”，单击与所选图层关联的图标——默认，打开【线宽】对话框，指定线宽为 0.50mm，如图 1-24 所示。

要点提示 如果要使图形对象的线宽在模型空间中显示得更宽或更窄一些，可以调整线宽比例。在状态栏的+按钮上单击鼠标右键，弹出快捷菜单，选择【设置】命令，打开【线宽设置】对话框，如图 1-25 所示，在【调整显示比例】分组框中移动滑块可改变显示比例。

图1-24 【线宽】对话框

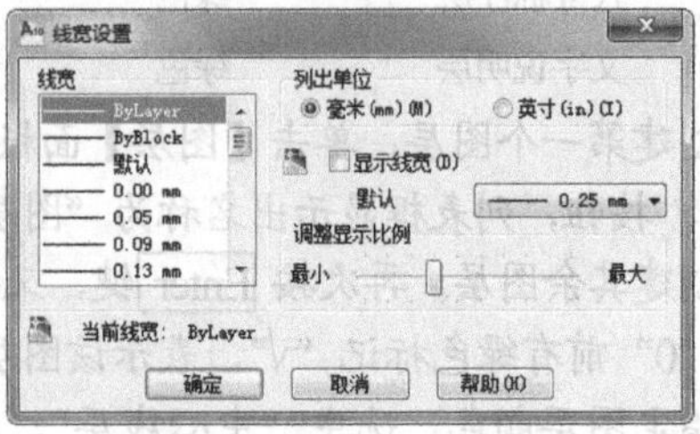

图1-25 【线宽设置】对话框

6. 指定当前图层。选中“轮廓线层”，单击✓按钮，图层前出现绿色标记“√”，说明“轮廓线层”变为当前图层。

7. 关闭【图层特性管理器】对话框，单击【绘图】面板上的╱按钮，绘制任意几条线段，这些线段的颜色为白色，线宽为 0.5mm。再设定“中心线层”或“虚线层”为当前图层，绘制线段，观察效果。

要点提示　中心线及虚线中的短画线和空格大小可通过线型全局比例因子（LTSCALE）调整，详见 1.3.4 小节。

1.3.2　控制图层状态

每个图层都具有打开与关闭、冻结与解冻、锁定与解锁、打印与不打印等状态。通过改变图层状态，就能控制图层上对象的可见性及可编辑性等。用户可通过【图层特性管理器】对话框或【图层】面板上的【图层控制】下拉列表对图层状态进行控制，如图 1-26 所示。

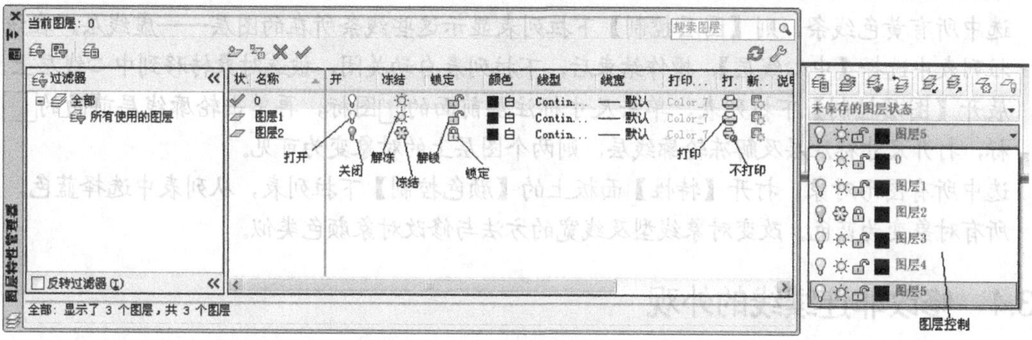

图1-26　控制图层状态

下面对图层状态作简要说明。

- 打开/关闭：单击图标，将关闭某一图层。打开的图层是可见的，而关闭的图层不可见，也不能被打印。当重新生成图形时，被关闭的图层将一起被生成。
- 解冻/冻结：单击图标，将冻结某一图层。解冻的图层是可见的，冻结的图层不可见，也不能被打印。当重新生成图形时，系统不再重新生成已冻结的图层上的对象，因而冻结一些图层后，可以加快许多操作的速度。
- 解锁/锁定：单击图标，将锁定某一图层。被锁定的图层是可见的，但图层上的对象不能被编辑。
- 打印/不打印：单击图标，将设定图层不能被打印。

1.3.3　修改对象图层、颜色、线型和线宽

用户通过【特性】面板上的【颜色控制】【线型控制】【线宽控制】下拉列表可以方便地修改或设置对象的颜色、线型及线宽等属性，如图 1-27 所示。默认情况下，这 3 个下拉列表中显示【ByLayer】，其含义是所绘对象的颜色、线型及线宽等属性与当前图层所设定的完全相同。

当要设置即将绘制的对象的颜色、线型及线宽等属性时，可直接在【颜色控制】【线型控制】【线宽控制】下拉列表中选择相应的选项。

若要修改已有对象的颜色、线型及线宽等属性时，可先选择对象，然后在【颜色控制】【线型控制】【线宽控制】下拉列表中选择新的颜色、线型及线宽即可。

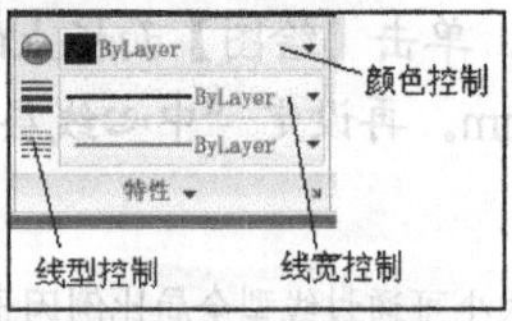

图1-27 【特性】面板

练习1-6　控制图层状态、切换图层、修改对象所在的图层，以及改变对象的线型和线宽。

1. 打开素材文件“dwg\第 1 讲\1-6.dwg”。
2. 打开【图层】面板中的【图层控制】下拉列表，单击尺寸标注层前面的图标，然后将鼠标指针移出下拉列表并单击一点，关闭图层，则该图层上的对象变为不可见。
3. 打开【图层控制】下拉列表，单击轮廓线层前面的图标，然后将鼠标指针移出下拉列表并单击一点，冻结图层，则该图层上的对象变为不可见。
4. 选中所有黄色线条，则【图层控制】下拉列表显示这些线条所在的图层——虚线层。在该下拉列表中选择【中心线层】，操作结束后，下拉列表自动关闭，被选对象转移到中心线层上。
5. 展开【图层控制】下拉列表，单击尺寸标注层前面的图标，再单击轮廓线层前面的图标，打开尺寸标注层及解冻轮廓线层，则两个图层上的对象变为可见。
6. 选中所有图形对象，打开【特性】面板上的【颜色控制】下拉列表，从列表中选择蓝色，则所有对象变为蓝色。改变对象线型及线宽的方法与修改对象颜色类似。

1.3.4　修改非连续线的外观

非连续线是由短横线、空格等构成的重复图案，图案中的短横线长度、空格长度由线型全局比例因子控制。用户绘图时常会遇到这样一种情况：本来想画虚线或点画线，但最终绘制出的线型看上去却和连续线一样，出现这种现象的原因是线型全局比例因子设置得太大或太小。

LTSCALE 是控制线型外观的全局比例因子，它将影响图形中所有非连续线的外观，其值增加时，将使非连续线中短横线及空格加长，否则，会使它们缩短。图 1-28 显示了使用不同线型全局比例因子时虚线及点画线的外观。

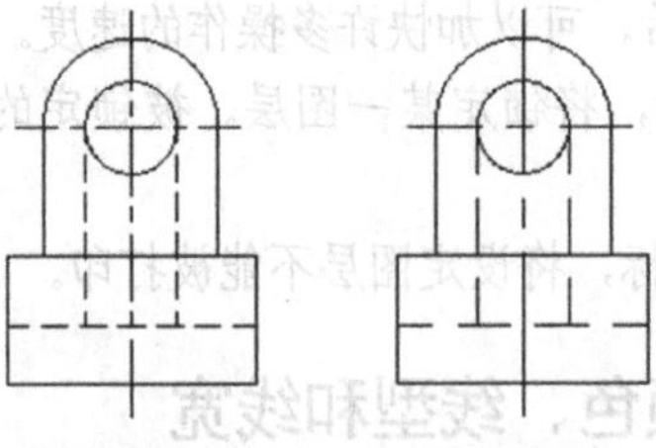

图1-28　线型全局比例因子对非连续线外观的影响

练习1-7　改变线型全局比例因子。

1. 打开【特性】面板上的【线型控制】下拉列表，如图 1-29 所示。
2. 在此下拉列表中选取【其他】选项，打开【线型管理器】对话框，再单击显示细节(D)按钮，则该对话框底部出现【详细信息】分组框，如图 1-30 所示。

图1-29 【特性】面板

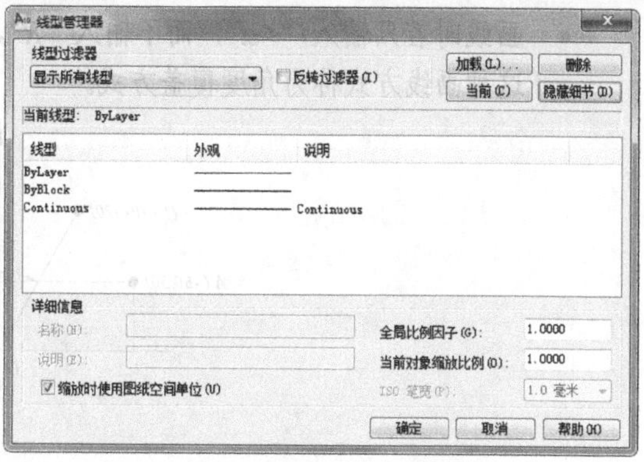

图1-30 【线型管理器】对话框

3. 在【详细信息】分组框的【全局比例因子】文本框中输入新的数值。

1.4 范例解析——使用图层及修改线型全局比例因子

练习1-8 创建图层、改变图层状态、将图形对象修改到其他图层上，以及修改线型全局比例因子。

1. 打开素材文件“dwg\第1讲\1-8.dwg”。
2. 创建以下图层。

名称	颜色	线型	线宽
尺寸标注	绿色	Continuous	默认
文字说明	绿色	Continuous	默认

3. 关闭“轮廓线”“剖面线”“中心线”图层，将尺寸标注及文字说明分别修改到“尺寸标注”“文字说明”图层上。
4. 修改线型全局比例因子为“0.5”，然后打开“轮廓线”“剖面线”“中心线”图层。

1.5 功能讲解——画线的方法（一）

本节的主要内容包括输入相对坐标画线、捕捉几何点、修剪线条及延伸线条等。

1.5.1 输入点的坐标画线

LINE 命令可用于在二维或三维空间中创建线段，发出该命令后，用户通过鼠标指定线段的端点，或者利用键盘输入端点坐标，系统就将这些点连接成线段。

常用的点坐标形式如下。

- 绝对或相对直角坐标。绝对直角坐标的输入格式为“x,y”，相对直角坐标的输入格式为“@x,y”。x 表示点的 x 坐标值，y 表示点的 y 坐标值，两坐标值之间用“,”分隔。例如：(−60,30)、(40,70) 分别表示图 1-31 中的 A、B 点。
- 绝对或相对极坐标。绝对极坐标的输入格式为“$R<\alpha$”，相对极坐标的输入格式为“@$R<\alpha$”。R 表示点到原点的距离，α表示极轴方向与 x 轴正向间的夹角。若从 x 轴正向逆时针旋转到极轴方向，则α角为正，否则，α角为负。例如：(70<120)、(50<−30) 分别表示图 1-31 中的 C、D 点。

- 画线时若只输入“<α”，而不输入“R”，则表示沿α角度方向绘制任意长度的线段，这种画线方式称为角度覆盖方式。

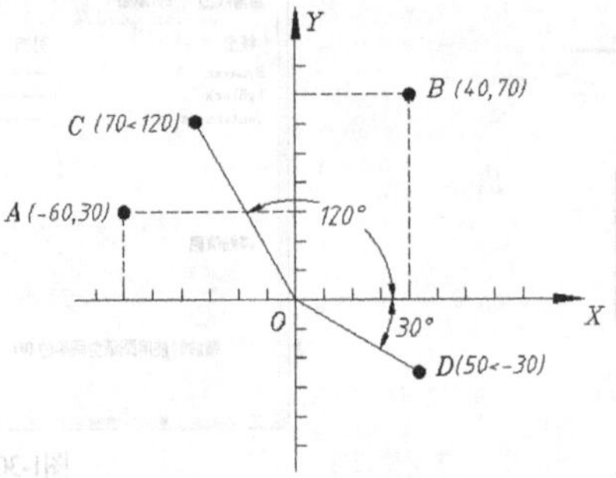

图1-31 点的坐标

1. 命令启动方法

- 菜单命令:【绘图】/【直线】。
- 面板:【绘图】面板上的按钮。
- 命令: LINE 或简写 L。

练习1-9 图形左下角点的绝对坐标及图形尺寸如图 1-32 所示，用 LINE 命令绘制此图形。

1. 设定绘图区域大小为 80×80，该区域左下角点的坐标为（190,150），右上角点的相对坐标为（@80,80）。单击【视图】选项卡中【导航】面板上的按钮，使绘图区域充满绘图窗口。
2. 单击【绘图】面板上的按钮或输入命令代号 LINE，启动画线命令。

```
命令: _line 指定第一点: 200,160                    //输入 A 点的绝对直角坐标，如图 1-32 所示
指定下一点或 [放弃(U)]: @66,0                      //输入 B 点的相对直角坐标
指定下一点或 [放弃(U)]: @0,48                      //输入 C 点的相对直角坐标
指定下一点或 [闭合(C)/放弃(U)]: @-40,0             //输入 D 点的相对直角坐标
指定下一点或 [闭合(C)/放弃(U)]: @0,-8              //输入 E 点的相对直角坐标
指定下一点或 [闭合(C)/放弃(U)]: @-17,0             //输入 F 点的相对直角坐标
指定下一点或 [闭合(C)/放弃(U)]: @26<-110           //输入 G 点的相对极坐标
指定下一点或 [闭合(C)/放弃(U)]: c                  //使线框闭合
```

结果如图 1-33 所示。

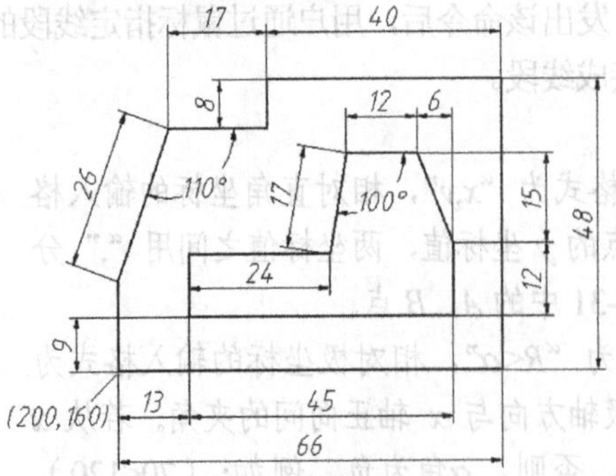

图1-32 用LINE 命令绘图

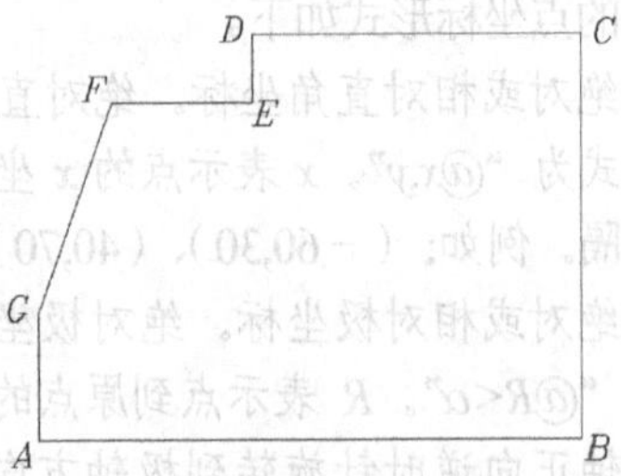

图1-33 绘制线段 AB、BC 等

3. 请读者自己绘制图形的其余部分。

2. 命令选项

- 指定第一点：在此提示下，用户需指定线段的起点，若此时按 Enter 键，则系统将以上一次所绘制线段或圆弧的终点作为新线段的起点。
- 指定下一点：在此提示下，指定线段的端点，按 Enter 键后，系统继续提示“指定下一点”，用户可指定下一个端点。若按 Enter 键，则命令结束。
- 放弃(U)：在“指定下一点”提示下，输入字母“U”，将删除上一条线段，多次输入“U”，则会删除多条线段，该选项可以及时纠正绘图过程中的错误。
- 闭合(C)：在“指定下一点”提示下，输入字母“C”，系统将使连续折线自动封闭。

1.5.2 使用对象捕捉精确画线

用 LINE 命令画线的过程中，可启动对象捕捉功能以拾取一些特殊的几何点，如端点、圆心及切点等。【对象捕捉】工具栏中包含了各种对象捕捉工具，其中常用对象捕捉工具的代号及功能如表 1-1 所示。

表 1-1　对象捕捉工具的代号及功能

捕捉工具	代号	功能
	FROM	正交偏移捕捉。先指定基点，再输入相对坐标确定新点
	END	捕捉端点
	MID	捕捉中点
	INT	捕捉交点
	EXT	捕捉延伸点。从线段端点开始沿线段方向捕捉一点
	CEN	捕捉圆、圆弧、椭圆的中心
	QUA	捕捉圆或椭圆的 0°、90°、180°、270° 处的点——象限点
	TAN	捕捉切点
	PER	捕捉垂足
	PAR	平行捕捉。先指定线段起点，再利用平行捕捉绘制平行线
无	M2P	捕捉两点间连线的中点

练习1-10 打开素材文件“dwg\第 1 讲\1-10.dwg”，如图 1-34 左图所示，使用 LINE 命令将左图修改为右图。

1. 单击状态栏上的□按钮，启动对象捕捉功能。再在此按钮上单击鼠标右键，在弹出的快捷菜单中选择【设置】命令，打开【草图设置】对话框，在该对话框的【对象捕捉】选项卡中设置自动捕捉类型为【端点】【中点】【交点】，如图 1-35 所示。

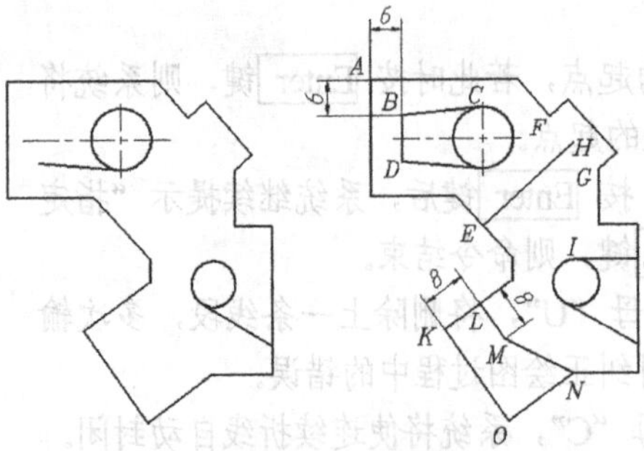

图1-34 利用对象捕捉画线

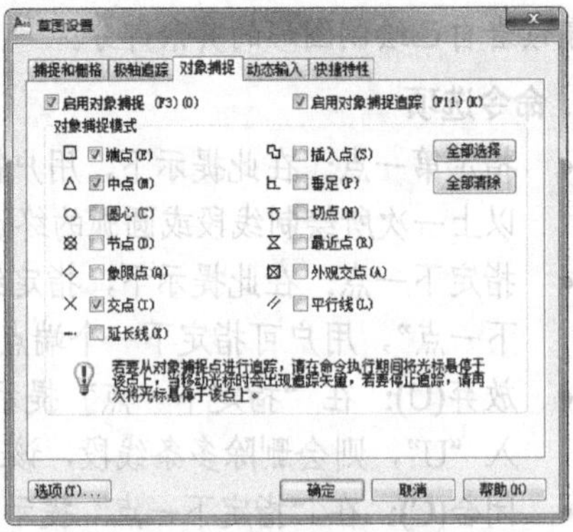

图1-35 【草图设置】对话框

2. 绘制线段 *BC*、*BD*，*B* 点的位置用正交偏移捕捉确定，如图 1-34 右图所示。

命令: _line 指定第一点: from　　//输入正交偏移捕捉代号“from”，按 Enter 键
基点:　　//将十字光标移动到 *A* 点处，系统自动捕捉该点，单击确认
<偏移>: @6,-6　　//输入 *B* 点的相对坐标
指定下一点或 [放弃(U)]: tan 到　　//输入切点代号“tan”并按 Enter 键，捕捉切点 *C*
指定下一点或 [放弃(U)]:　　//按 Enter 键结束
命令:　　//重复命令，按 Enter 键
LINE 指定第一点:　　//自动捕捉端点 *B*
指定下一点或 [放弃(U)]:　　//自动捕捉端点 *D*
指定下一点或 [放弃(U)]:　　//按 Enter 键结束

3. 绘制线段 *EH*、*IJ*，如图 1-34 右图所示。

命令: _line 指定第一点:　　//自动捕捉中点 *E*
指定下一点或 [放弃(U)]: m2p　　//输入捕捉代号“m2p”，按 Enter 键
中点的第一点:　　//自动捕捉端点 *F*
中点的第二点:　　//自动捕捉端点 *G*
指定下一点或 [放弃(U)]:　　//按 Enter 键结束
命令:　　//重复命令，按 Enter 键
LINE 指定第一点: qua 于　　//输入象限点代号捕捉象限点 *I*
指定下一点或 [放弃(U)]: per 到　　//输入垂足代号捕捉垂足 *J*
指定下一点或 [放弃(U)]:　　//按 Enter 键结束

4. 绘制线段 *LM*、*MN*，如图 1-34 右图所示。

命令: _line 指定第一点: EXT　　//输入延伸点代号“EXT”并按 Enter 键
于 8　　//从 *K* 点开始沿线段进行追踪，输入 *L* 点与 *K* 点的距离
指定下一点或 [放弃(U)]: PAR　　//输入平行偏移捕捉代号“PAR”并按 Enter 键
到 8　　//将十字光标从线段 *KO* 处移动到 *LM* 处，再输入线段 *LM* 的长度
指定下一点或 [放弃(U)]:　　//自动捕捉端点 *N*
指定下一点或 [闭合(C)/放弃(U)]:　　//按 Enter 键结束

启动对象捕捉功能的方法有以下 3 种。

(1) 绘图过程中，当系统提示指定一个点时，用户可单击捕捉按钮或输入捕捉命令代号来启动对象捕捉功能，然后将十字光标移动到要捕捉的特征点附近，系统就自动捕捉该点。

(2) 启动对象捕捉功能的另一种方法是利用快捷菜单。发出 AutoCAD 命令后，按 Shift 键并单击鼠标右键，弹出快捷菜单，通过此菜单可选择捕捉何种类型的点。

(3) 前面所述的捕捉方式仅对当前操作有效，命令结束后，捕捉模式自动关闭，这种捕捉方式称为覆盖捕捉方式。除此之外，用户可以采用自动捕捉方式来定位点，单击状态栏上的□按钮，就可打开这种方式。

1.5.3 利用正交模式辅助画线

单击状态栏上的∟按钮打开正交模式。在正交模式下，十字光标只能沿水平或竖直方向移动。画线时若同时打开该模式，则只需输入线段的长度，系统就自动画出水平或竖直线段。

当调整水平或竖直方向线段的长度时，可利用正交模式限制线段的移动方向。选择线段，线段上出现关键点（实心矩形点），选中端点处的关键点，移动十字光标，就可以沿水平或竖直方向改变线段的长度。

1.5.4 修剪线条

使用 TRIM 命令可将多余线条修剪掉。启动该命令后，用户首先指定一个或几个对象作为剪切边（可以想象为剪刀），然后选择被修剪的部分。

1. 命令启动方法

- 菜单命令:【修改】/【修剪】。
- 面板:【修改】面板上的⁄按钮。
- 命令: TRIM 或简写 TR。

练习1-11 练习 TRIM 命令。

打开素材文件“dwg\第 1 讲\1-11.dwg”，如图 1-36 左图所示，用 TRIM 命令将左图修改为右图。

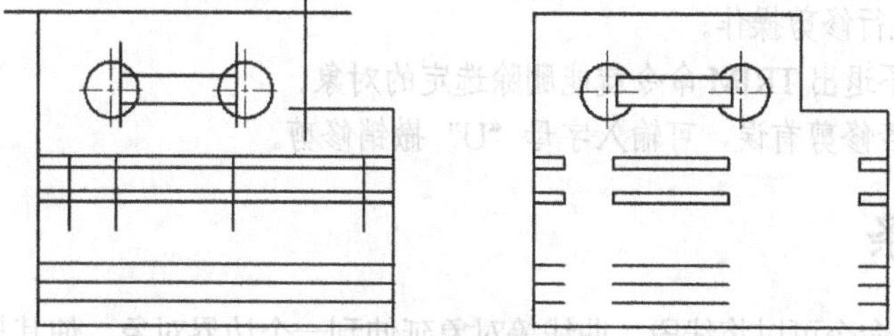

图1-36 修剪对象

1. 单击【修改】面板上的⁄按钮或输入命令代号 TRIM，启动修剪命令。

```
命令: _trim
选择对象或 <全部选择>: 找到 1 个                          //选择剪切边 A，如图 1-37 左图所示
选择对象:                                                 //按 Enter 键
选择要修剪的对象，或按住 Shift 键选择要延伸的对象，或
[栏选(F)/窗交(C)/投影(P)/边(E)/删除(R)/放弃(U)]:         //在 B 点处选择要修剪的多余线条
选择要修剪的对象，或按住 Shift 键选择要延伸的对象，或
[栏选(F)/窗交(C)/投影(P)/边(E)/删除(R)/放弃(U)]:         //按 Enter 键结束
```

```
命令:TRIM                                         //重复命令
    选择对象:总计 2 个                              //选择剪切边 C、D
    选择对象:                                       //按Enter键
    选择要修剪的对象或[/边(E)]: e                  //选择"边(E)"选项
    输入隐含边延伸模式 [延伸(E)/不延伸(N)] <不延伸>: e   //选择"延伸(E)"选项
    选择要修剪的对象:                               //在 E、F、G 点处选择要修剪的部分
    选择要修剪的对象:                               //按Enter键结束
```

要点提示 为简化说明，仅将第 2 个 TRIM 命令的与当前操作相关的提示信息罗列出来，而将其他信息省略。这种讲解方式在后续的例题中也将采用。

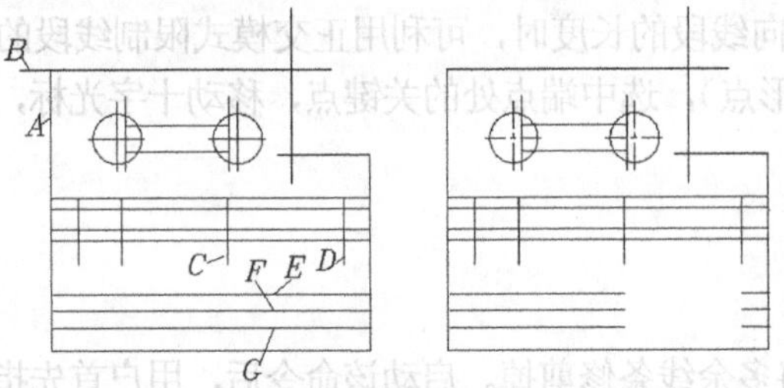

图1-37 修剪线段 *E*、*F* 等

2. 请读者使用 TRIM 命令修剪图中其他的多余线条。

2. 命令选项

- 按住Shift键选择要延伸的对象：将选定的对象延伸至剪切边。
- 栏选(F)：用户绘制连续折线，与折线相交的对象被修剪。
- 窗交(C)：利用交叉窗口选择对象。
- 投影(P)：该选项可以使用户指定执行修剪的空间，例如，三维空间中的两条线段呈交叉关系，用户可利用该选项假想将其投影到某一平面上执行修剪操作。
- 边(E)：如果剪切边太短，没有与被修剪对象相交，就利用此选项假想将剪切边延长，然后执行修剪操作。
- 删除(R)：不退出 TRIM 命令就能删除选定的对象。
- 放弃(U)：若修剪有误，可输入字母"U"撤销修剪。

1.5.5 延伸线条

利用 EXTEND 命令可以将线段、曲线等对象延伸到一个边界对象，使其与边界对象相交。有时对象延伸后并不与边界直接相交，而是与边界的延长线相交。

1. 命令启动方法

- 菜单命令：【修改】/【延伸】。
- 面板：【修改】面板上的 按钮。
- 命令：EXTEND 或简写 EX。

练习1-12 练习 EXTEND 命令。

打开素材文件"dwg\第 1 讲\1-12.dwg"，如图 1-38 左图所示，用 EXTEND 及 TRIM 命令将左

图修改为右图。

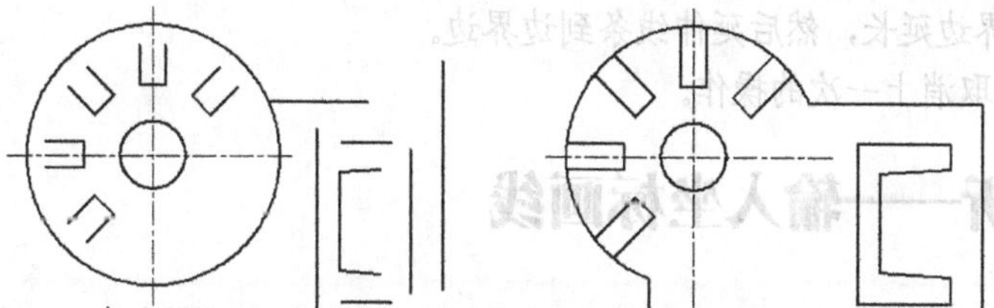

图1-38　延伸及修剪线条

1. 单击【修改】面板上的按钮或输入命令代号 EXTEND，启动延伸命令。

```
命令: _extend
选择对象或 <全部选择>:  找到 1 个                    //选择边界线段 A，如图 1-39 左图所示
选择对象:                                           //按 Enter 键
选择要延伸的对象，或按住 Shift 键选择要修剪的对象，或
[栏选(F)/窗交(C)/投影(P)/边(E)/放弃(U)]:            //选择要延伸的线段 B
选择要延伸的对象，或按住 Shift 键选择要修剪的对象，或
[栏选(F)/窗交(C)/投影(P)/边(E)/放弃(U)]:            //按 Enter 键结束
命令:EXTEND                                         //重复命令
选择对象:总计 2 个                                   //选择边界线段 A、C
选择对象:                                           //按 Enter 键
选择要延伸的对象或[/边(E)]:  e                        //选择“边(E)”选项
输入隐含边延伸模式 [延伸(E)/不延伸(N)] <不延伸>: e    //选择“延伸(E)”选项
选择要延伸的对象:                                    //选择要延伸的线段 A、C
选择要延伸的对象:                                    //按 Enter 键结束
```

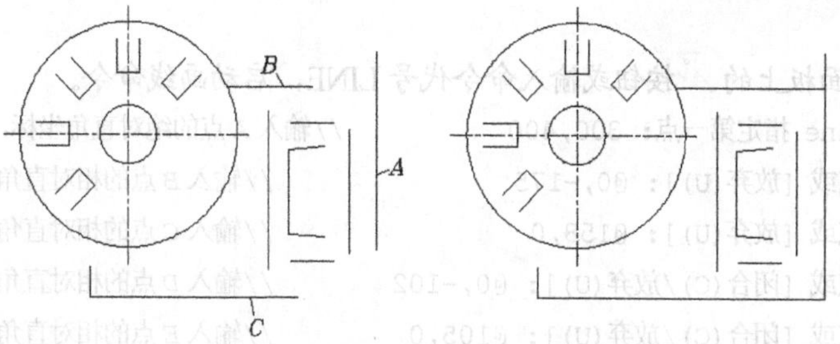

图1-39　延伸线条

2. 请读者使用 EXTEND 和 TRIM 命令继续修改图形的其他部分。

2. 命令选项

- 按住 Shift 键选择要修剪的对象：将选择的对象修剪到边界而不是将其延伸。
- 栏选(F)：用户绘制连续折线，与折线相交的对象被延伸。
- 窗交(C)：利用交叉窗口选择对象。
- 投影(P)：该选项使用户可以指定延伸操作的空间。对于二维绘图来说，延伸操作是在当前用户坐标平面（*xy* 平面）内进行的。在三维空间作图时，用户可通过该选项将两个交叉对象投影到 *xy* 平面或当前视图平面内，再执行延伸操作。

- 边(E)：当边界边太短、延伸对象后不能与其直接相交时，就使用该选项，此时系统假想将边界边延长，然后延伸线条到边界边。
- 放弃(U)：取消上一次的操作。

1.6 范例解析——输入坐标画线

练习1-13 图形左上角点的绝对坐标及图形尺寸如图 1-40 所示，下面用 LINE 命令，采用输入点的坐标的方式绘制此图形。

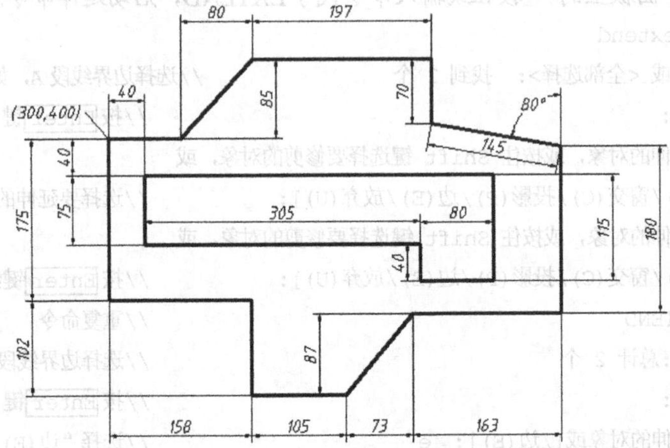

图1-40 利用 LINE 命令绘图

1. 设定绘图区域大小为 550×550，该区域左下角点的坐标为（280,100），右上角点的相对坐标为（@550,550）。单击【视图】选项卡中【导航】面板上的 按钮，使绘图区域充满绘图窗口。
2. 单击【绘图】面板上的 按钮或输入命令代号 LINE，启动画线命令。

```
命令: _line 指定第一点: 300,400                     //输入 A 点的绝对直角坐标，如图 1-41 所示
指定下一点或 [放弃(U)]: @0,-175                      //输入 B 点的相对直角坐标
指定下一点或 [放弃(U)]: @158,0                       //输入 C 点的相对直角坐标
指定下一点或 [闭合(C)/放弃(U)]: @0,-102              //输入 D 点的相对直角坐标
指定下一点或 [闭合(C)/放弃(U)]: @105,0               //输入 E 点的相对直角坐标
指定下一点或 [闭合(C)/放弃(U)]: @73,87               //输入 F 点的相对直角坐标
指定下一点或 [闭合(C)/放弃(U)]: @163,0               //输入 G 点的相对极坐标
指定下一点或 [闭合(C)/放弃(U)]: @0,180               //输入 H 点的相对极坐标
指定下一点或 [闭合(C)/放弃(U)]: @145<170             //输入 I 点的相对极坐标
指定下一点或 [闭合(C)/放弃(U)]: @0,70                //输入 J 点的相对极坐标
指定下一点或 [闭合(C)/放弃(U)]: @-197,0              //输入 K 点的相对极坐标
指定下一点或 [闭合(C)/放弃(U)]: @-80,-85             //输入 L 点的相对极坐标
指定下一点或 [闭合(C)/放弃(U)]: c                    //使线框闭合
```

结果如图 1-41 所示。

3. 采用相同的方法绘制线段 *MN*、*NO*、*OP*、*PQ*、*QR* 及 *RM* 等，结果如图 1-42 所示。

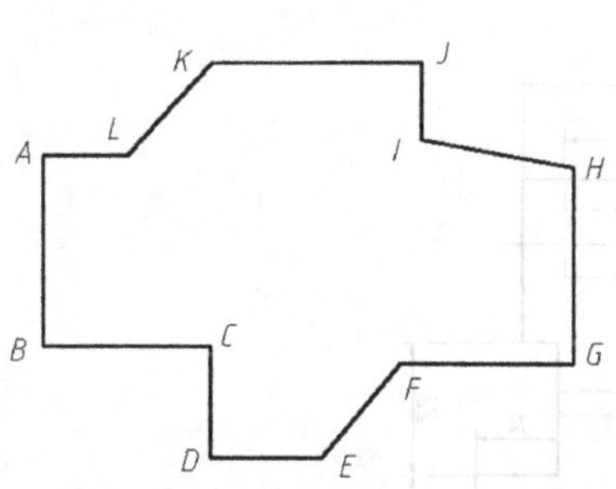

图1-41 使用 LINE 命令绘制线段 *AB*、*BC* 等

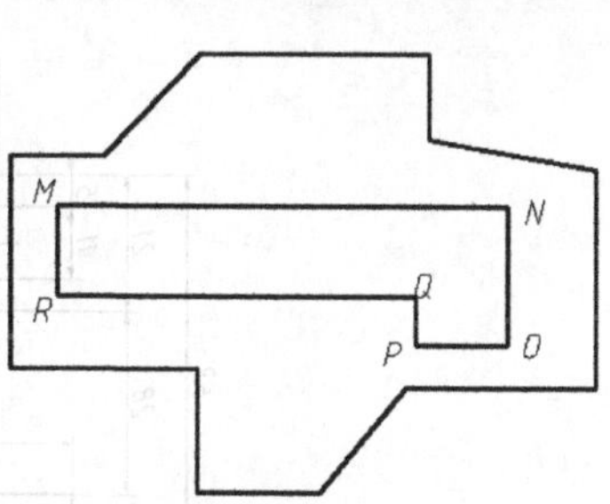

图1-42 使用 LINE 命令绘制线段 *MN*、*NO* 等

1.7 课堂实训——输入点的坐标及利用对象捕捉画线

练习1-14 使用 LINE 及 TRIM 等命令绘制平面图形，如图 1-43 所示。

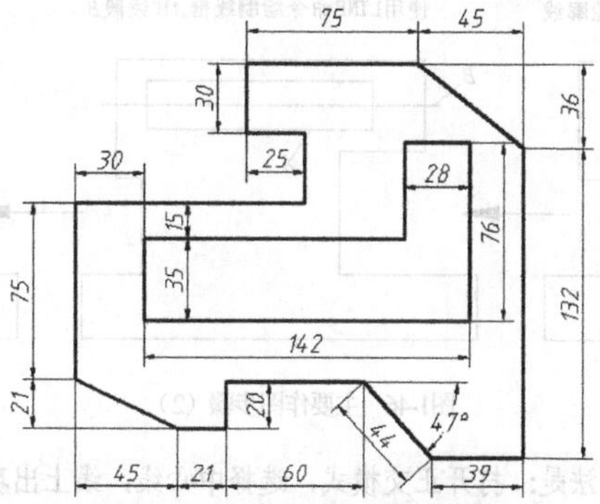

图1-43 使用 LINE 及 TRIM 等命令绘图

主要作图步骤如图 1-44 所示。

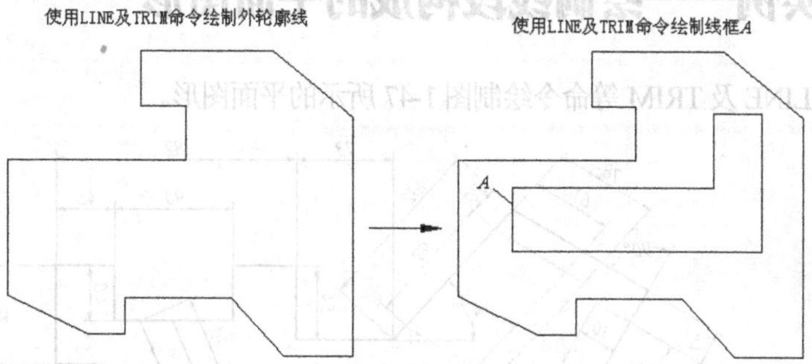

图1-44 主要作图步骤（1）

练习1-15 创建以下图层并使用 LINE 和 TRIM 等命令绘制平面图形，如图 1-45 所示。

名称	颜色	线型	线宽
轮廓线层	白色	Continuous	0.5
虚线层	红色	DASHED	默认
中心线层	蓝色	CENTER	默认

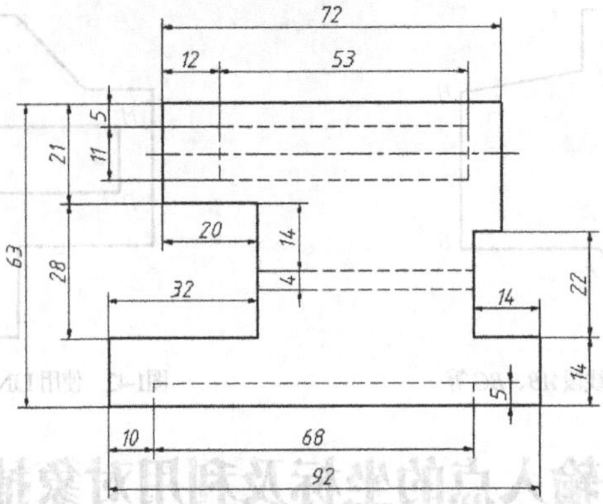

图1-45 创建图层并使用 LINE 和 TRIM 等命令绘图

主要作图步骤如图 1-46 所示。

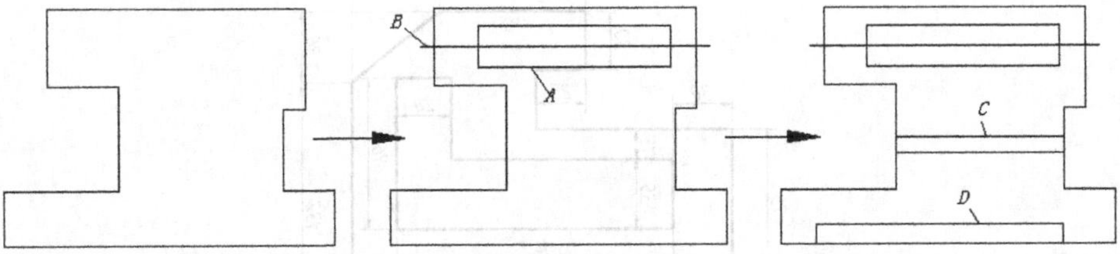

图1-46 主要作图步骤（2）

要点提示 调整图中中心线长度的方法是：打开正交模式，选择中心线，线上出现关键点，选中端点处的关键点，然后向左或向右移动十字光标就可以改变中心线的长度。

1.8 综合实例——绘制线段构成的平面图形

练习1-16 使用 LINE 及 TRIM 等命令绘制图 1-47 所示的平面图形。

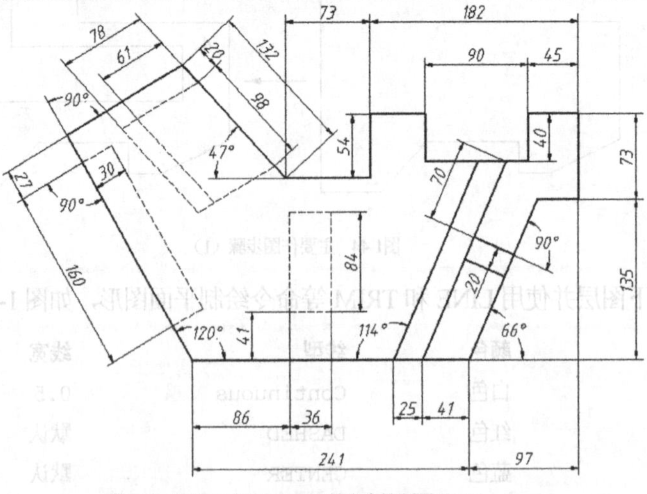

图1-47 使用 LINE 及 TRIM 等命令绘制图形（1）

主要作图步骤如图 1-48 所示。

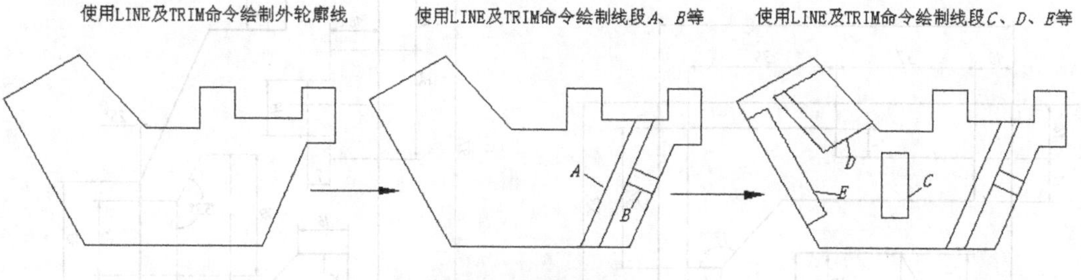

图1-48　主要作图步骤（1）

练习1-17　使用 LINE 及 TRIM 等命令绘制图 1-49 所示的平面图形。

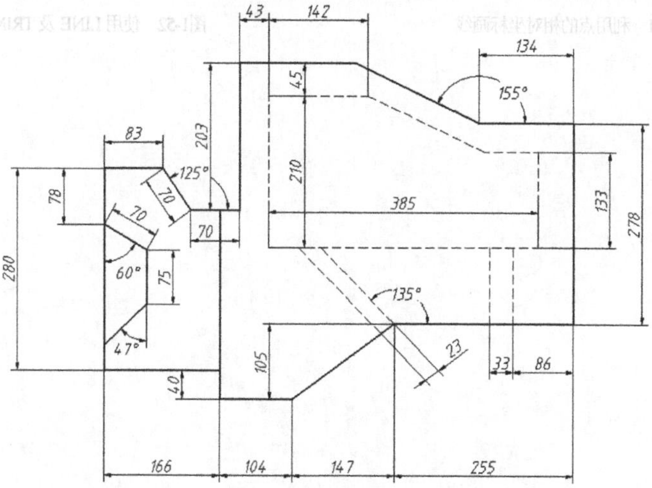

图1-49　使用 LINE 及 TRIM 等命令绘制图形（2）

主要作图步骤如图 1-50 所示。

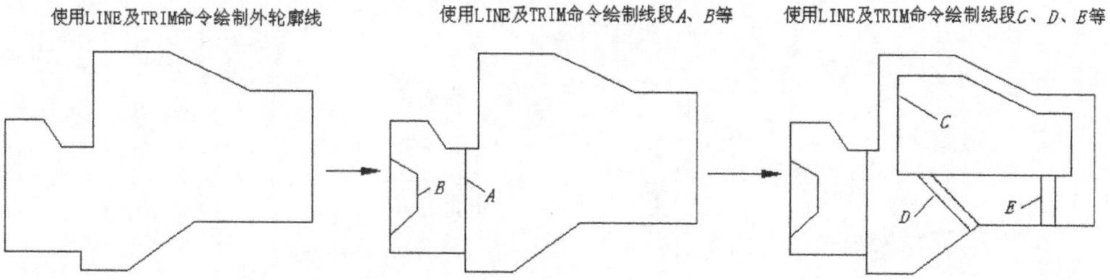

图1-50　主要作图步骤（2）

1.9　课后作业

1. 利用点的相对坐标画线，如图 1-51 所示。
2. 使用 LINE 及 TRIM 等命令绘制平面图形，如图 1-52 所示。

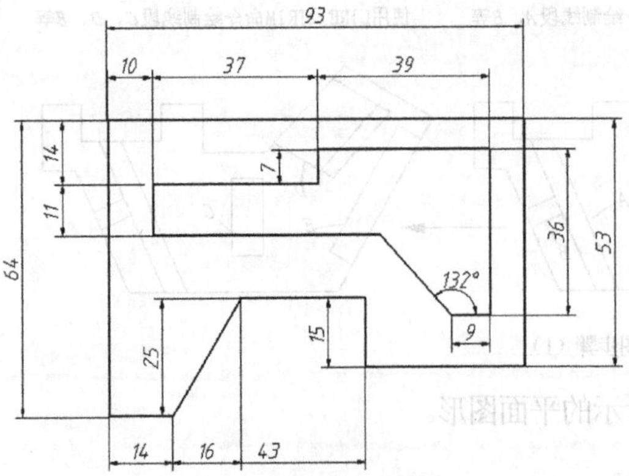

图1-51　利用点的相对坐标画线

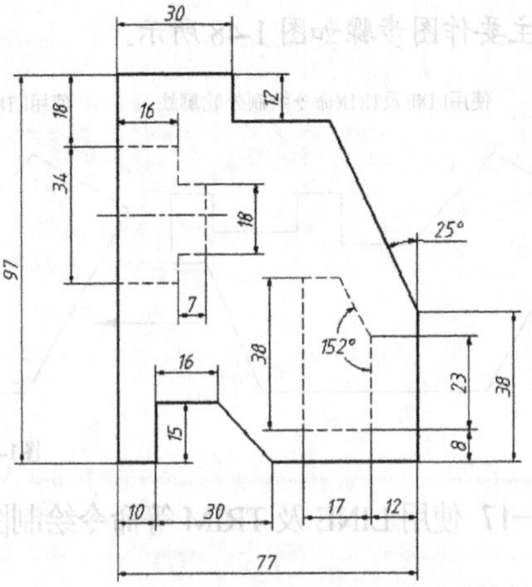

图1-52　使用 LINE 及 TRIM 等命令绘制平面图形

第2讲

绘制线段、平行线及圆

通过学习本讲，读者可以掌握绘制线段、斜线、平行线、圆及圆弧连接的方法，并能够灵活运用相应命令绘制简单图形。

学习目标

- 使用极轴追踪及对象捕捉追踪功能画线。
- 画平行线、斜线及垂线。
- 打断线条及调整线条长度。
- 画圆、圆弧连接及圆的切线。
- 倒圆角及倒角。

2.1 功能讲解——画线的方法（二）

本节主要内容包括极轴追踪、对象捕捉追踪、绘制平行线和改变线条长度等。

2.1.1 结合对象捕捉、极轴追踪及对象捕捉追踪功能画线

首先简要说明 AutoCAD 极轴追踪及对象捕捉追踪功能，然后通过练习掌握它们。

1. 极轴追踪

打开极轴追踪功能并启动 LINE 命令后，十字光标就沿用户设定的极轴方向移动，系统在该方向上显示一条追踪辅助线及十字光标点的极坐标值，如图 2-1 所示。输入线段的长度，按 Enter 键，就绘制出指定长度的线段。

图2-1　极轴追踪

2. 对象捕捉追踪

对象捕捉追踪是指系统从一点开始自动沿某一方向进行追踪，追踪方向上将显示一条追踪辅助线及十字光标点的极坐标值。输入追踪距离，按 Enter 键，就确定新的点。在使用对象捕捉追踪功能时，必须打开对象捕捉。系统首先捕捉一个几何点作为追踪参考点，然后沿水平、竖直方向或

设定的极轴方向进行追踪，如图 2-2 所示。

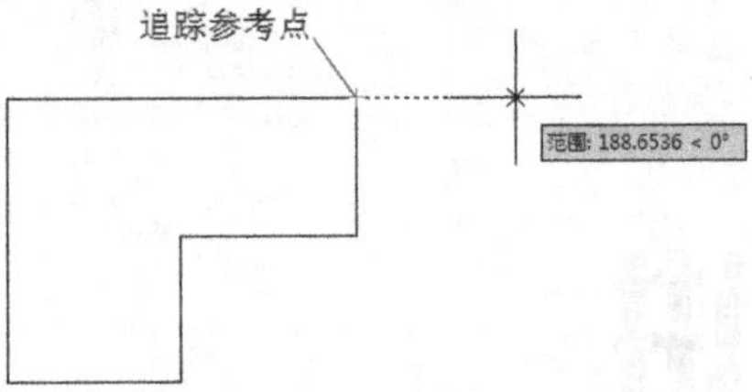

图2-2　对象捕捉追踪

练习2-1　打开素材文件“dwg\第 2 讲\2-1.dwg”，如图 2-3 左图所示，用 LINE 命令并结合极轴追踪、对象捕捉及对象捕捉追踪功能将左图修改为右图。

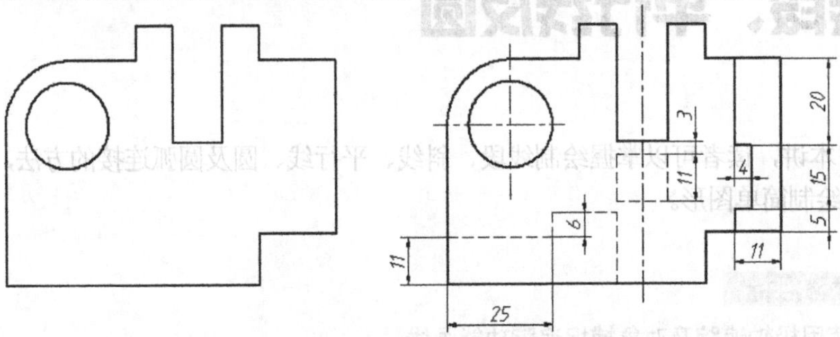

图2-3　结合极轴追踪、对象捕捉及对象捕捉追踪功能画线

1. 打开对象捕捉，设置自动捕捉类型为端点、中点、圆心及交点，再设定线型全局比例因子为 0.2。
2. 在状态栏的按钮上单击鼠标右键，在弹出的快捷菜单中选择【设置】命令，打开【草图设置】对话框，进入【极轴追踪】选项卡，在该选项卡的【增量角】下拉列表中设定极轴角增量为“90”，如图 2-4 所示。此后若用户打开极轴追踪画线，则十字光标将自动沿 0°、90°、180°、270° 方向进行追踪，再输入线段长度，系统就在该方向上画出线段。单击 确定 按钮，关闭【草图设置】对话框。
3. 单击状态栏上的、及按钮，打开极轴追踪、对象捕捉及对象捕捉追踪功能。
4. 切换到轮廓线层，绘制线段 BC、EF 等，如图 2-5 所示。

```
命令: _line 指定第一点:                    //从中点 A 向上追踪到 B 点
指定下一点或 [放弃(U)]:                    //从 B 点向下追踪到 C 点
指定下一点或 [放弃(U)]:                    //按 Enter 键结束
命令:                                      //重复命令
LINE 指定第一点: 11                        //从 D 点向上追踪并输入追踪距离
指定下一点或 [放弃(U)]: 25                 //从 E 点向右追踪并输入追踪距离
指定下一点或 [放弃(U)]: 6                  //从 F 点向上追踪并输入追踪距离
指定下一点或 [闭合(C)/放弃(U)]:            //从 G 点向右追踪并以 I 点为追踪参考点确定 H 点
指定下一点或 [闭合(C)/放弃(U)]:            //从 H 点向下追踪并捕捉交点 J
指定下一点或 [闭合(C)/放弃(U)]:            //按 Enter 键结束
```

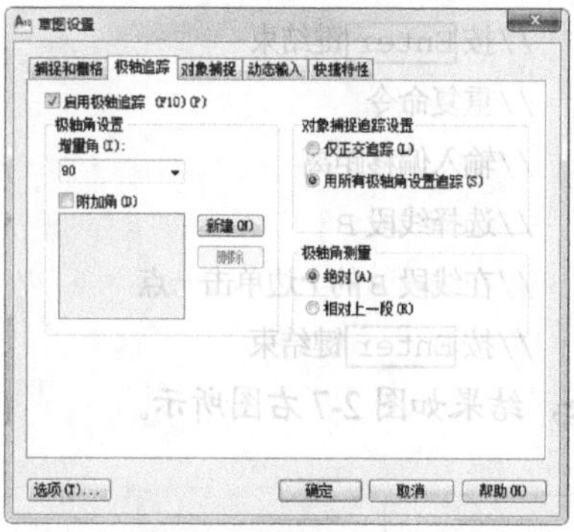

图2-4 【草图设置】对话框

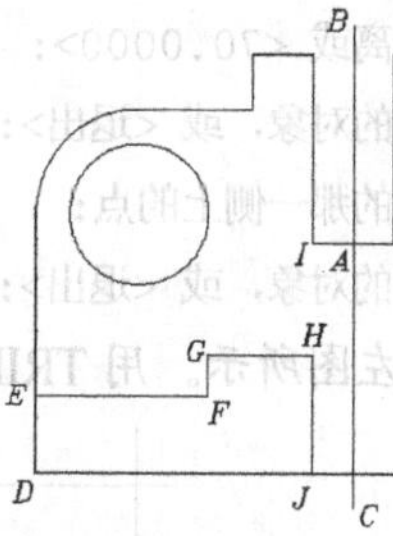

图2-5 绘制线段*BC*、*EF*等

5. 请读者自己绘制图形的其余部分，然后修改某些对象所在的图层。

2.1.2 绘制平行线

OFFSET 命令可用于将对象偏移指定的距离，创建一个与源对象平行的新对象。使用该命令时，用户可以通过两种方式创建平行对象：一种是输入平行线间的距离，另一种是指定新平行线通过的点。

1. 命令启动方法

- 菜单命令：【修改】/【偏移】。
- 面板：【修改】面板上的按钮。
- 命令：OFFSET 或简写 O。

练习2-2 打开素材文件“dwg\第 2 讲\2-2.dwg”，如图 2-6 左图所示，使用 OFFSET、EXTEND 及 TRIM 等命令将左图修改为右图。

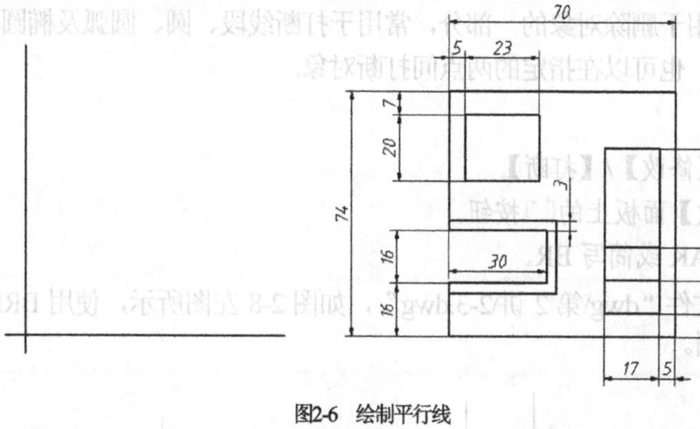

图2-6 绘制平行线

1. 使用 OFFSET 命令偏移线段 *A*、*B* 得到平行线 *C*、*D*，如图 2-7 左图所示。

命令: _offset

指定偏移距离或 [通过(T)/删除(E)/图层(L)] <10.0000>: 70

//输入偏移距离

选择要偏移的对象，或 [退出(E)/放弃(U)] <退出>: //选择线段 A

指定要偏移的那一侧上的点，或 [退出(E)/多个(M)/放弃(U)] <退出>:

//在线段 A 的右边单击一点

```
选择要偏移的对象，或 [退出(E)/放弃(U)] <退出>:     //按Enter键结束
命令:OFFSET                                          //重复命令
指定偏移距离或 <70.0000>: 74                         //输入偏移距离
选择要偏移的对象，或 <退出>:                         //选择线段 B
指定要偏移的那一侧上的点:                            //在线段 B 的上边单击一点
选择要偏移的对象，或 <退出>:                         //按Enter键结束
```

2. 结果如图 2-7 左图所示。用 TRIM 命令修剪多余线条，结果如图 2-7 右图所示。

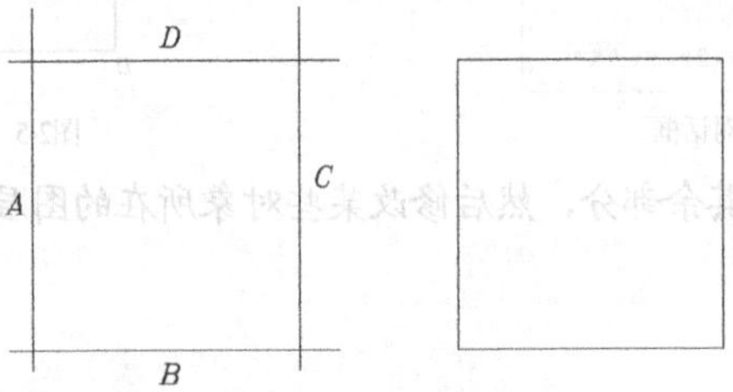

图2-7　绘制平行线 C、D 并修剪多余线条

3. 请读者使用 OFFSET、EXTEND 及 TRIM 命令绘制图形的其余部分。

2. 命令选项

- 通过(T)：通过指定点创建新的偏移对象。
- 删除(E)：偏移源对象后将其删除。
- 图层(L)：指定将偏移后的新对象放置在当前图层或源对象所在的图层上。
- 多个(M)：在要偏移的一侧单击多次，就创建多个等距对象。

2.1.3 打断线条

BREAK 命令可用于删除对象的一部分，常用于打断线段、圆、圆弧及椭圆等，此命令既可以在一个点处打断对象，也可以在指定的两点间打断对象。

1. 命令启动方法

- 菜单命令：【修改】/【打断】。
- 面板：【修改】面板上的按钮。
- 命令：BREAK 或简写 BR。

练习2-3　打开素材文件“dwg\第 2 讲\2-3.dwg”，如图 2-8 左图所示，使用 BREAK 等命令将左图修改为右图。

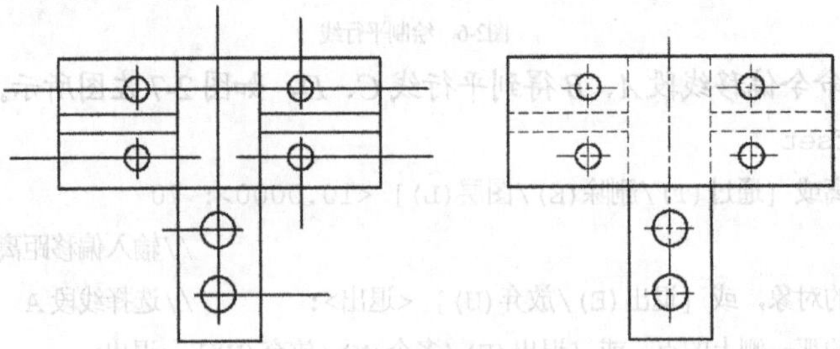

图2-8　打断线条

1. 使用 BREAK 命令打断线条，如图 2-9 所示。

```
命令: _break 选择对象:                    //在 A 点处选择对象，如图 2-9 左图所示
指定第二个打断点 或 [第一点(F)]:          //在 B 点处选择对象
命令:                                     //重复命令
BREAK 选择对象:                           //在 C 点处选择对象
指定第二个打断点 或 [第一点(F)]:          //在 D 点处选择对象
命令:                                     //重复命令
BREAK 选择对象:                           //选择线段 E
指定第二个打断点 或 [第一点(F)]: f        //使用"第一点(F)"选项
指定第一个打断点: int 于                  //捕捉交点 F
指定第二个打断点: @                       //输入相对坐标符号，按 Enter 键，在同一点打断对象
```

2. 再将线段 *E* 修改到虚线层上，结果如图 2-9 右图所示。

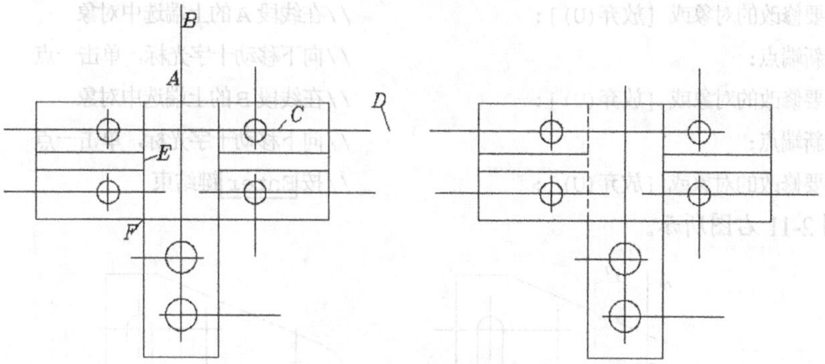

图2-9 在 *A*、*B* 等点处打断线条

3. 请读者使用 BREAK 等命令修改图形的其他部分。

2. 命令选项

- 指定第二个打断点：在图形对象上选取第二点后，系统将第一打断点与第二打断点间的部分删除。
- 第一点(F)：该选项使用户可以重新指定第一打断点。

2.1.4 调整线条长度

使用 LENGTHEN 命令可一次性改变线段、圆弧及椭圆弧等多个对象的长度。使用此命令时，经常采用的选项是"动态"，即直观地拖动对象来改变其长度。

1. 命令启动方法

- 菜单命令：【修改】/【拉长】。
- 面板：【修改】面板上的按钮。
- 命令：LENGTHEN 或简写 LEN。

练习2-4 打开素材文件"dwg\第 2 讲\2-4.dwg"，如图 2-10 左图所示，使用 LENGTHEN 等命令将左图修改为右图。

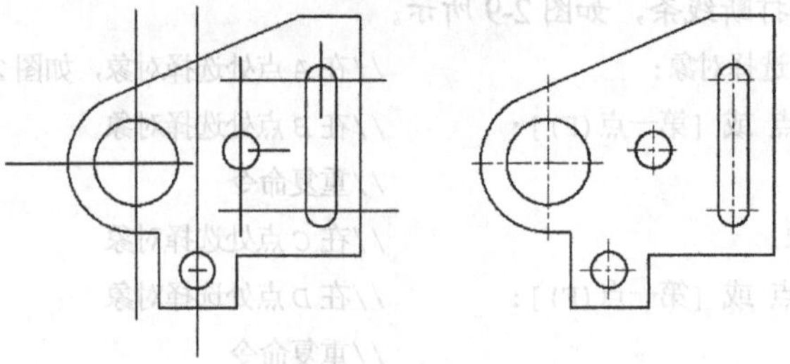

图2-10 调整线条长度

1. 使用 LENGTHEN 命令调整线段 *A*、*B* 的长度，如图 2-11 所示。

```
命令: _lengthen
选择对象或 [增量(DE)/百分数(P)/全部(T)/动态(DY)]: dy
                                          //使用"动态(DY)"选项
选择要修改的对象或 [放弃(U)]:              //在线段 A 的上端选中对象
指定新端点:                                //向下移动十字光标，单击一点
选择要修改的对象或 [放弃(U)]:              //在线段 B 的上端选中对象
指定新端点:                                //向下移动十字光标，单击一点
选择要修改的对象或 [放弃(U)]:              //按 Enter 键结束
```

结果如图 2-11 右图所示。

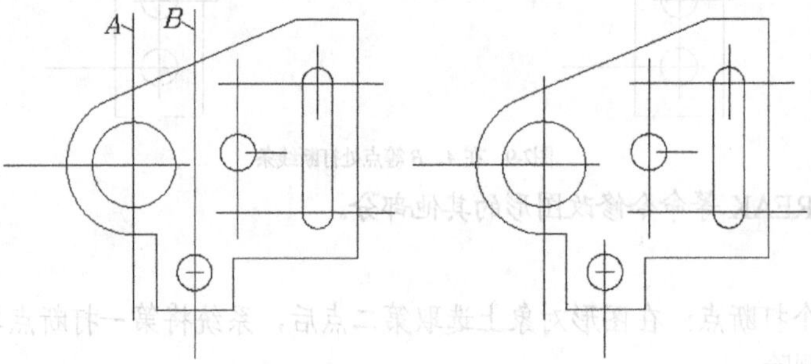

图2-11 调整线段 *A*、*B* 的长度

2. 请读者使用 LENGTHEN 命令调整其他定位线的长度，然后将定位线修改到中心线层上。

2. 命令选项

- 增量(DE)：以指定的增量改变线段或圆弧的长度。对于圆弧，还可通过设定角度增量改变其长度。
- 百分数(P)：以对象总长度的百分比形式改变对象长度。
- 全部(T)：通过指定线段或圆弧的新长度来改变对象总长。
- 动态(DY)：拖动十字光标就可以动态地改变对象长度。

2.2 范例解析——使用 LINE、OFFSET 及 TRIM 命令绘图

练习2-5 使用 LINE、OFFSET 及 TRIM 等命令绘制平面图形，如图 2-12 所示。

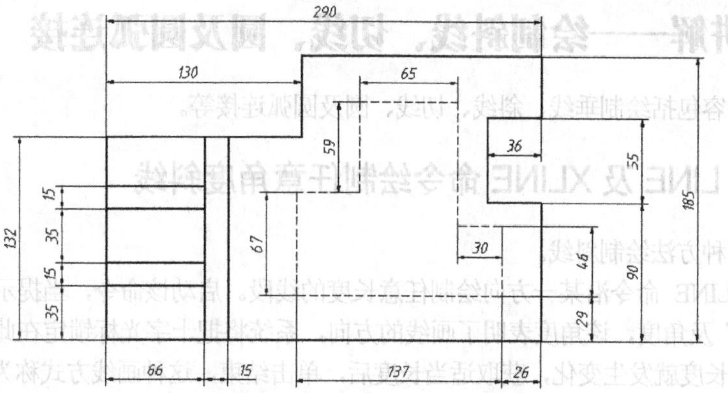

图2-12 使用LINE、OFFSET及TRIM等命令绘图

1. 创建两个图层。

名称	颜色	线型	线宽
轮廓线层	白色	Continuous	0.5
虚线层	白色	DASHED	默认

2. 设定线型全局比例因子为 0.4、绘图区域大小为 300×300。单击【视图】选项卡中【导航】面板上的按钮，使绘图区域充满绘图窗口。
3. 打开极轴追踪、对象捕捉及对象捕捉追踪功能。指定极轴追踪角度增量为 90°，设定对象捕捉方式为端点、交点。
4. 切换到轮廓线层，绘制两条作图基准线 *A*、*B*，线段 *A* 的长度约为 300，线段 *B* 的长度约为 200，如图 2-13 所示。
5. 使用 OFFSET、TRIM 等命令绘制外轮廓线 *C*，如图 2-14 所示。

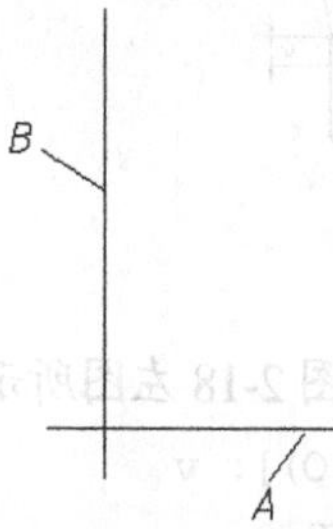

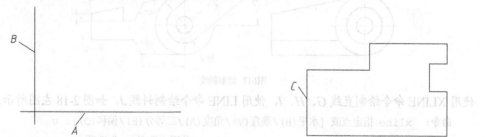

图2-13 绘制作图基准线*A*、*B*

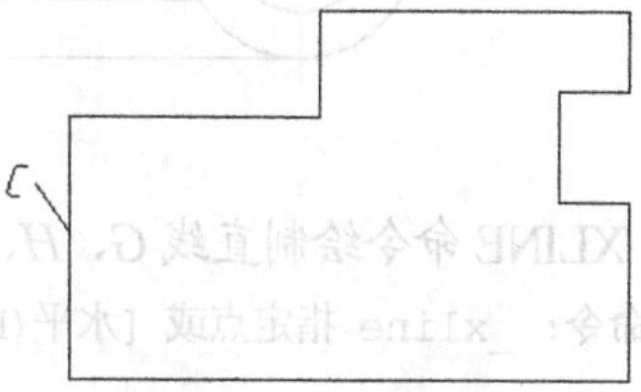

图2-14 绘制外轮廓线*C*

6. 使用 OFFSET、TRIM 等命令绘制线段 *D*、*E* 等，如图 2-15 所示。
7. 使用 OFFSET、TRIM 等命令绘制线段 *F*、*G* 等，并将线段切换到虚线层，结果如图 2-16 所示。

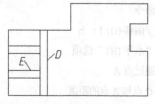

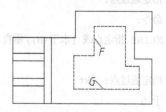

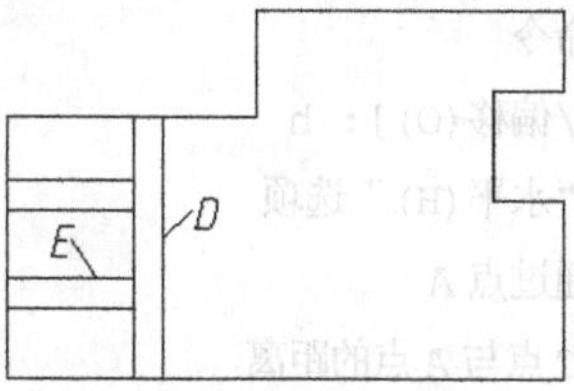

图2-15 绘制线段*D*、*E*等

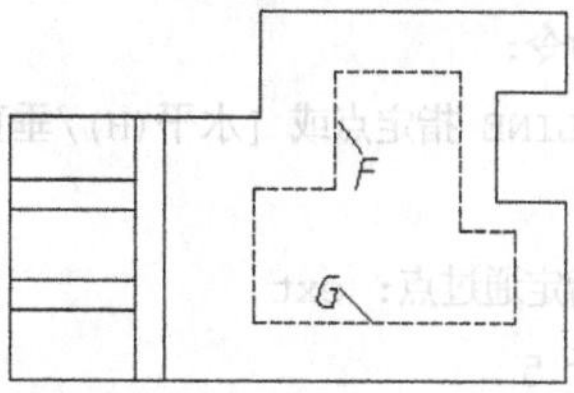

图2-16 绘制线段*F*、*G*等

2.3 功能讲解——绘制斜线、切线、圆及圆弧连接

本节主要内容包括绘制垂线、斜线、切线、圆及圆弧连接等。

2.3.1 使用 LINE 及 XLINE 命令绘制任意角度斜线

可用以下两种方法绘制斜线。

(1) 使用 LINE 命令沿某一方向绘制任意长度的线段。启动该命令，当提示指定点时，输入一个小于号“<”及角度，该角度表明了画线的方向，系统将把十字光标锁定在此方向上。移动十字光标，线段的长度就发生变化，获取适当长度后，单击结束，这种画线方式称为角度覆盖。

(2) 使用 XLINE 命令绘制任意角度斜线。XLINE 命令可以用来绘制无限长的构造线，利用它能直接画出水平方向、竖直方向及倾斜方向的直线，作图过程中采用此命令绘制定位线或绘图辅助线是很方便的。

1. 命令启动方法

- 菜单命令：【绘图】/【构造线】。
- 面板：【绘图】面板上的按钮。
- 命令：XLINE 或简写 XL。

练习2-6 打开素材文件“dwg\第 2 讲\2-6.dwg”，如图 2-17 左图所示，使用 LINE、XLINE 及 TRIM 等命令将左图修改为右图。

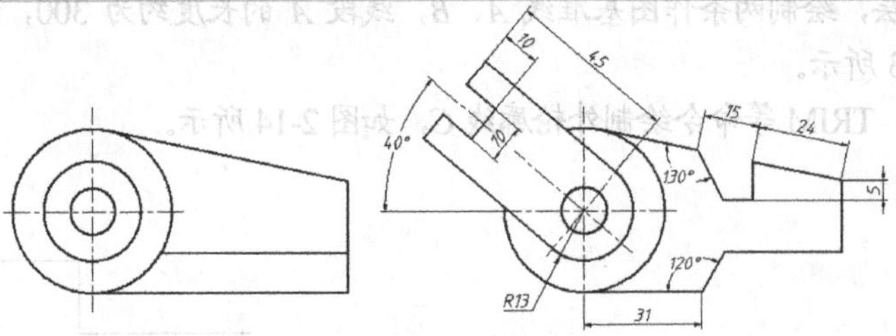

图2-17 绘制斜线

1. 使用 XLINE 命令绘制直线 *G*、*H*、*I*，使用 LINE 命令绘制斜线 *J*，如图 2-18 左图所示。

```
命令: _xline 指定点或 [水平(H)/垂直(V)/角度(A)/二等分(B)/偏移(O)]: v
                                            //使用“垂直(V)”选项
指定通过点: ext                              //捕捉通过点 A
于 24                                        //输入 B 点与 A 点的距离
指定通过点:                                  //按 Enter 键结束
命令:                                        //重复命令
XLINE 指定点或 [水平(H)/垂直(V)/角度(A)/二等分(B)/偏移(O)]: h
                                            //使用“水平(H)”选项
指定通过点: ext                              //捕捉通过点 A
于 5                                         //输入 C 点与 A 点的距离
指定通过点:                                  //按 Enter 键结束
命令:                                        //重复命令
```

```
XLINE 指定点或 [水平(H)/垂直(V)/角度(A)/二等分(B)/偏移(O)]: a
                                              //使用“角度(A)”选项
输入构造线的角度 (0) 或 [参照(R)]: r           //使用“参照(R)”选项
选择直线对象:                                  //选择线段 AB
输入构造线的角度 <0>: 130                      //输入构造线与线段 AB 的夹角
指定通过点: ext                                //捕捉通过点 A
于 39                                          //输入 D 点与 A 点的距离
指定通过点:                                    //按 Enter 键结束
命令: _line 指定第一点: ext                     //捕捉延伸点 E
于 31                                          //输入 F 点与 E 点的距离
指定下一点或 [放弃(U)]: <60                     //设定画线的角度
指定下一点或 [放弃(U)]:                         //沿 60° 方向移动十字光标
指定下一点或 [放弃(U)]:                         //单击一点结束
```

2. 结果如图 2-18 左图所示。修剪多余线条，结果如图 2-18 右图所示。

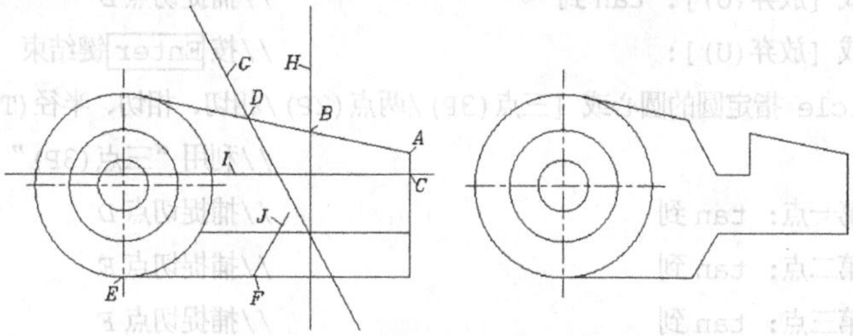

图2-18 绘制直线 G、H、I 等

3. 请读者使用 XLINE、OFFSET 及 TRIM 等命令绘制图形的其余部分。

2. 命令选项

- 水平(H)：绘制水平方向的直线。
- 垂直(V)：绘制竖直方向的直线。
- 角度(A)：通过某点绘制一条与已知直线成一定角度的直线。
- 二等分(B)：绘制一条平分已知角度的直线。
- 偏移(O)：可输入一个偏移距离来绘制平行线，或者指定直线通过的点来创建新平行线。

2.3.2 绘制切线、圆及圆弧连接

用户可利用 LINE 命令并结合切点捕捉“TAN”来绘制切线。

可用 CIRCLE 命令绘制圆及圆弧连接。默认的画圆方法是指定圆心和半径，还可通过两点或三点来画圆。

1. 命令启动方法

- 菜单命令：【绘图】/【圆】。
- 面板：【绘图】面板上的⊙按钮。
- 命令：CIRCLE 或简写 C。

练习2-7 打开素材文件"dwg\第 2 讲\2-7.dwg"，如图 2-19 左图所示，用 LINE、CIRCLE 等命令将左图修改为右图。

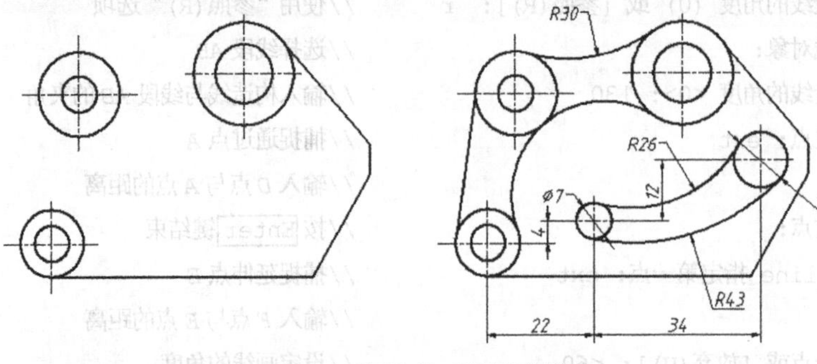

图2-19 绘制切线、圆及圆弧连接

1. 绘制切线及过渡圆弧，如图 2-20 左图所示。

```
命令: _line 指定第一点: tan 到                  //捕捉切点 A
指定下一点或 [放弃(U)]: tan 到                  //捕捉切点 B
指定下一点或 [放弃(U)]:                          //按 Enter 键结束
命令: _circle 指定圆的圆心或 [三点(3P)/两点(2P)/相切、相切、半径(T)]: 3p
                                                  //利用"三点(3P)"选项
指定圆上的第一点: tan 到                          //捕捉切点 D
指定圆上的第二点: tan 到                          //捕捉切点 E
指定圆上的第三点: tan 到                          //捕捉切点 F
命令:                                             //重复命令
CIRCLE 指定圆的圆心或 [三点(3P)/两点(2P)/相切、相切、半径(T)]: t
                                                  //利用"相切、相切、半径(T)"选项
指定对象与圆的第一个切点:                         //捕捉切点 G
指定对象与圆的第二个切点:                         //捕捉切点 H
指定圆的半径 <10.8258>:30                         //输入圆的半径
命令:                                             //重复命令
命令: CIRCLE 指定圆的圆心或 [三点(3P)/两点(2P)/相切、相切、半径(T)]: from
                                                  //使用正交偏移捕捉
基点: int 于                                      //捕捉交点 C
<偏移>: @22,4                                     //输入相对坐标
指定圆的半径或 [直径(D)] <30.0000>: 3.5           //输入圆的半径
```

2. 结果如图 2-20 左图所示。修剪多余线条，结果如图 2-20 右图所示。

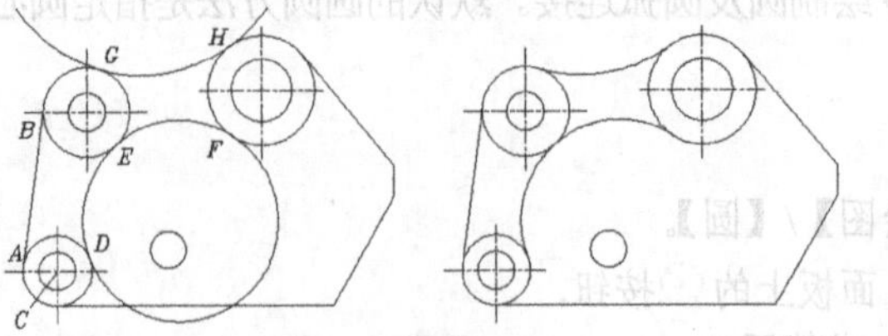

图2-20 绘制切线及圆

3. 请读者使用 LINE、CIRCLE 及 TRIM 等命令绘制图形的其余部分。

2. 命令选项

- 三点(3P): 指定 3 个点绘制圆周。
- 两点(2P): 指定直径的两个端点画圆。
- 相切、相切、半径(T): 选取与圆相切的两个对象，然后输入圆的半径。

2.3.3 倒圆角及倒角

FILLET 命令用于倒圆角，操作的对象包括直线、多段线、样条线、圆及圆弧等。

CHAMFER 命令用于倒角，既可以输入每条边的倒角距离，也可以指定某条边上倒角的长度及与此边的夹角来倒角。

命令的启动方法如表 2-1 所示。

表 2-1 命令的启动方法

方法	倒圆角	倒斜角
菜单命令	【修改】/【圆角】	【修改】/【倒角】
面板	【修改】面板上的◸按钮	【修改】面板上的◸按钮
命令	FILLET 或简写 F	CHAMFER 或简写 CHA

练习2-8 打开素材文件“dwg\第 2 讲\2-8.dwg”，如图 2-21 左图所示，用 FILLET 及 CHAMFER 命令将左图修改为右图。

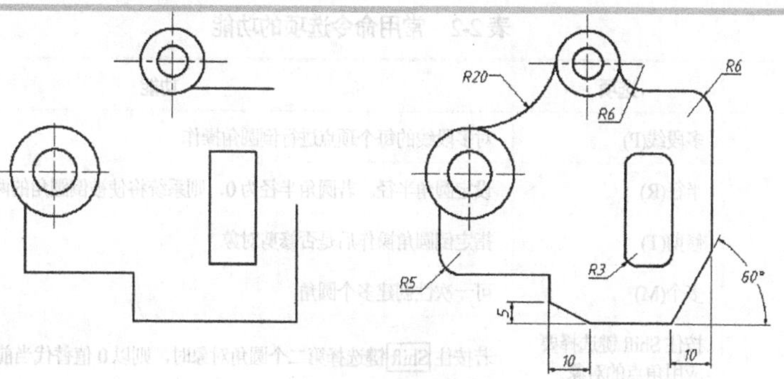

图2-21 倒圆角及倒角

1. 创建圆角，如图 2-22 所示。

```
命令: _fillet
选择第一个对象或 [放弃(U)/多段线(P)/半径(R)/修剪(T)/多个(M)]: r
                                            //使用“半径(R)”选项
指定圆角半径 <3.0000>: 5                    //输入圆角半径
选择第一个对象或 [放弃(U)/多段线(P)/半径(R)/修剪(T)/多个(M)]:
                                            //选择线段 A
选择第二个对象，或按住 Shift 键选择要应用角点的对象:
                                            //选择线段 B
```

2. 创建倒角，如图 2-22 所示。

```
命令: _chamfer
选择第一条直线[放弃(U)/多段线(P)/距离(D)/角度(A)/修剪(T)/方式(E)/多个(M)]: d
                                                  //设置倒角距离
指定第一个倒角距离 <3.0000>: 5                     //输入第一个边的倒角距离
指定第二个倒角距离 <5.0000>: 10                    //输入第二个边的倒角距离
选择第一条直线或 [放弃(U)/多段线(P)/距离(D)/角度(A)/修剪(T)/方式(E)/多个(M)]:
                                                  //选择线段 C
选择第二条直线，或按住 Shift 键选择要应用角点的直线:  //选择线段 D
```

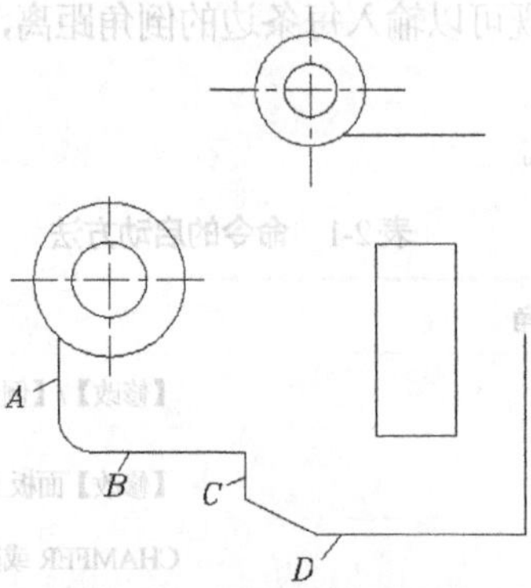

图2-22 创建圆角及倒角

3. 请读者创建其余的圆角及倒角。

常用命令选项的功能如表 2-2 所示。

表 2-2 常用命令选项的功能

命令	选项	功能
FILLET	多段线(P)	对多段线的每个顶点进行倒圆角操作
	半径(R)	设定圆角半径。若圆角半径为 0，则系统将使被倒圆角的两个对象交于一点
	修剪(T)	指定倒圆角操作后是否修剪对象
	多个(M)	可一次性创建多个圆角
	按住 Shift 键选择要应用角点的对象	若按住 Shift 键选择第二个圆角对象时，则以 0 值替代当前的圆角半径
CHAMFER	多段线(P)	对多段线的每个顶点进行倒角操作
	距离(D)	设定倒角距离。若倒角距离为 0，则系统将被倒角的两个对象交于一点
	角度(A)	指定倒角距离及倒角角度
	修剪(T)	设置倒角时是否修剪对象
	多个(M)	可一次性创建多个倒角
	按住 Shift 键选择要应用角点的直线	按住 Shift 键选择第二个倒角对象时，以 0 值替代当前的倒角距离

2.4 范例解析——形成圆弧连接关系

练习2-9 使用LINE、CIRCLE、OFFSET及TRIM等命令绘制图2-23所示的图形。

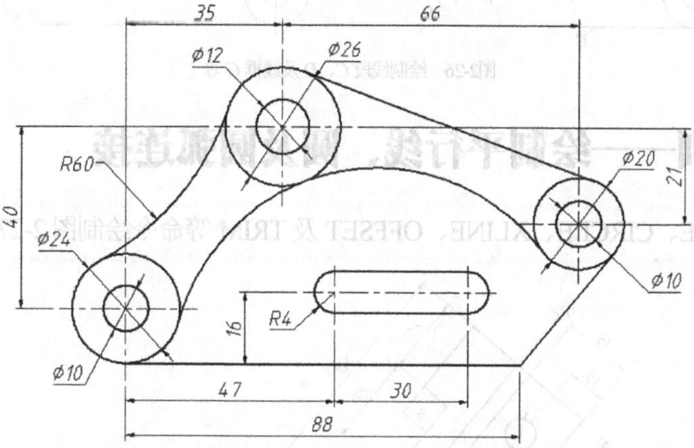

图2-23 使用LINE、CIRCLE、OFFSET及TRIM等命令绘图

1. 创建两个图层。

名称	颜色	线型	线宽
轮廓线层	白色	Continuous	0.5
中心线层	红色	CENTER	默认

2. 通过【线型控制】下拉列表打开【线型管理器】对话框，设定线型全局比例因子为0.2。
3. 打开极轴追踪、对象捕捉及对象捕捉追踪功能。设置极轴追踪角度增量为90°，设置对象捕捉方式为端点、交点。
4. 设定绘图区域大小为100×100。单击【视图】选项卡中【导航】面板上的范围按钮，使绘图区域充满绘图窗口。
5. 切换到中心线层，用LINE命令绘制圆的定位线*A*、*B*，其长度约为35，再用OFFSET及LENGTHEN命令形成其他定位线，如图2-24所示。
6. 切换到轮廓线层，绘制圆、过渡圆弧及切线，如图2-25所示。

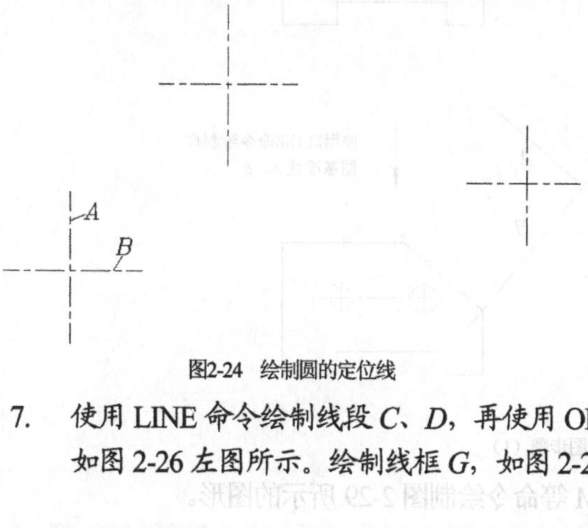

图2-24 绘制圆的定位线

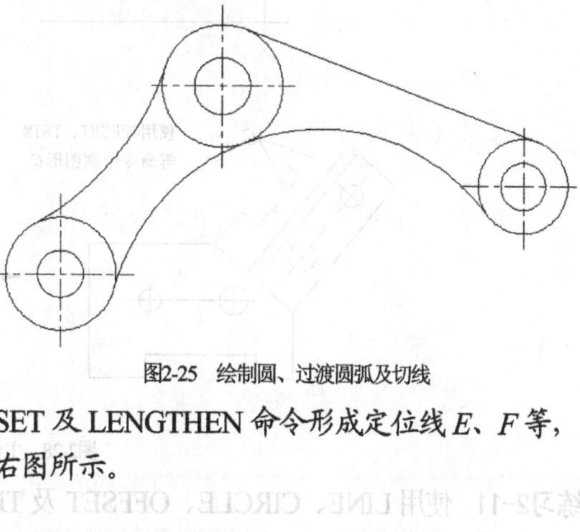

图2-25 绘制圆、过渡圆弧及切线

7. 使用LINE命令绘制线段*C*、*D*，再使用OFFSET及LENGTHEN命令形成定位线*E*、*F*等，如图2-26左图所示。绘制线框*G*，如图2-26右图所示。

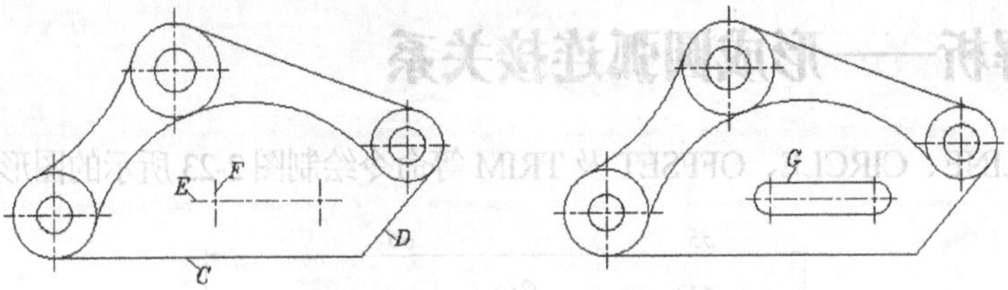

图2-26　绘制线段 *C*、*D* 及线框 *G* 等

2.5　课堂实训——绘制平行线、圆及圆弧连接

练习2-10　使用 LINE、CIRCLE、XLINE、OFFSET 及 TRIM 等命令绘制图 2-27 所示的图形。

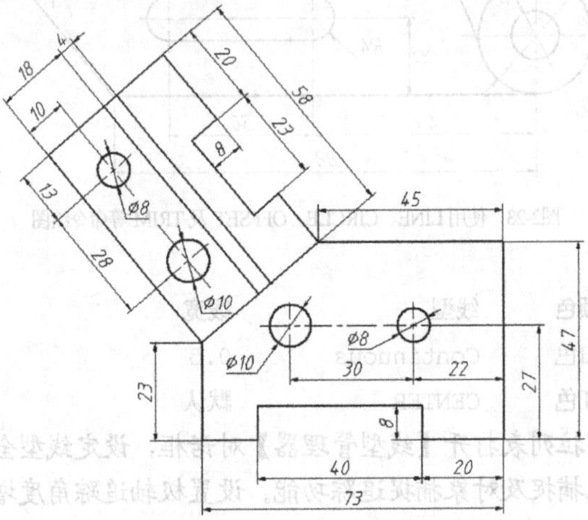

图2-27　使用 LINE、CIRCLE、XLINE 等命令绘图

主要作图步骤如图 2-28 所示。

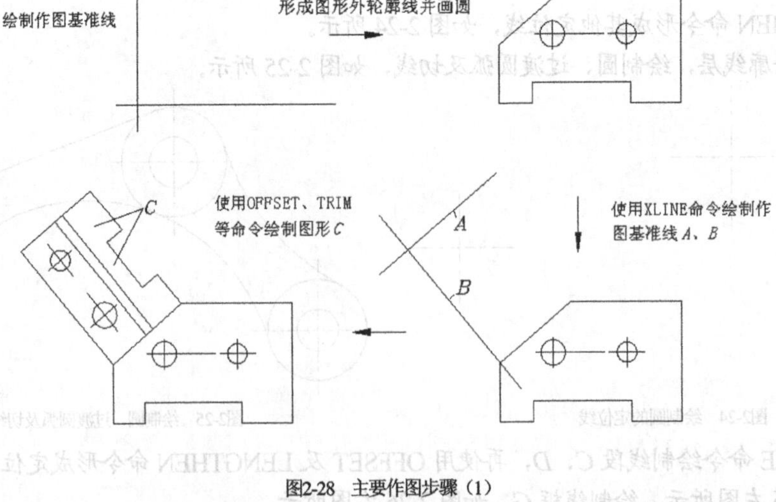

图2-28　主要作图步骤（1）

练习2-11　使用 LINE、CIRCLE、OFFSET 及 TRIM 等命令绘制图 2-29 所示的图形。

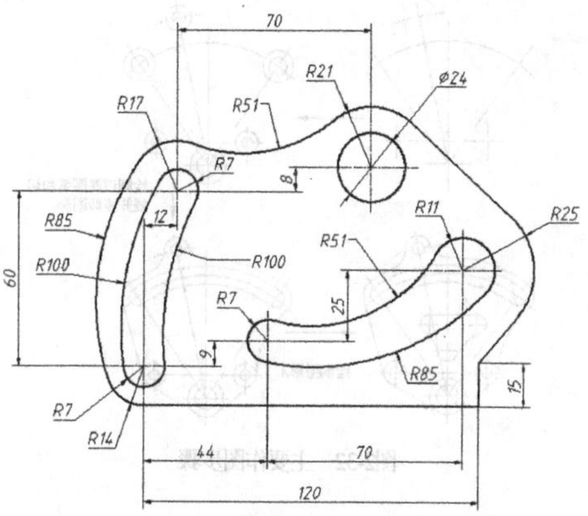

图2-29　绘制圆及圆弧连接

主要作图步骤如图 2-30 所示。

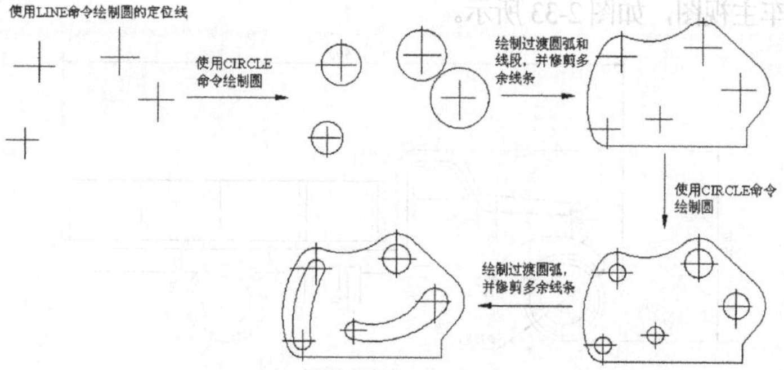

图2-30　主要作图步骤（2）

2.6　综合实例 1——绘制线段、圆及圆弧构成的平面图形

练习2-12　使用 LINE、CIRCLE 及 TRIM 等命令绘制图 2-31 所示的图形。

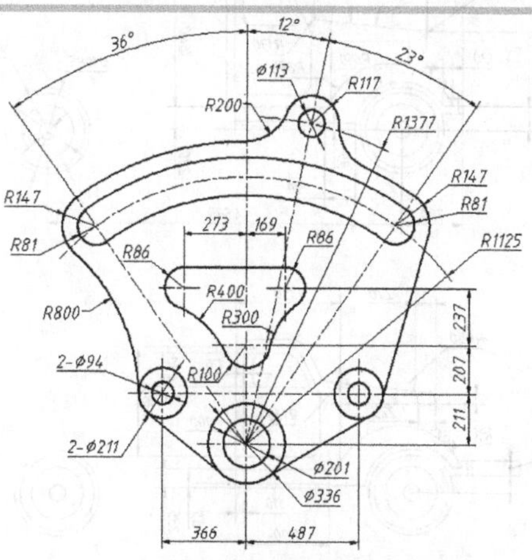

图2-31　绘制线段、圆及圆弧构成的平面图形

主要作图步骤如图 2-32 所示。

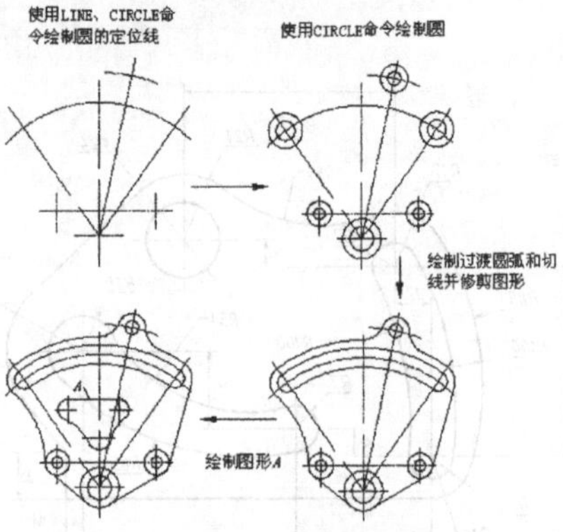

图2-32　主要作图步骤

2.7　综合实例 2——绘制卡车主视图

练习2-13　绘制卡车主视图，如图 2-33 所示。

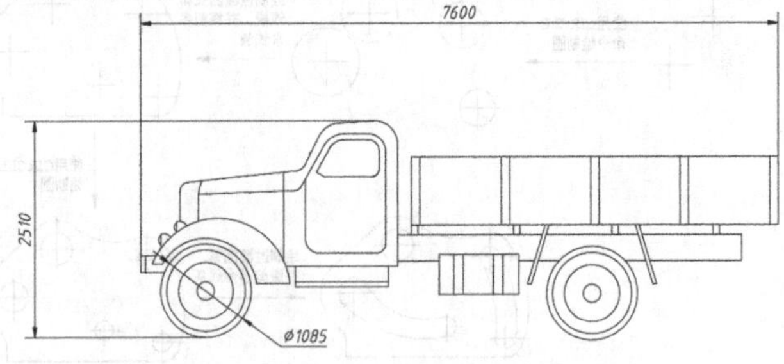

图2-33　卡车主视图

1.　绘制车头、驾驶室及车轮等，如图 2-34 所示。图中只给出了主要细节尺寸，其余尺寸自定。

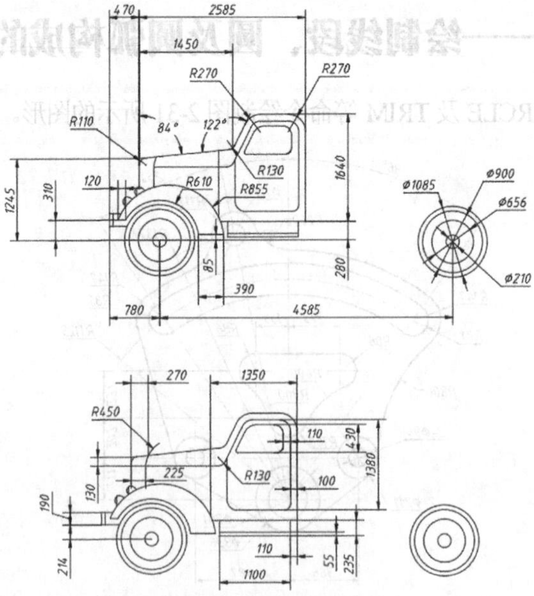

图2-34　绘制车头、驾驶室及车轮等

2. 绘制车厢、底盘及油箱等，如图 2-35 所示。图中只给出了主要细节尺寸，其余尺寸自定。

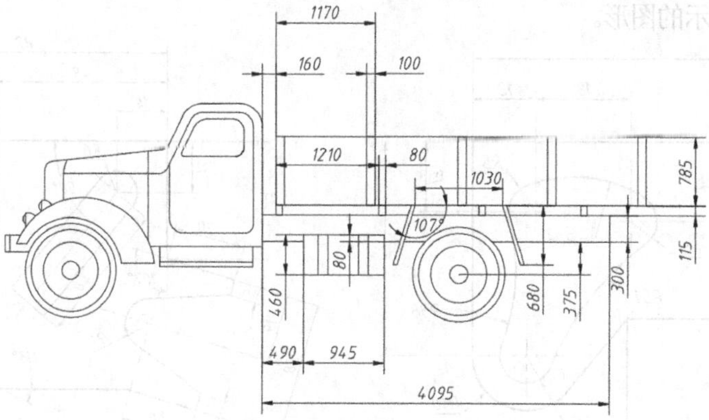

图2-35 绘制车厢、底盘及油箱等

2.8 课后作业

1. 利用极轴追踪、对象捕捉及对象捕捉追踪功能画线，如图 2-36 所示。
2. 使用 OFFSET 及 TRIM 等命令绘图，如图 2-37 所示。

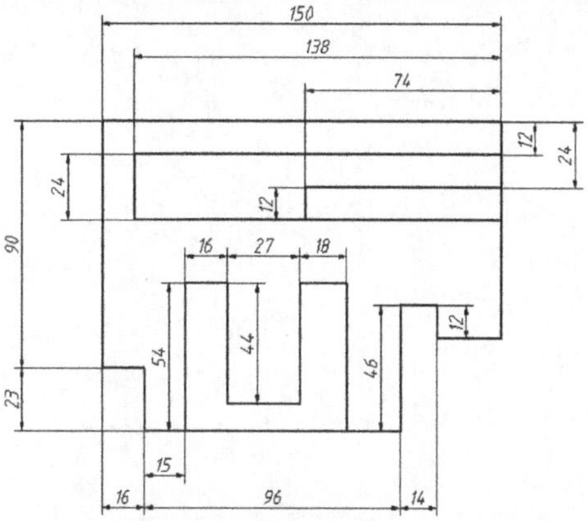

图2-36 利用极轴追踪、对象捕捉及对象捕捉追踪功能画线

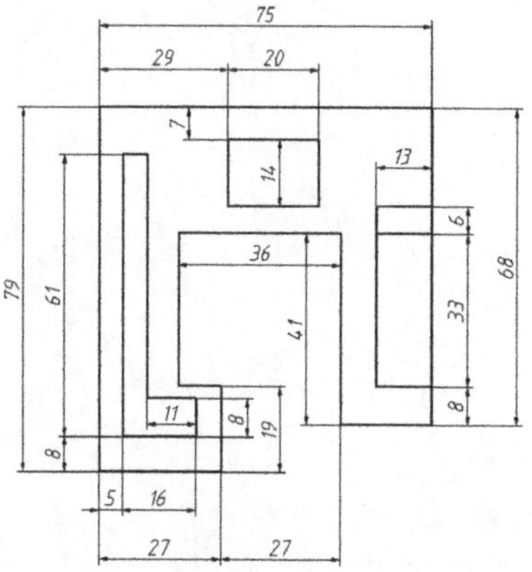

图2-37 使用 OFFSET 及 TRIM 等命令绘图

3. 绘制图 2-38 所示的图形。
4. 绘制图 2-39 所示的图形。

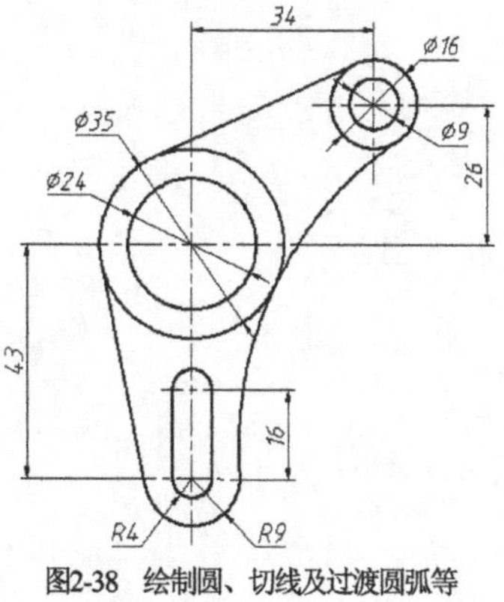

图2-38 绘制圆、切线及过渡圆弧等

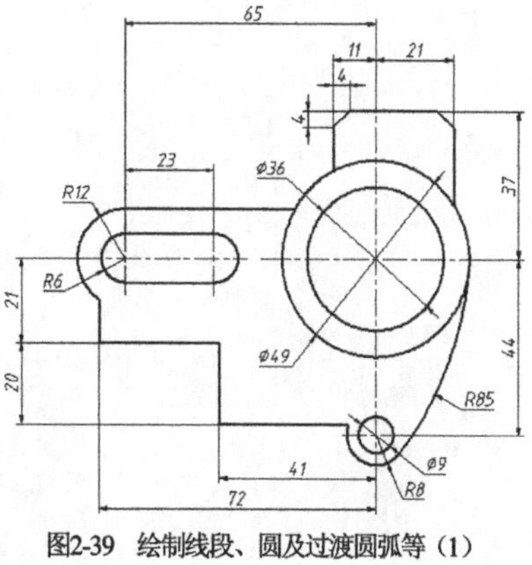

图2-39 绘制线段、圆及过渡圆弧等（1）

5. 绘制图 2-40 所示的图形。
6. 绘制图 2-41 所示的图形。

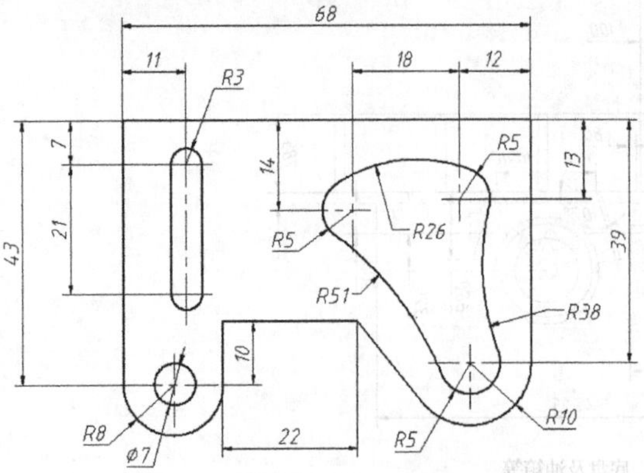

图2-40 绘制线段、圆及过渡圆弧等（2）

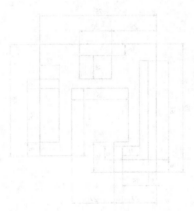

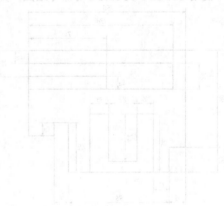

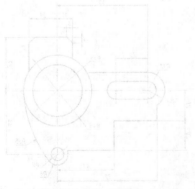

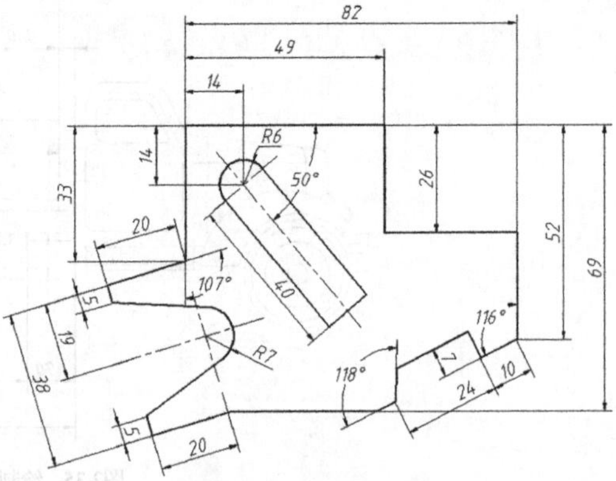

图2-41 绘制斜线、切线等

第3讲

绘制多边形、椭圆及填充剖面图案

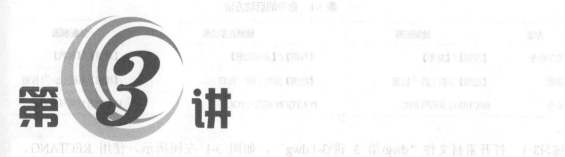

通过学习本讲，读者可以学会如何创建多边形、椭圆、多段线、断裂线及填充剖面图案，掌握阵列和镜像对象的方法，并能够灵活运用相应命令绘制简单图形。

学习目标

- 绘制矩形、正多边形及椭圆。
- 阵列及镜像对象。
- 绘制多段线，将连续线编辑成多段线。
- 创建等分点及测量点。
- 绘制断裂线及填充剖面图案。
- 创建面域，在面域间进行布尔运算。

3.1 功能讲解——绘制多边形、阵列及镜像对象

本节主要内容包括绘制矩形、正多边形、椭圆，以及阵列对象、镜像对象等。

3.1.1 绘制矩形、正多边形及椭圆

RECTANG 命令用于绘制矩形，用户只需指定矩形对角线的两个端点就能绘制出矩形。绘制时，可指定顶点处的倒角距离及圆角半径。

POLYGON 命令用于绘制正多边形。多边形的边数可以从 3 到 1024。绘制方式包括根据外接圆生成多边形，或者根据内切圆生成多边形。

ELLIPSE 命令用于创建椭圆。绘制椭圆的默认方法是指定椭圆第一根轴线的两个端点及另一轴长度的一半。另外，也可通过指定椭圆中心、第一轴的端点及另一轴线的半轴长度来创建椭圆。

命令的启动方法如表 3-1 所示。

表 3-1　命令的启动方法

方法	绘制矩形	绘制正多边形	绘制椭圆
菜单命令	【绘图】/【矩形】	【绘图】/【正多边形】	【绘图】/【椭圆】
面板	【绘图】面板上的□按钮	【绘图】面板上的⬠按钮	【绘图】面板上的⊙按钮
命令	RECTANG 或简写 REC	POLYGON 或简写 POL	ELLIPSE 或简写 EL

练习3-1　打开素材文件“dwg\第 3 讲\3-1.dwg”，如图 3-1 左图所示，使用 RECTANG、POLYGON 及 ELLIPSE 等命令将左图修改为右图。

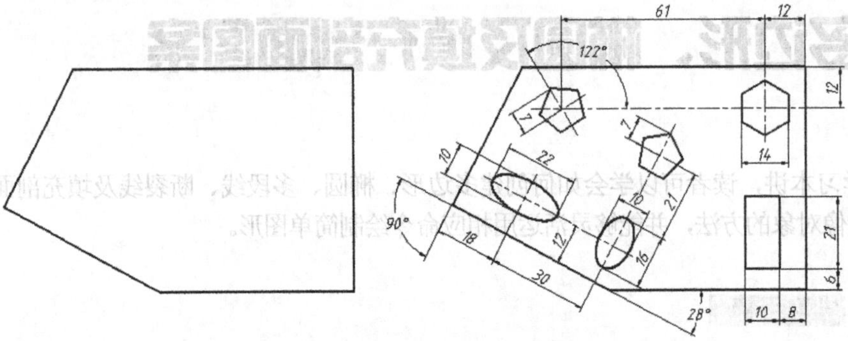

图3-1　绘制矩形、正多边形及椭圆

1. 打开极轴追踪、对象捕捉及对象捕捉追踪功能。设置极轴追踪角度增量为 90°，设置对象捕捉方式为端点、交点。
2. 使用 OFFSET、LINE 及 LENGTHEN 等命令形成正边形及椭圆的定位线，如图 3-2 左图所示。然后绘制矩形、五边形及椭圆，结果如图 3-2 右图所示。

```
命令: _rectang                                          //绘制矩形
指定第一个角点或 [倒角(C)/标高(E)/圆角(F)/厚度(T)/宽度(W)]: from
                                                        //使用正交偏移捕捉
基点:                                                   //捕捉交点 A，如图 3-2 右图所示
 <偏移>: @-8,6                                          //输入 B 点的相对坐标
指定另一个角点或 [面积(A)/尺寸(D)/旋转(R)]: @-10,21
                                                        //输入 C 点的相对坐标
命令: _polygon 输入边的数目 <4>: 5                      //输入多边形的边数
指定正多边形的中心点或 [边(E)]:                         //捕捉交点 D
输入选项 [内接于圆(I)/外切于圆(C)] <I>: I               //按内接于圆的方式绘制多边形
指定圆的半径: @7<122                                    //输入 E 点的相对坐标
命令: _ellipse                                          //绘制椭圆
指定椭圆的轴端点或 [圆弧(A)/中心点(C)]: c               //使用“中心点(C)”选项
指定椭圆的中心点:                                       //捕捉 F 点
指定轴的端点: @8<62                                     //输入 G 点的相对坐标
指定另一条半轴长度或 [旋转(R)]: 5                       //输入另一半轴长度
```

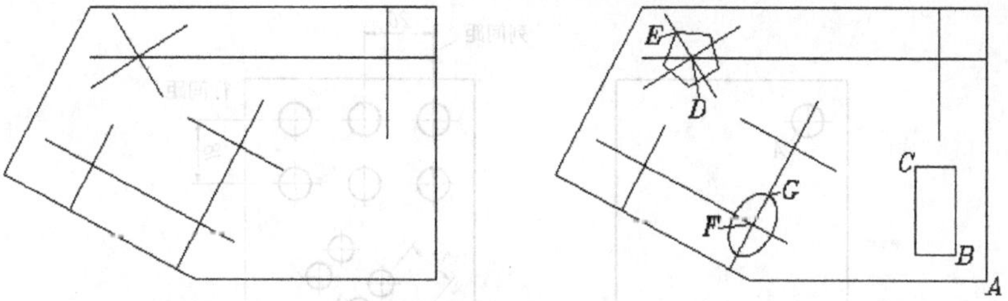

图3-2　绘制矩形、五边形及椭圆

3.　请读者自己绘制图形的其余部分，然后修改定位线所在的图层。

常用命令选项的功能如表 3-2 所示。

表 3-2　常用命令选项的功能

命令	选项	功能
RECTANG	倒角(C)	指定矩形各顶点倒角的大小
	圆角(F)	指定矩形各顶点倒圆角的半径
	宽度(W)	设置矩形边的线宽
	面积(A)	先输入矩形面积，再输入矩形长度或宽度创建矩形
	尺寸(D)	输入矩形的长、宽尺寸创建矩形
	旋转(R)	设定矩形的旋转角度
POLYGON	边(E)	输入多边形边数后，再指定某条边的两个端点即可创建多边形
	内接于圆(I)	根据外接圆生成正多边形
	外切于圆(C)	根据内切圆生成正多边形
ELLIPSE	圆弧(A)	绘制一段椭圆弧。过程是先绘制一个椭圆，随后系统提示用户指定椭圆弧的起始角及终止角
	中心点(C)	通过椭圆中心点及长轴、短轴来绘制椭圆
	旋转(R)	按旋转方式绘制椭圆，即系统将圆绕直径转动一定角度后，再投影到平面上形成椭圆

3.1.2　矩形阵列对象

ARRAY 命令可用于创建矩形阵列。矩形阵列是指将对象按行、列方式进行排列。操作时，用户一般应指定阵列的行数、列数、行间距及列间距等，如果要沿倾斜方向生成矩形阵列，还应输入阵列的倾斜角度。

命令启动方法

- 菜单命令：【修改】/【阵列】。
- 面板：【修改】面板上的▦按钮。
- 命令：ARRAY 或简写 AR。

练习3-2　打开素材文件“dwg\第 3 讲\3-2.dwg”，如图 3-3 左图所示，使用 ARRAY 命令将左图修改为右图。

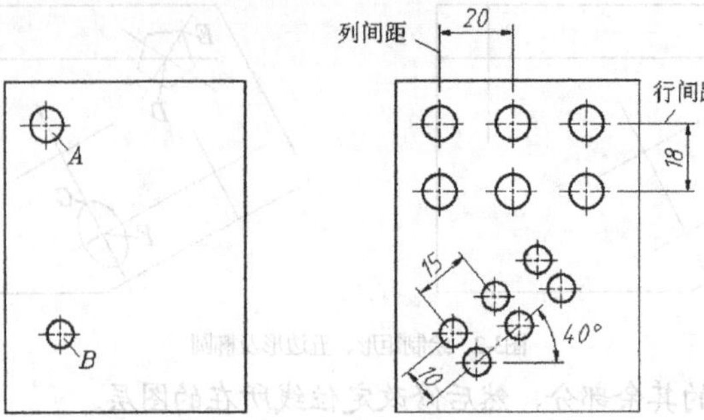

图3-3　创建矩形阵列

1. 启动 ARRAY 命令，系统弹出【阵列】对话框，选择【矩形阵列】单选项，如图 3-4 所示。

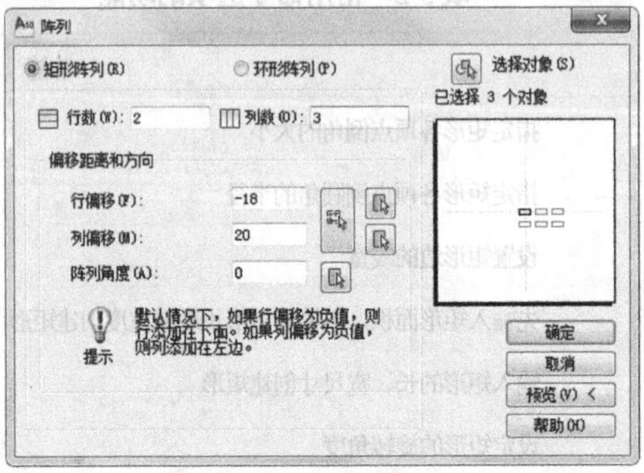

图3-4　【阵列】对话框

2. 单击按钮，系统提示“选择对象”，选择要阵列的图形对象 *A*，如图 3-3 左图所示。
3. 分别在【行数】【列数】文本框中输入阵列的行数及列数，如图 3-4 所示。行的方向与坐标系的 *x* 轴平行，列的方向与 *y* 轴平行。
4. 分别在【行偏移】【列偏移】文本框中输入行间距及列间距，如图 3-4 所示。行间距、列间距的数值可正可负。若为正值，则系统沿 *x* 轴、*y* 轴的正方向形成阵列，否则沿反方向形成阵列。
5. 在【阵列角度】文本框中输入阵列方向与 *x* 轴的夹角，如图 3-4 所示。该角度逆时针为正，顺时针为负。
6. 单击 预览(V) < 按钮，系统返回绘图窗口，并按设定的参数显示出矩形阵列。
7. 单击鼠标右键，结果如图 3-3 右图所示。
8. 沿倾斜方向创建对象 *B* 的矩形阵列，如图 3-3 右图所示。阵列参数为行数“2”、列数“3”、行间距“-10”、列间距“15”及阵列角度“40°”。

3.1.3　环形阵列对象

利用 ARRAY 命令还可创建环形阵列。环形阵列是指把对象绕阵列中心等角度均匀分布。决定环形阵列的主要参数有阵列中心、阵列总角度及阵列数目。此外，用户也可通过输入阵列总数及每个对象间的夹角来生成环形阵列。

练习3-3　打开素材文件“dwg\第 3 讲\3-3.dwg”，如图 3-5 左图所示，使用 ARRAY 命令将左图修改为右图。

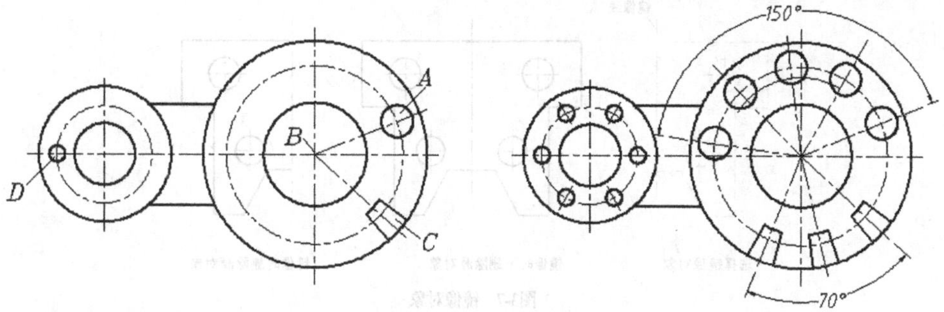

图3-5 创建环形阵列

1. 单击【修改】面板上的按钮，启动 ARRAY 命令，系统弹出【阵列】对话框，选择【环形阵列】单选项，如图 3-6 所示。
2. 单击按钮，系统提示“选择对象”，选择要阵列的图形对象 *A*，如图 3-5 左图所示。
3. 在【中心点】分组框中单击按钮，系统切换到绘图窗口，在屏幕上指定阵列中心点 *B*，如图 3-5 左图所示。
4. 【方法】下拉列表中提供了 3 种创建环形阵列的方法，选择其中一种，系统就列出需设定的参数。默认情况下，【项目总数和填充角度】是当前选项。此时，用户需输入的参数有项目总数和填充角度。
5. 在【项目总数】文本框中输入环形阵列的总数目，在【填充角度】文本框中输入阵列分布的总角度值，如图 3-6 所示。若阵列角度为正，则系统沿逆时针方向创建阵列，否则按顺时针方向创建阵列。
6. 单击 预览(V) < 按钮，预览阵列效果。
7. 单击鼠标右键，完成环形阵列。
8. 创建对象 *C*、*D* 的环形阵列，结果如图 3-5 右图所示。

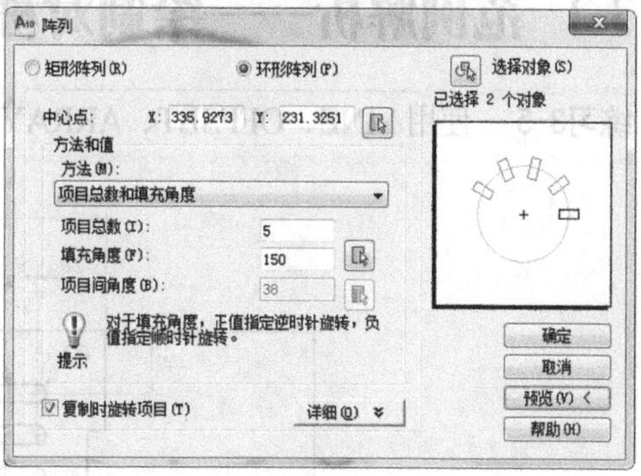

图3-6 【阵列】对话框

3.1.4 镜像对象

对于对称图形，用户只需绘制图形的一半，另一半可由 MIRROR 命令镜像出来。操作时，用户需先指定要对哪些对象进行镜像，然后再指定镜像线的位置。

命令启动方法

- 菜单命令：【修改】/【镜像】。
- 面板：【修改】面板上的按钮。
- 命令：MIRROR 或简写 MI。

练习3-4 打开素材文件“dwg\第 3 讲\3-4.dwg”，如图 3-7 左图所示，用 MIRROR 命令将左图修改为中图。

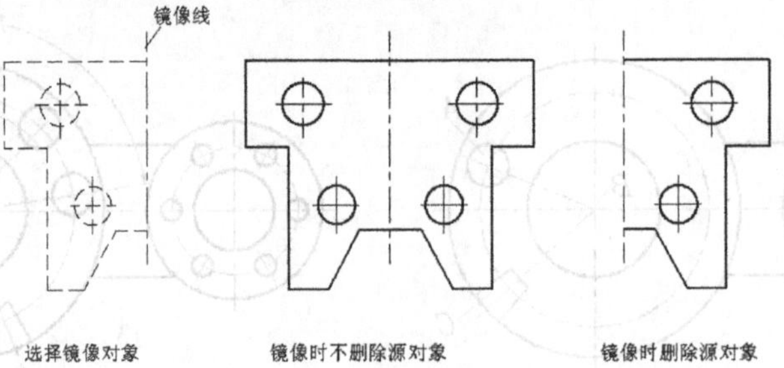

图3-7　镜像对象

命令：_mirror
选择对象：指定对角点：找到 13 个　　　　　　　　//选择镜像对象
选择对象：　　　　　　　　　　　　　　　　　　　//按 Enter 键
指定镜像线的第一点：　　　　　　　　　　　　　　//拾取镜像线上的第一点
指定镜像线的第二点：　　　　　　　　　　　　　　//拾取镜像线上的第二点
要删除源对象吗？[是(Y)/否(N)] <N>:　　　　　　//按 Enter 键，默认镜像时不删除源对象

结果如图 3-7 中图所示。如果删除源对象，则结果如图 3-7 右图所示。

3.2　范例解析——绘制对称图形

练习3-5　使用 LINE、OFFSET、ARRAY 及 MIRROR 等命令绘制平面图形，如图 3-8 所示。

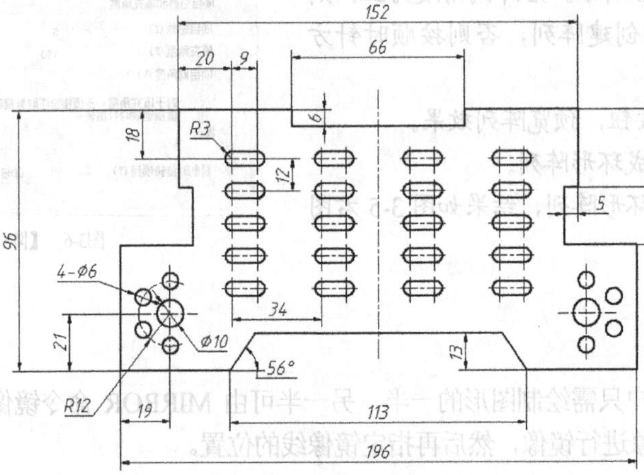

图3-8　绘制对称图形

1. 创建两个图层。

名称	颜色	线型	线宽
轮廓线层	白色	Continuous	0.5
中心线层	红色	CENTER	默认

2. 通过【线型控制】下拉列表打开【线型管理器】对话框，设定线型全局比例因子为 0.2。
3. 打开极轴追踪、对象捕捉及对象捕捉追踪功能。设置极轴追踪增角度增量为 90°，设置对象捕捉方式为端点、交点。
4. 设定绘图区域大小为 250 × 150。单击【视图】选项卡中【导航】面板上的范围按钮，使绘图区域充满绘图窗口。

5. 切换到轮廓线层，绘制两条作图基准线 *A*、*B*，如图 3-9 所示。
6. 使用 OFFSET 及 TRIM 等命令绘制外轮廓线，如图 3-10 所示。

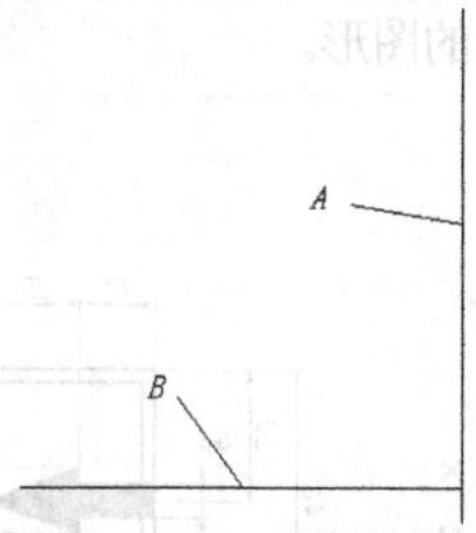

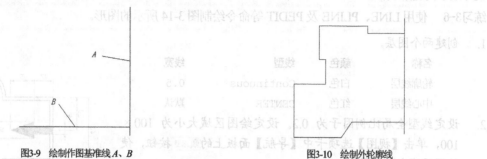

图3-9 绘制作图基准线 *A*、*B*

图3-10 绘制外轮廓线

7. 使用 LINE、CIRCLE 及 OFFSET 等命令绘制线框 *C* 和图形 *D*，如图 3-11 所示。
8. 使用 ARRAY 命令阵列线框 *C* 和圆 *D*，结果如图 3-12 所示。

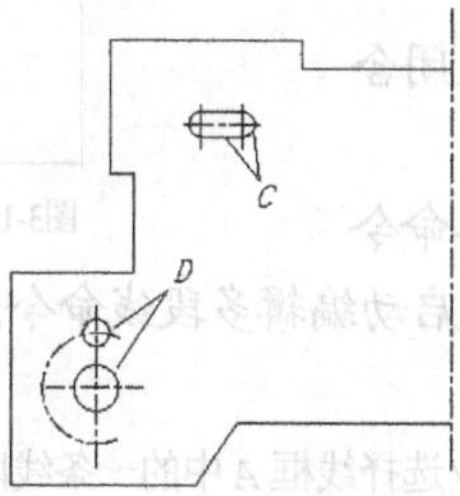

图3-11 绘制线框 *C* 和图形 *D*

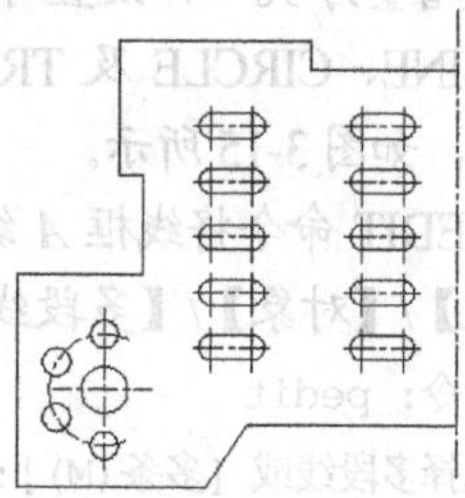

图3-12 阵列线框和圆

9. 使用 MIRROR 命令镜像图形，结果如图 3-13 所示。

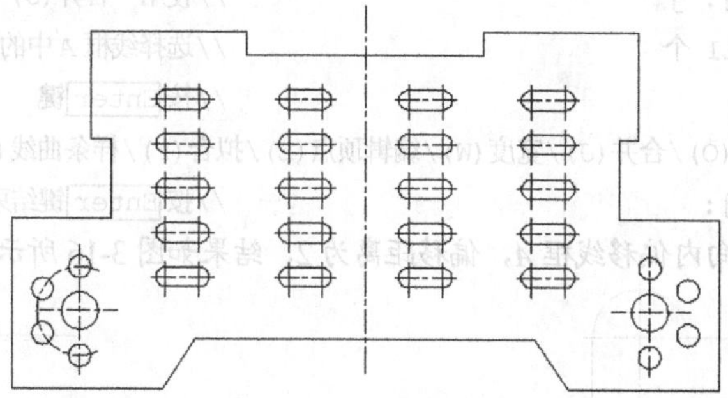

图3-13 镜像图形

3.3 功能讲解——多段线、等分点、断裂线及填充剖面图案

本节主要内容包括绘制多段线、点对象、断裂线、面域及填充剖面图案等。

3.3.1 绘制多段线

PLINE 命令用来创建二维多段线。多段线是由几条线段和圆弧构成的连续线条，它是一个单独的图形对象。

在绘制图 3-14 所示图形的外轮廓时，可利用多段线构图。首先使用 LINE、CIRCLE 等命令形成外轮廓线框，然后使用 PEDIT 命令将此线框编辑成一条多段线，使用 OFFSET 命令偏移多段线就形成了内轮廓线框。

练习3-6　使用 LINE、PLINE 及 PEDIT 等命令绘制图 3-14 所示的图形。

1. 创建两个图层。

名称	颜色	线型	线宽
轮廓线层	白色	Continuous	0.5
中心线层	红色	CENTER	默认

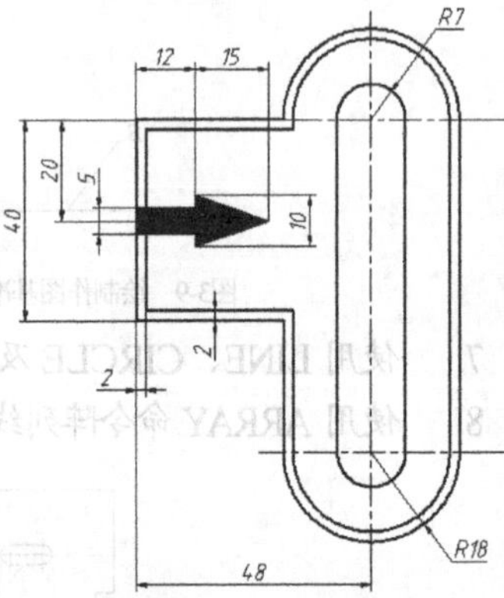

图3-14　利用多段线构图

2. 设定线型全局比例因子为 0.2。设定绘图区域大小为 100×100，单击【视图】选项卡中【导航】面板上的范围按钮，使绘图区域充满绘图窗口。
3. 打开极轴追踪、对象捕捉及对象捕捉追踪功能。设置极轴追踪角度增量为 90°，设置对象捕捉方式为端点、交点。
4. 使用 LINE、CIRCLE 及 TRIM 等命令绘制定位中心线及闭合线框 *A*，如图 3-15 所示。
5. 使用 PEDIT 命令将线框 *A* 编辑成一条多段线。选择菜单命令【修改】/【对象】/【多段线】或输入命令代号 PEDIT，启动编辑多段线命令。

命令: pedit
选择多段线或 [多条(M)]:　　//选择线框 A 中的一条线段
是否将其转换为多段线? <Y>　　//按 Enter 键
输入选项 [闭合(C)/合并(J)/宽度(W)/编辑顶点(E)/拟合(F)/样条曲线(S)/非曲线化(D)/线型生成(L)/放弃(U)]: j　　//使用"合并(J)"选项
选择对象:总计 11 个　　//选择线框 A 中的其余线条
选择对象:　　//按 Enter 键
输入选项 [打开(O)/合并(J)/宽度(W)/编辑顶点(E)/拟合(F)/样条曲线(S)/非曲线化(D)/线型生成(L)/放弃(U)]:　　//按 Enter 键结束

6. 使用 OFFSET 命令向内偏移线框 *A*，偏移距离为 2，结果如图 3-16 所示。

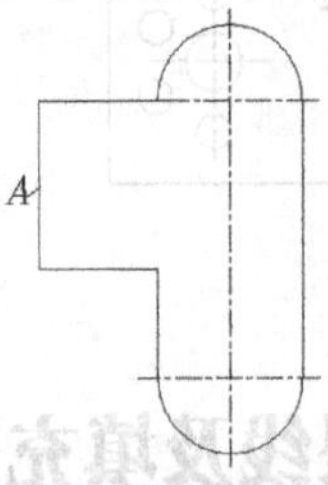

图3-15　绘制定位中心线及闭合线框 *A*

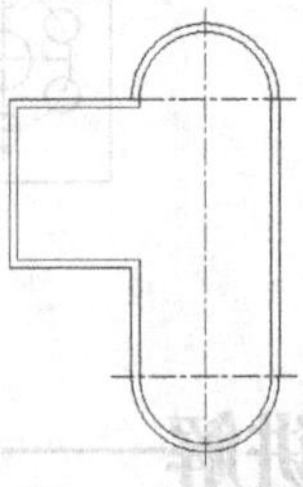
图3-16　偏移线框

7. 使用 PLINE 命令绘制长槽及箭头，如图 3-17 所示。单击【绘图】面板上的按钮或输入命令代号 PLINE，启动绘制多段线命令。

命令: _pline
指定起点: 7　　//从 B 点向右追踪并输入追踪距离
指定下一个点或 [圆弧(A)/半宽(H)/长度(L)/放弃(U)/宽度(W)]:
　　//从 C 点向上追踪并捕捉交点 D

指定下一点或 [圆弧(A)/闭合(C)/半宽(H)/长度(L)/放弃(U)/宽度(W)]: a
//使用“圆弧(A)”选项
指定圆弧的端点或[角度(A)/圆心(CE)/闭合(CL)/方向(D)/半宽(H)/直线(L)/半径(R)/第二个点(S)/放弃(U)/宽度(W)]: 14 //从 D 点向左追踪并输入追踪距离
指定圆弧的端点或[角度(A)/圆心(CE)/闭合(CL)/方向(D)/半宽(H)/直线(L)/半径(R)/第二个点(S)/放弃(U)/宽度(W)]: l //使用“直线(L)”选项
指定下一点或 [圆弧(A)/闭合(C)/半宽(H)/长度(L)/放弃(U)/宽度(W)]:
//从 E 点向下追踪并捕捉交点 F
指定下一点或 [圆弧(A)/闭合(C)/半宽(H)/长度(L)/放弃(U)/宽度(W)]: a
//使用“圆弧(A)”选项
指定圆弧的端点或[角度(A)/圆心(CE)/闭合(CL)/方向(D)/半宽(H)/直线(L)/半径(R)/第二个点(S)/放弃(U)/宽度(W)]: //从 F 点向右追踪并捕捉端点 C
指定圆弧的端点或[角度(A)/圆心(CE)/闭合(CL)/方向(D)/半宽(H)/直线(L)/半径(R)/第二个点(S)/放弃(U)/宽度(W)]: //按 Enter 键结束
命令:PLINE //重复命令
指定起点: 20 //从 G 点向下追踪并输入追踪距离
指定下一个点或 [圆弧(A)/半宽(H)/长度(L)/放弃(U)/宽度(W)]: w
//使用“宽度(W)”选项
指定起点宽度 <0.0000>: 5 //输入多段线起点宽度
指定端点宽度 <5.0000>: //按 Enter 键
指定下一个点或 [圆弧(A)/半宽(H)/长度(L)/放弃(U)/宽度(W)]: 12
//向右追踪并输入追踪距离
指定下一点或 [圆弧(A)/闭合(C)/半宽(H)/长度(L)/放弃(U)/宽度(W)]: w
//使用“宽度(W)”选项
指定起点宽度 <5.0000>: 10 //输入多段线起点宽度
指定端点宽度 <10.0000>: 0 //输入多段线终点宽度
指定下一点或 [圆弧(A)/闭合(C)/半宽(H)/长度(L)/放弃(U)/宽度(W)]: 15
//向右追踪并输入追踪距离
指定下一点或 [圆弧(A)/闭合(C)/半宽(H)/长度(L)/放弃(U)/宽度(W)]:
//按 Enter 键结束

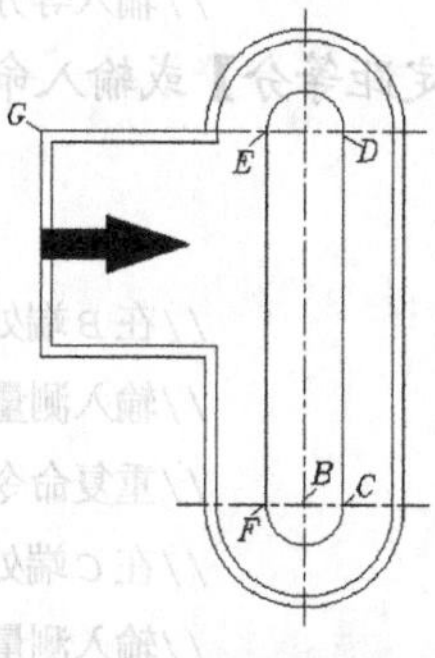

图3-17 绘制长槽及箭头

3.3.2　点对象、等分点及测量点

在 AutoCAD 中可用 POINT 命令创建单独的点对象，这些点可用“NOD”进行捕捉。点的外观由点样式控制，一般在创建点之前要先设置点样式，但也可先绘制点，再设置点样式。

DIVIDE 命令用于根据等分数目在图形对象上放置等分点，这些点并不分割对象，只是标明等分的位置。可等分的图形元素包括线段、圆、圆弧、样条线及多段线等。

MEASURE 命令用于在图形对象上按指定的距离放置点对象，对于不同类型的图形元素，距离测量的起始点是不同的。当操作对象是线段、圆弧或多段线时，起始点位于距选择点最近的端点。如果是圆，则一般从 0° 角开始进行测量。

练习3-7　打开素材文件“dwg\第 3 讲\3-7.dwg”，如图 3-18 左图所示，用 POINT、DIVIDE 及 MEASURE 等命令将左图修改为右图。

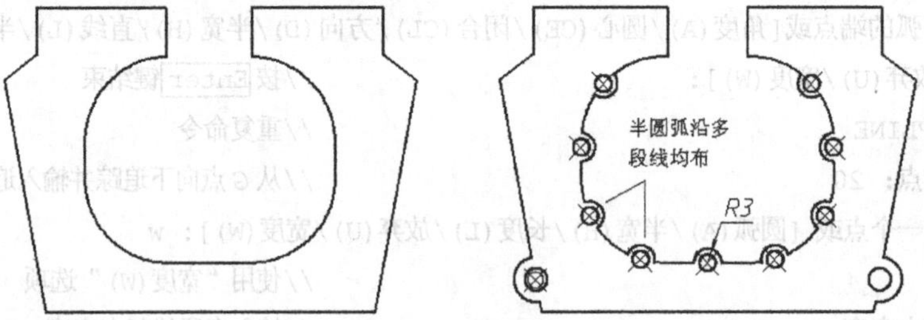

图3-18　创建点对象

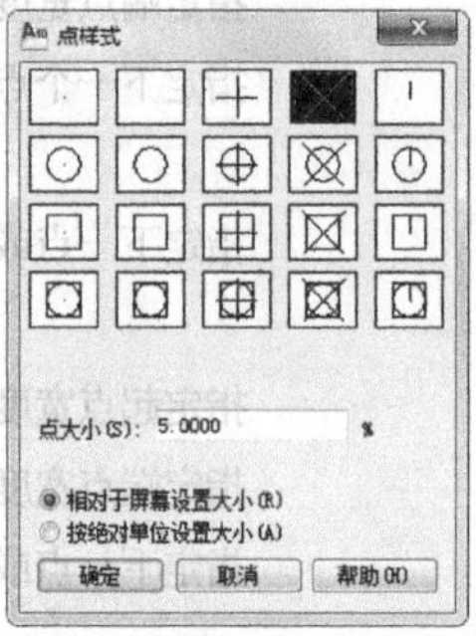

图3-19　【点样式】对话框

1. 设置点样式。选择菜单命令【格式】/【点样式】，打开【点样式】对话框，如图 3-19 所示。该对话框提供了多种样式的点，用户可根据需要选择其中一种，还能通过【点大小】文本框指定点的大小。点的大小既可通过相对于屏幕大小来设置，也可通过直接输入点的绝对尺寸来设置。
2. 创建等分点及测量点，如图 3-20 左图所示。

(1) 选择菜单命令【绘图】/【点】/【定数等分】或输入命令代号 DIVIDE，启动创建等分点命令。

```
命令: _divide
选择要定数等分的对象:            //选择多段线 A，如图 3-20 左图所示
输入线段数目或 [块(B)]: 10              //输入等分的数目
```

(2) 选择菜单命令【绘图】/【点】/【定距等分】或输入命令代号 MEASURE，启动创建测量点命令。

```
命令: _measure
选择要定距等分的对象:                  //在 B 端处选择线段，如图 3-20 左图所示
指定线段长度或 [块(B)]: 36             //输入测量长度
命令:MEASURE                           //重复命令
选择要定距等分的对象:                  //在 C 端处选择线段
指定线段长度或 [块(B)]: 36             //输入测量长度
```

结果如图 3-20 左图所示。

3. 绘制圆及圆弧，结果如图 3-20 右图所示。

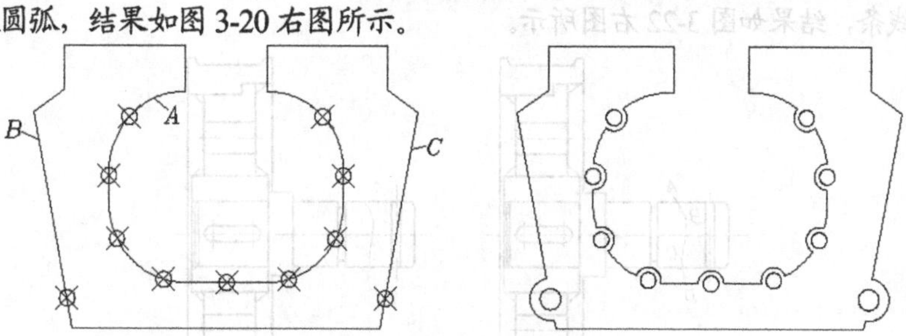

图3-20 创建等分点并绘制圆及圆弧

3.3.3 绘制断裂线及填充剖面图案

可用 SPLINE 命令绘制光滑曲线，该线是样条线，系统通过拟合给定的一系列数据点形成这条曲线。绘制机械图时，可利用 SPLINE 命令形成断裂线。

BHATCH 命令可用于在闭合的区域内生成填充图案。启动该命令后，用户选择图案类型，再指定填充比例、图案旋转角度及填充区域，就可生成图案填充。

HATCHEDIT 命令用于编辑填充图案，如改变图案的角度、比例或用其他样式的图案填充图形等，其用法与 BHATCH 命令类似。

练习3-8 打开素材文件“dwg\第 3 讲\3-8.dwg”，如图 3-21 左图所示，使用 SPLINE 和 BHATCH 等命令将左图修改为右图。

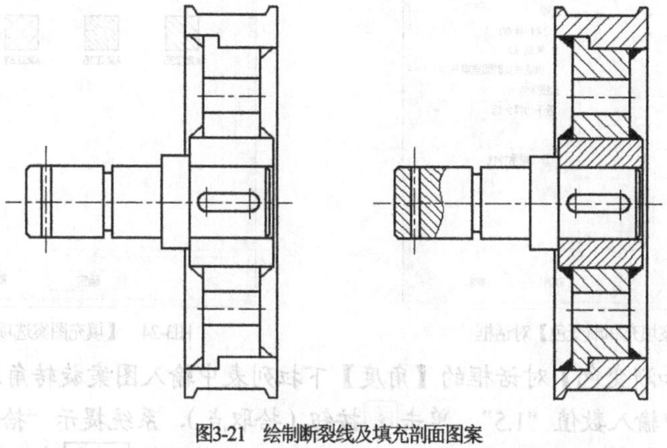

图3-21 绘制断裂线及填充剖面图案

1. 绘制断裂线，如图 3-22 左图所示。单击【绘图】面板上的～按钮或输入命令代号 SPLINE，启动绘制样条曲线命令。

```
命令: _spline                                        //绘制样条曲线
指定第一个点或 [对象(O)]:                              //单击 A 点
指定下一点:                                           //单击 B 点
指定下一点或 [闭合(C)/拟合公差(F)] <起点切向>:          //单击 C 点
指定下一点或 [闭合(C)/拟合公差(F)] <起点切向>:          //单击 D 点
指定下一点或 [闭合(C)/拟合公差(F)] <起点切向>:          //按 Enter 键
指定起点切向:                  //移动十字光标调整起点切线方向，按 Enter 键
指定端点切向:                  //移动十字光标调整终点切线方向，按 Enter 键
```

2. 修剪多余线条，结果如图 3-22 右图所示。

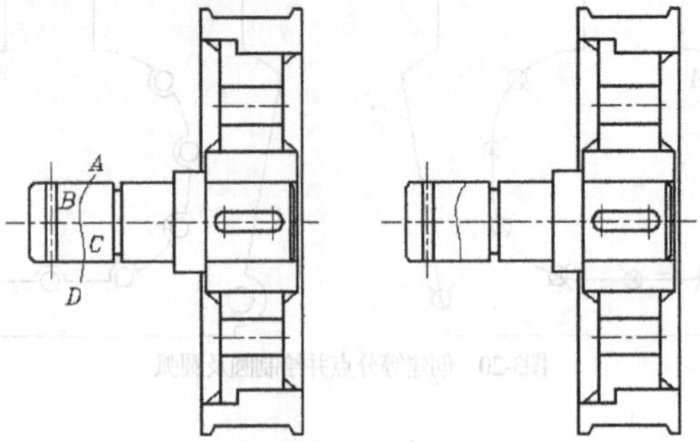

图3-22 绘制断裂线

3. 单击【绘图】面板上的按钮或输入命令代号 BHATCH，启动图案填充命令，打开【图案填充和渐变色】对话框，如图 3-23 所示。
4. 单击【图案】下拉列表右边的按钮，打开【填充图案选项板】对话框，进入【ANSI】选项卡，选择剖面图案【ANSI31】，如图 3-24 所示。

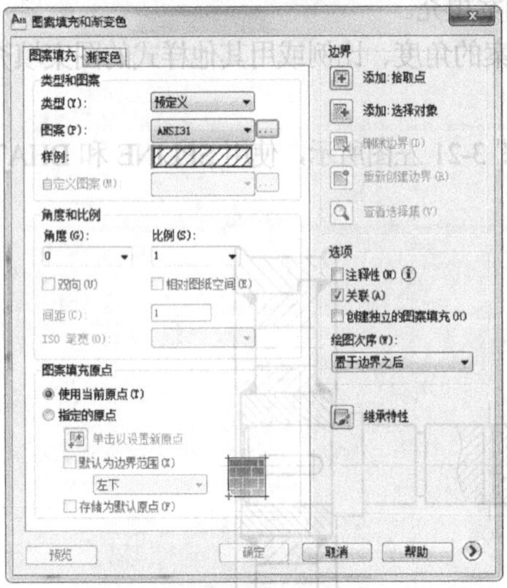

图3-23 【图案填充和渐变色】对话框

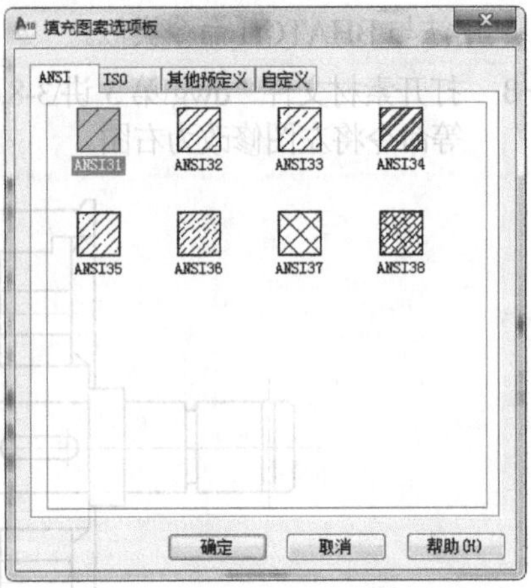

图3-24 【填充图案选项板】对话框

5. 在【图案填充和渐变色】对话框的【角度】下拉列表中输入图案旋转角度值“90”，在【比例】下拉列表中输入数值“1.5”。单击按钮（拾取点），系统提示“拾取内部点”，在想要填充的区域内单击 *E*、*F*、*G* 及 *H* 点，如图 3-25 所示，然后按 Enter 键。

要点提示 在【图案填充和渐变色】对话框的【角度】下拉列表中输入的数值并不是剖面线与 *x* 轴的倾斜角度值，而是剖面线以初始方向为起始位置的转动角度值。该值可正、可负，若是正值，则剖面线沿逆时针方向转动，否则按顺时针方向转动。对于“ANSI31”图案，当分别输入角度值“−45”“90”“15”时，剖面线与 *x* 轴的夹角分别是 0°、135°、60°。

6. 单击 预览 按钮，观察填充的预览图。
7. 单击鼠标右键，接受填充剖面图案，结果如图 3-25 所示。
8. 编辑剖面图案。选择剖面图案，单击【修改】面板上的按钮，打开【图案填充编辑】对话框，将【比例】下拉列表中的数值改为“0.5”。单击 确定 按钮，结果如图 3-26 所示。

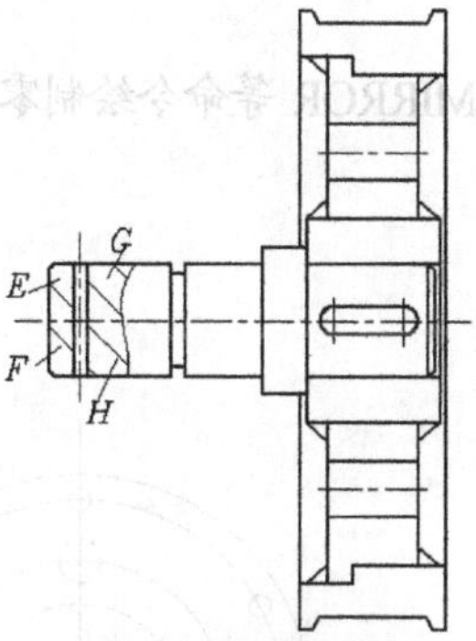

图3-25 填充剖面图案

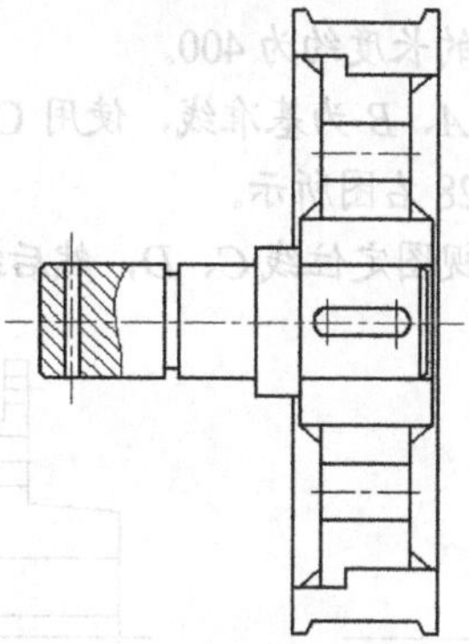

图3-26 修改剖面图案

9. 请读者创建其余填充图案。

3.4 范例解析——阵列对象及填充剖面图案

练习3-9 使用 LINE、OFFSET 及 ARRAY 等命令绘制轮芯零件图，如图 3-27 所示。

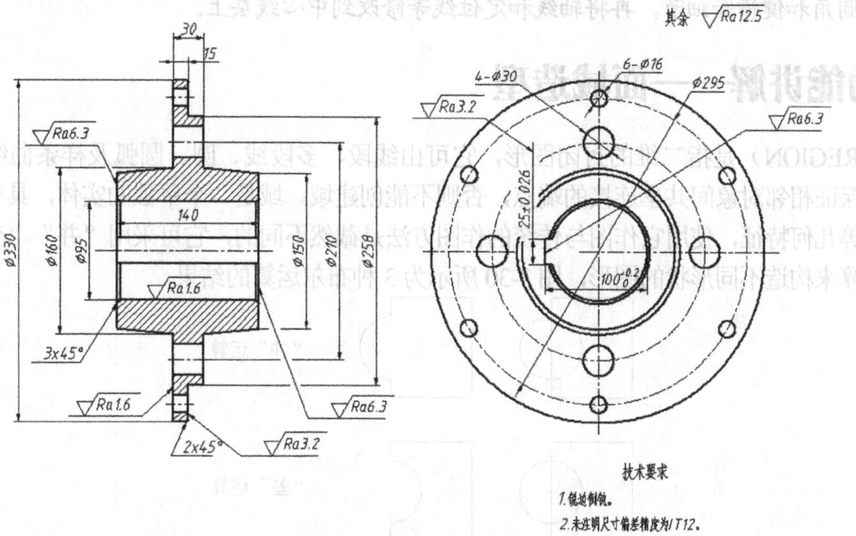

图3-27 绘制轮芯零件图

1. 创建 3 个图层。

名称	颜色	线型	线宽
轮廓线层	白色	Continuous	0.5
虚线层	黄色	DASHED	默认
中心线层	红色	CENTER	默认

2. 设定线型全局比例因子为 0.5。设定绘图区域大小为 500×500。单击【视图】选项卡中【导航】面板上的范围按钮，使绘图区域充满绘图窗口。
3. 打开极轴追踪、对象捕捉及对象捕捉追踪功能。设置极轴追踪角度增量为 90°，设置对象捕捉方式为端点、交点。
4. 切换到轮廓线层，绘制两条作图基准线 *A*、*B*，如图 3-28 左图所示。线段 *A* 的长度约为 180，

线段 *B* 的长度约为 400。

5. 以线段 *A*、*B* 为基准线，使用 OFFSET、LINE、TRIM 及 MIRROR 等命令绘制零件主视图，如图 3-28 右图所示。
6. 绘制左视图定位线 *C*、*D*，然后绘制圆，如图 3-29 所示。

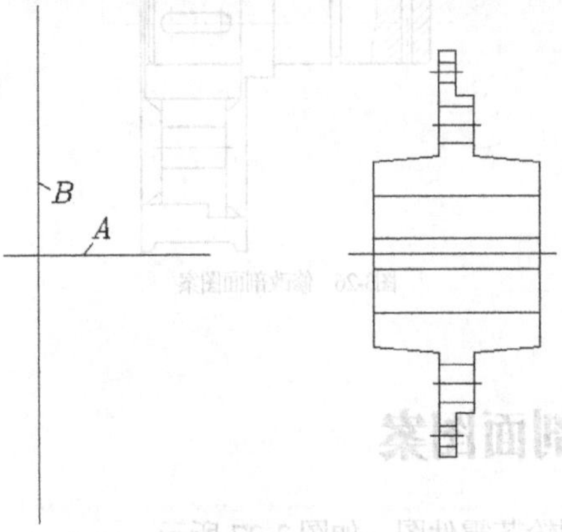

图3-28 绘制零件主视图

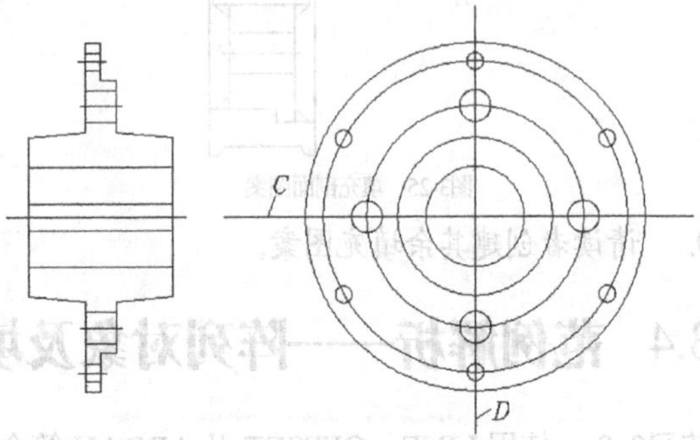

图3-29 绘制定位线及圆

7. 绘制圆角和键槽等细节，再将轴线和定位线等修改到中心线层上。

3.5 功能讲解——面域造型

域（REGION）是指二维的封闭图形，它可由线段、多段线、圆、圆弧及样条曲线等对象围成，但应保证相邻对象间共享连接的端点，否则不能创建域。域是一个单独的实体，具有面积、周长、形心等几何特征，使用它作图与传统的作图方法是截然不同的，它可采用“并”“交”“差”等布尔运算来构造不同形状的图形，图 3-30 所示为 3 种布尔运算的结果。

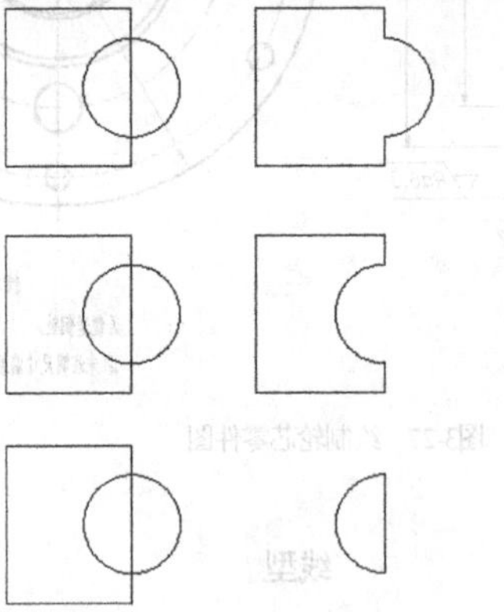

图3-30 布尔运算

3.5.1 创建面域

REGION 命令用于生成面域，启动该命令后，用户选择 1 个或多个封闭图形，就能创建出面域。

练习3-10 打开素材文件“dwg\第 3 讲\3-10.dwg”，如图 3-31 所示，用 REGION 命令将该图创建成面域。

单击【绘图】面板上的◎按钮或输入命令代号 REGION，启动创建面域命令。

命令：_region
选择对象：找到 7 个　　　　　　　　　　//选择矩形及两个圆，如图 3-31 所示
选择对象：　　　　　　　　　　　　　　//按Enter键结束

图 3-31 中包含了 3 个闭合区域，因而系统创建了 3 个面域。

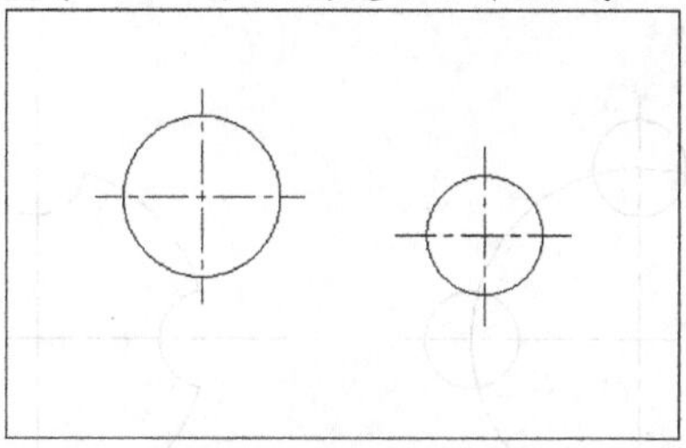

图3-31　创建面域

面域以线框的形式显示出来，用户可以对其进行移动、复制等操作，还可用 EXPLODE 命令分解它，使其还原为原始图形对象。

3.5.2　并运算

利用并运算可将所有参与运算的面域合并为一个新面域。

练习3-11　打开素材文件"dwg\第 3 讲\3-11.dwg"，如图 3-32 左图所示，使用 UNION 命令将左图修改为右图。

选择菜单命令【修改】/【实体编辑】/【并集】或输入命令代号 UNION，启动并运算命令。

命令：union
选择对象：找到 7 个　　　　//选择 5 个面域，如图 3-32 左图所示
选择对象：　　　　　　　　//按Enter键结束

结果如图 3-32 右图所示。

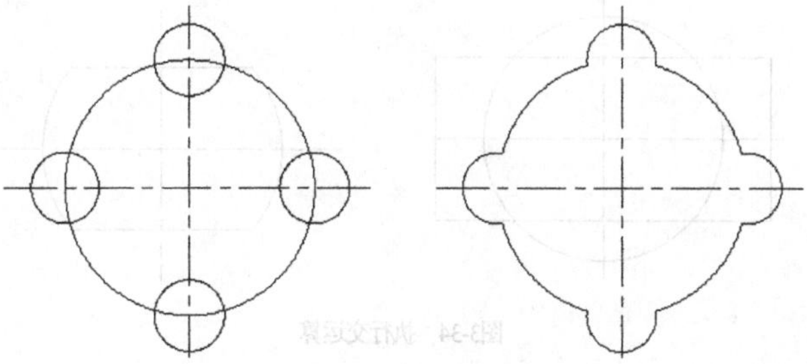

图3-32　执行并运算

3.5.3　差运算

利用差运算可从一个面域中去掉一个或多个面域，从而形成一个新面域。

练习3-12　打开素材文件"dwg\第 3 讲\3-12.dwg"，如图 3-33 左图所示。使用 SUBTRACT 命令将左图修改为右图。

选择菜单命令【修改】/【实体编辑】/【差集】或输入命令代号 SUBTRACT，启动差运算命令。

命令：subtract

```
选择对象：找到 1 个                          //选择大圆面域，如图 3-33 左图所示
选择对象：                                   //按Enter键
选择对象：总计 4 个                          //选择 4 个小圆面域
选择对象                                     //按Enter键结束
```

结果如图 3-33 右图所示。

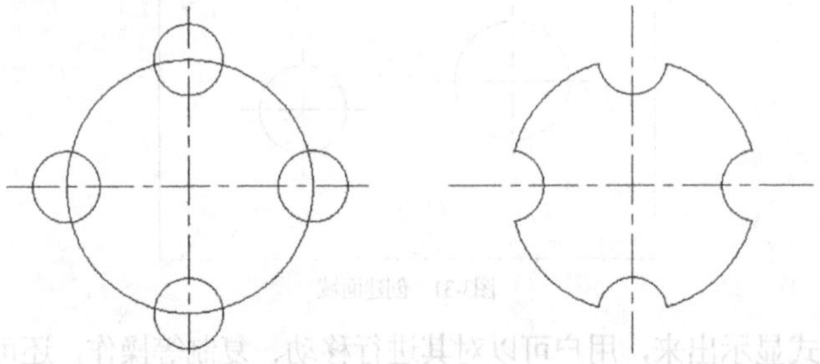

图3-33 执行差运算

3.5.4 交运算

利用交运算可以求出各个相交面域的公共部分。

练习3-13 打开素材文件“dwg\第 3 讲\3-13.dwg”，如图 3-34 左图所示，使用 INTERSECT 命令将左图修改为右图。

选择菜单命令【修改】/【实体编辑】/【交集】或输入命令代号 INTERSECT，启动交运算命令。

```
命令: intersect
选择对象：找到 2 个                //选择圆面域及矩形面域，如图 3-34 左图所示
选择对象：                         //按Enter键结束
```

结果如图 3-34 右图所示。

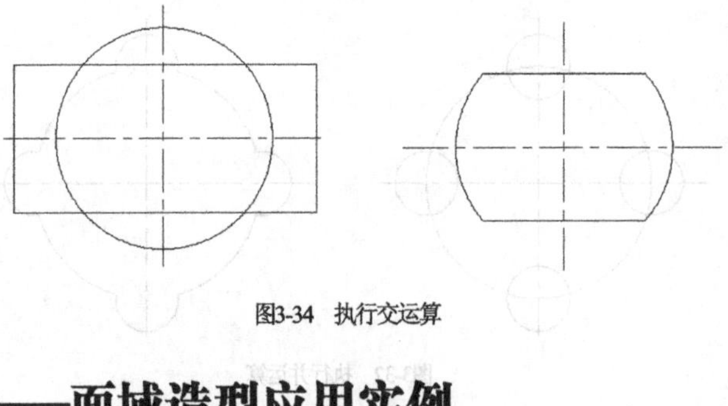

图3-34 执行交运算

3.6 范例解析——面域造型应用实例

面域造型法是通过面域对象的并运算、交运算或差运算来创建图形，当图形边界比较复杂时，这种作图法的效率是很高的。要采用这种作图法，首先必须对图形进行分析，以确定应生成哪些面域对象，然后考虑如何进行布尔运算以形成最终的图形。例如，图 3-35 所示的图形可看成是由一系列矩形面域组成的，对这些面域进行并运算就形成了所需的图形。

练习3-14 利用面域造型法绘制图 3-35 所示的图形。

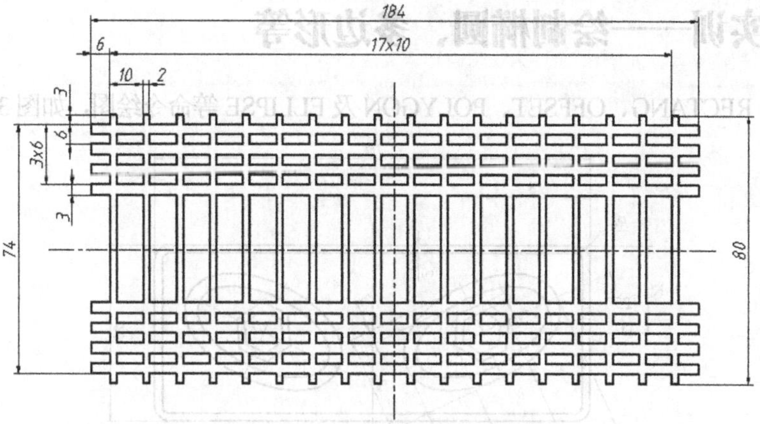

图3-35 面域造型应用实例

1. 绘制两个矩形并将它们创建成面域，如图 3-36 所示。

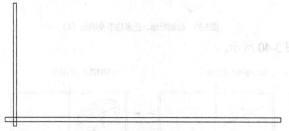

图3-36 绘制矩形并创建面域

2. 阵列矩形，再进行镜像操作，结果如图 3-37 所示。

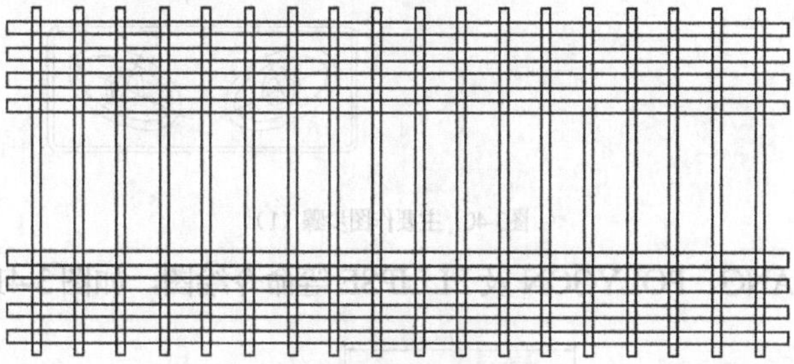

图3-37 阵列面域并镜像

3. 对所有矩形面域执行并运算，结果如图 3-38 所示。

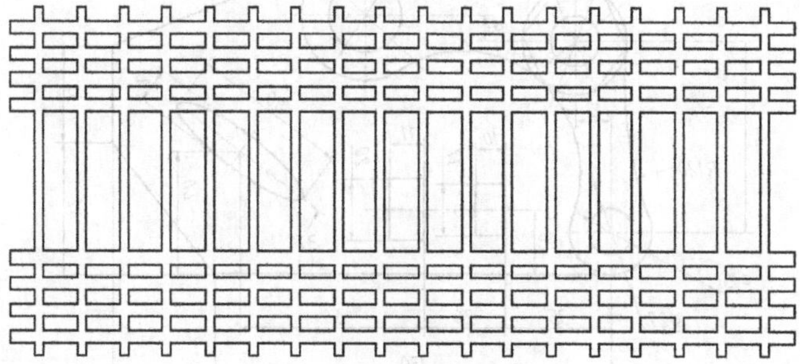

图3-38 执行并运算

3.7 课堂实训——绘制椭圆、多边形等

练习3-15 使用 RECTANG、OFFSET、POLYGON 及 ELLIPSE 等命令绘图，如图 3-39 所示。

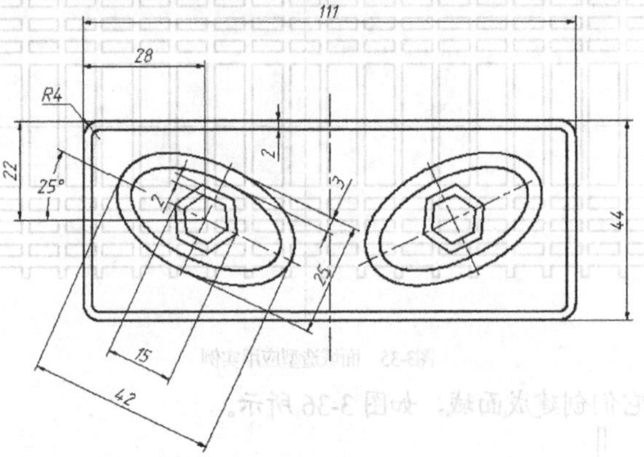

图3-39 绘制矩形、正多边形及椭圆（1）

主要作图步骤如图 3-40 所示。

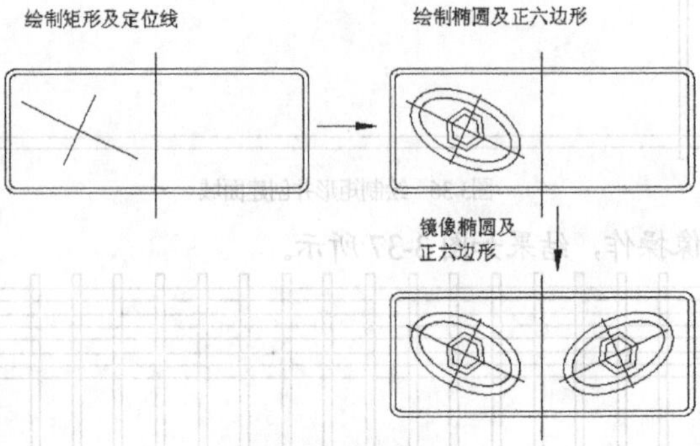

图3-40 主要作图步骤（1）

练习3-16 使用 RECTANG、POLYGON 及 ELLIPSE 等命令绘图，如图 3-41 所示。

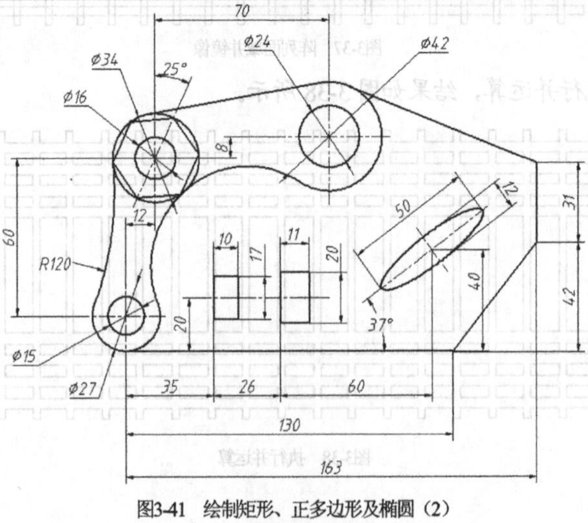

图3-41 绘制矩形、正多边形及椭圆（2）

主要作图步骤如图 3-42 所示。

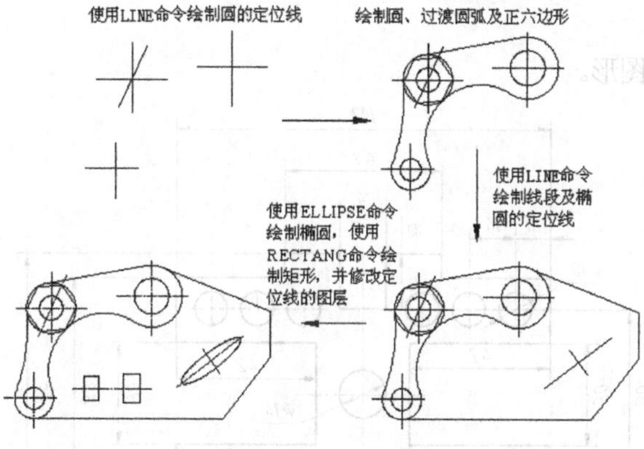

图3-42　主要作图步骤（2）

3.8　综合实例——绘制由多边形、椭圆等对象构成的平面图形

练习3-17　使用 RECTANG、POLYGON 及 ELLIPSE 等命令绘图，如图 3-43 所示。

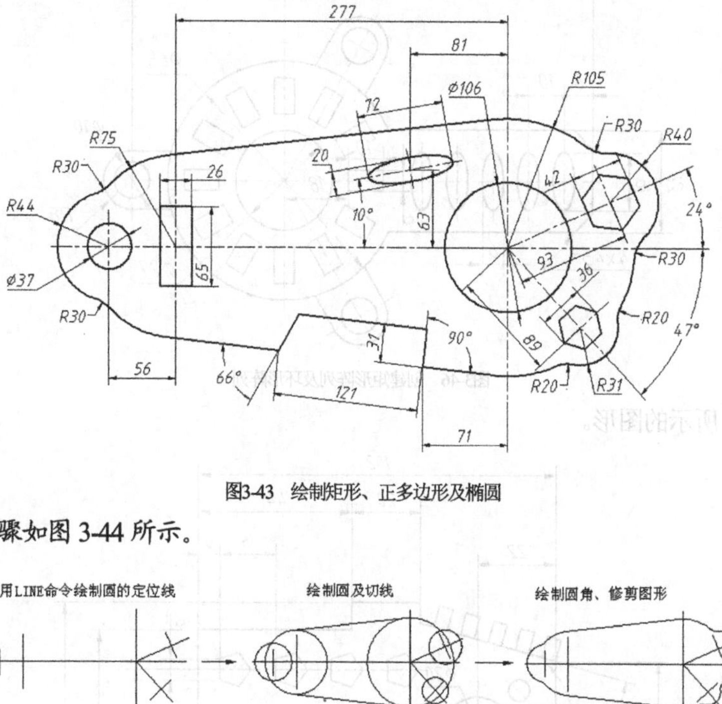

图3-43　绘制矩形、正多边形及椭圆

主要作图步骤如图 3-44 所示。

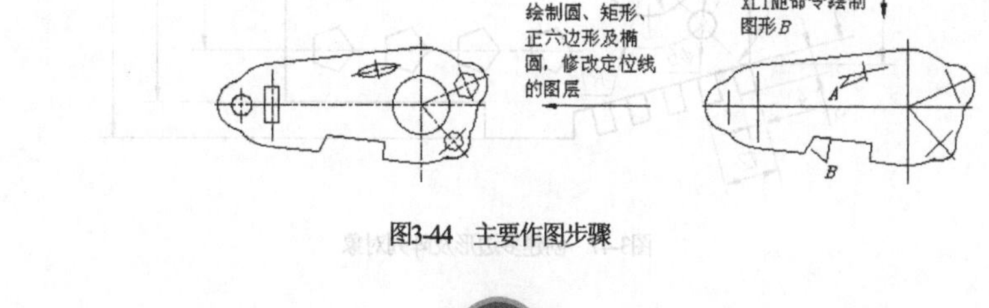

图3-44　主要作图步骤

3.9 课后作业

1. 绘制图 3-45 所示的图形。

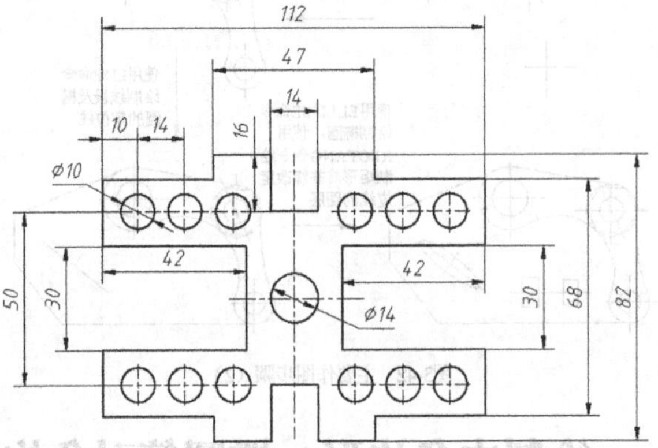

图3-45 绘制对称图形

2. 绘制图 3-46 所示的图形。

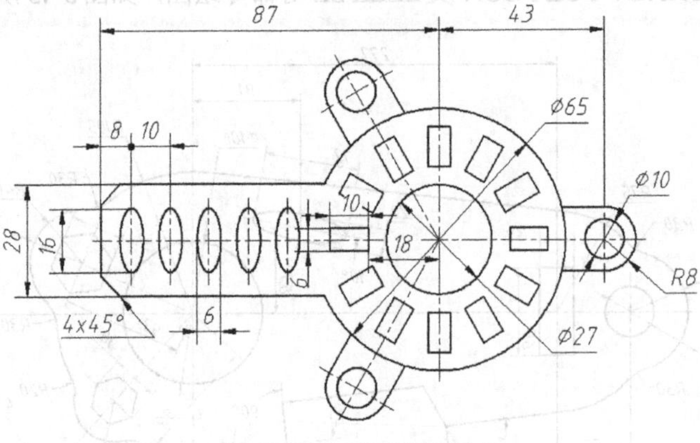

图3-46 创建矩形阵列及环形阵列

3. 绘制图 3-47 所示的图形。

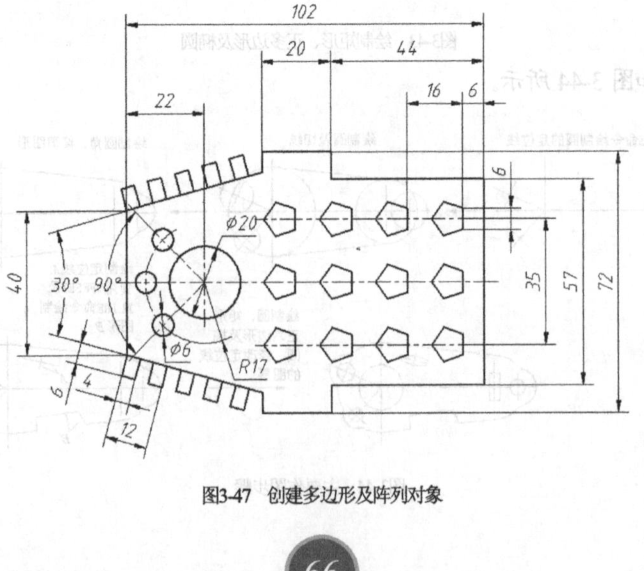

图3-47 创建多边形及阵列对象

4. 绘制图 3-48 所示的图形。

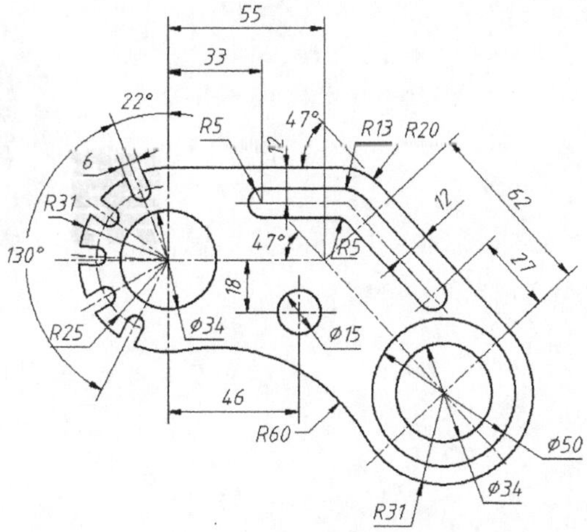

图3-48 创建圆、切线及阵列对象

5. 绘制图 3-49 所示的图形。

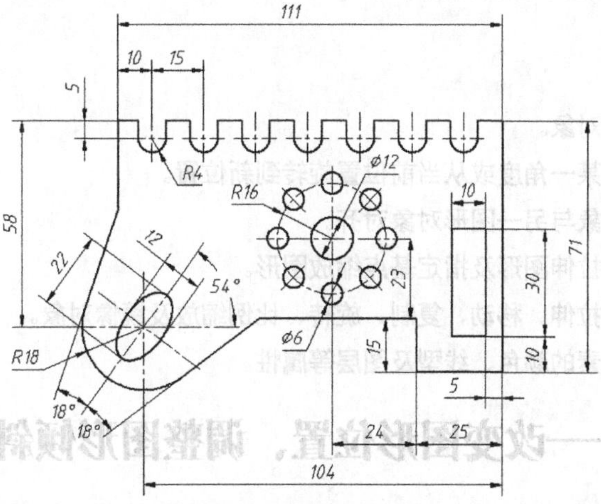

图3-49 创建椭圆及阵列对象

6. 绘制图 3-50 所示的图形。

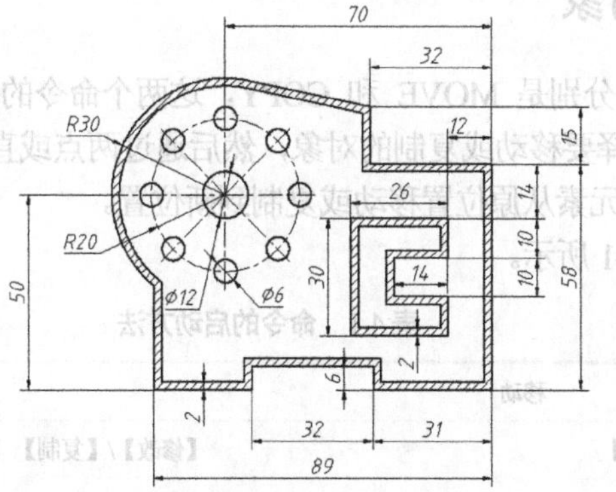

图3-50 填充剖面图案及阵列对象

第4讲

编辑图形

通过学习本讲，读者可以掌握移动、复制、旋转、对齐、拉伸及按比例缩放图形的方法，了解关键点编辑方式，并学会一些编辑技巧。

学习目标

- 移动及复制对象。
- 把对象旋转某一角度或从当前位置旋转到新位置。
- 将一图形对象与另一图形对象对齐。
- 沿某一方向拉伸图形及指定基点缩放图形。
- 利用关键点拉伸、移动、复制、旋转、比例缩放及镜像对象。
- 编辑图形元素的颜色、线型及图层等属性。

4.1 功能讲解——改变图形位置、调整图形倾斜方向及形状

本节主要内容包括移动、复制、旋转、对齐、拉伸及比例缩放对象。

4.1.1 移动及复制对象

移动及复制图形的命令分别是 MOVE 和 COPY，这两个命令的使用方法相似。启动 MOVE 或 COPY 命令后，首先选择要移动或复制的对象，然后通过两点或直接输入位移指定对象移动的距离和方向，系统就将图形元素从原位置移动或复制到新位置。

命令的启动方法如表 4-1 所示。

表 4-1 命令的启动方法

方法	移动	复制
菜单命令	【修改】/【移动】	【修改】/【复制】
面板	【修改】面板上的按钮	【修改】面板上的按钮
命令	MOVE 或简写 M	COPY 或简写 CO

练习4-1 打开素材文件"dwg\第4讲\4-1.dwg"，如图4-1左图所示，使用MOVE及COPY等命令将左图修改为右图。

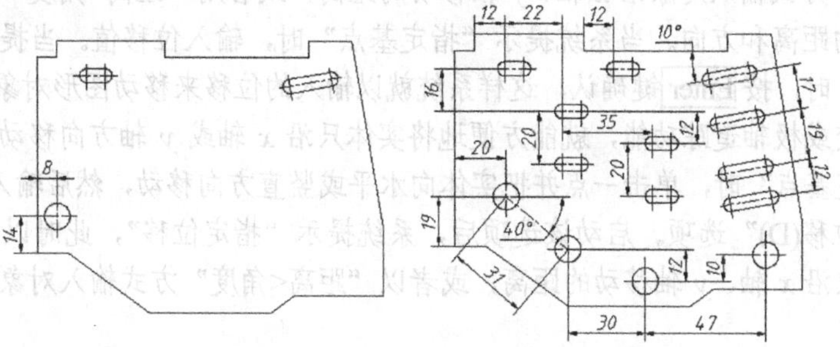

图4-1 移动及复制对象

1. 移动及复制对象，如图4-2所示。

命令：_move	
选择对象：指定对角点：找到 3 个	//选择对象 *A*，如图 4-2 左图所示
选择对象：	//按Enter键确认
指定基点或 [位移(D)] <位移>： 12,5	//输入沿 *x* 轴、*y* 轴移动的距离
指定第二个点或 <使用第一个点作为位移>：	//按Enter键结束
命令：_copy	
选择对象：指定对角点：找到 7 个	//选择对象 *B*
选择对象：	//按Enter键确认
指定基点或 [位移(D)/模式(O)] <位移>：	//捕捉交点 *C*
指定第二个点或 <使用第一个点作为位移>：	//捕捉交点 *D*
指定第二个点或 [退出(E)/放弃(U)] <退出>：	//按Enter键结束
命令：_copy	//重复命令
选择对象：指定对角点：找到 7 个	//选择对象 *E*
选择对象：	//按Enter键
指定基点或 [位移(D)/模式(O)] <位移>： 17<-80	//指定复制的距离及方向
指定第二个点或 <使用第一个点作为位移>：	//按Enter键结束

结果如图4-2右图所示。

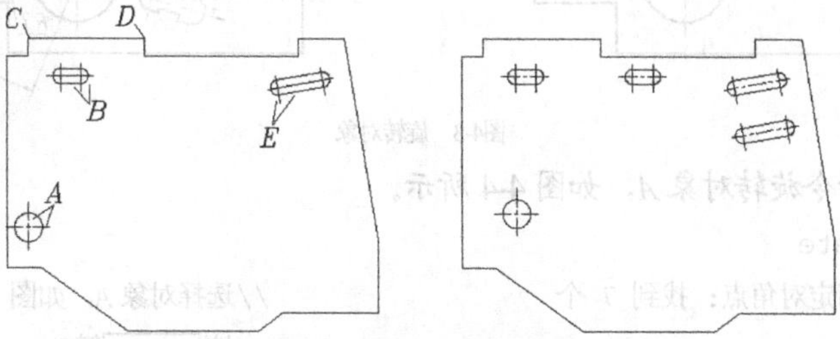

图4-2 移动对象 *A* 及复制对象 *B*、*E*

2. 请读者绘制图形的其余部分。

使用MOVE或COPY命令时，可通过以下方式指明对象移动或复制的距离和方向。

- 在屏幕上指定两个点，这两点的距离和方向代表了实体移动的距离和方向。当系统提示“指定基点”时，指定移动的基准点。当提示“指定第二个点”时，捕捉第二点或输入第二点相对于基准点的相对直角坐标或极坐标。

- 以“x,y”方式输入对象沿 x 轴、y 轴移动的距离，或者用“距离<角度”方式输入对象位移的距离和方向。当系统提示“指定基点”时，输入位移值。当提示“指定第二个点”时，按Enter键确认，这样系统就以输入的位移来移动图形对象。
- 打开正交或极轴追踪功能，就能方便地将实体只沿 x 轴或 y 轴方向移动。当系统提示“指定基点”时，单击一点并把实体向水平或竖直方向移动，然后输入位移。
- 使用“位移(D)”选项。启动该选项后，系统提示“指定位移”，此时以“x,y”方式输入对象沿 x 轴、y 轴移动的距离，或者以“距离<角度”方式输入对象位移的距离和方向。

4.1.2 旋转对象

ROTATE 命令可用于旋转图形对象，改变图形对象的方向。使用此命令时，用户指定旋转基点并输入旋转角度就可以转动图形对象。此外，也可以某个方位作为参照位置，然后选择一个新对象或输入一个新角度来指明要旋转到的位置。

1. 命令启动方法

- 菜单命令：【修改】/【旋转】。
- 面板：【修改】面板上的按钮。
- 命令：ROTATE 或简写 RO。

练习4-2 打开素材文件“dwg\第 4 讲\4-2.dwg”，使用 LINE、CIRCLE 及 ROTATE 等命令将图 4-3 中的左图修改为右图。

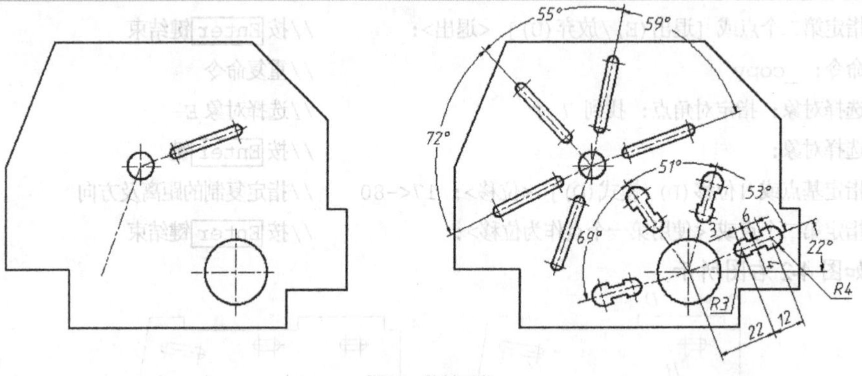

图4-3 旋转对象

1. 使用 ROTATE 命令旋转对象 A，如图 4-4 所示。

```
命令: _rotate
选择对象: 指定对角点: 找到 7 个                              //选择对象 A，如图 4-4 左图所示
选择对象:                                                    //按Enter键
指定基点:                                                    //捕捉圆心 B
指定旋转角度，或 [复制(C)/参照(R)] <70>: c                   //使用“复制(C)”选项
指定旋转角度，或 [复制(C)/参照(R)] <70>: 59                  //输入旋转角度
命令:ROTATE                                                  //重复命令
```

选择对象：指定对角点：找到 7 个　　　　　　　　　　//选择对象 *A*
选择对象：　　　　　　　　　　　　　　　　　　　　//按 Enter 键
指定基点：　　　　　　　　　　　　　　　　　　　　//捕捉圆心 *B*
指定旋转角度，或 [复制(C)/参照(R)] <59>: c　　　　//使用"复制(C)"选项
指定旋转角度，或 [复制(C)/参照(R)] <59>: r　　　　//使用"参照(R)"选项
指定参照角 <0>:　　　　　　　　　　　　　　　　　//捕捉 *B* 点
指定第二点：　　　　　　　　　　　　　　　　　　　//捕捉 *C* 点
指定新角度或 [点(P)] <0>:　　　　　　　　　　　　//捕捉 *D* 点

结果如图 4-4 右图所示。

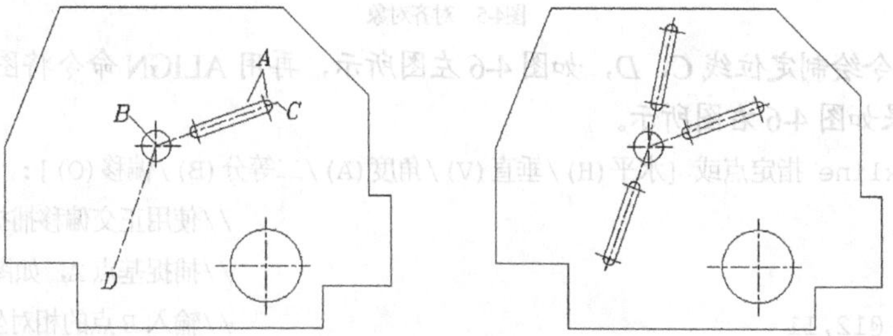

图4-4　旋转对象 *A*

2. 请读者绘制图形的其余部分。

2. 命令选项

- 指定旋转角度：指定旋转基点并输入绝对旋转角度来旋转实体。旋转角度是基于当前用户坐标系测量的。如果输入负的旋转角度，则选定的对象顺时针旋转，否则逆时针旋转。
- 复制(C)：旋转对象的同时复制对象。
- 参照(R)：指定某个方向作为起始参照角，然后拾取一个点或两个点来指定源对象要旋转到的位置，也可以输入新角度来指明要旋转到的位置。

4.1.3 对齐对象

ALIGN 命令可用于同时移动、旋转一个对象，使之与另一个对象对齐。例如，用户可以使图形对象中的某点、某条直线或某一个面（三维实体）与另一个实体的点、线或面对齐。操作过程中，用户只需按照系统提示指定源对象与目标对象的一点、两点或三点对齐就可以了。

命令启动方法

- 菜单命令：【修改】/【三维操作】/【对齐】。
- 面板：【修改】面板上的按钮。
- 命令：ALIGN 或简写 AL。

练习4-3　打开素材文件"dwg\第 4 讲\4-3.dwg"，使用 LINE、CIRCLE 及 ALIGN 等命令将图 4-5 中的左图修改为右图。

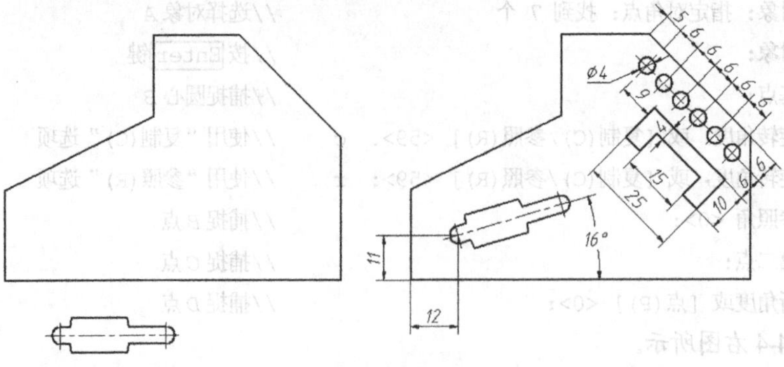

图4-5　对齐对象

1.　**用 XLINE 命令绘制定位线 *C*、*D*，如图 4-6 左图所示，再用 ALIGN 命令将图形 *E* 定位到正确的位置，结果如图 4-6 右图所示。**

命令：_xline 指定点或 [水平(H)/垂直(V)/角度(A)/二等分(B)/偏移(O)]：from　　//使用正交偏移捕捉
基点：　　//捕捉基点 *A*，如图 4-6 左图所示
<偏移>：@12,11　　//输入 *B* 点的相对坐标
指定通过点：<16　　//设定定位线 *D* 的角度
指定通过点：　　//单击一点
指定通过点：<106　　//设定定位线 *C* 的角度
指定通过点：　　//单击一点
指定通过点：　　//按 Enter 键结束
命令：align　　//启动对齐命令
选择对象：指定对角点：找到 15 个　　//选择图形 *E*
选择对象：　　//按 Enter 键
指定第一个源点：　　//捕捉第一个源点 *F*
指定第一个目标点：　　//捕捉第一个目标点 *B*
指定第二个源点：　　//捕捉第二个源点 *G*
指定第二个目标点：nea 到　　//在定位线 *D* 上捕捉一点
指定第三个源点或 <继续>：　　//按 Enter 键
是否基于对齐点缩放对象？[是(Y)/否(N)] <否>：　　//按 Enter 键不缩放源对象

结果如图 4-6 右图所示。

2.　**绘制定位线 *H*、*I* 及图形 *J*，如图 4-7 左图所示。用 ALIGN 命令将图形 *J* 定位到正确的位置，结果如图 4-7 右图所示。**

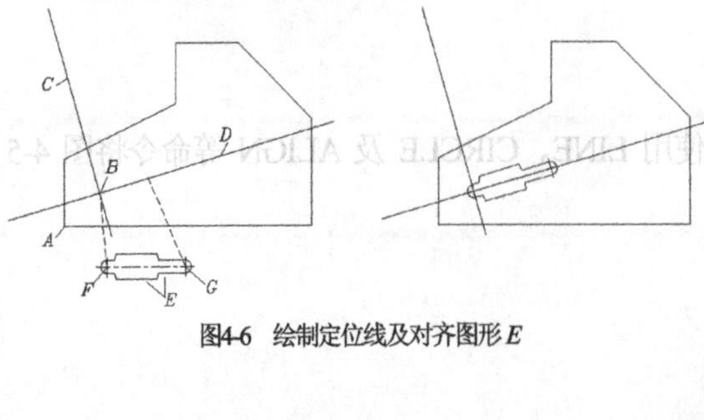

图4-6　绘制定位线及对齐图形 *E*

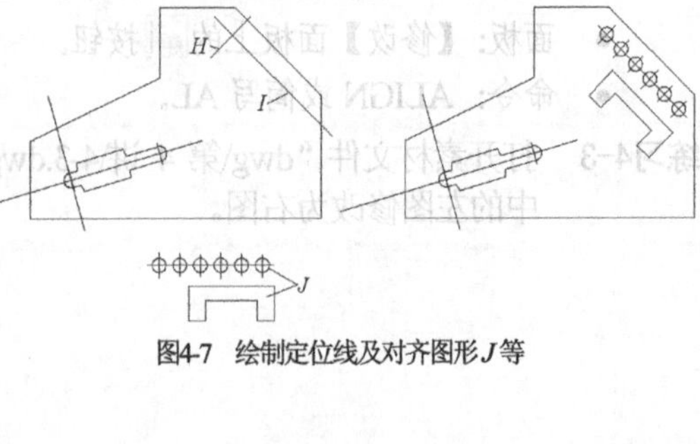

图4-7　绘制定位线及对齐图形 *J* 等

4.1.4 拉伸对象

STRETCH 命令可用于一次性将多个图形对象沿指定的方向进行拉伸，编辑过程中必须用交叉窗口选择对象，除被选中的对象外，其他图元的大小及相互间的几何关系将保持不变。

命令启动方法

- 菜单命令：【修改】/【拉伸】。
- 面板：【修改】面板上的按钮。
- 命令：STRETCH 或简写 S。

练习4-4 打开素材文件“dwg\第 4 讲\4-4.dwg”，使用 STRETCH 命令将图 4-8 中的左图修改为右图。

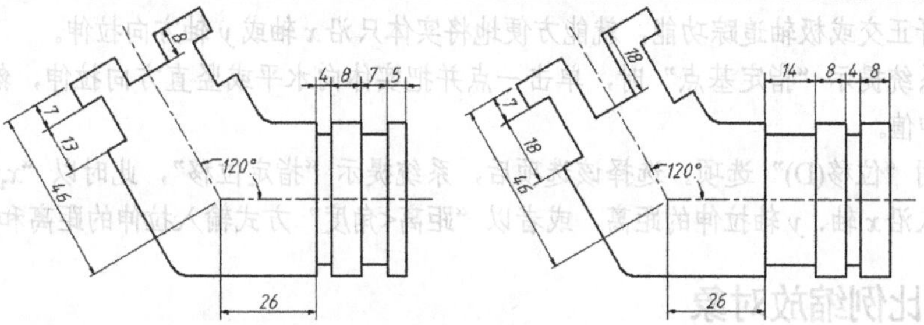

图4-8 拉伸对象

1. 打开极轴追踪、对象捕捉及对象捕捉追踪功能。
2. 调整槽 *A* 的宽度及槽 *D* 的深度，如图 4-9 所示。

```
命令: _stretch
选择对象:                                        //单击B点，如图 4-9 左图所示
指定对角点: 找到 17 个                            //单击C点
选择对象:                                        //按Enter键
指定基点或 [位移(D)] <位移>:                      //单击一点
指定第二个点或 <使用第一个点作位移>: 10            //向右追踪并输入追踪距离
命令: STRETCH                                    //重复命令
选择对象:                                        //单击E点
指定对角点: 找到 5 个                             //单击F点
选择对象:                                        //按Enter键
指定基点或 [位移(D)] <位移>: 10<-60               //输入拉伸的距离及方向
指定第二个点或 <使用第一个点作为位移>:              //按Enter键结束
```

结果如图 4-9 右图所示。

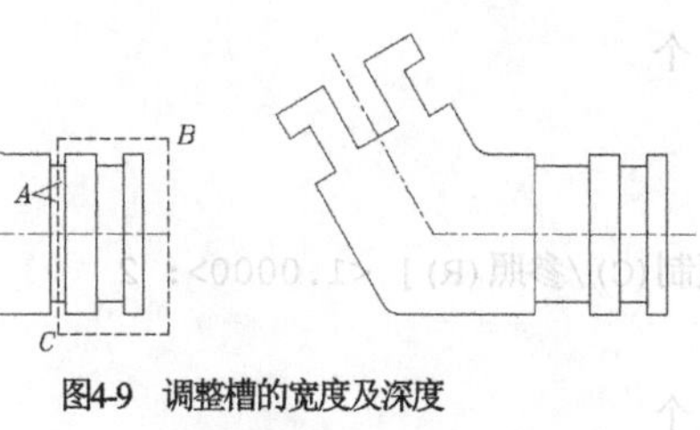

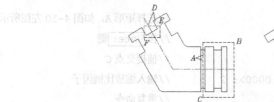

图4-9 调整槽的宽度及深度

3. 请读者用 STRETCH 命令修改图形的其他部分。

使用 STRETCH 命令时，首先应利用交叉窗口选择对象，然后指定对象拉伸的距离和方向。凡在交叉窗口中的对象顶点都被移动，而与交叉窗口相交的对象将被延伸或缩短。

设定拉伸距离和方向的方式如下。

- 在屏幕上指定两个点，这两点的距离和方向代表了拉伸实体的距离和方向。
  当系统提示"指定基点"时，指定拉伸的基准点。当提示"指定第二个点"时，捕捉第二点或输入第二点相对于基准点的相对直角坐标或极坐标。
- 以"*x*,*y*"方式输入对象沿 *x* 轴、*y* 轴拉伸的距离，或者用"距离<角度"方式输入拉伸的距离和方向。
  当系统提示"指定基点"时，输入拉伸值。当提示"指定第二个点"时，按 Enter 键确认，这样系统就以输入的拉伸值来拉伸对象。
- 打开正交或极轴追踪功能，就能方便地将实体只沿 *x* 轴或 *y* 轴方向拉伸。
  当系统提示"指定基点"时，单击一点并把实体向水平或竖直方向拉伸，然后输入拉伸值。
- 使用"位移(D)"选项。选择该选项后，系统提示"指定位移"，此时以"*x*,*y*"方式输入沿 *x* 轴、*y* 轴拉伸的距离，或者以"距离<角度"方式输入拉伸的距离和方向。

4.1.5 按比例缩放对象

SCALE 命令可用于将对象按指定的缩放比例因子相对于基点放大或缩小，也可把对象缩放到指定的尺寸。

1. 命令启动方法

- 菜单命令：【修改】/【缩放】。
- 面板：【修改】面板上的 按钮。
- 命令：SCALE 或简写 SC。

练习4-5 打开素材文件"dwg\第 4 讲\4-5.dwg"，使用 SCALE 命令将图 4-10 中的左图修改为右图。

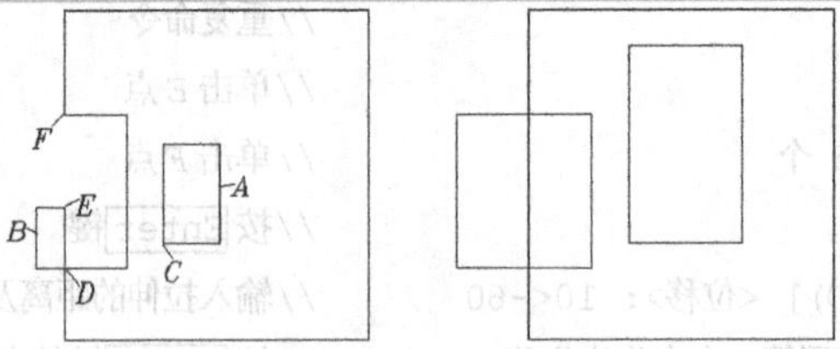

图4-10 按比例缩放对象

```
命令: _scale
选择对象: 找到 1 个                                //选择矩形 A，如图 4-10 左图所示
选择对象:                                          //按 Enter 键
指定基点:                                          //捕捉交点 C
指定比例因子或[复制(C)/参照(R)] <1.0000>: 2          //输入缩放比例因子
命令: _SCALE                                       //重复命令
选择对象: 找到 4 个                                //选择线框 B
```

选择对象: //按 Enter 键
指定基点: //捕捉交点 *D*
指定比例因子或 [复制(C)/参照(R)] <2.0000>: r //使用“参照(R)”选项
指定参照长度 <1.0000>: //捕捉交点 *D*
指定第二点: //捕捉交点 *E*
指定新的长度或 [点(P)] <1.0000>: //捕捉交点 *F*

结果如图 4-10 右图所示。

2. 命令选项

- 指定比例因子：直接输入缩放比例因子，系统根据此缩放比例因子缩放对象。若缩放比例因子小于 1，则缩小对象，否则放大对象。
- 复制(C)：缩放对象的同时复制对象。
- 参照(R)：以参照方式缩放对象。用户输入参考长度及新长度，系统把新长度与参考长度的比值作为缩放比例因子进行缩放。
- 点(P)：使用两点来定义新的长度。

4.2 范例解析——使用复制、旋转、拉伸及对齐命令绘图

练习4-6 使用 LINE、OFFSET、COPY、ROTATE 及 ALIGN 等命令绘制平面图形，如图 4-11 所示。

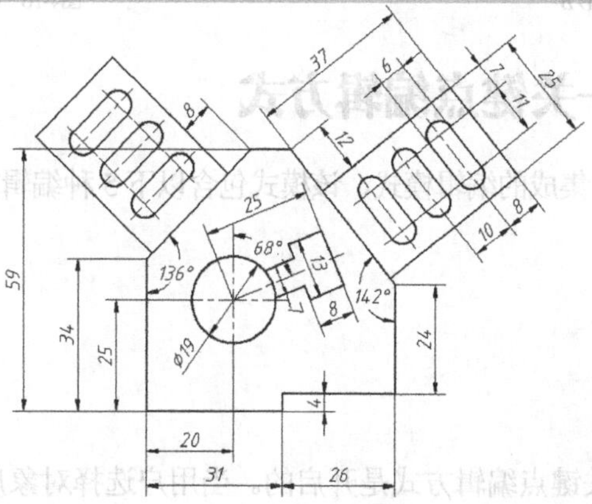

图4-11 使用 LINE、OFFSET、COPY、ROTATE 及 ALIGN 等命令绘图

1. 创建两个图层。

名称	颜色	线型	线宽
轮廓线层	白色	Continuous	0.5
中心线层	红色	CENTER	默认

2. 通过【线型控制】下拉列表打开【线型管理器】对话框，在此对话框中设定线型全局比例因子为 0.2。
3. 打开极轴追踪、对象捕捉及对象捕捉追踪功能。设置极轴追踪角度增量为 90°，设置对象捕捉方式为端点、交点及圆心。
4. 设定绘图区域大小为 120×120。单击【视图】选项卡中【导航】面板上的范围按钮，使绘

图区域充满绘图窗口。

5. 使用 LINE、OFFSET 及 TRIM 等命令绘制图形的外轮廓线，如图 4-12 所示。
6. 使用 LINE、OFFSET、CIRCLE 及 TRIM 等命令绘制图形 *A*，如图 4-13 所示。
7. 使用 ROTATE 命令旋转图形 *A*，结果如图 4-14 所示。

图4-12 绘制外轮廓线

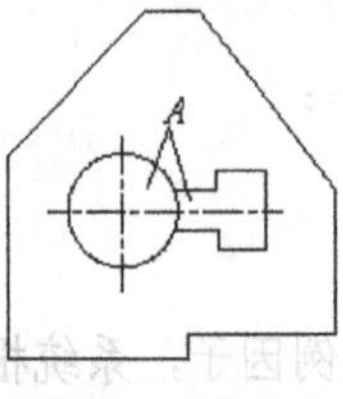

图4-13 绘制图形 *A*

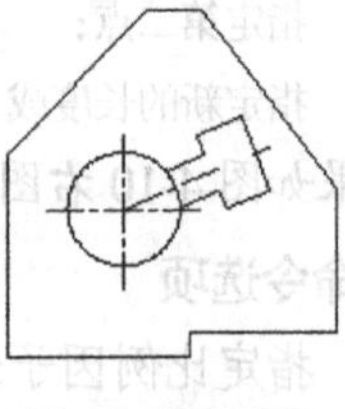

图4-14 旋转图形 *A*

8. 使用 LINE、CIRCLE 及 COPY 等命令绘制图形 *B*，如图 4-15 所示。
9. 使用 COPY、ALIGN 等命令绘制图形 *C*、*D*，如图 4-16 所示。

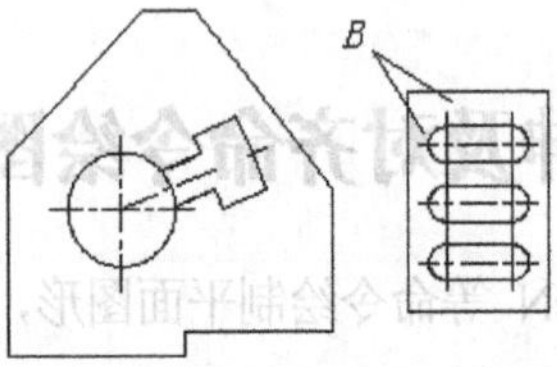

图4-15 绘制图形 *B*

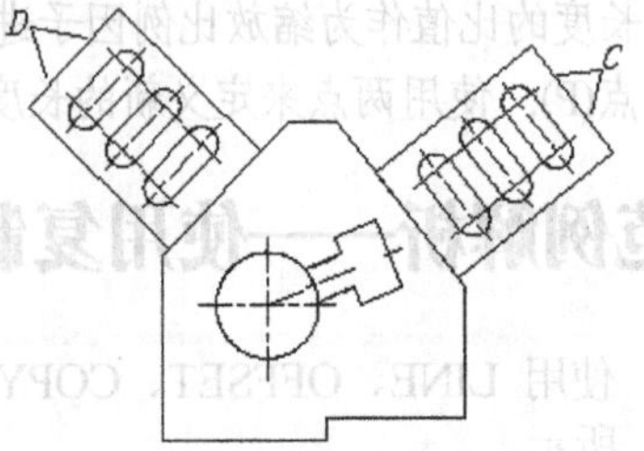

图4-16 绘制图形 *C*、*D*

4.3 功能讲解——关键点编辑方式

关键点编辑方式是一种集成的编辑模式，该模式包含以下 5 种编辑方式。

- 拉伸。
- 移动。
- 旋转。
- 比例缩放。
- 镜像。

图4-17 快捷菜单

默认情况下，系统的关键点编辑方式是开启的。当用户选择对象后，对象上将出现若干方框，这些方框被称为关键点。把十字光标靠近并捕捉关键点，然后单击，激活关键点编辑状态，此时系统自动进入拉伸编辑方式，连续按 Enter 键，就可以在所有编辑方式间切换。此外，也可在激活关键点后，再单击鼠标右键，弹出快捷菜单，如图 4-17 所示，通过此菜单选择某种编辑方式。

在不同的编辑方式间切换时，系统为每种编辑方式提供的选项基本相同，其中“基点(B)”“复制(C)”选项是所有编辑方式共有的。

- 基点(B)：拾取某一个点作为编辑过程中的基点。例如，当进入了旋转编辑方式，要指定一个点作为旋转中心时，就使用“基点(B)”选项。默认情况下，编辑的基点是热关键点（选中的关键点）。
- 复制(C)：如果用户在编辑的同时还需复制对象，就选择此选项。

下面通过一个练习来熟悉关键点的各种编辑方式。

练习4-7 打开素材文件“dwg\第 4 讲\4-7.dwg”，如图 4-18 左图所示，利用关键点编辑方式将左图修改为右图。

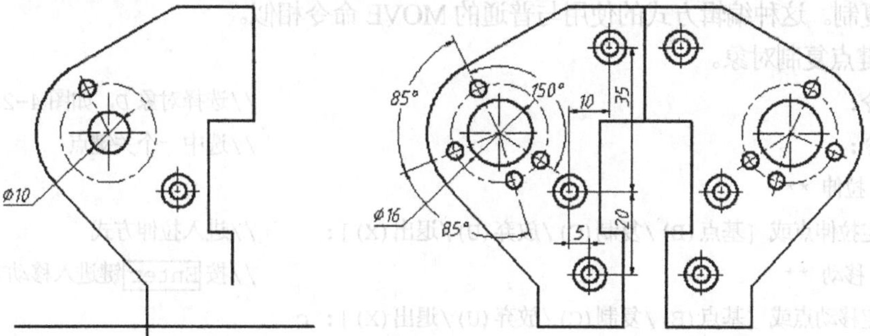

图4-18 利用关键点编辑方式修改图形

4.3.1 利用关键点拉伸对象

在拉伸编辑方式下，当热关键点是线段的端点时，可有效地拉伸或缩短对象。如果热关键点是线段的中点、圆或圆弧的圆心，或者属于块、文字、尺寸数字等实体时，这种编辑方式就只能移动对象。

利用关键点拉伸对象的操作如下。

1. 打开极轴追踪、对象捕捉及对象捕捉追踪功能。设置极轴追踪角度增量为 90°，设置对象捕捉方式为端点、圆心及交点。

命令: //选择线段 *A*，如图 4-19 左图所示

命令: //选中关键点 *B*

** 拉伸 ** //进入拉伸方式

指定拉伸点或 [基点(B)/复制(C)/放弃(U)/退出(X)]: //向下移动十字光标并捕捉 *C* 点

2. 继续调整其他线段的长度，结果如图 4-19 右图所示。

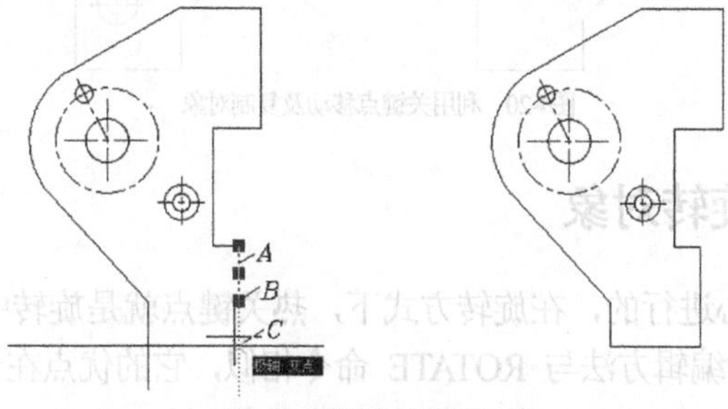

图4-19 利用关键点拉伸对象

要点提示 打开正交状态后，就可利用关键点拉伸方式很方便地改变水平线段或竖直线段的长度。

4.3.2 利用关键点移动及复制对象

在关键点移动方式下，可以编辑单一对象或一组对象，使用“复制(C)”选项就能在移动实体的同时进行复制。这种编辑方式的使用与普通的 MOVE 命令相似。

利用关键点复制对象。

```
命令:                                                  //选择对象 D，如图 4-20 左图所示
命令:                                                  //选中一个关键点
** 拉伸 **
指定拉伸点或 [基点(B)/复制(C)/放弃(U)/退出(X)]:        //进入拉伸方式
** 移动 **                                             //按 Enter 键进入移动方式
指定移动点或 [基点(B)/复制(C)/放弃(U)/退出(X)]: c
                                                       //利用“复制(C)”选项进行复制
** 移动 (多重) **
指定移动点或 [基点(B)/复制(C)/放弃(U)/退出(X)]: b      //使用“基点(B)”选项
指定基点:                                              //捕捉对象 D 的圆心
** 移动 (多重) **
指定移动点或 [基点(B)/复制(C)/放弃(U)/退出(X)]: @10,35   //输入相对坐标
** 移动 (多重) **
指定移动点或 [基点(B)/复制(C)/放弃(U)/退出(X)]: @5,-20   //输入相对坐标
指定移动点或 [基点(B)/复制(C)/放弃(U)/退出(X)]:          //按 Enter 键结束
```

结果如图 4-20 右图所示。

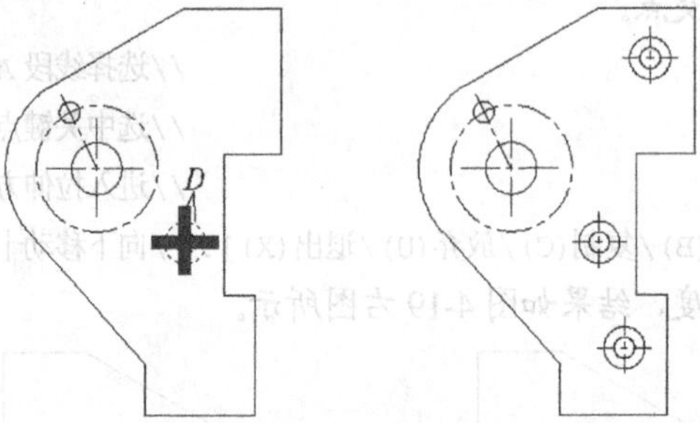

图4-20 利用关键点移动及复制对象

4.3.3 利用关键点旋转对象

旋转对象是绕旋转中心进行的，在旋转方式下，热关键点就是旋转中心，但用户也可以指定其他点作为旋转中心。这种编辑方法与 ROTATE 命令相似，它的优点在于可一次性将对象旋转且复制到多个方位。

旋转方式中的“参照(R)”选项有时非常有用，选择该选项后，用户可以旋转图形使其与某个新位置对齐。

利用关键点旋转对象的操作如下。

```
命令:                                  //选择对象 E，如图 4-21 左图所示
命令:                                  //选中一个关键点
```

** 拉伸 ** //进入拉伸方式
指定拉伸点或 [基点(B)/复制(C)/放弃(U)/退出(X)]: _rotate
//单击鼠标右键，在弹出的快捷菜单中选择【旋转】命令
** 旋转 ** //进入旋转方式
指定旋转角度或 [基点(B)/复制(C)/放弃(U)/参照(R)/退出(X)]: c
//利用“复制(C)”选项进行复制
** 旋转 (多重) **
指定旋转角度或 [基点(B)/复制(C)/放弃(U)/参照(R)/退出(X)]: b
//使用“基点(B)”选项
指定基点: //捕捉圆心 *F*
** 旋转 (多重) **
指定旋转角度或 [基点(B)/复制(C)/放弃(U)/参照(R)/退出(X)]: 85 //输入旋转角度
** 旋转 (多重) **
指定旋转角度或 [基点(B)/复制(C)/放弃(U)/参照(R)/退出(X)]: 170//输入旋转角度
** 旋转 (多重) **
指定旋转角度或 [基点(B)/复制(C)/放弃(U)/参照(R)/退出(X)]: -150//输入旋转角度
** 旋转 (多重) **
指定旋转角度或 [基点(B)/复制(C)/放弃(U)/参照(R)/退出(X)]: //按Enter键结束

结果如图4-21右图所示。

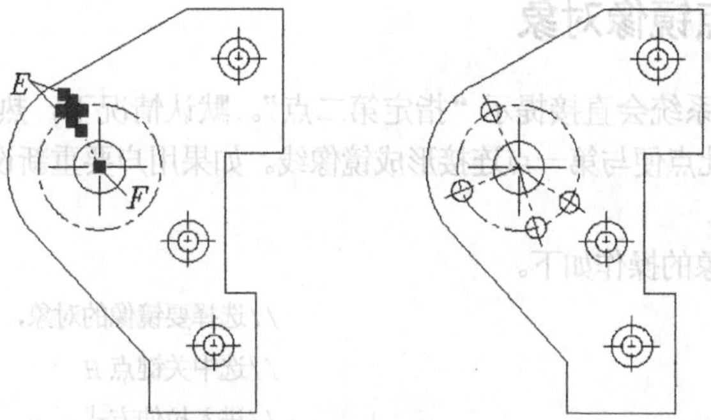

图4-21 利用关键点旋转对象

4.3.4 利用关键点缩放对象

关键点编辑方式也提供了缩放对象的功能，当切换到缩放方式时，当前热关键点就是缩放的基点。用户可以输入缩放比例对对象进行放大或缩小，也可利用“参照(R)”选项将对象缩放到某一尺寸。

利用关键点缩放模式缩放对象。

命令: //选择圆 *G*，如图4-22左图所示
命令: //选中任意一个关键点
** 拉伸 ** //进入拉伸方式
指定拉伸点或 [基点(B)/复制(C)/放弃(U)/退出(X)]: _scale
//单击鼠标右键，在弹出的快捷菜单中选择【缩放】命令

** 比例缩放 ** //进入比例缩放方式
指定比例因子或 [基点(B)/复制(C)/放弃(U)/参照(R)/退出(X)]: b
//使用“基点(B)”选项
指定基点: //捕捉圆 G 的圆心
** 比例缩放 **
指定比例因子或 [基点(B)/复制(C)/放弃(U)/参照(R)/退出(X)]: 1.6
//输入缩放比例

结果如图 4-22 右图所示。

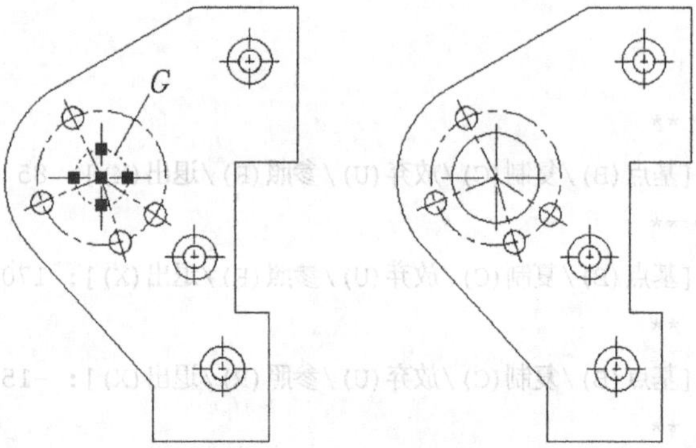

图4-22 利用关键点缩放对象

4.3.5 利用关键点镜像对象

进入镜像方式后，系统会直接提示“指定第二点”。默认情况下，热关键点是镜像线的第一点，在拾取第二点后，此点便与第一点连接形成镜像线。如果用户要重新设定镜像线的第一点，就要利用“基点(B)”选项。

利用关键点镜像对象的操作如下。

命令: //选择要镜像的对象，如图 4-23 左图所示
命令: //选中关键点 H
** 拉伸 ** //进入拉伸方式
指定拉伸点或 [基点(B)/复制(C)/放弃(U)/退出(X)]: _mirror
//单击鼠标右键，在弹出的快捷菜单中选择【镜像】命令
** 镜像 ** //进入镜像方式
指定第二点或 [基点(B)/复制(C)/放弃(U)/退出(X)]: c //镜像并复制
** 镜像 (多重) **
指定第二点或 [基点(B)/复制(C)/放弃(U)/退出(X)]: //捕捉 I 点
** 镜像 (多重) **
指定第二点或 [基点(B)/复制(C)/放弃(U)/退出(X)]: //按 Enter 键结束

结果如图 4-23 右图所示。

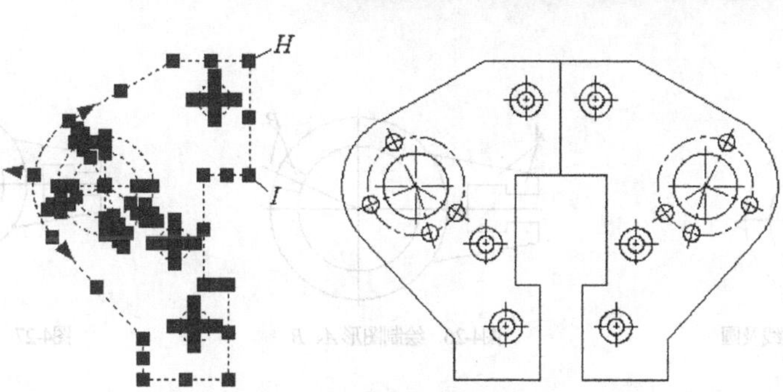

图4-23 利用关键点镜像对象

4.4 范例解析——利用关键点编辑方式绘图

练习4-8 利用关键点编辑方式绘图，如图4-24所示。

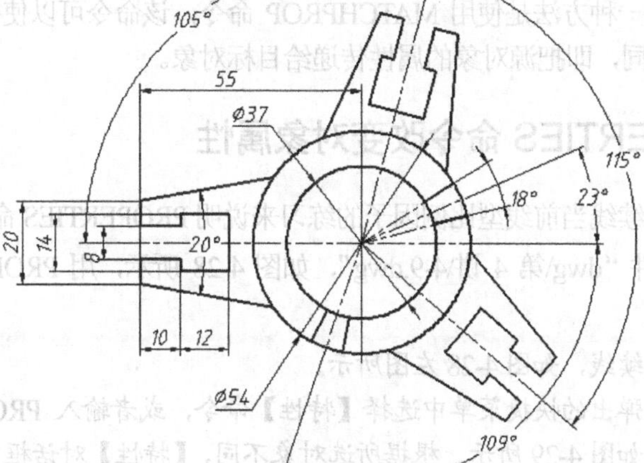

图4-24 利用关键点编辑方式绘图

1. 创建两个图层。

名称	颜色	线型	线宽
轮廓线层	白色	Continuous	0.5
中心线层	红色	CENTER	默认

2. 通过【线型控制】下拉列表打开【线型管理器】对话框，设定线型全局比例因子为0.2。
3. 打开极轴追踪、对象捕捉及对象捕捉追踪功能。设置极轴追踪角度增量为90°，设置对象捕捉方式为端点、交点及圆心。
4. 设定绘图区域大小为120×120。单击【视图】选项卡中【导航】面板上的范围按钮，使绘图区域充满绘图窗口。
5. 使用LINE命令绘制圆的定位线并绘制圆，如图4-25所示。
6. 使用LINE、OFFSET及TRIM等命令绘制图形*A*、*B*，如图4-26所示。
7. 利用关键点编辑方式旋转及复制图形*A*、*B*，结果如图4-27所示。

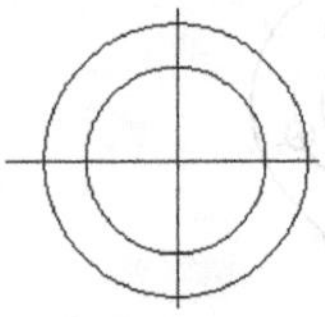

图4-25　绘制定位线及圆

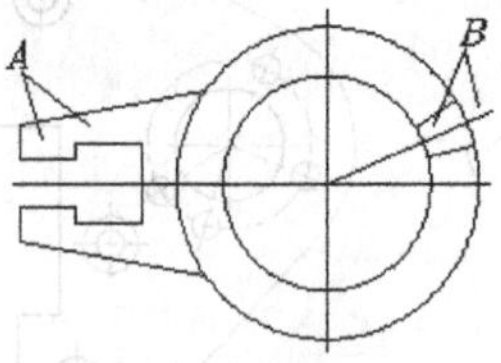

图4-26　绘制图形 *A*、*B*

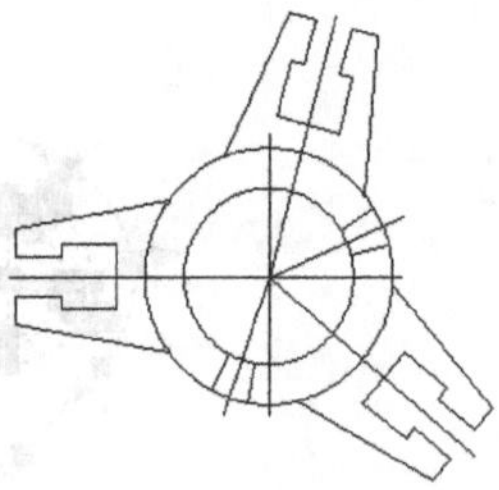

图4-27　旋转及复制图形

4.5　功能讲解——编辑图形元素属性

在 AutoCAD 中，对象属性是指系统赋予对象的包括颜色、线型、图层、高度及文字样式等的特性，如直线和曲线包含图层、线型及颜色等属性，而文本则具有图层、颜色、字体及文字高度等属性。改变对象属性一般可通过 PROPERTIES 命令打开【特性】对话框，该对话框列出所选对象的所有属性，用户通过此对话框就可以很方便地修改各种属性。

改变对象属性的另一种方法是使用 MATCHPROP 命令，该命令可以使被编辑对象的属性与指定源对象的属性完全相同，即把源对象的属性传递给目标对象。

4.5.1　用 PROPERTIES 命令改变对象属性

下面通过修改非连续线当前线型比例因子的练习来说明 PROPERTIES 命令的用法。

练习4-9　打开素材文件“dwg\第 4 讲\4-9.dwg”，如图 4-28 所示，用 PROPERTIES 命令将左图修改为右图。

1. 选择要编辑的非连续线，如图 4-28 左图所示。
2. 单击鼠标右键，在弹出的快捷菜单中选择【特性】命令，或者输入 PROPERTIES 命令，打开【特性】对话框，如图 4-29 所示。根据所选对象不同，【特性】对话框中显示的属性项目也不同，但有一些属性项目几乎是所有对象所拥有的，如颜色、图层、线型等。当在绘图区中选择单个对象时，【特性】对话框就显示此对象的特性。若选择多个对象，则【特性】对话框将显示它们所共有的特性。
3. 单击【线型比例】文本框，该比例因子默认值是“1”，输入新线型比例因子数值“2”，按 Enter 键，绘图窗口中的非连续线立即更新，显示修改后的结果，如图 4-28 右图所示。

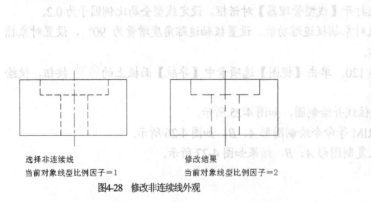

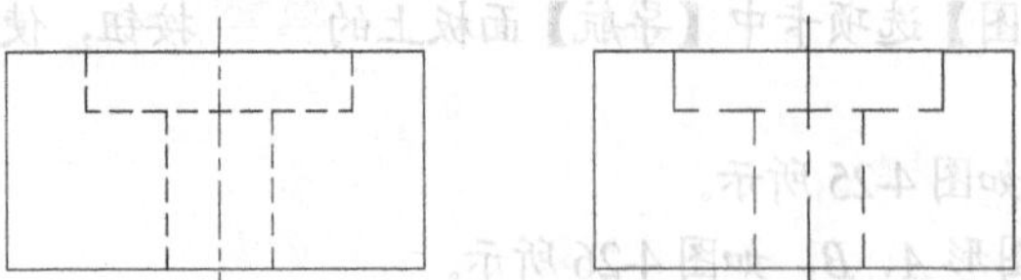

选择非连续线　　　　　　　　修改结果

当前对象线型比例因子＝1　　　当前对象线型比例因子＝2

图4-28　修改非连续线外观

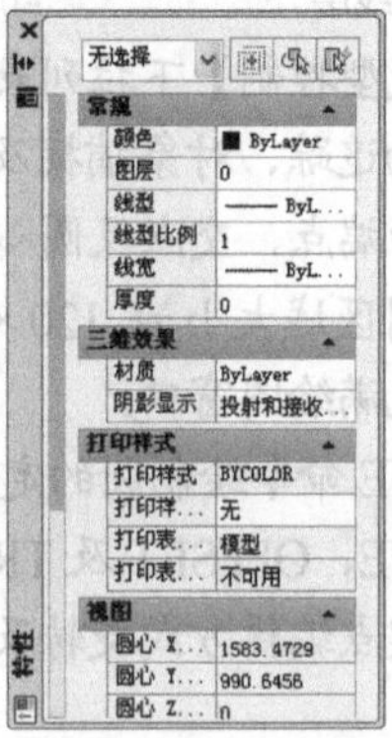

图4-29　【特性】对话框

4.5.2 对象特性匹配

使用 MATCHPROP 命令可以将源对象的属性（如颜色、线型、图层及线型比例等）传递给目标对象。操作时，用户要选择两个对象，第一个为源对象，第二个是目标对象。

练习4-10 打开素材文件“dwg\第 4 讲\4-10.dwg”，如图 4-30 左图所示，使用 MATCHPROP 命令将左图修改为右图。

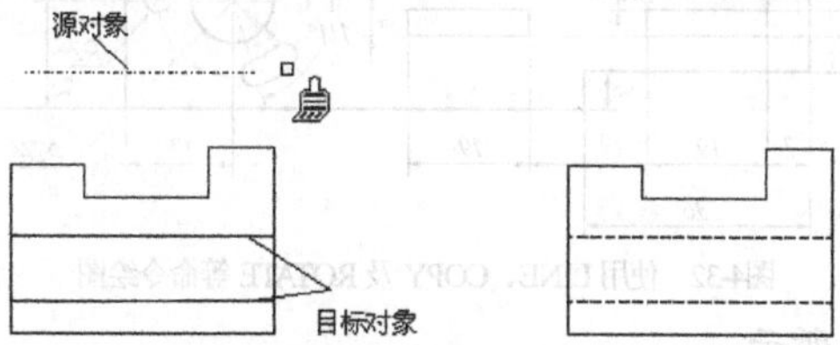

图4-30 对象特性匹配

1. 单击【常用】选项卡中【剪贴板】面板上的按钮，或者输入 MATCHPROP 命令，系统提示如下。

命令: '_matchprop
选择源对象: //选择源对象，如图 4-30 左图所示
选择目标对象或 [设置(S)]: //选择第一个目标对象
选择目标对象或 [设置(S)]: //选择第二个目标对象
选择目标对象或 [设置(S)]: //按Enter键结束

选择源对象后，十字光标变成类似“刷子”的形状，此时选取接受属性匹配的目标对象，结果如图 4-30 右图所示。

2. 如果用户仅想使目标对象的部分属性与源对象相同，可在选择源对象后，输入“S”，此时系统打开【特性设置】对话框，如图 4-31 所示。默认情况下，系统选中该对话框中所有源对象的属性进行复制，但用户也可指定仅将其中的部分属性传递给目标对象。

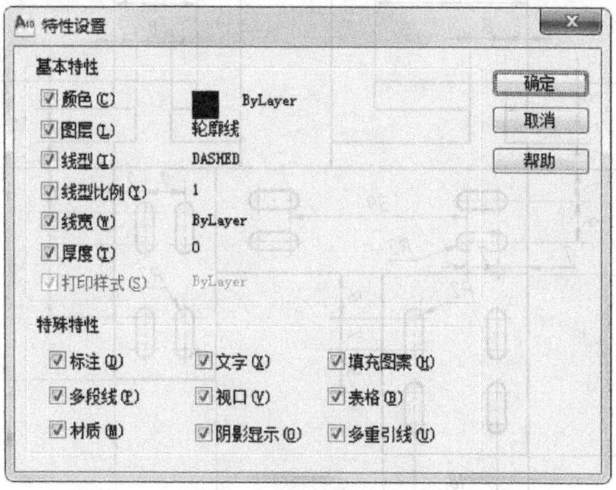

图4-31 【特性设置】对话框

4.6 课堂实训——使用复制、旋转等命令绘图

练习4-11 使用 LINE、COPY 及 ROTATE 等命令绘制平面图形，如图 4-32 所示。

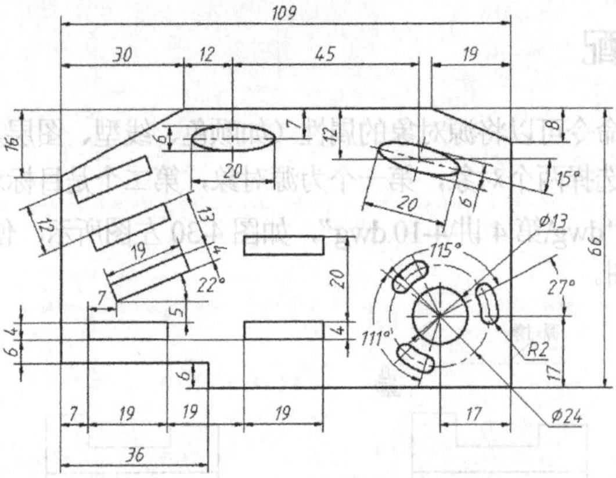

图4-32 使用 LINE、COPY 及 ROTATE 等命令绘图

主要作图步骤如图 4-33 所示。

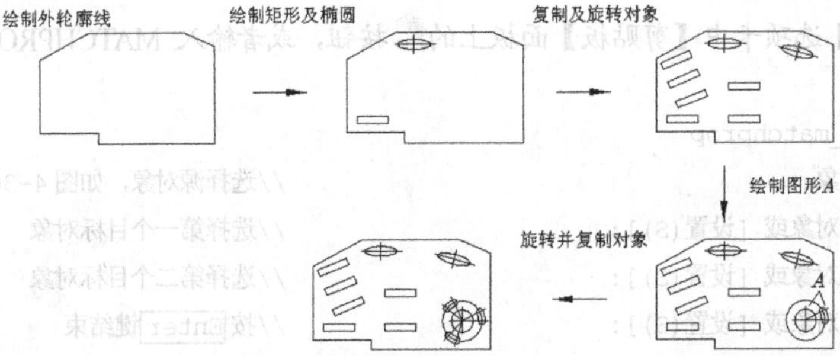

图4-33 主要作图步骤（1）

练习4-12 使用 LINE、OFFSET、COPY、ROTATE 及 STRETCH 等命令绘制平面图形，如图 4-34 所示。

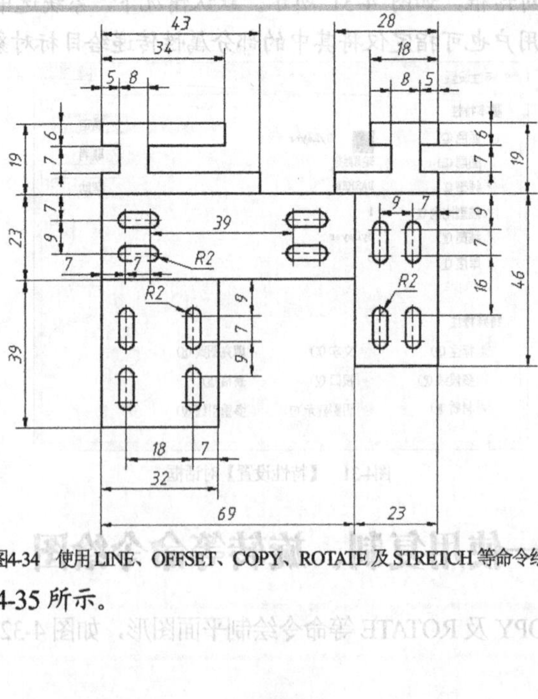

图4-34 使用 LINE、OFFSET、COPY、ROTATE 及 STRETCH 等命令绘图

主要作图步骤如图 4-35 所示。

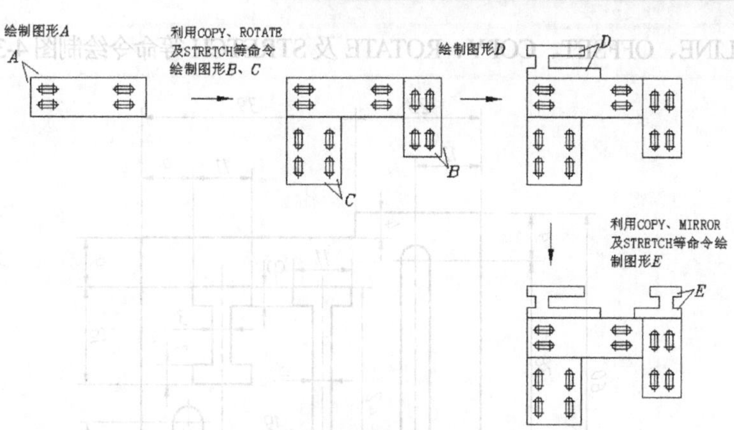

图4-35 主要作图步骤（2）

4.7 综合实例1——使用编辑命令绘图

练习4-13 使用ROTATE、ALIGN等命令及关键点编辑方式绘图，如图4-36所示。

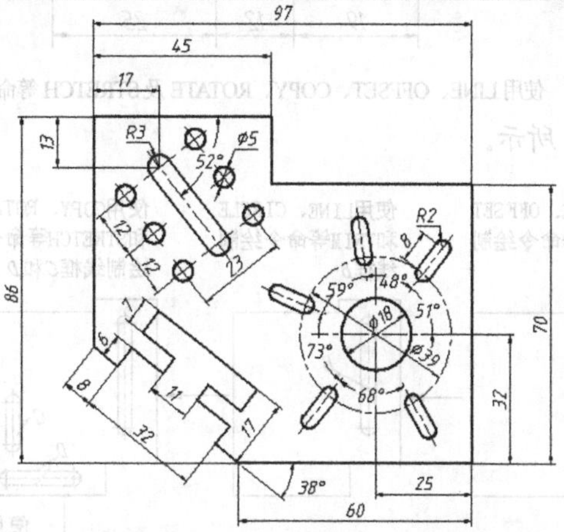

图4-36 使用ROTATE、ALIGN等命令及关键点编辑方式绘图

主要作图步骤如图4-37所示。

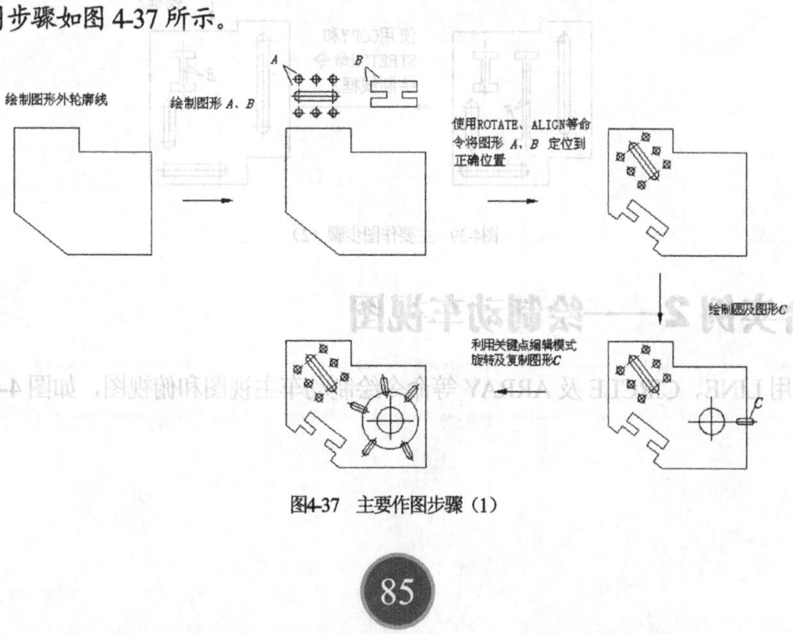

图4-37 主要作图步骤（1）

练习4-14 使用 LINE、OFFSET、COPY、ROTATE 及 STRETCH 等命令绘制图 4-38 所示的图形。

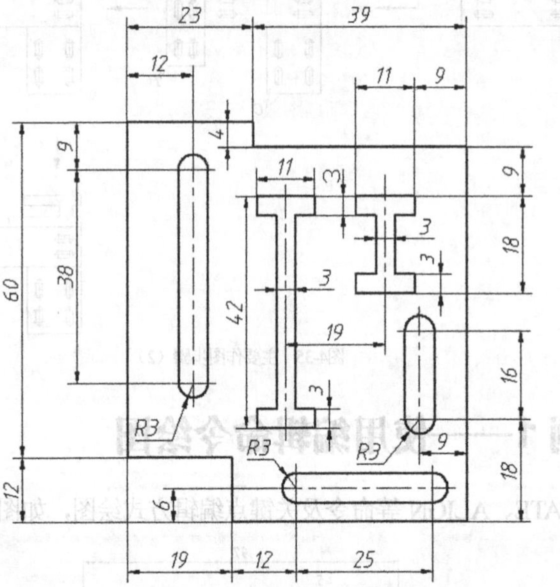

图4-38 使用 LINE、OFFSET、COPY、ROTATE 及 STRETCH 等命令绘图

主要作图步骤如图 4-39 所示。

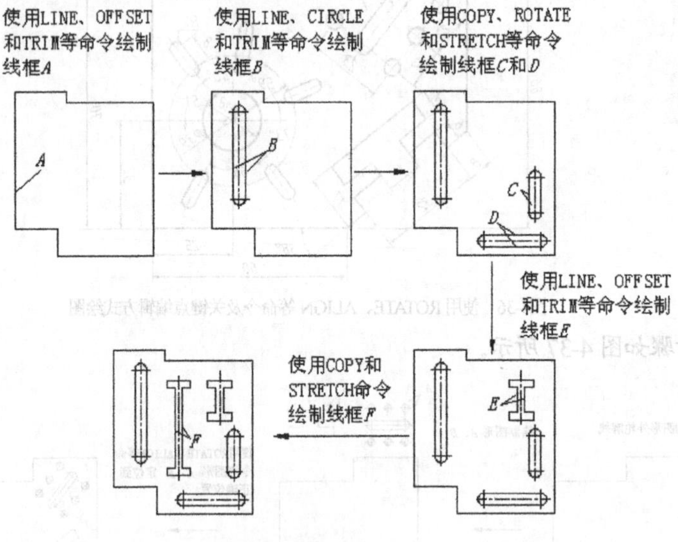

图4-39 主要作图步骤（2）

4.8 综合实例 2——绘制动车视图

练习4-15 使用 LINE、CIRCLE 及 ARRAY 等命令绘制动车主视图和俯视图，如图 4-40 所示。

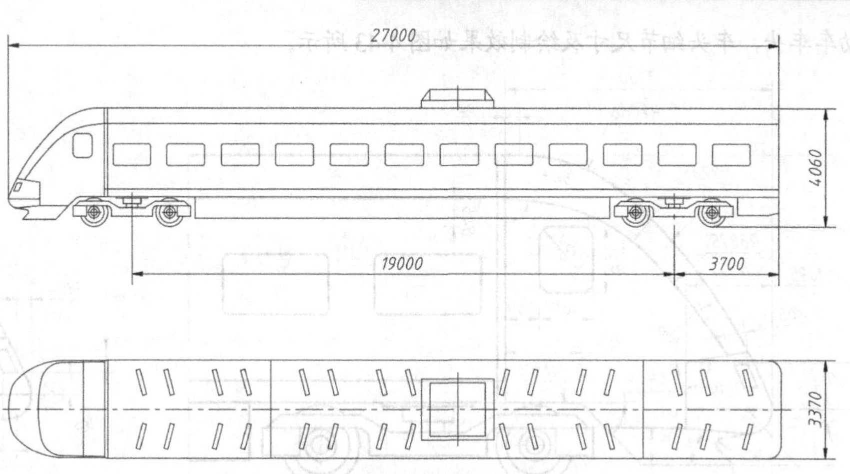

图4-40　绘制动车主视图和俯视图

1.　绘制动车车厢，车厢细节尺寸及绘制效果如图 4-41 所示。

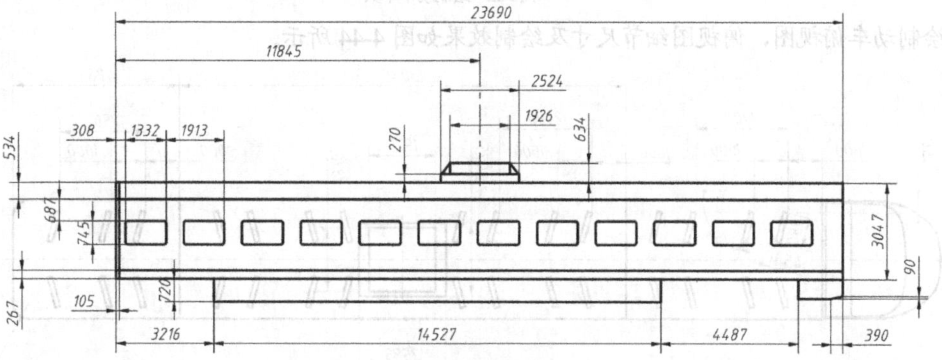

图4-41　绘制动车车厢

2.　绘制动车行走轮，轮子的细节尺寸及绘制效果如图 4-42 所示。

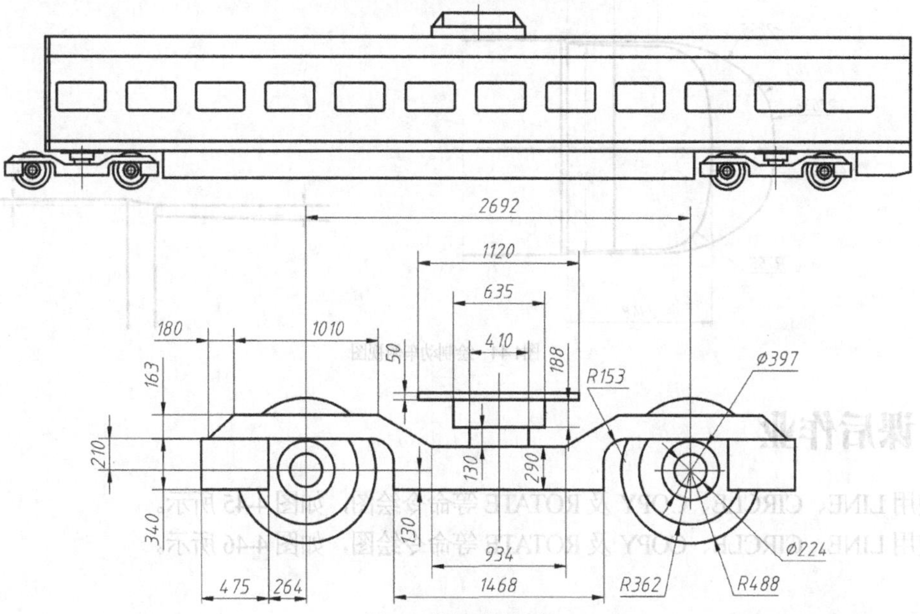

图4-42　绘制动车行走轮

3. 绘制动车车头，车头细节尺寸及绘制效果如图 4-43 所示。

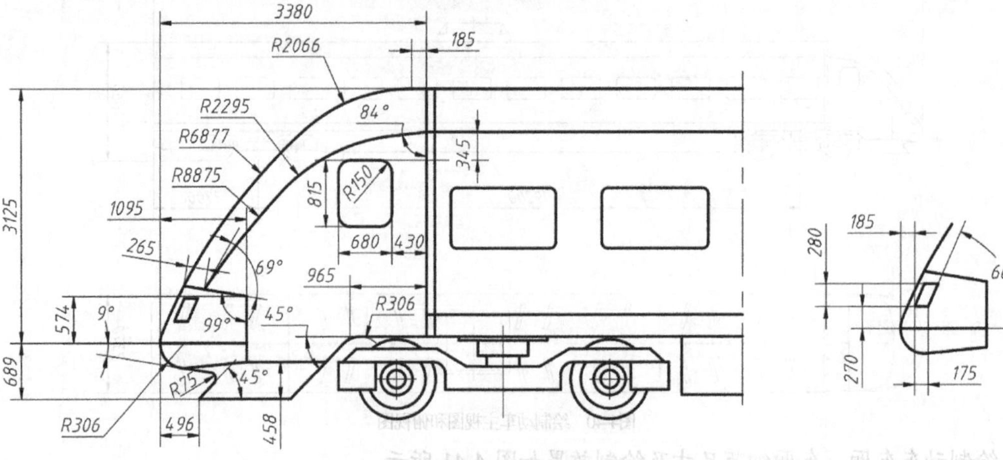

图4-43 绘制动车车头

4. 绘制动车俯视图，俯视图细节尺寸及绘制效果如图 4-44 所示。

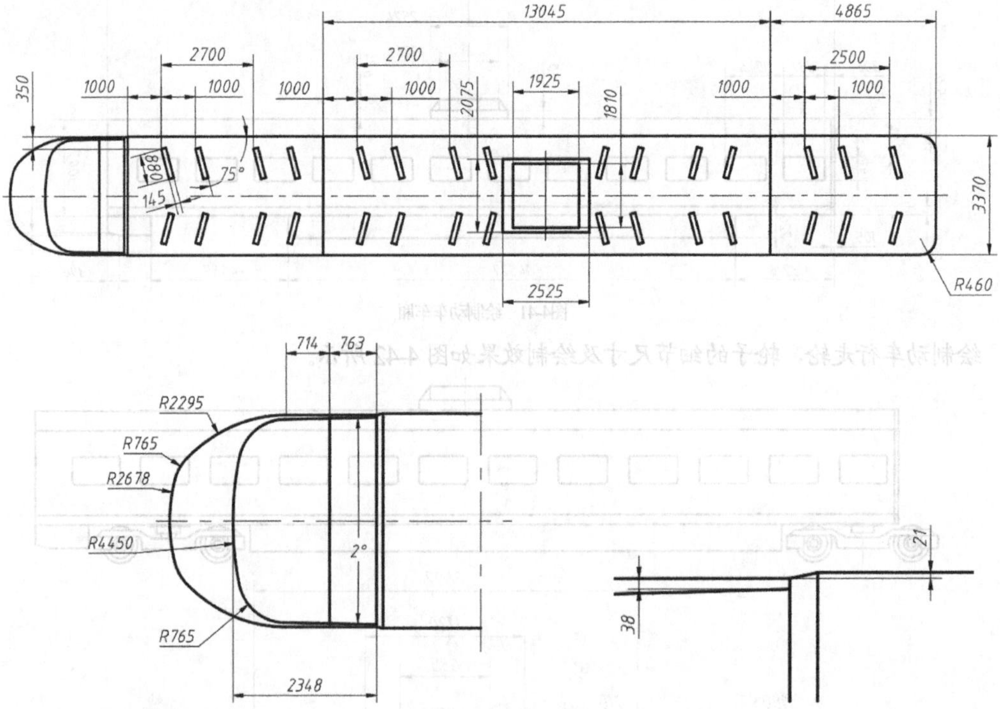

图4-44 绘制动车俯视图

4.9 课后作业

1. 使用 LINE、CIRCLE、COPY 及 ROTATE 等命令绘图，如图 4-45 所示。
2. 使用 LINE、CIRCLE、COPY 及 ROTATE 等命令绘图，如图 4-46 所示。

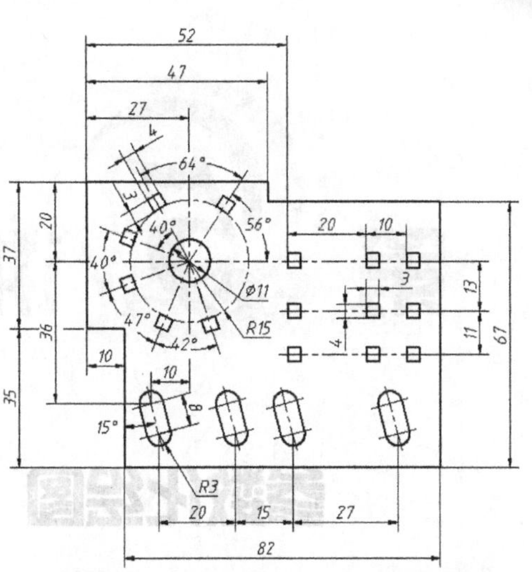

图4-45 使用LINE、CIRCLE、COPY及ROTATE等命令绘图（1）

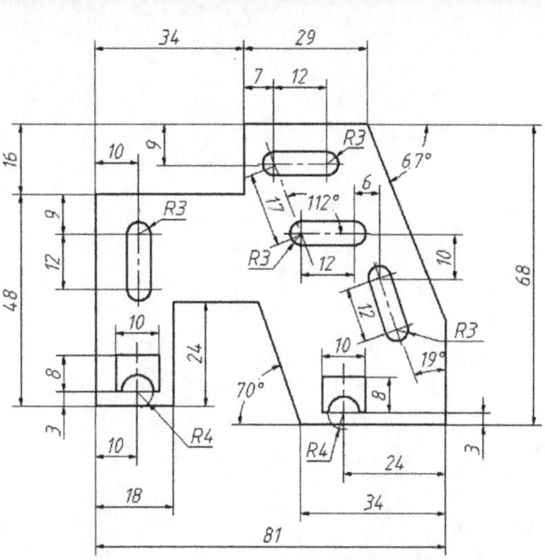

图4-46 使用LINE、CIRCLE、COPY及ROTATE等命令绘图（2）

3. 使用LINE、CIRCLE、COPY、ROTATE及STRETCH等命令绘图，如图4-47所示。

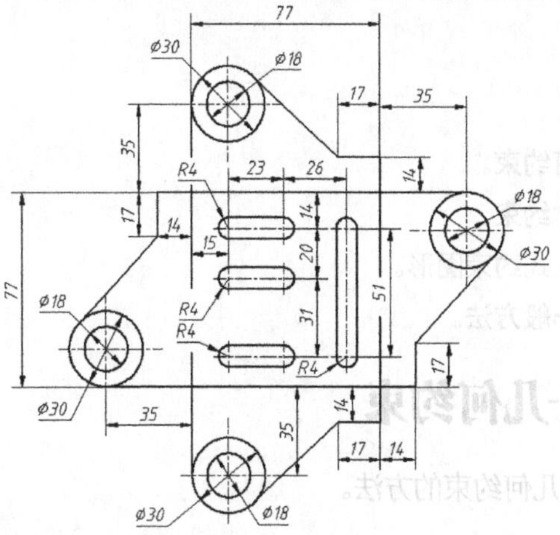

图4-47 使用LINE、CIRCLE、COPY、ROTATE及STRETCH等命令绘图

4. 使用LINE、CIRCLE、ROTATE及STRETCH等命令绘图，如图4-48所示。

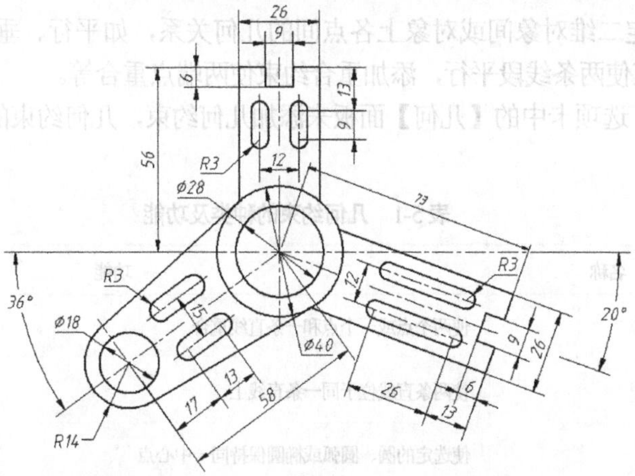

图4-48 使用LINE、CIRCLE、ROTATE及STRETCH等命令绘图

第5讲 参数化绘图

通过学习本讲，读者可以学会添加、编辑几何约束和尺寸约束的方法，掌握参数化绘图的一般方法。

学习目标

- 添加、编辑几何约束。
- 添加、编辑尺寸约束。
- 利用变量及表达式约束图形。
- 参数化绘图的一般方法。

5.1 功能讲解——几何约束

本节将介绍添加及编辑几何约束的方法。

5.1.1 添加几何约束

几何约束用于确定二维对象间或对象上各点间的几何关系，如平行、垂直、同心或重合等。例如，可添加平行约束使两条线段平行，添加重合约束使两端点重合等。

可通过【参数化】选项卡中的【几何】面板来添加几何约束，几何约束的种类及功能如表 5-1 所示。

表 5-1 几何约束的种类及功能

几何约束按钮	名称	功能
	重合约束	使两个点或一个点和一条直线重合
	共线约束	使两条直线位于同一条直线上
	同心约束	使选定的圆、圆弧或椭圆保持同一中心点
	固定约束	使一个点或一条曲线固定到相对于世界坐标系（WCS）的指定位置和方向上

续表

几何约束按钮	名称	功能
	平行约束	使两条直线保持平行
	垂直约束	使两条直线或多段线的夹角保持90°
	水平约束	使一条直线或一对点与当前UCS的*x*轴保持平行
	竖直约束	使一条直线或一对点与当前UCS的*y*轴保持平行
	相切约束	使两条曲线保持相切或与其延长线保持相切
	平滑约束	使一条样条曲线与其他样条曲线、直线、圆弧或多段线保持几何连续性
	对称约束	使两个对象关于选定直线保持对称
	相等约束	使两条线段或多段线具有相同长度，或者使圆弧具有相同半径
	自动约束	根据选择对象自动添加几何约束。单击【几何】面板右下角的箭头，打开【约束设置】对话框，通过【自动约束】选项卡设置添加各类约束的优先级及是否添加约束的公差值

在添加几何约束时，两个对象的选择顺序将决定对象怎样更新。通常，所选的第二个对象会根据第一个对象进行调整。例如，应用垂直约束时，选择的第二个对象将调整为垂直于第一个对象。

练习5-1 绘制平面图形，图形尺寸任意，如图5-1左图所示。编辑图形，然后给图中对象添加几何约束，结果如图5-1右图所示。

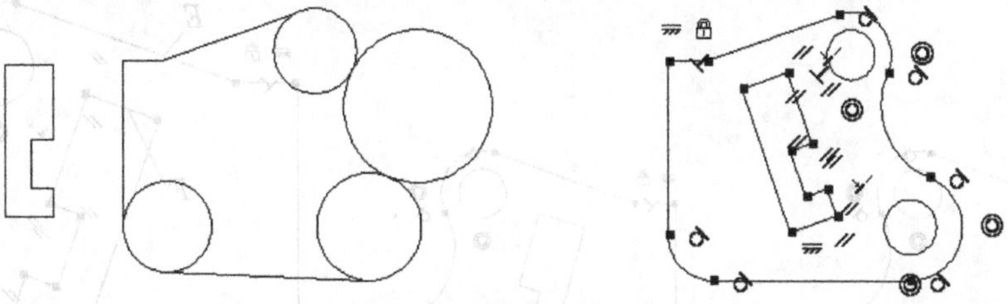

图5-1 添加几何约束

1. 绘制平面图形，图形尺寸任意，如图5-2左图所示。修剪多余线条，结果如图5-2右图所示。

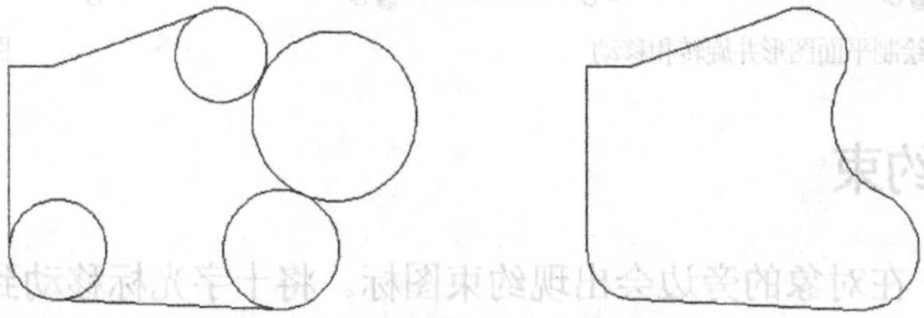

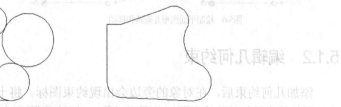

图5-2 绘制平面图形并修剪

2. 单击【几何】面板上的按钮（自动约束），然后选择所有图形对象，系统自动对已选对象添加几何约束，如图5-3所示。
3. 添加以下约束。

(1) 固定约束：单击按钮，捕捉*A*点，如图5-4所示。

(2) 相切约束：单击 按钮，先选择圆弧 B，再选择线段 C。

(3) 水平约束：单击 按钮，选择线段 D。

结果如图 5-4 所示。

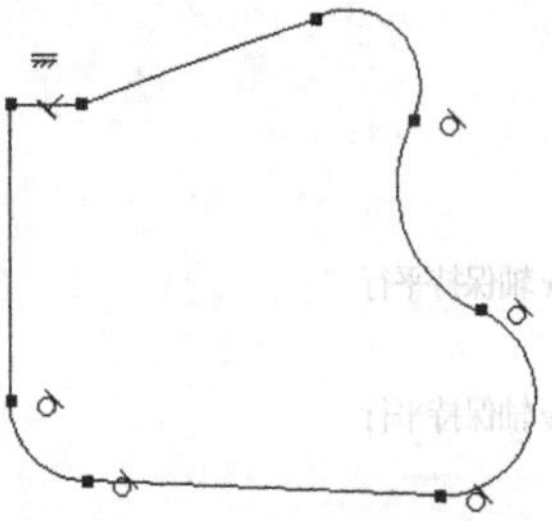

图5-3 自动添加几何约束

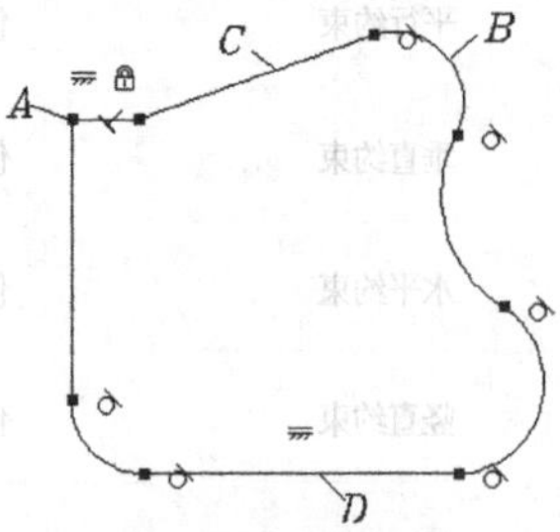

图5-4 添加固定、相切及水平约束

4. 绘制两个圆，如图 5-5 左图所示。给两个圆添加同心约束，结果如图 5-5 右图所示。

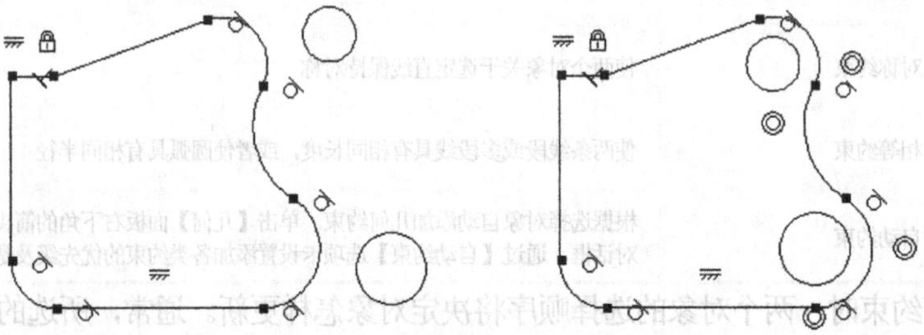

图5-5 绘制圆并添加同心约束

5. 绘制平面图形，图形尺寸任意，如图 5-6 左图所示。旋转及移动图形，结果如图 5-6 右图所示。

6. 为图形内部的线框添加自动约束，然后在线段 E、F 间加入平行约束，结果如图 5-7 所示。

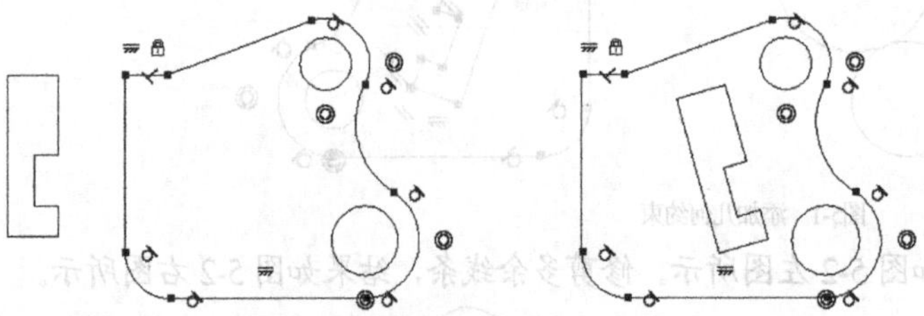

图5-6 绘制平面图形并旋转和移动

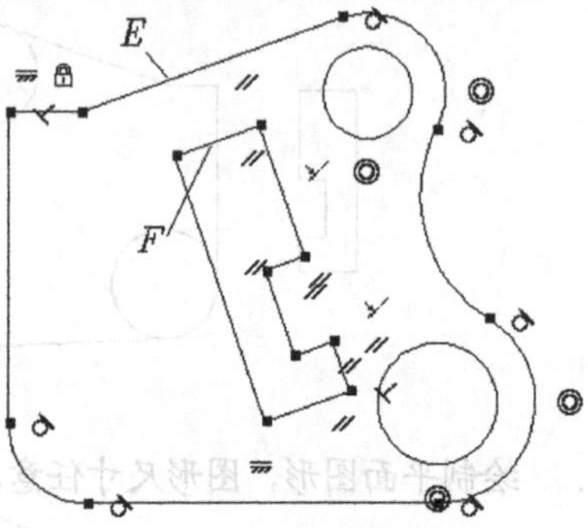

图5-7 添加约束

5.1.2 编辑几何约束

添加几何约束后，在对象的旁边会出现约束图标。将十字光标移动到约束图标或图形对象上，系统将亮显相关的约束图标及图形对象。对已加到图形中的几何约束可以进行显示、隐藏和删除等操作。

练习5-2 编辑几何约束。

1. 绘制平面图形，并添加几何约束，如图 5-8 所示。图中两条长线段平行且相等，两条短线段垂直且相等。

2. 单击【参数化】选项卡中【几何】面板上的全部隐藏按钮，图形中的所有几何约束将全部隐藏。
3. 单击【参数化】选项卡中【几何】面板上的全部显示按钮，图形中的所有几何约束将全部显示。
4. 将十字光标放到某一约束上，该约束将亮显，单击鼠标右键，弹出快捷菜单，如图 5-9 所示。选择快捷菜单中的【删除】命令可以将该几何约束删除；选择【隐藏】命令，该几何约束将被隐藏。要想重新显示该几何约束，可单击【参数化】选项卡中【几何】面板上的显示按钮。

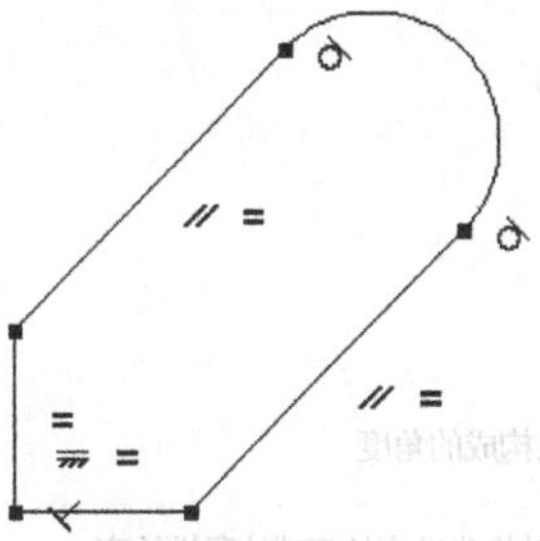

图5-8 绘制图形并添加约束

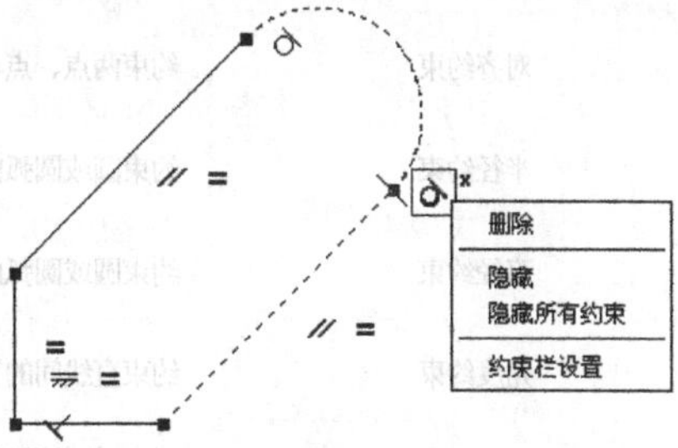

图5-9 编辑几何约束

5. 选择快捷菜单中的【约束栏设置】命令或单击【几何】面板右下角的箭头，将弹出【约束设置】对话框，如图 5-10 所示。通过该对话框可以设置哪种类型的约束显示在约束栏中，还可以设置约束栏的透明度。
6. 选择受约束的对象，单击【参数化】选项卡中【管理】面板上的按钮，将删除图形中的所有几何约束和尺寸约束。

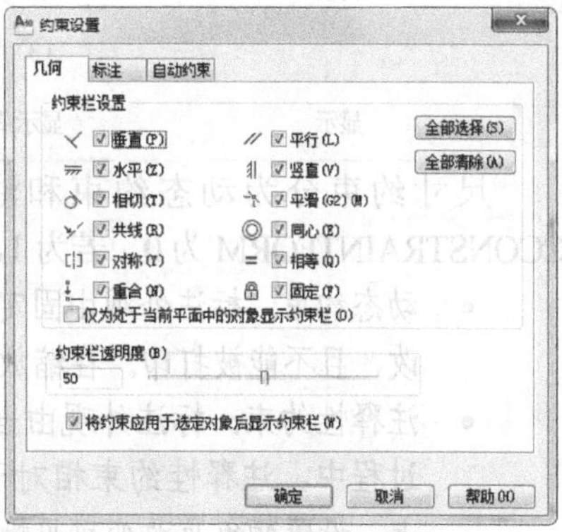

图5-10 【约束设置】对话框

5.1.3 修改已添加几何约束的对象

可通过以下方法修改受约束的几何对象。

- 使用关键点编辑方式修改受约束的几何图形，该图形会保留应用的所有约束。
- 使用 MOVE、COPY、ROTATE 和 SCALE 等命令修改受约束的几何图形后，结果会保留应用于对象的约束。
- 在有些情况下，使用 TRIM、EXTEND 及 BREAK 等命令修改受约束的对象后，所加约束将被删除。

5.2 功能讲解——尺寸约束

本节将介绍添加及编辑尺寸约束的方法。

5.2.1 添加尺寸约束

尺寸约束用于控制二维对象的大小、角度及两点间的距离等，此类约束可以是数值，也可以是变量及方程式。改变尺寸约束，则约束将驱动对象发生相应的变化。

可通过【参数化】选项卡的【标注】面板来添加尺寸约束。尺寸约束的种类、约束转换及显示如表 5-2 所示。

表 5-2　尺寸约束的种类、转换及显示

按钮	名称	功能
	线性约束	约束两点之间的水平或竖直距离
	对齐约束	约束两点、点与直线、直线与直线间的距离
	半径约束	约束圆或圆弧的半径
	直径约束	约束圆或圆弧的直径
	角度约束	约束直线间的夹角、圆弧的圆心角或 3 个点构成的角度
	转换	（1）将普通尺寸标注（与标注对象关联）转换为动态约束或注释性约束 （2）使动态约束与注释性约束相互转换 （3）利用“形式(F)”选项指定当前尺寸约束为动态约束或注释性约束
	显示	显示或隐藏图形内的动态约束

尺寸约束分为动态约束和注释性约束两种。默认情况下是动态约束，系统变量 CCONSTRAINTFORM 为 0。若为 1，则默认尺寸约束为注释性约束。

- 动态约束：标注外观由固定的预定义标注样式决定（第 7 讲介绍标注样式），不能修改，且不能被打印。在缩放操作过程中，动态约束相对于屏幕的大小保持不变。
- 注释性约束：标注外观由当前标注样式控制，可以修改，也可以打印。在缩放操作过程中，注释性约束相对于屏幕的大小发生变化。可把注释性约束放在同一图层上，设置颜色及改变可见性。

动态约束与注释性约束间可相互转换，选择尺寸约束，单击鼠标右键，在弹出的快捷菜单中选择【特性】命令，打开【特性】对话框，可在【约束形式】下拉列表中指定尺寸约束要采用的形式。

练习5-3　绘制平面图形，添加几何约束及尺寸约束，使图形处于完全约束状态，如图 5-11 所示。

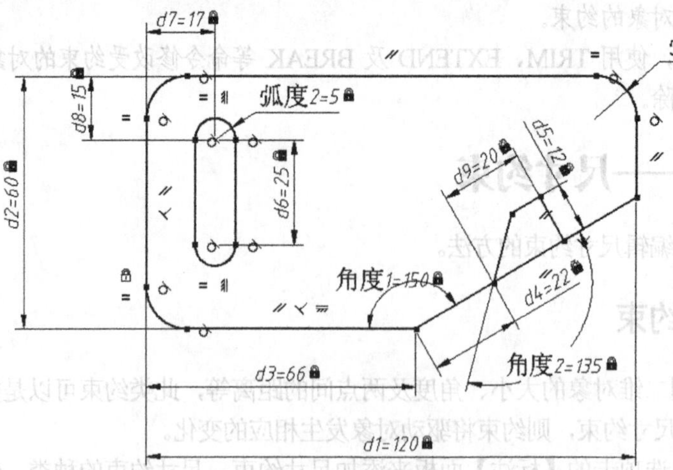

图5-11　添加几何约束及尺寸约束

1. 设定绘图区域大小为 200 × 200，并使该区域充满绘图窗口。
2. 打开极轴追踪、对象捕捉及对象捕捉追踪功能，设定对象捕捉方式为端点、交点及圆心。
3. 绘制图形，图形尺寸任意，如图 5-12 左图所示。自动约束图形，对圆心 *A* 施加固定约束，对所有圆弧施加相等约束，结果如图 5-12 右图所示。

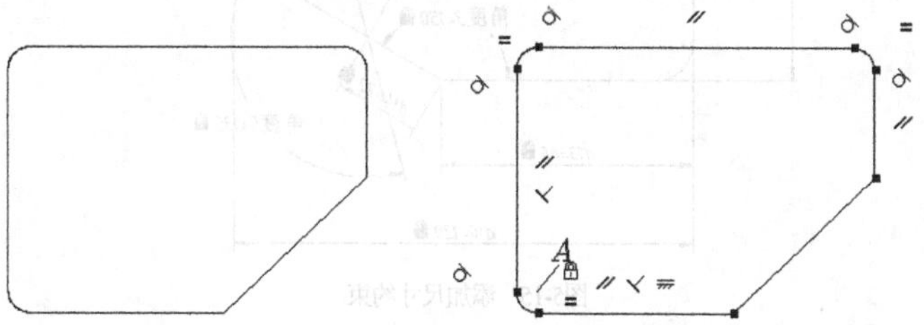

图5-12　自动约束图形及施加固定约束

4. 添加以下尺寸约束。

(1) 线性约束：单击按钮，指定 *B*、*C* 点，输入约束值，创建线性尺寸约束，如图 5-13 左图所示。

(2) 角度约束：单击按钮，选择线段 *D*、*E*，输入角度值，创建角度约束。

(3) 半径约束：单击按钮，选择圆弧，输入半径值，创建半径约束。

(4) 继续创建其余尺寸约束，结果如图 5-13 右图所示。添加尺寸约束的一般顺序是：先定形，后定位；先大尺寸，后小尺寸。

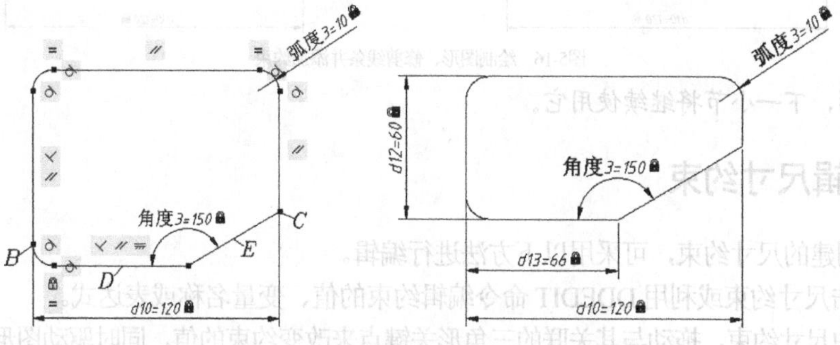

图5-13　添加尺寸约束

5. 绘制图形，图形尺寸任意，如图 5-14 左图所示。自动约束新图形，然后添加平行及垂直约束，结果如图 5-14 右图所示。

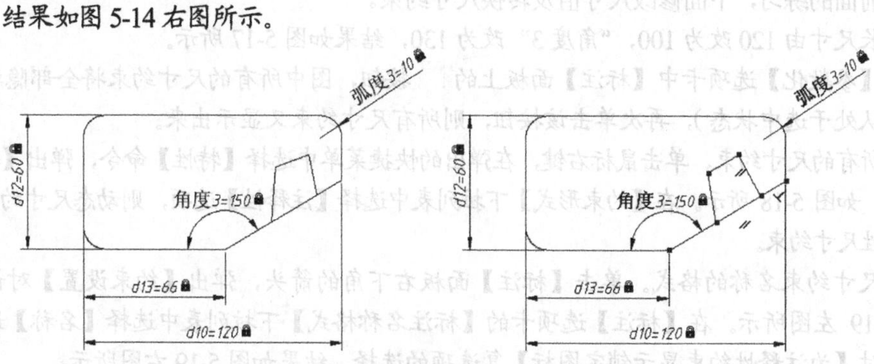

图5-14　自动约束图形及施加平行和垂直约束

6. 添加尺寸约束，结果如图 5-15 所示。

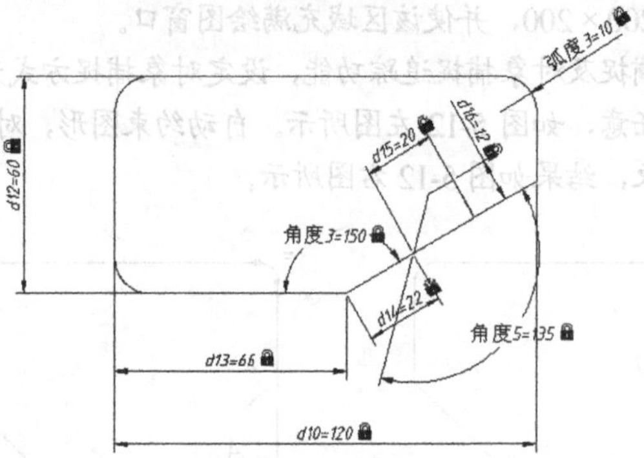

图5-15　添加尺寸约束

7. 绘制图形，图形尺寸任意，如图 5-16 左图所示。修剪多余线条，并添加几何约束及尺寸约束，结果如图 5-16 右图所示。

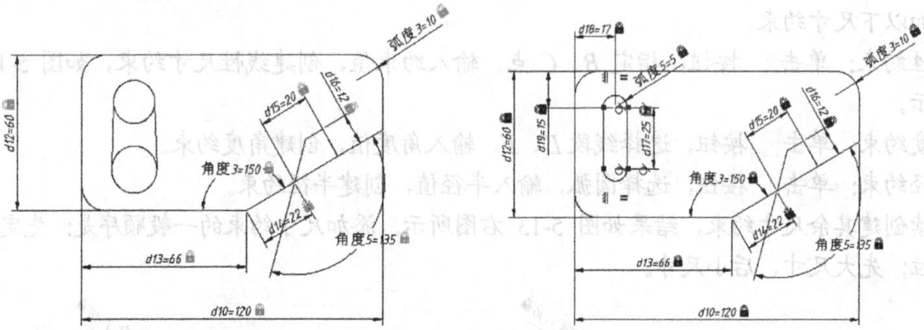

图5-16　绘制图形、修剪线条并添加约束

8. 保存图形，下一小节将继续使用它。

5.2.2　编辑尺寸约束

对于已创建的尺寸约束，可采用以下方法进行编辑。

(1) 双击尺寸约束或利用 DDEDIT 命令编辑约束的值、变量名称或表达式。

(2) 选中尺寸约束，拖动与其关联的三角形关键点来改变约束的值，同时驱动图形对象改变。

(3) 选中约束，单击鼠标右键，利用快捷菜单中的相应命令来编辑约束。

继续前面的练习，下面修改尺寸值及转换尺寸约束。

1. 将总长尺寸由 120 改为 100，“角度 3”改为 130，结果如图 5-17 所示。
2. 单击【参数化】选项卡中【标注】面板上的按钮，图中所有的尺寸约束将全部隐藏（该按钮默认处于选中状态），再次单击该按钮，则所有尺寸约束又显示出来。
3. 选中所有的尺寸约束，单击鼠标右键，在弹出的快捷菜单中选择【特性】命令，弹出【特性】对话框，如图 5-18 所示。在【约束形式】下拉列表中选择【注释性】选项，则动态尺寸约束转换为注释性尺寸约束。
4. 修改尺寸约束名称的格式。单击【标注】面板右下角的箭头，弹出【约束设置】对话框，如图 5-19 左图所示。在【标注】选项卡的【标注名称格式】下拉列表中选择【名称】选项，再取消对【为注释性约束显示锁定图标】复选项的选择，结果如图 5-19 右图所示。

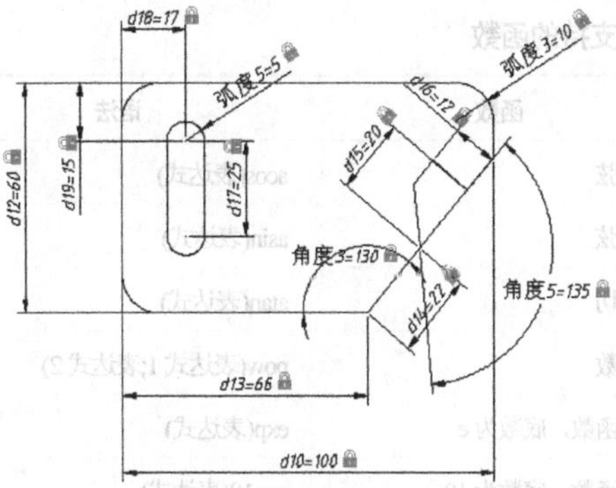

图5-17　修改尺寸值

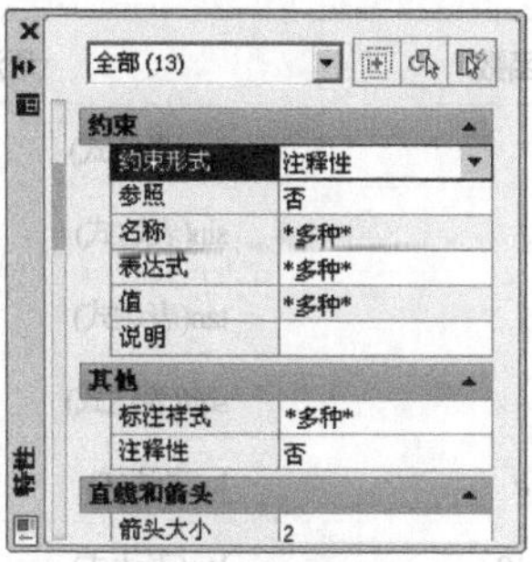

图5-18　【特性】对话框

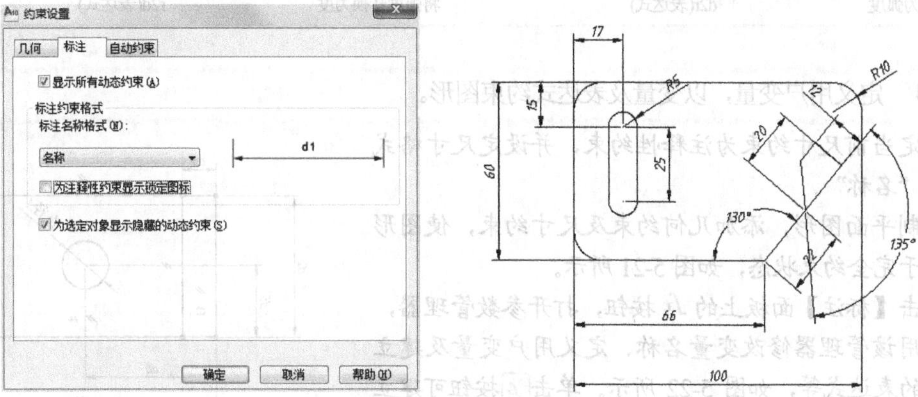

图5-19　修改尺寸约束名称的格式

5.2.3　用户变量及方程式

尺寸约束通常是数值形式，但也可采用自定义变量或数学表达式。单击【参数化】选项卡中【标注】面板上的 f_x 按钮，打开参数管理器，如图 5-20 所示。此管理器显示所有尺寸约束及用户变量，利用它可轻松地对约束和变量进行管理。

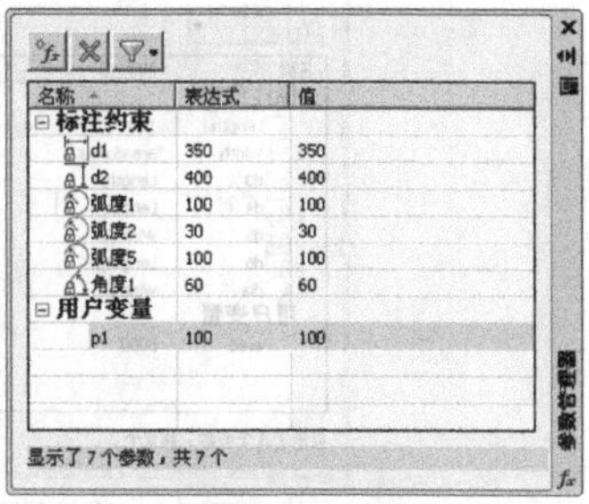

图5-20　参数管理器

- 单击尺寸约束的名称，以亮显图形中的约束。
- 双击名称或表达式进行编辑。
- 单击鼠标右键，在弹出的快捷菜单中选择【删除】命令，以删除标注约束或用户变量。
- 单击列标题名称，对相应列进行排序。

尺寸约束或变量采用表达式时，常用的运算符及函数如表 5-3 和表 5-4 所示。

表 5-3　表达式中使用的运算符

运算符	说明	运算符	说明
+	加	/	除
–	减或取负值	^	求幂
*	乘	()	圆括号或表达式分隔符

表 5-4　表达式中支持的函数

函数	语法	函数	语法
余弦	cos(表达式)	反余弦	acos(表达式)
正弦	sin(表达式)	反正弦	asin(表达式)
正切	tan(表达式)	反正切	atan(表达式)
平方根	sqrt(表达式)	幂函数	pow(表达式 1;表达式 2)
对数，基数为 e	ln(表达式)	指数函数，底数为 e	exp(表达式)
对数，基数为 10	log(表达式)	指数函数，底数为 10	exp10(表达式)
将度转换为弧度	d2r(表达式)	将弧度转换为度	r2d(表达式)

练习5-4　定义用户变量，以变量及表达式约束图形。

1. 指定当前尺寸约束为注释性约束，并设定尺寸格式为“名称”。
2. 绘制平面图形，添加几何约束及尺寸约束，使图形处于完全约束状态，如图 5-21 所示。
3. 单击【标注】面板上的 *fx* 按钮，打开参数管理器，利用该管理器修改变量名称、定义用户变量及建立新的表达式等，如图 5-22 所示。单击 *fx* 按钮可建立新的用户变量。
4. 利用参数管理器将矩形面积改为 3000，结果如图 5-23 所示。

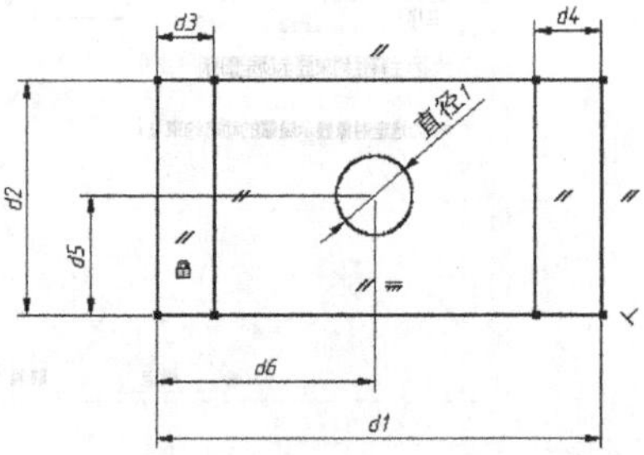

图5-21　绘制平面图形及添加约束

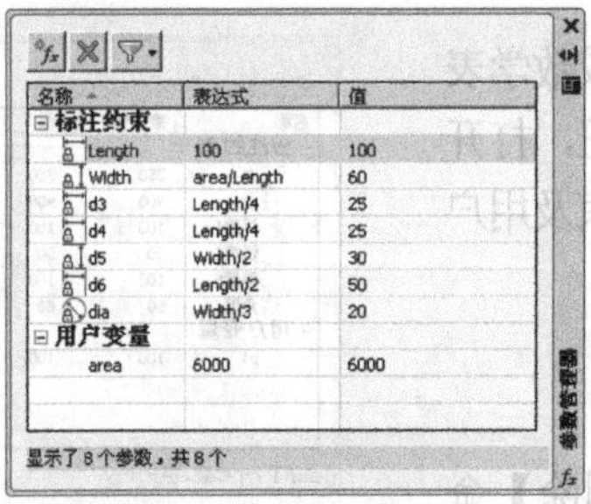

图5-22　管理变量及表达式

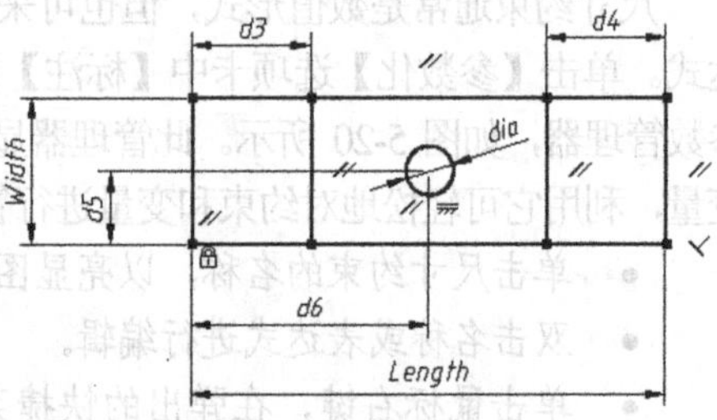

图5-23　修改矩形面积

5.3　范例解析——参数化绘图的一般步骤

使用 LINE、CIRCLE 及 OFFSET 等命令绘图时，必须输入准确的数据参数，绘制完成的图形才是精确无误的。若要改变图形的形状及大小，一般要重新绘制。利用 AutoCAD 的参数化功能绘图，创建的图形对象是可变的，其形状及大小由几何约束及尺寸约束控制。当修改这些约束后，图形就发生相应的变化。

利用参数化功能绘图的步骤与采用一般绘图命令绘图是不同的，主要作图过程如下。

1. 根据图形的大小设定绘图区域大小，并将绘图区充满绘图窗口，这样就能了解后续绘制的草图轮廓的大小，而不至于使草图形状失真太大。

2. 将图形分成由外轮廓及多个内轮廓组成，按先外后内的顺序绘制。
3. 绘制外轮廓的大致形状，创建的图形对象其大小是任意的，相互间的位置关系（如平行、垂直等）是近似的。
4. 根据设计要求对图形元素添加几何约束，确定它们之间的几何关系。一般先自动创建约束，如重合、水平等，然后加入其他约束。为使外轮廓在 *xy* 坐标面的位置固定，应对其中某点施加固定约束。
5. 添加尺寸约束确定外轮廓中各图形元素的精确大小及位置。创建的尺寸包括定形尺寸和定位尺寸，标注顺序一般为先大后小，先定形后定位。
6. 采用相同的方法依次绘制各个内轮廓。

练习5-5 利用 AutoCAD 的参数化功能绘制平面图形，如图 5-24 所示。先绘制图形的大致形状，然后给所有对象添加几何约束及尺寸约束，使图形处于完全约束状态。

1. 设定绘图区域大小为 800×800，并使该区域充满绘图窗口。
2. 打开极轴追踪、对象捕捉及对象捕捉追踪功能，设定对象捕捉方式为端点、交点及圆心。
3. 使用 LINE、CIRCLE 及 TRIM 等命令绘制图形，图形尺寸任意，如图 5-25 左图所示。修剪多余线条并倒圆角，以形成外轮廓草图，结果如图 5-25 右图所示。

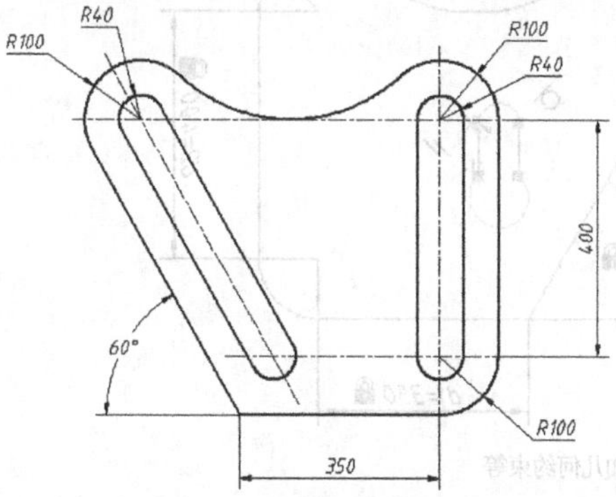

图5-24 利用参数化功能绘图

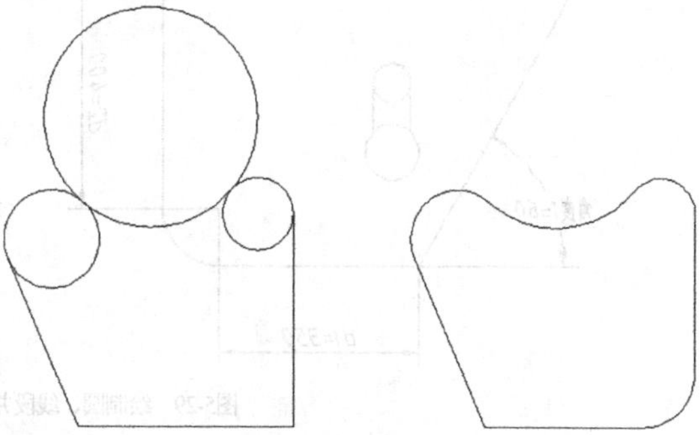
图5-25 绘制外轮廓草图

4. 启动自动添加几何约束功能，给所有图形对象添加几何约束，如图 5-26 所示。
5. 创建以下约束。

(1) 给圆弧 *A*、*B*、*C* 添加相等约束，使 3 个圆弧的半径相等，如图 5-27 左图所示。
(2) 对左下角点施加固定约束。
(3) 给圆心 *D*、*F* 及圆弧中点 *E* 添加水平约束，使三点位于同一条水平线上，结果如图 5-27 右图所示。操作时，可利用对象捕捉确定要约束的目标点。

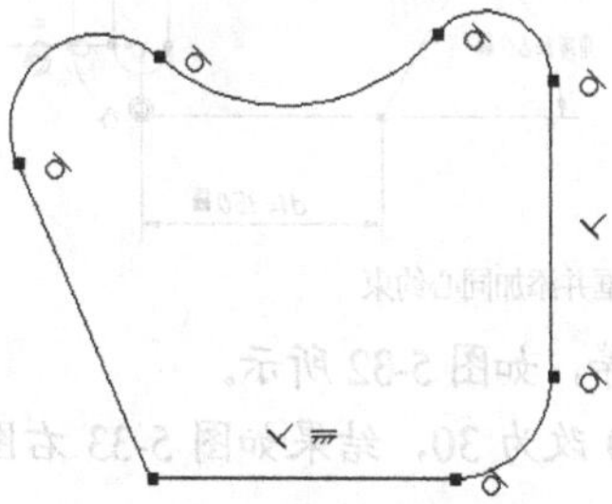
图5-26 自动添加几何约束

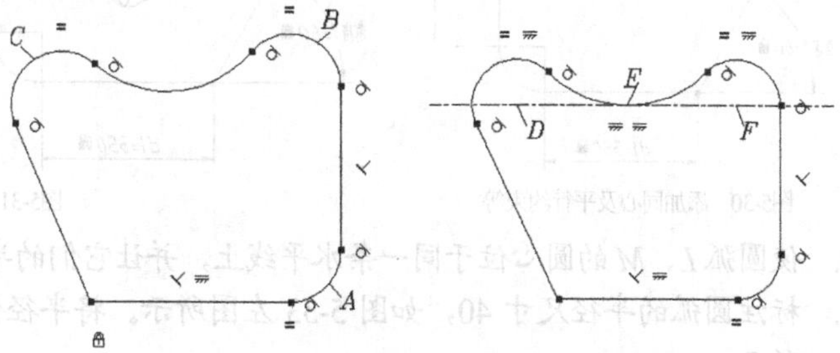

图5-27 添加几何约束

6. 单击 全部隐藏 按钮，隐藏几何约束。标注圆弧的半径尺寸，然后标注其他尺寸，如图 5-28 左图所示。将角度修改为 60°，结果如图 5-28 右图所示。

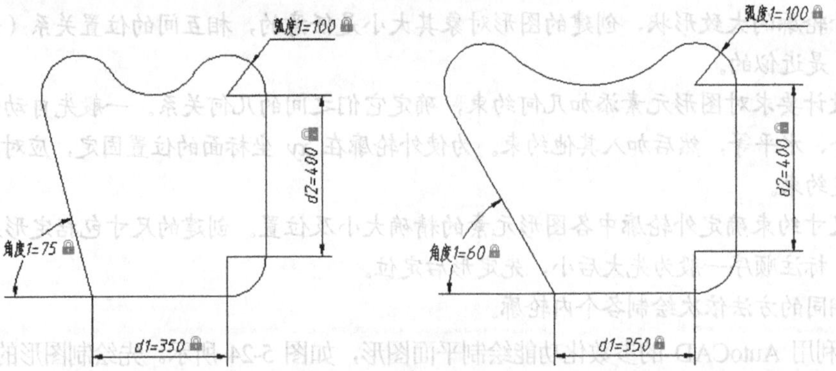

图5-28　标注尺寸并修改角度

7. 绘制圆及线段，如图 5-29 左图所示。修剪多余线条并自动添加几何约束，结果如图 5-29 右图所示。

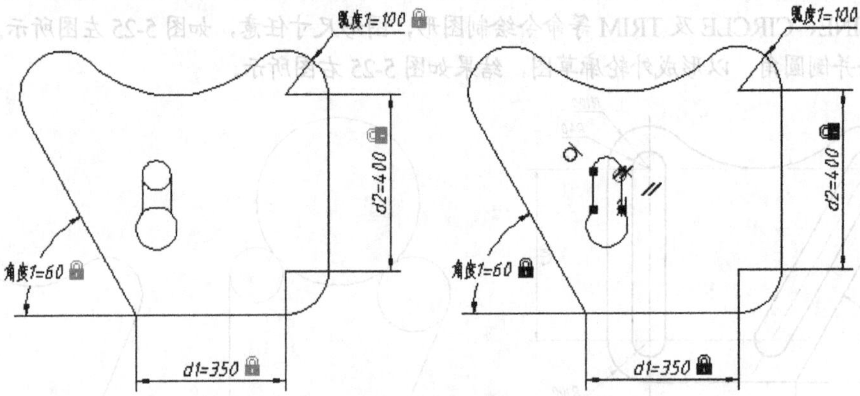

图5-29　绘制圆、线段并自动添加几何约束等

8. 给圆弧 *G*、*H* 添加同心约束，给线段 *I*、*J* 添加平行约束等，如图 5-30 所示。
9. 复制线框，如图 5-31 左图所示。对新线框添加同心约束，结果如图 5-31 右图所示。

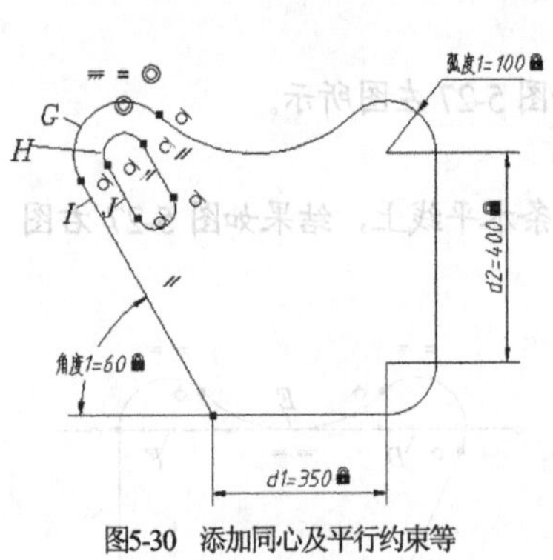

图5-30　添加同心及平行约束等

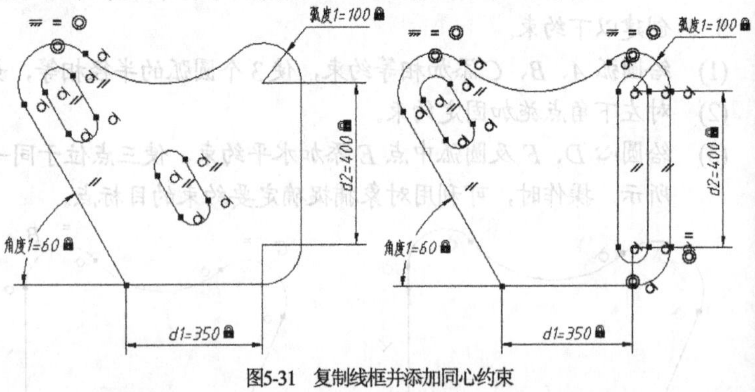

图5-31　复制线框并添加同心约束

10. 使圆弧 *L*、*M* 的圆心位于同一条水平线上，并让它们的半径相等，如图 5-32 所示。
11. 标注圆弧的半径尺寸 40，如图 5-33 左图所示。将半径值由 40 改为 30，结果如图 5-33 右图所示。

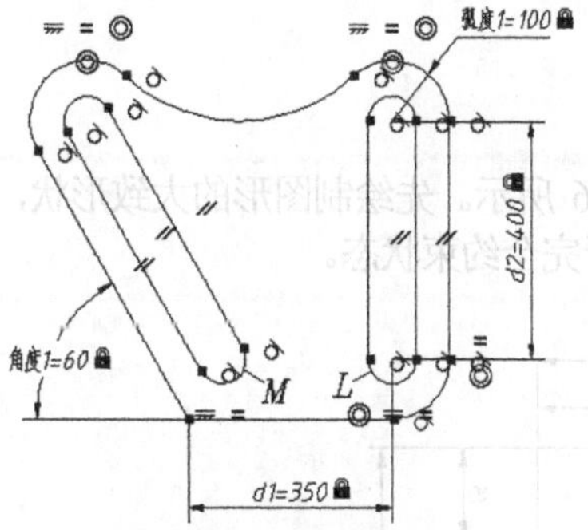

图5-32　添加水平及相等约束

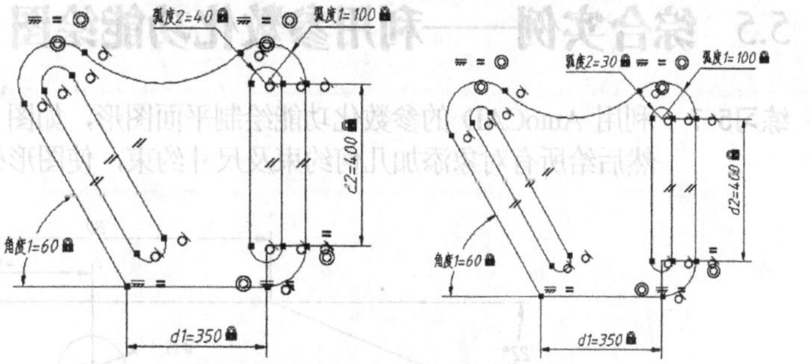

图5-33　标注半径并修改半径值

5.4　课堂实训——添加几何约束及尺寸约束

练习5-6　绘制图 5-34 所示图形。先绘制图形的大致形状，然后给所有对象添加几何约束及尺寸约束，使图形处于完全约束状态。

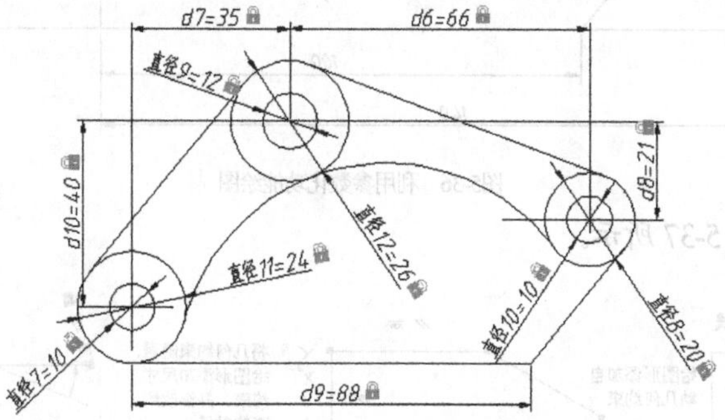

图5-34　添加几何约束及尺寸约束

主要作图步骤如图 5-35 所示。

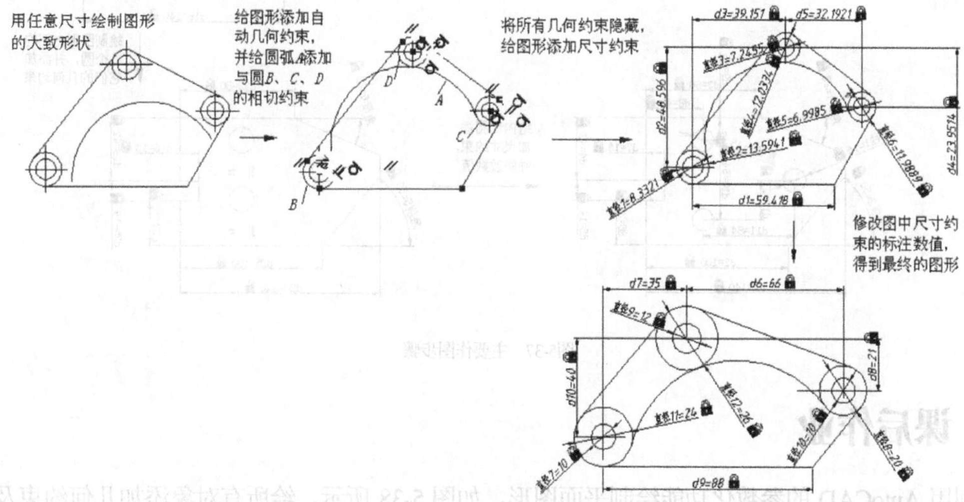

图5-35　主要作图步骤

5.5 综合实例——利用参数化功能绘图

练习5-7 利用 AutoCAD 的参数化功能绘制平面图形，如图 5-36 所示。先绘制图形的大致形状，然后给所有对象添加几何约束及尺寸约束，使图形处于完全约束状态。

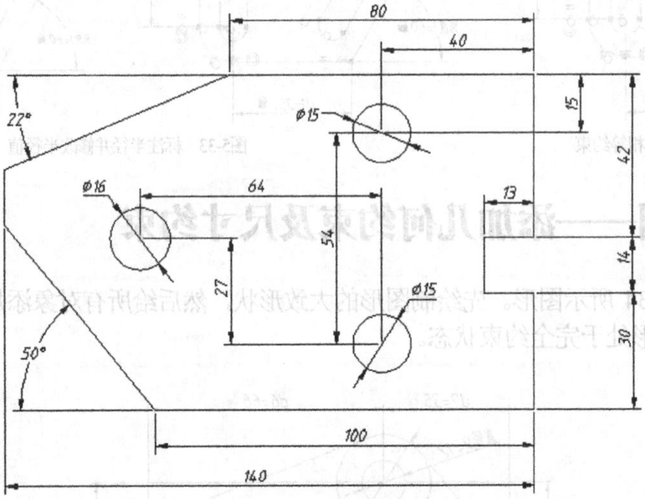

图5-36 利用参数化功能绘图

主要作图步骤如图 5-37 所示。

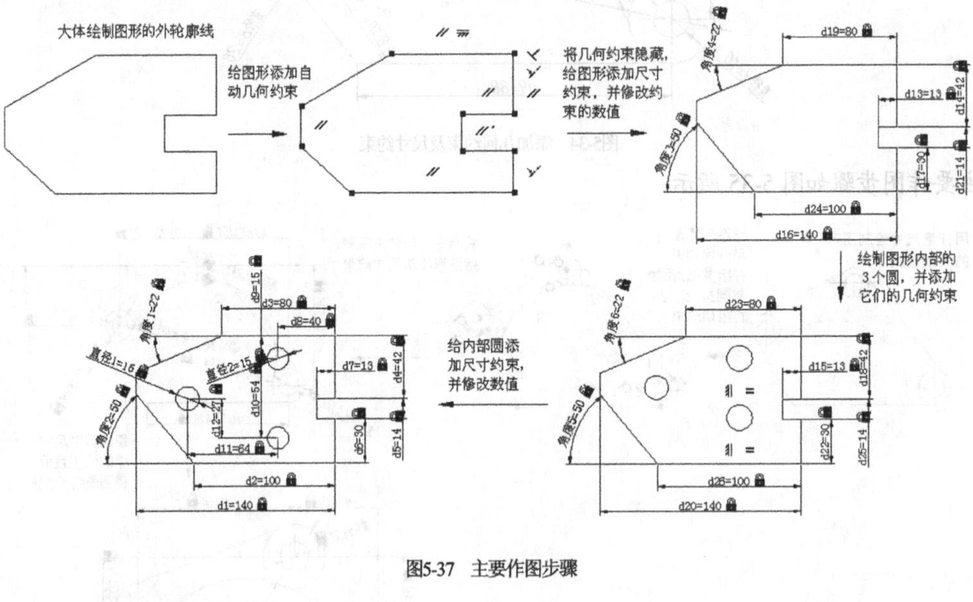

图5-37 主要作图步骤

5.6 课后作业

1. 利用 AutoCAD 的参数化功能绘制平面图形，如图 5-38 所示。给所有对象添加几何约束及尺寸约束，使图形处于完全约束状态。

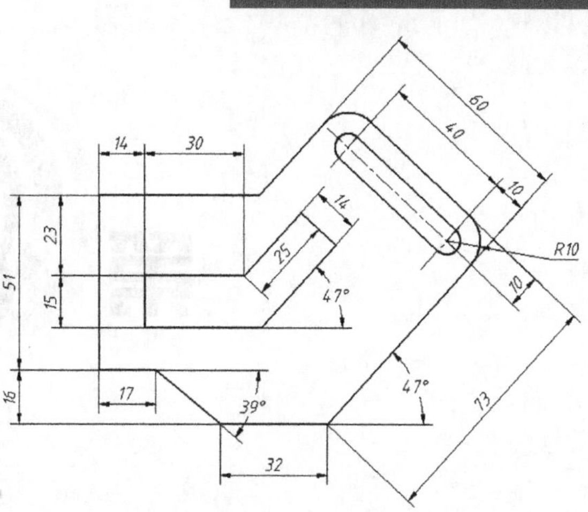

图5-38　利用参数化功能绘图（1）

2. 利用 AutoCAD 的参数化功能绘制平面图形，如图 5-39 所示。给所有对象添加几何约束及尺寸约束，使图形处于完全约束状态。

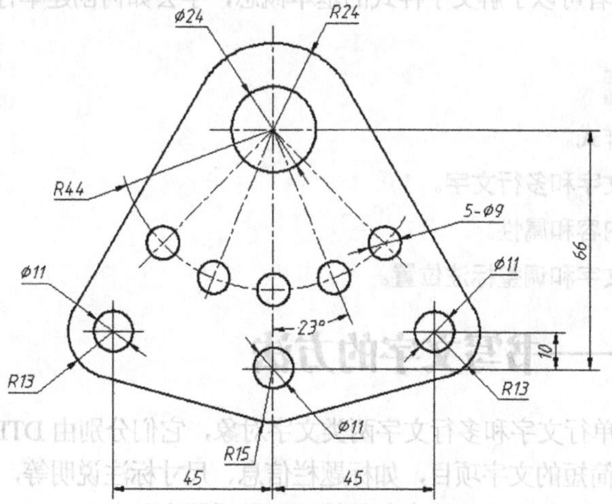

图5-39　利用参数化功能绘图（2）

第6讲

书写文字

通过学习本讲，读者可以了解文字样式的基本概念，学会如何创建单行文字和多行文字。

学习目标

- 创建文字样式。
- 书写单行文字和多行文字。
- 编辑文字内容和属性。
- 编辑尺寸文字和调整标注位置。

6.1 功能讲解——书写文字的方法

在 AutoCAD 中有单行文字和多行文字两类文字对象，它们分别由 DTEXT 和 MTEXT 命令来创建。一般来讲，比较简短的文字项目，如标题栏信息、尺寸标注说明等，常采用单行文字，而对带有段落格式的信息，如工艺流程、技术条件等，则常采用多行文字。

AutoCAD 生成的文字对象，其外观由与其关联的文字样式决定。默认情况下，Standard 文字样式是当前样式，用户也可根据需要创建新的文字样式。

本节主要内容包括创建文字样式，书写单行文字和多行文字等。

6.1.1 创建国标文字样式及书写单行文字

文字样式主要用于控制与文本连接的字体文件、字符宽度、文字倾斜角度及高度等项目。用户可以针对每一种不同风格的文字创建对应的文字样式，这样在输入文本时就可用相应的文字样式来控制文本的外观。例如，用户可建立专门用于控制尺寸标注文字和设计说明文字外观的文字样式。

DTEXT 命令用于创建单行文字。发出此命令后，用户不仅可以设定文本的对齐方式和文字的倾斜角度，还能用十字光标在不同的地方选取点以定位文本的位置（系统变量 DTEXTED 不等于 0），该特性使用户只发出一次命令就能在图形的多个区域放置文本。

命令启动方法

- 菜单命令：【绘图】/【文字】/【单行文字】。
- 面板：【注释】面板上的 A 单行文字 按钮。
- 命令：DTEXT 或简写 DT。

练习6-1　创建国标文字样式及添加单行文字。

1. 打开素材文件"dwg\第 6 讲\6-1.dwg"。
2. 选择菜单命令【格式】/【文字样式】，或者单击【注释】面板上的 A 按钮，打开【文字样式】对话框。
3. 单击 新建(N)... 按钮，打开【新建文字样式】对话框，如图 6-1 所示。在【样式名】文本框中输入文字样式的名称"工程文字"。
4. 单击 确定 按钮，返回【文字样式】对话框，在【字体名】下拉列表中选择【gbeitc.shx】，再选择【使用大字体】复选项，然后在【大字体】下拉列表中选择【gbcbig.shx】，如图 6-2 所示。

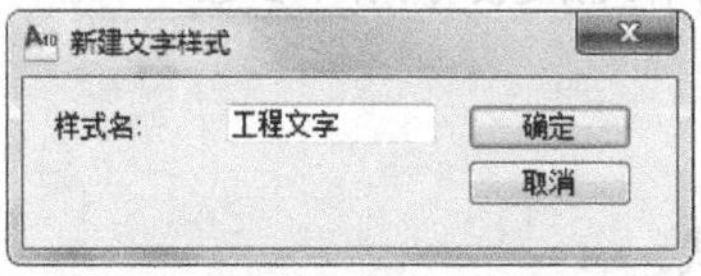

图6-1　【新建文字样式】对话框

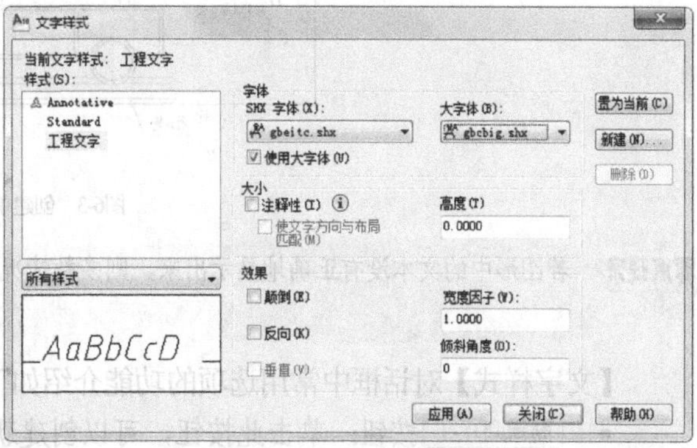

图6-2　【文字样式】对话框

要点提示 AutoCAD 提供了符合国标的字体文件。在工程图中，中文字体采用"gbcbig.shx"，该字体文件包含了长仿宋字。西文字体采用"gbeitc.shx"或"gbenor.shx"，前者是斜体，后者是正体。

5. 单击 应用(A) 按钮，然后关闭【文字样式】对话框。
6. 使用 DTEXT 命令创建单行文字，如图 6-3 所示。

命令: dtext
指定文字的起点或 [对正(J)/样式(S)]:　　//单击 *A* 点，如图 6-3 所示
指定高度 <3.0000>: 5　　//输入文字高度
指定文字的旋转角度 <0>:　　//按 Enter 键
横臂升降机构　　//输入文字
行走轮　　//在 *B* 点处单击一点，并输入文字
行走轨道　　//在 *C* 点处单击一点，并输入文字
行走台车　　//在 *D* 点处单击一点，输入文字并按 Enter 键
台车行走速度 5.72 米/分　　//输入文字并按 Enter 键
台车行走电机功率 3KW　　//输入文字
立架　　//在 *E* 点处单击一点，并输入文字
配重系统　　//在 *F* 点处单击一点，输入文字并按 Enter 键

```
                                          //按 Enter 键结束
命令:DTEXT                                //重复命令
指定文字的起点或 [对正(J)/样式(S)]:       //单击 G 点
指定高度 <5.0000>:                        //按 Enter 键
指定文字的旋转角度 <0>: 90                //输入文字旋转角度
设备总高 5500                             //输入文字
横臂升降行程 1500                         //在 H 点处单击一点，输入文字并按 Enter 键
                                          //按 Enter 键结束
```

结果如图 6-3 所示。

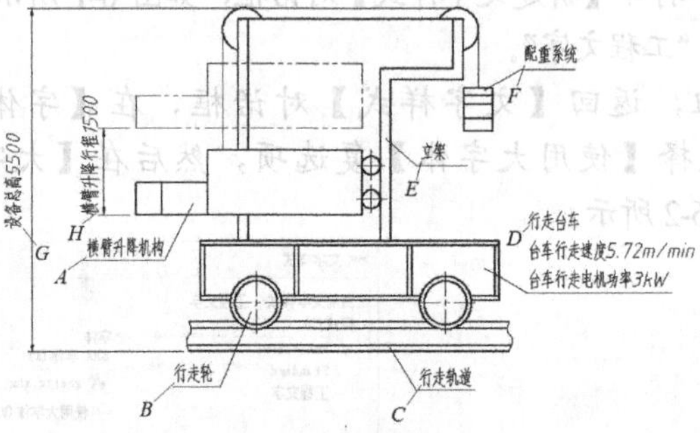

图6-3　创建单行文字

要点提示 若图形中的文本没有正确地显示出来，则多数情况是由于文字样式所连接的字体不合适。

【文字样式】对话框中常用选项的功能介绍如下。

- 新建(N)... 按钮：单击此按钮，可以创建新文字样式。
- 删除(D) 按钮：在【样式】列表框中选择一个文字样式，再单击此按钮就可以将该文字样式删除。当前文字样式和正在使用的文字样式不能被删除。
- 【字体名】下拉列表：在此下拉列表中罗列了所有的字体。带有双“T”标志的字体是 Windows 系统提供的“TrueType”字体，其他字体是 AutoCAD 自带的字体（*.shx），其中“gbenor.shx”和“gbeitc.shx”（斜体西文）字体是符合国标的工程字体。
- 【使用大字体】：大字体是指专为双字节文字所设计的字体。其中“gbcbig.shx”字体是符合国标的工程汉字字体，该字体文件还包含一些常用的特殊符号。因为“gbcbig.shx”中不包含西文字体定义，所以可将其与“gbenor.shx”“gbeitc.shx”字体配合使用。
- 【高度】：输入文字的高度。如果用户在该文本框中指定了文字高度，则当使用 DTEXT（单行文字）命令时，系统将不再提示“指定高度”。
- 【颠倒】：选择此复选项，文字将上下颠倒显示。该复选项仅影响单行文字，如图 6-4 所示。

关闭【颠倒】复选项　　　　打开【颠倒】复选项

图6-4　关闭或打开【颠倒】复选项

- 【反向】：选择该复选项，文字将首尾反向显示。该复选项仅影响单行文字，如图6-5所示。

关闭【反向】复选项　打开【反向】复选项

图6-5　关闭或打开【反向】复选项

- 【垂直】：选择该复选项，文字将沿竖直方向排列，如图6-6所示。

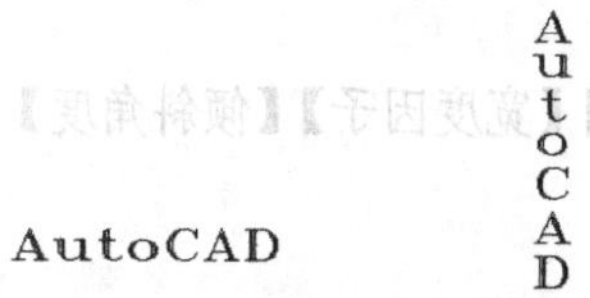

关闭【垂直】复选项　打开【垂直】复选项

图6-6　关闭或打开【垂直】复选项

- 【宽度因子】：默认的宽度因子为1。若输入小于1的数值，则文本将变窄，否则文本变宽，如图6-7所示。

宽度因子为1.0　宽度因子为0.7

图6-7　调整宽度因子

- 【倾斜角度】：用于指定文本的倾斜角度，角度为正时，文本向右倾斜；角度为负时，文本向左倾斜，如图6-8所示。

倾斜角度为30°　倾斜角度为-30°

图6-8　设置文本的倾斜角度

DTEXT命令的常用选项介绍如下。

- 对正(J)：设定文字的对齐方式。
- 调整(F)：“对正(J)”选项的子选项。使用此选项时，系统提示指定文本分布的起始点、结束点及文字高度。当用户选定两点并输入文字后，系统把文字压缩或扩展，使其充满指定的宽度范围，如图6-9所示。
- 样式(S)：指定当前文字样式。

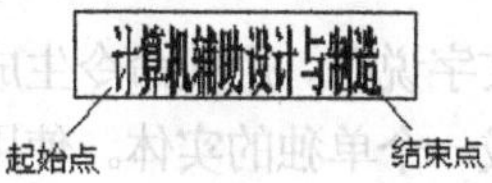

“调整（F）”选项

图6-9　使文字充满指定的宽度范围

6.1.2　修改文字样式

修改文字样式也是在【文字样式】对话框中进行的，其过程与创建文字样式相似，这里不再赘述。

修改文字样式时，用户应注意以下几点。

- 修改完成后，单击【文字样式】对话框中的 应用(A) 按钮，则修改生效，系统立即更新图形中与此文字样式关联的文字。
- 当改变文字样式连接的字体文件时，系统将改变所有文字的外观。
- 当修改文字的颠倒、反向及垂直特性时，系统将改变单行文字的外观；而修改文字高度、宽度因子及倾斜角度时，则不会改变已有单行文字的外观，但将影响此后创建的文字的外观。
- 对于多行文字，只有【垂直】【宽度因子】【倾斜角度】选项才影响已有多行文字的外观。

6.1.3 在单行文字中加入特殊符号

工程图中的许多符号都不能通过标准键盘直接输入，如文字的下划线、直径代号等。当用户利用 DTEXT 命令创建文字注释时，可以通过输入代码来产生特殊字符，这些代码及对应的特殊字符如表 6-1 所示。

表 6-1 特殊字符的代码

代码	字符
%%o	文字的上划线
%%u	文字的下划线
%%d	角度的度符号
%%p	表示"±"
%%c	直径代号

使用表中代码生成特殊字符的样例如图 6-10 所示。

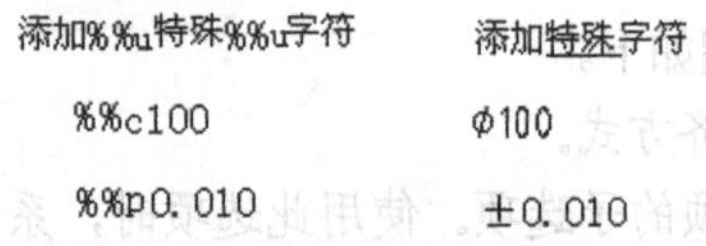

图6-10 创建特殊字符

6.1.4 创建多行文字

MTEXT 命令可用于创建复杂的文字说明。用此命令生成的文字段落称为多行文字，它可由任意数目的文字行组成，所有的文字构成一个单独的实体。使用此命令时，用户可以指定文本分布的宽度，但文字沿竖直方向可无限延伸。另外，用户还能设置多行文字中单个字符或某一部分文字的属性（包括文本的字体、倾斜角度及高度等）。

命令启动方法

- 菜单命令：【绘图】/【文字】/【多行文字】。
- 面板：【注释】面板上的 A 多行文字 按钮。
- 命令：MTEXT 或简写 MT。

练习6-2　使用MTEXT命令创建多行文字，文字内容如图6-11所示。

图6-11　创建多行文字

1. 设定绘图区域大小为80×80。单击【视图】选项卡中【导航】面板上的范围按钮，使绘图区域充满绘图窗口。
2. 创建新文字样式，并使该样式成为当前样式。新样式名称为“文字样式-1”，与其相连的字体文件是“gbeitc.shx”和“gbcbig.shx”。
3. 单击【注释】面板上的A多行文字按钮，系统提示如下。

   指定第一角点：　　　　//在A点处单击一点，如图6-11所示

   指定对角点：　　　　//在B点处单击一点
4. 系统弹出【文字编辑器】选项卡及文字编辑器。在【样式】面板的【文字高度】文本框中输入数值“3.5”，然后在文字编辑器中输入文字，如图6-12所示。

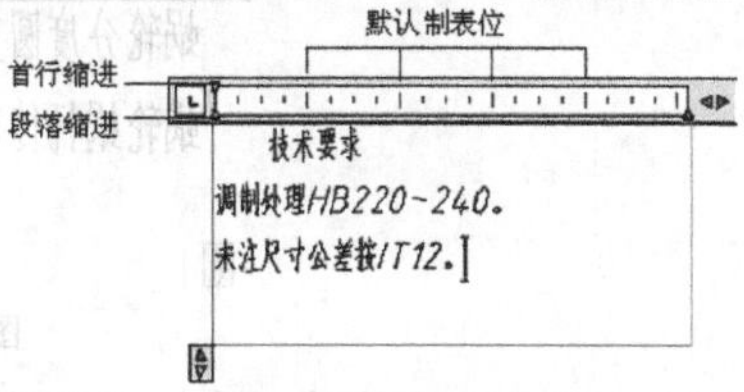

图6-12　输入文字

文字编辑器顶部带标尺，利用标尺可设置首行文字及段落文字的缩进，还可设置制表位，操作方法如下。

- 拖动标尺上第一行的缩进滑块，可改变所选段落第一行的缩进位置。
- 拖动标尺上第二行的缩进滑块，可改变所选段落其余行的缩进位置。
- 标尺上显示了默认的制表位，要设置新的制表位，可单击标尺。要删除创建的制表位，可用鼠标按住制表位，将其拖出标尺。

5. 选中文字“技术要求”，然后在【文字高度】文本框中输入数值“5”，按Enter键，结果如图6-13所示。
6. 选中其他文字，单击【段落】面板上的以数字标记按钮，选择【以数字标记】选项，再利用标尺上第二行的缩进滑块调整标记数字与文字间的距离，结果如图6-14所示。

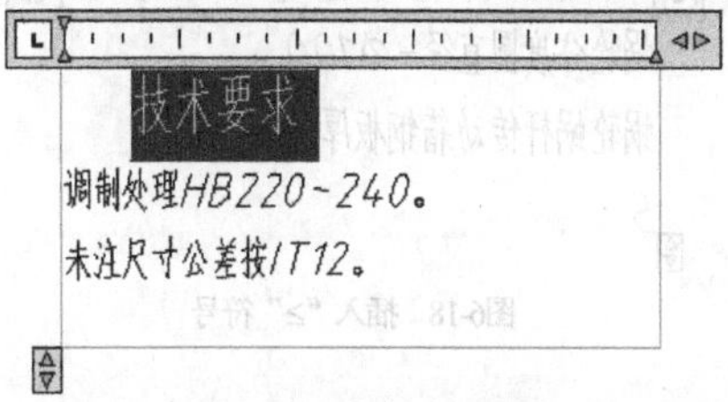

图6-13　修改文字高度

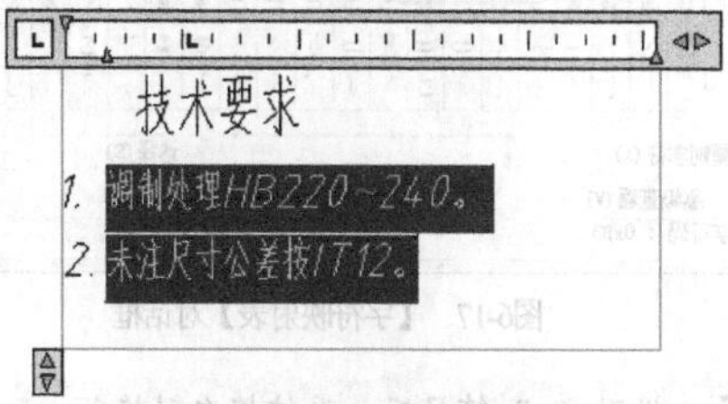

图6-14　添加数字编号

7. 单击【关闭】面板上的按钮完成操作。

6.1.5 添加特殊字符

以下过程演示了如何在多行文字中加入特殊字符，文字内容如下。

蜗轮分度圆直径=Ø100

蜗轮蜗杆传动箱钢板厚度≥5

练习6-3 添加特殊字符。

1. 设定绘图区域大小为 50 × 50。单击【视图】选项卡中【导航】面板上的范围按钮，使绘图区域充满绘图窗口。
2. 创建新文字样式，并使该样式成为当前样式。新样式名称为“样式 1”，与其相连的字体文件是“gbeitc.shx”和“gbcbig.shx”。
3. 单击【注释】面板上的A多行文字按钮，再指定文字分布宽度，系统打开文字编辑器，在【样式】面板的【字体高度】文本框中输入数值“3.5”，然后输入文字，如图 6-15 所示。
4. 在要插入直径符号的地方单击，然后单击鼠标右键，弹出快捷菜单，选择【符号】/【直径】命令，结果如图 6-16 所示。

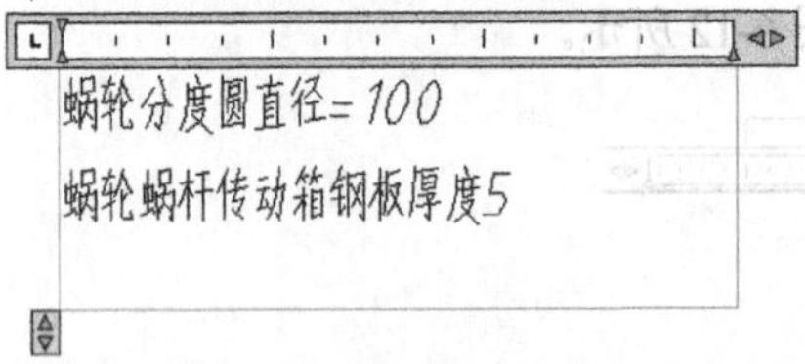

图6-15 输入文字

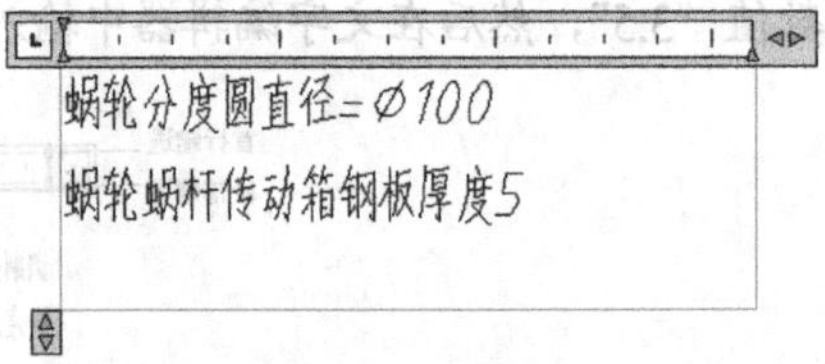

图6-16 插入直径符号

5. 在文本输入窗口中单击鼠标右键，弹出快捷菜单，选择【符号】/【其他】命令，打开【字符映射表】对话框。在【字体】下拉列表中选择【Symbol】，然后选取需要的字符“≥”，如图 6-17 所示，单击 选择(S) 按钮，再单击 复制(C) 按钮。
6. 返回文字编辑器，在需要插入“≥”符号的地方单击，然后单击鼠标右键，弹出快捷菜单，选择【粘贴】命令，结果如图 6-18 所示。

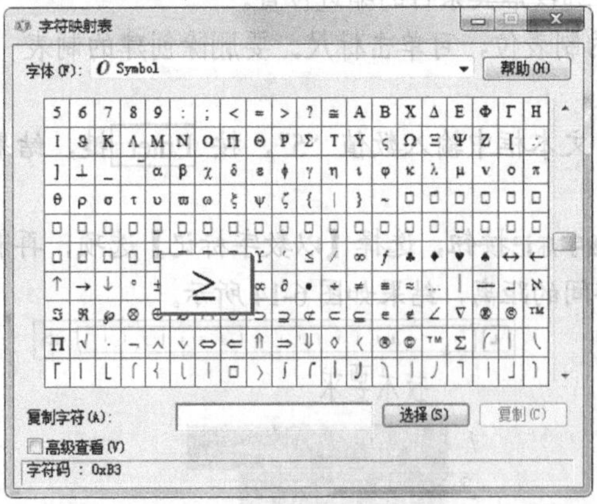

图6-17 【字符映射表】对话框

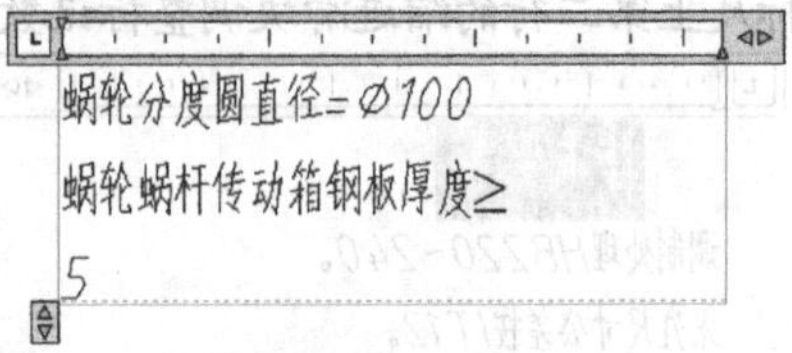

图6-18 插入“≥”符号

要点提示 粘贴“≥”符号后，系统将自动换行。

7. 把“≥”符号的高度修改为 3.5，再将十字光标放置在此符号的后面，按 Delete 键，结果如图 6-19 所示。
8. 单击【关闭】面板上的按钮完成操作。

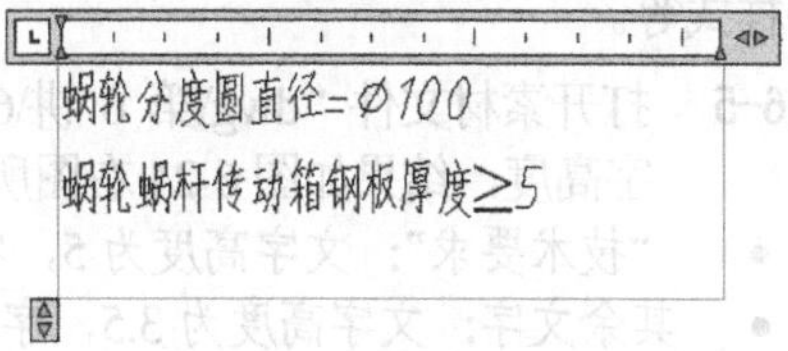

图6-19 修改字符的高度

6.1.6 创建分数及公差形式文字

下面使用多行文字编辑器创建分数及公差形式文字，文字内容如图 6-20 所示。

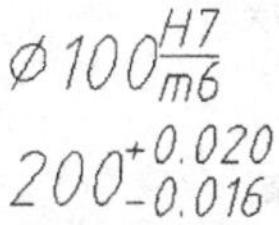

图6-20 创建分数及公差形式文字

练习6-4 创建分数及公差形式文字。

1. 打开文字编辑器，设置字体为“gbeitc,gbcbig”，输入多行文字，如图 6-21 所示。
2. 选择文字“H7/m6”，单击鼠标右键，在弹出的快捷菜单中选择【堆叠】命令，结果如图 6-22 所示。

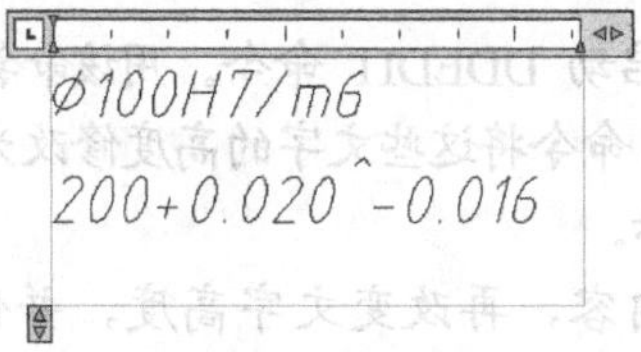

图6-21 输入文字

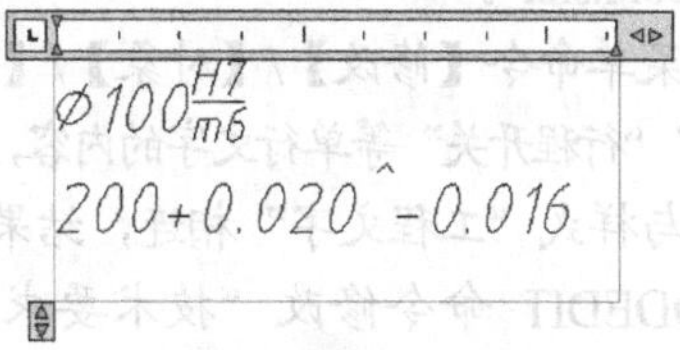

图6-22 创建分数形式文字

3. 选择文字“+0.020^－0.016”，单击鼠标右键，在弹出的快捷菜单中选择【堆叠】命令，结果如图 6-23 所示。
4. 单击【关闭】面板上的按钮完成操作。

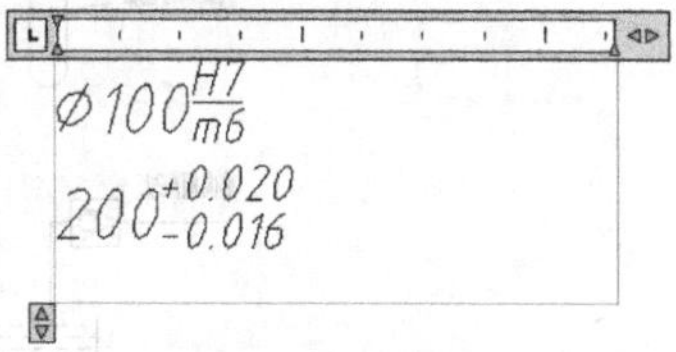

图6-23 创建公差形式文字

要点提示 通过堆叠文字的方法也可创建文字的上标或下标，输入方式为“上标^”“^下标”。例如，输入“53^”，选中“3^”，单击鼠标右键，在弹出的快捷菜单中选择【堆叠】命令，结果为“5^3”。

6.1.7 编辑文字

编辑文字的常用方法有以下两种。

(1) 使用 DDEDIT 命令编辑单行文字或多行文字。选择的对象不同，打开的对话框也不同。对于单行文字，系统显示文本编辑框；对于多行文字，则打开文字编辑器。用 DDEDIT 命令编辑文本的优点是，此命令连续地提示用户选择要编辑的对象，因而只要发出此命令就能一次性修改许多文字对象。

(2) 用 PROPERTIES 命令修改文字。选择要修改的文字后，单击鼠标右键，在弹出的快捷菜单中选择【特性】命令，启动 PROPERTIES 命令，打开【特性】对话框。在该对话框中，用户不仅能修改文字的内容，还能编辑文字的其他许多属性，如倾斜角度、对齐方式、文字高度及文字样式等。

练习6-5 打开素材文件“dwg\第 6 讲\6-5.dwg”，如图 6-24 左图所示，修改文字内容、字体及文字高度，结果如图 6-24 右图所示。右图中的文字特性如下。

- “技术要求”：文字高度为 5，字体为“gbeitc,gbcbig”。
- 其余文字：文字高度为 3.5，字体为“gbeitc,gbcbig”。

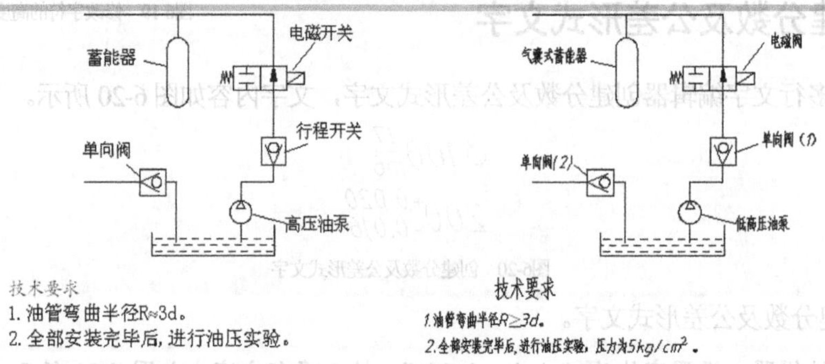

图6-24 编辑文字

1. 创建新文字样式，新样式名称为“工程文字”，与其相连的字体文件是“gbeitc.shx”和“gbcbig.shx”。
2. 选择菜单命令【修改】/【对象】/【文字】/【编辑】，启动 DDEDIT 命令。用该命令修改“蓄能器”“行程开关”等单行文字的内容，再用 PROPERTIES 命令将这些文字的高度修改为 3.5，并使其与样式“工程文字”相连，结果如图 6-25 左图所示。
3. 用 DDEDIT 命令修改“技术要求”等多行文字的内容，再改变文字高度，并使其采用“gbeitc,gbcbig”字体，结果如图 6-25 右图所示。

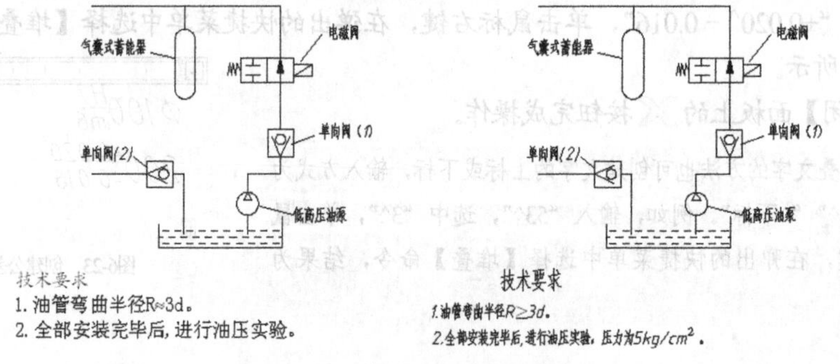

图6-25 修改文字内容及高度等

6.2 范例解析——填写明细表及创建多行文字

练习6-6 在表格中添加文字的技巧。

1. 打开素材文件“dwg\第 6 讲\6-6.dwg”。
2. 创建新文字样式，并使其成为当前样式。新样式名称为“工程文字”，与其相连的字体文件是“gbeitc.shx”和“gbcbig.shx”。
3. 使用 DTEXT 命令在明细表底部的第一行中书写文字“序号”，文字高度为 5，如图 6-26 所示。
4. 使用 COPY 命令将“序号”由 *A* 点复制到 *B*、*C*、*D*、*E* 点，结果如图 6-27 所示。

序号				

图6-26　书写文字“序号”

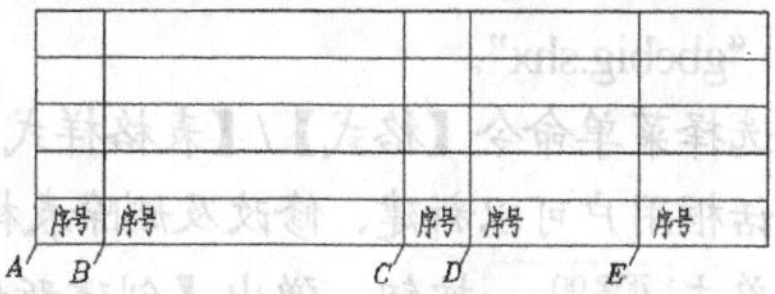

图6-27　复制对象

5.　使用 DDEDIT 命令修改文字内容，再用 MOVE 命令调整“名称”“材料”等的位置，结果如图 6-28 所示。

6.　把已经填写的文字向上阵列，结果如图 6-29 所示。

序号	名称	数量	材料	备注

图6-28　编辑文字内容

序号	名称	数量	材料	备注
序号	名称	数量	材料	备注
序号	名称	数量	材料	备注
序号	名称	数量	材料	备注
序号	名称	数量	材料	备注

图6-29　阵列文字

7.　使用 DDEDIT 命令修改文字内容，结果如图 6-30 所示。

8.　把序号及数量数字移动到单元格的中间位置，结果如图 6-31 所示。

4	转轴	1	45	
3	定位板	2	Q235	
2	轴承盖	1	HT200	
1	轴承座	1	HT200	
序号	名称	数量	材料	备注

图6-30　修改文字内容

4	转轴	1	45	
3	定位板	2	Q235	
2	轴承盖	1	HT200	
1	轴承座	1	HT200	
序号	名称	数量	材料	备注

图6-31　移动文字

6.3　功能讲解——创建表格对象

在 AutoCAD 中，用户可以创建表格对象。创建该对象时，系统先生成一个空白表格，随后用户可在该表中输入文字信息。用户可以很方便地修改表格的宽度、高度及表中文字，还可按行、列方式删除表格单元，或者合并表中的相邻单元。

6.3.1　表格样式

表格对象的外观由表格样式控制。默认情况下，表格样式是“Standard”，用户也可以根据需要创建新的表格样式。“Standard”表格的外观如图 6-32 所示，第一行是标题行，第二行是表头行，其他行是数据行。

在表格样式中，用户可以设定标题文字和数据文字的文字样式、文字高度、对齐方式及表格单元的填充颜色，还可设定单元边框的线宽和颜色，以及控制是否将边框显示出来。

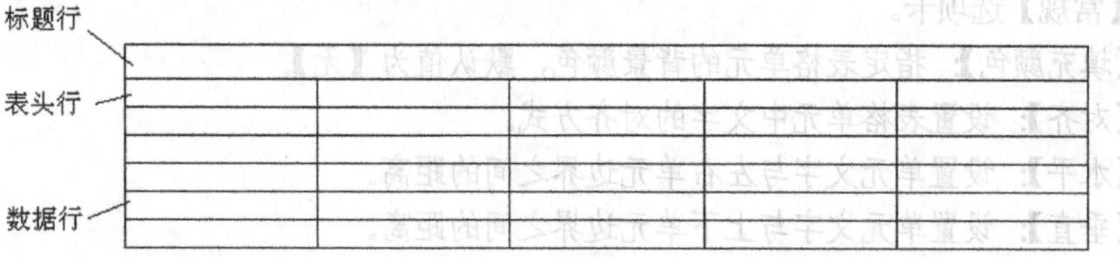

图6-32　表格对象

练习6-7　创建新的表格样式。

1.　创建新文字样式，新样式名称为“工程文字”，与其相连的字体文件是“gbeitc.shx”和

"gbcbig.shx"。

2. 选择菜单命令【格式】/【表格样式】，打开【表格样式】对话框，如图 6-33 所示。利用该对话框用户可以新建、修改及删除表格样式。
3. 单击 新建(N)... 按钮，弹出【创建新的表格样式】对话框，在【基础样式】下拉列表中选择新样式的原始样式【Standard】，该原始样式为新样式提供默认设置。在【新样式名】文本框中输入新样式的名称"表格样式-1"，如图 6-34 所示。

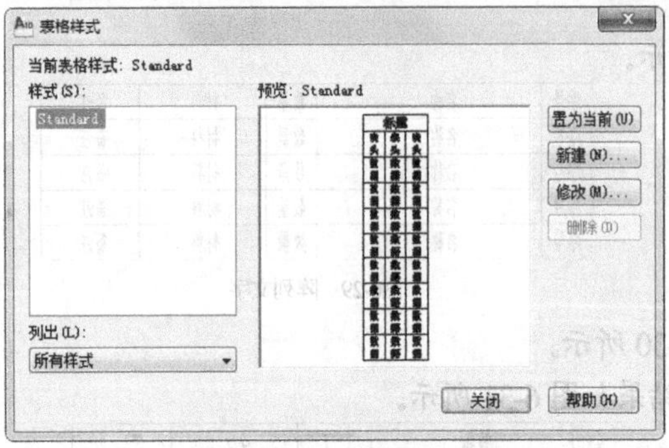

图6-33 【表格样式】对话框

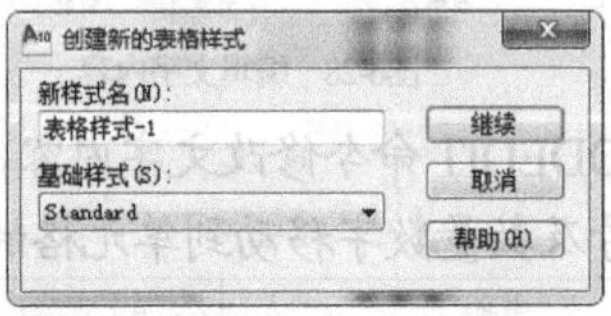

图6-34 【创建新的表格样式】对话框

4. 单击 继续 按钮，打开【新建表格样式】对话框，如图 6-35 所示。在【单元样式】下拉列表中分别选取【数据】【标题】【表头】选项，同时在【文字】选项卡中指定【文字样式】为【工程文字】、【文字高度】为"3.5"，在【常规】选项卡中指定文字对齐方式为【正中】。

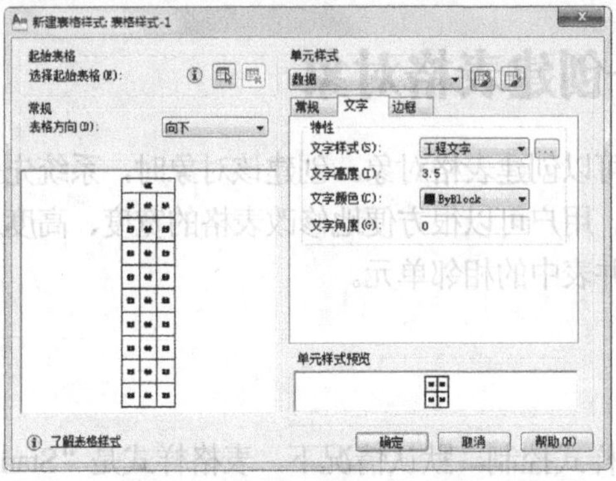

图6-35 【新建表格样式】对话框

5. 单击 确定 按钮，返回【表格样式】对话框，再单击 置为当前(U) 按钮，使新表格样式成为当前样式。

【新建表格样式】对话框中常用选项的功能介绍如下。

(1) 【常规】选项卡。

- 【填充颜色】：指定表格单元的背景颜色，默认值为【无】。
- 【对齐】：设置表格单元中文字的对齐方式。
- 【水平】：设置单元文字与左右单元边界之间的距离。
- 【垂直】：设置单元文字与上下单元边界之间的距离。

(2) 【文字】选项卡。

- 【文字样式】：选择文字样式。单击 ... 按钮，打开【文字样式】对话框，在该对话框中可创建新的文字样式。

- 【文字高度】：输入文字的高度。
- 【文字角度】：设定文字的倾斜角度。逆时针为正，顺时针为负。

(3) 【边框】选项卡。

- 【线宽】：指定表格单元的边界线宽。
- 【颜色】：指定表格单元的边界颜色。
- 按钮：将边界特性设置应用于所有单元。
- 按钮：将边界特性设置应用于单元的外部边界。
- 按钮：将边界特性设置应用于单元的内部边界。
- 、、及按钮：将边界特性设置应用于单元的底、左、上、右边界。
- 按钮：隐藏单元的边界。

(4) 【表格方向】下拉列表。

- 【向下】：创建从上向下读取的表对象。标题行和表头行位于表的顶部。
- 【向上】：创建从下向上读取的表对象。标题行和表头行位于表的底部。

6.3.2 创建及修改空白表格

用 TABLE 命令创建空白表格，空白表格的外观由当前表格样式决定。使用该命令时，用户要输入的主要参数有行数、列数、行高及列宽等。

练习6-8 创建图 6-36 所示的空白表格。

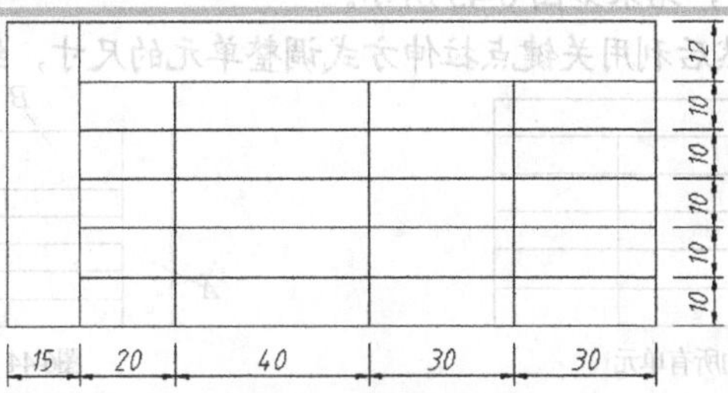

图6-36 创建空白表格

1. 单击【注释】面板上的按钮，打开【插入表格】对话框，输入要创建表格的参数，如图 6-37 所示。
2. 单击 确定 按钮，再关闭文字编辑器，创建图 6-38 所示的表格。

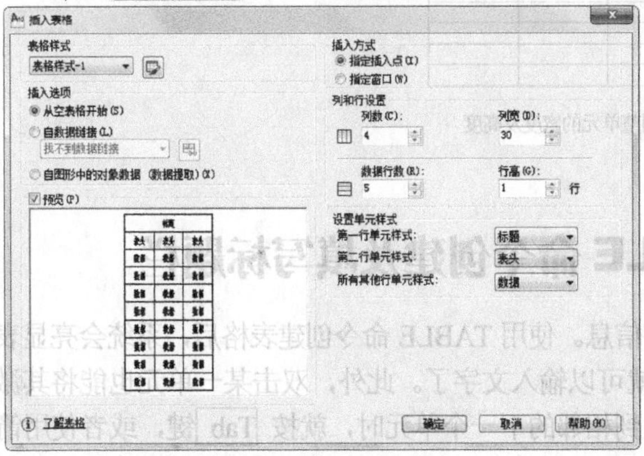

图6-37 【插入表格】对话框

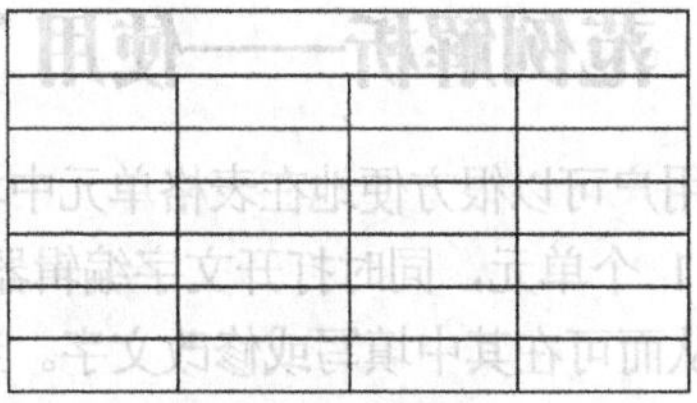

图6-38 创建表格

3. 在表格内按住鼠标左键并拖动，选中第 1 行和第 2 行，弹出【表格】选项卡，单击选项卡中【行】面板上的按钮，删除选中的两行，结果如图 6-39 所示。
4. 选中第 1 列的任一单元，单击鼠标右键，弹出快捷菜单，选择【列】/【在左侧插入】命令，插入新的一列，结果如图 6-40 所示。

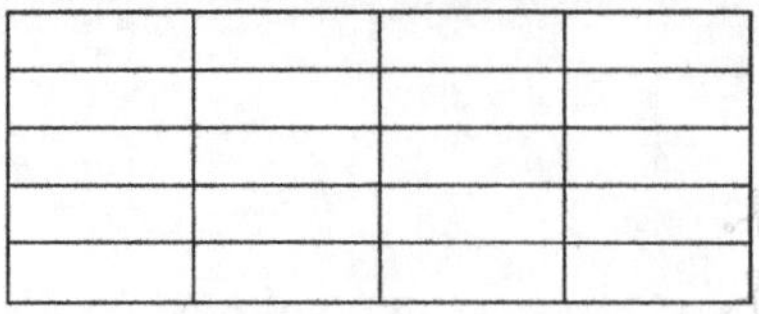

图6-39 删除第 1 行和第 2 行

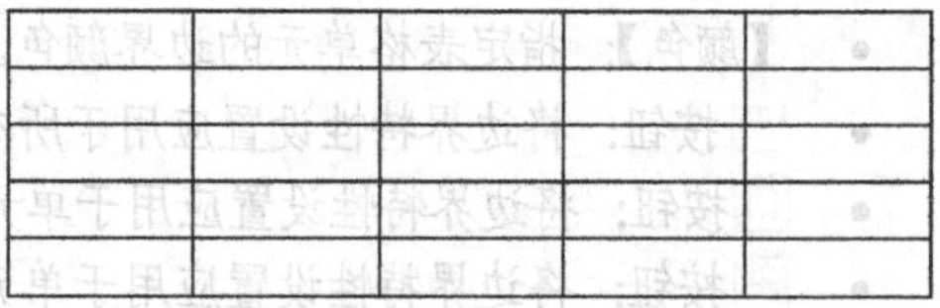

图6-40 插入新的一列

5. 选中第 1 行的任一单元，单击鼠标右键，弹出快捷菜单，选择【行】/【在上方插入】命令，插入新的一行，结果如图 6-41 所示。
6. 按住鼠标左键并拖动，选中第 1 列的所有单元，单击鼠标右键，弹出快捷菜单，选择【合并】/【全部】命令，结果如图 6-42 所示。

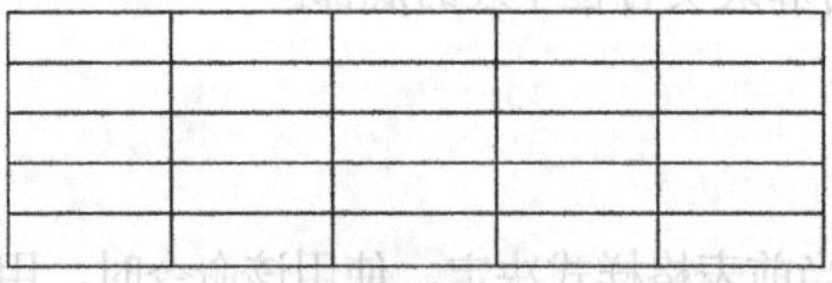

图6-41 插入新的一行

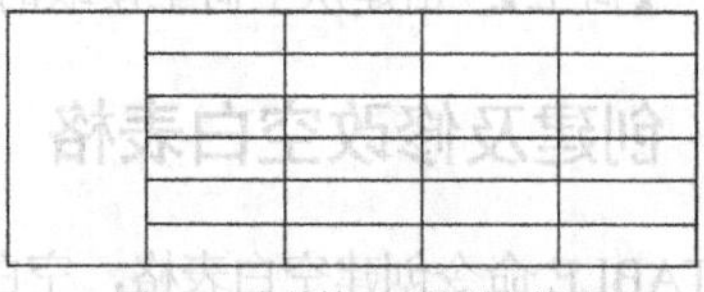

图6-42 合并第 1 列的所有单元

7. 按住鼠标左键并拖动，选中右侧第 1 行的 4 个单元，单击鼠标右键，弹出快捷菜单，选择【合并】/【全部】命令，结果如图 6-43 所示。
8. 分别选中单元 *A*、*B*，然后利用关键点拉伸方式调整单元的尺寸，结果如图 6-44 所示。

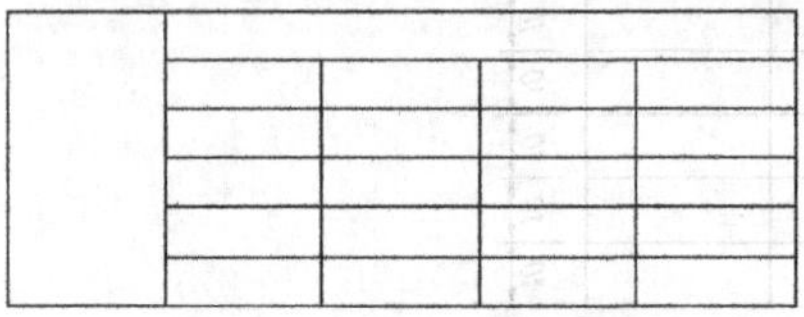

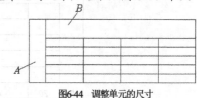

图6-43 合并第 1 行的所有单元

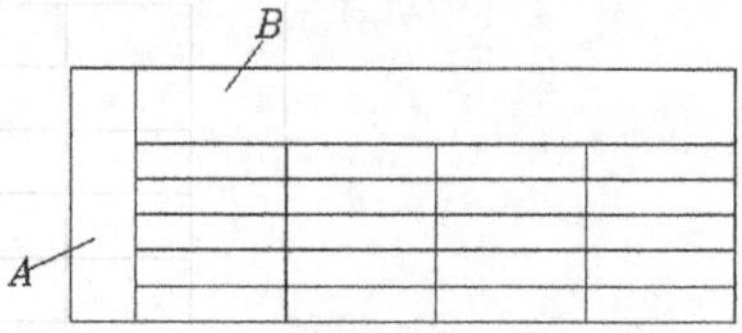

图6-44 调整单元的尺寸

9. 选中单元 *C*，单击鼠标右键，弹出快捷菜单，选择【特性】命令，打开【特性】对话框，在【单元宽度】及【单元高度】文本框中分别输入数值“20”和“10”，结果如图 6-45 所示。

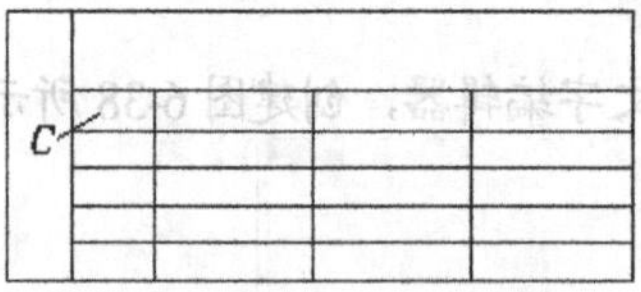

图6-45 调整单元的宽度及高度

10. 用类似的方法修改表格其余单元的尺寸。

6.4 范例解析——使用 TABLE 命令创建及填写标题栏

用户可以很方便地在表格单元中填写文字信息。使用 TABLE 命令创建表格后，系统会亮显表的第 1 个单元，同时打开文字编辑器，此时就可以输入文字了。此外，双击某一单元也能将其激活，从而可在其中填写或修改文字。当要移动到相邻的下一个单元时，就按 Tab 键，或者使用箭头键向左、右、上或下移动。

练习6-9 创建及填写标题栏，如图6-46所示。

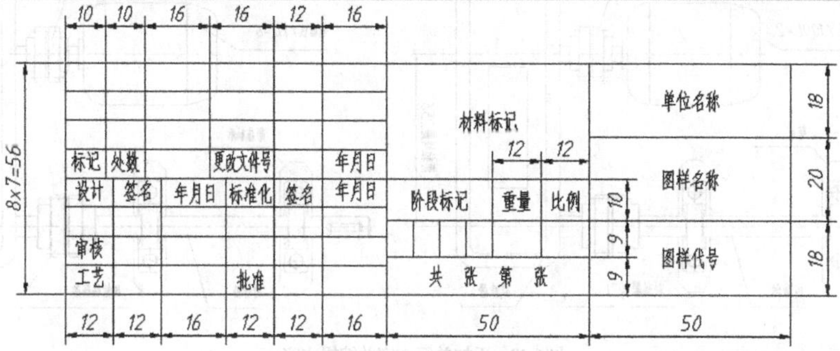

图6-46 创建及填写标题栏

1. 创建新的表格样式，样式名为“工程表格”。设定表格单元中的文字采用字体“gbeitc.shx”和“gbcbig.shx”，文字高度为5，对齐方式为“正中”，文字与单元边框的距离为0.1。
2. 指定“工程表格”为当前样式，使用TABLE命令创建4个表格，如图6-47左图所示。使用MOVE命令将这些表格组合成标题栏，结果如图6-47右图所示。

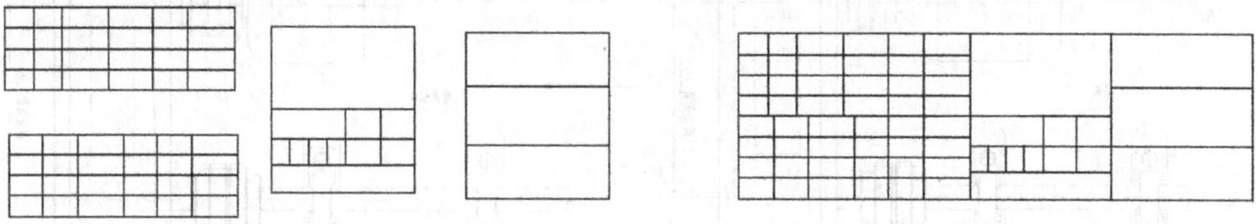

图6-47 创建4个表格并将其组合成标题栏

3. 双击表格的某一单元以激活它，在其中输入文字，按箭头键移动到其他单元，继续填写文字，结果如图6-48所示。

图6-48 在表格单元中填写文字

要点提示 双击“更改文件号”单元，选择所有文字，然后在【格式】面板上的 0.7 文本框中输入文字的宽度因子“0.8”，这样表格单元就有足够的宽度来容纳文字了。

6.5 课堂实训——书写及编辑文字

练习6-10 打开素材文件“dwg\第6讲\6-10.dwg”，在图中添加单行文字，如图6-49左图所示，其中字体为“gbeitc,gbcbig”，文字高度为4。修改文字的内容及文字高度，文字高度修改为3.5，结果如图6-49右图所示。

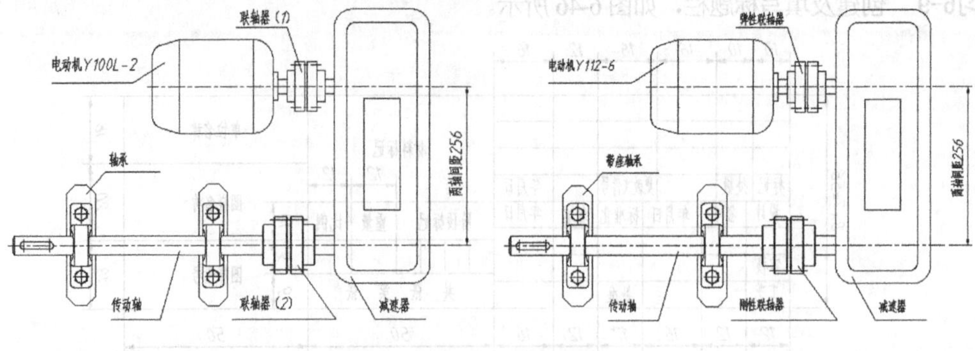

图6-49　添加单行文字并编辑文字

书写及编辑文字的主要作图步骤如图 6-50 所示。

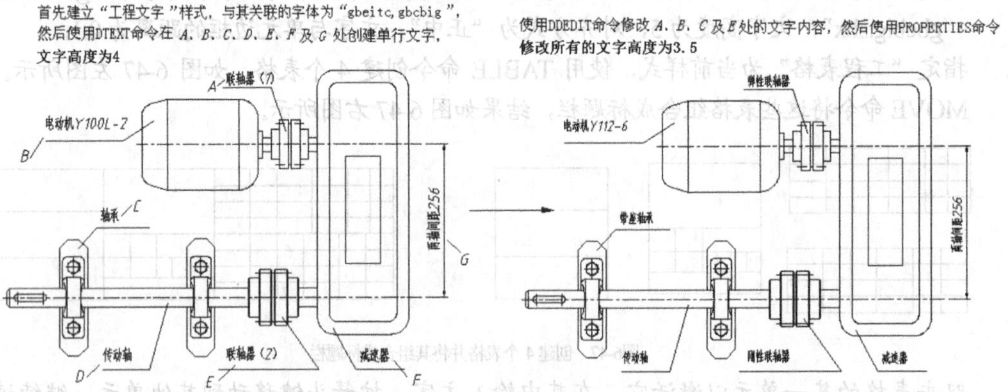

图6-50　书写及编辑文字的主要作图步骤

6.6　综合实例 1——在图样中添加文字及特殊符号

练习6-11　打开素材文件“dwg\第 6 讲\6-11.dwg”，在图中添加多行文字，如图 6-51 所示。图中文字的特性如下。

- 形位公差符号：文字高度为 3，字体为“GDT”。
- “ξ”“~”：文字高度为 4，字体为“Symbol”。
- 其余文字：文字高度为 5，中文字体采用“gbcbig.shx”，西文字体采用“gbeitc.shx”。

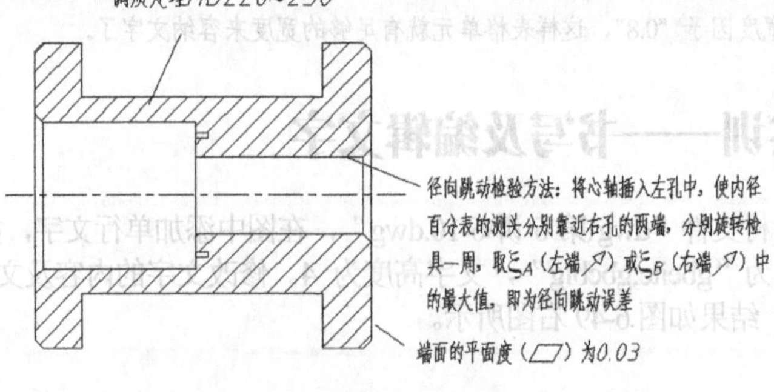

图6-51　在图样中添加文字及特殊符号

在图样中添加文字及特殊符号的主要作图步骤如图 6-52 所示。

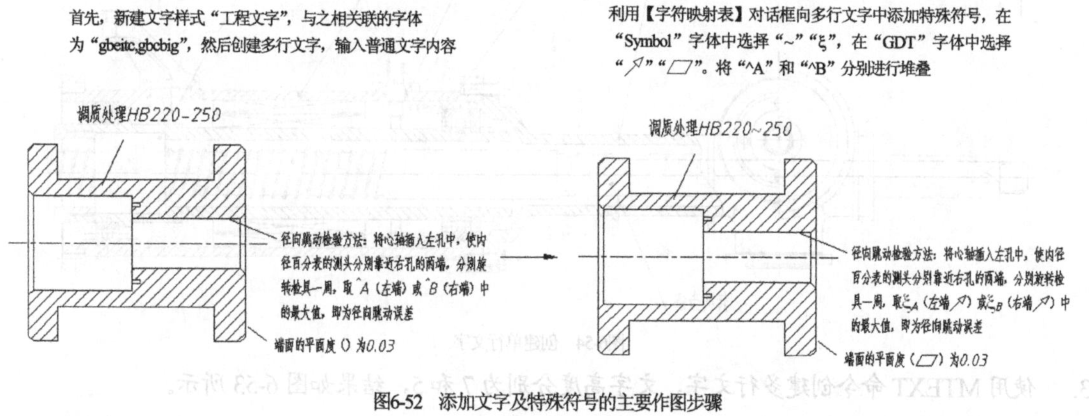
首先，新建文字样式“工程文字”，与之相关联的字体为“gbeitc,gbcbig”，然后创建多行文字，输入普通文字内容
利用【字符映射表】对话框向多行文字中添加特殊符号，在“Symbol”字体中选择“~”“ξ”，在“GDT”字体中选择“⌰”“▱”。将“^A”和“^B”分别进行堆叠
调质处理HB220-250
调质处理HB220~250
端面的平面度（▱）为0.03

图6-52　添加文字及特殊符号的主要作图步骤

6.7　综合实例2——给轿车转向器结构图添加说明文字

练习6-12　打开素材文件“dwg\第 6 讲\6-12.dwg”，该图是轿车转向器结构图，在图中添加文字，如图 6-53 所示。

1. 创建文字样式“工程文字”，并使其成为当前样式。西文字体采用“gbenor.shx”，中文字体采用“gbcbig.shx”。
2. 使用 DTEXT 命令在引线位置创建单行文字，文字高度为 5，如图 6-54 所示。

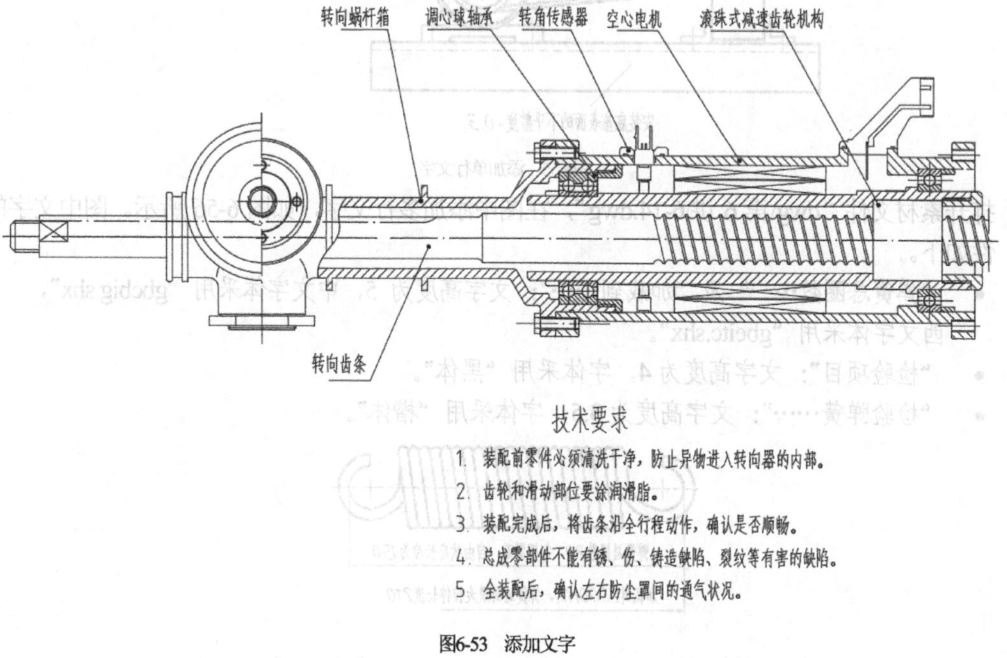

图6-53　添加文字

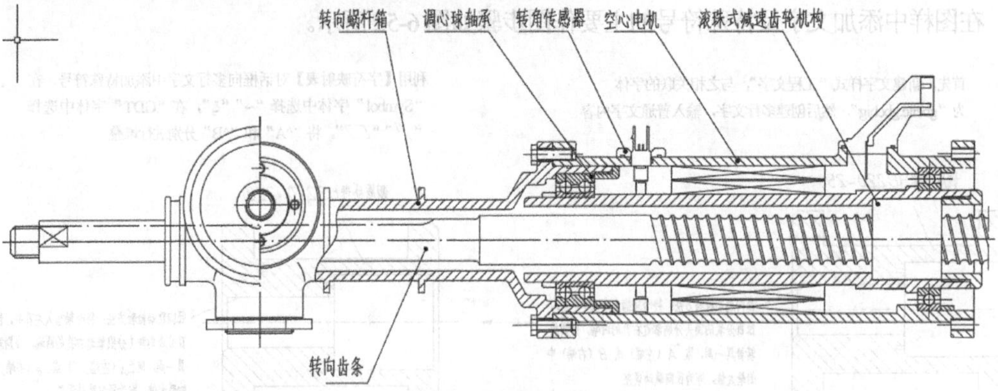

图6-54 创建单行文字

3. 使用 MTEXT 命令创建多行文字，文字高度分别为 7 和 5，结果如图 6-53 所示。

6.8 课后作业

1. 打开素材文件“dwg\第 6 讲\6-13.dwg”，在图中添加单行文字，如图 6-55 所示。文字高度为 3.5，中文字体采用“gbcbig.shx”，西文字体采用“gbeitc.shx”。

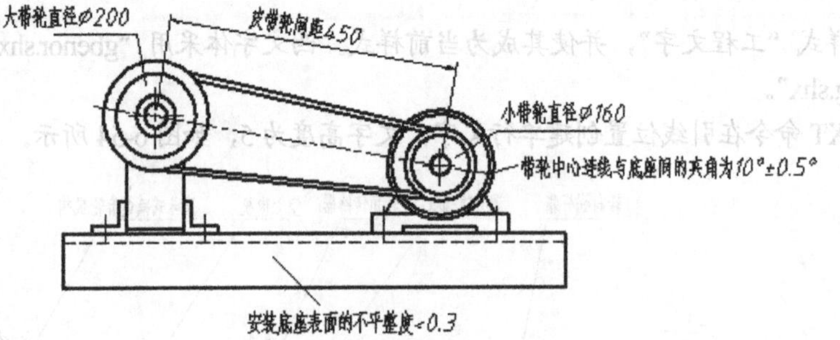

图6-55 添加单行文字

2. 打开素材文件“dwg\第 6 讲\6-14.dwg”，在图中添加多行文字，如图 6-56 所示。图中文字的特性如下。
   - “弹簧总圈数……”及“加载到……”：文字高度为 5，中文字体采用“gbcbig.shx”，西文字体采用“gbeitc.shx”。
   - “检验项目”：文字高度为 4，字体采用“黑体”。
   - “检验弹簧……”：文字高度为 3.5，字体采用“楷体”。

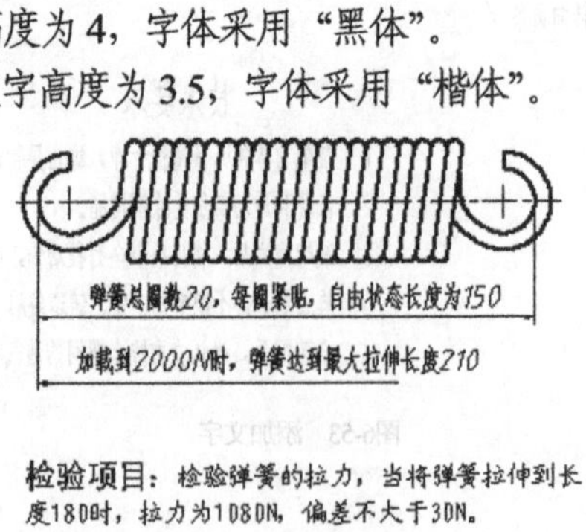

图6-56 添加多行文字

3. 打开素材文件“dwg\第 6 讲\6-15.dwg”，在图中添加单行文字及多行文字，如图 6-57 所示，图中文字的特性如下。

- 单行文字字体为“宋体”，文字高度为 10，其中部分文字沿 60° 方向书写，文字倾斜角度为 30° 。
- 多行文字的文字高度为 12，字体为“黑体”和“宋体”。

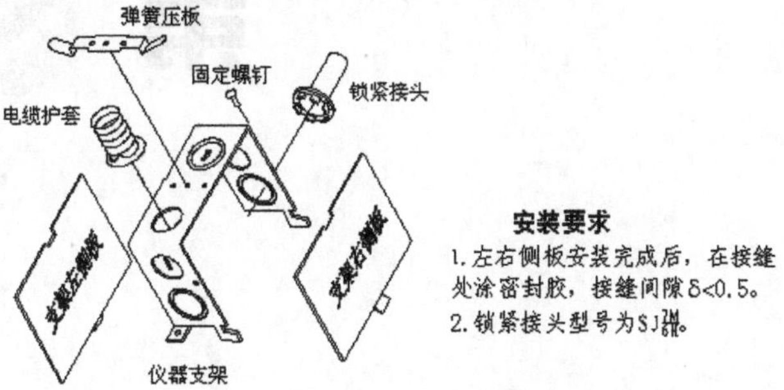

图6-57 添加单行文字及多行文字

第7讲

标注尺寸

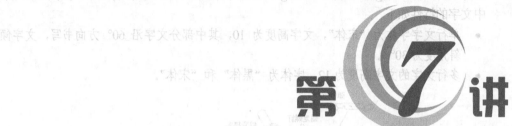

通过学习本讲，读者可以了解标注样式的基本概念，并掌握标注各类尺寸的方法等。

学习目标

- ◆ 创建标注样式。
- ◆ 创建直线、角度、直径及半径尺寸标注等。
- ◆ 标注尺寸公差和形位公差。
- ◆ 编辑尺寸标注内容和调整尺寸标注位置。

7.1 功能讲解——标注尺寸的方法

AutoCAD 提供的尺寸标注命令很丰富，利用它们可以轻松地创建出各种类型的尺寸。所有尺寸标注与标注样式关联，调整标注样式，就能控制与该样式关联的尺寸标注的外观。下面通过一个练习介绍创建标注样式的方法和 AutoCAD 中的尺寸标注命令。

练习7-1 打开素材文件“dwg\第 7 讲\7-1.dwg”，创建标注样式并标注尺寸，如图 7-1 所示。

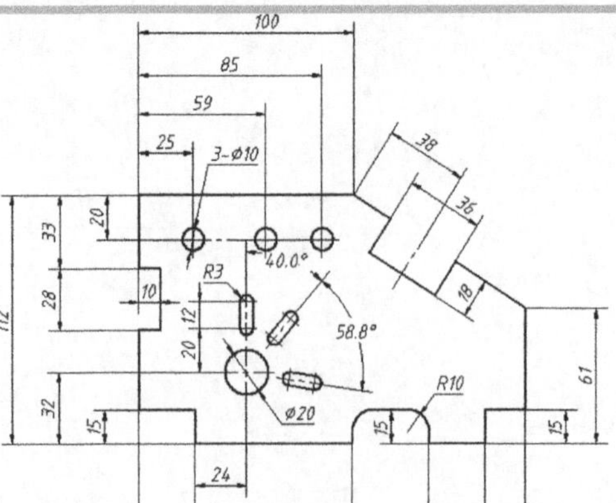

图7-1 标注尺寸

7.1.1 创建国标规定的标注样式

尺寸标注是一个复合体，它以图块的形式存储在图形中（第 10 讲将讲解图块的概念），其组成部分包括尺寸线、尺寸线两端起止符号（箭头或斜线等）、尺寸界线及标注文字等，这些组成部分的格式都由标注样式来控制。

在标注尺寸前，用户一般都要创建标注样式，否则系统将使用默认样式“ISO-25”来生成尺寸标注。在 AutoCAD 中，可以定义多种不同的标注样式并为之命名，标注时用户只需指定某个样式为当前样式，就能创建相应的标注形式。

建立符合国标规定的标注样式。

1. 建立新文字样式，样式名为“工程文字”。与该样式相连的字体文件是“gbeitc.shx”（或“gbenor.shx”）和“gbcbig.shx”。
2. 单击【注释】面板上的按钮，或者选择菜单命令【格式】/【标注样式】，打开【标注样式管理器】对话框，如图 7-2 所示。通过该对话框可以命名新的标注样式或修改样式中的尺寸变量。

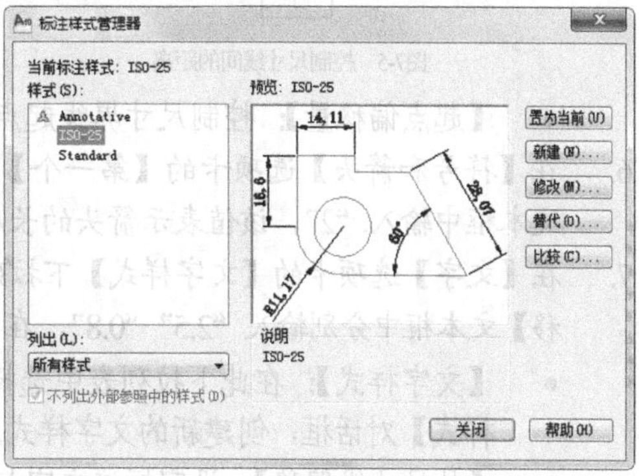

图7-2 【标注样式管理器】对话框

3. 单击 新建(N)... 按钮，打开【创建新标注样式】对话框，如图 7-3 所示。在该对话框的【新样式名】文本框中输入新的样式名称“工程标注”；在【基础样式】下拉列表中指定某个标注样式作为新样式的基础样式，则新样式将包含基础样式的所有设置。此外，还可在【用于】下拉列表中设定新样式对某一种类尺寸的特殊控制。默认情况下，【用于】下拉列表的选项是【所有标注】，是指新样式将控制所有类型的尺寸。
4. 单击 继续 按钮，打开【新建标注样式】对话框，如图 7-4 所示。

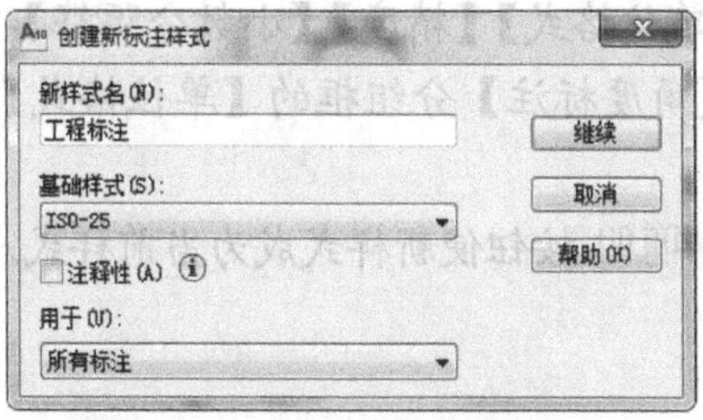

图7-3 【创建新标注样式】对话框

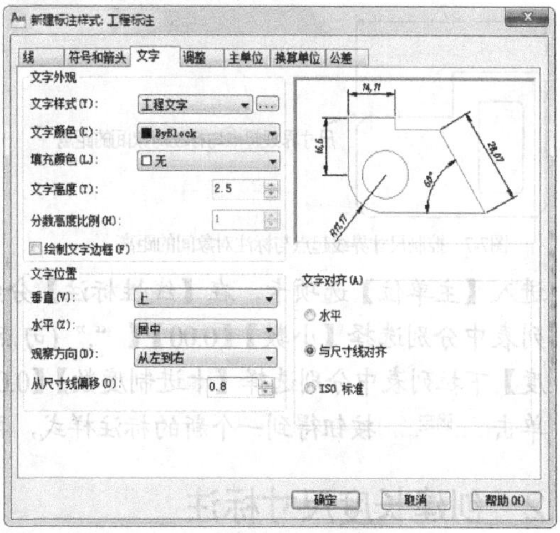

图7-4 【新建标注样式】对话框

5. 在【线】选项卡的【基线间距】【超出尺寸线】【起点偏移量】文本框中分别输入“7”“2”“0”。

- 【基线间距】：此选项决定了平行尺寸线间的距离，例如，当创建基线尺寸标注时，相邻尺寸线间的距离由该选项控制，如图 7-5 所示。
- 【超出尺寸线】：控制尺寸界线超出尺寸线的长度，如图 7-6 所示。国标中规定，尺寸界线一般超出尺寸线 2～3mm。

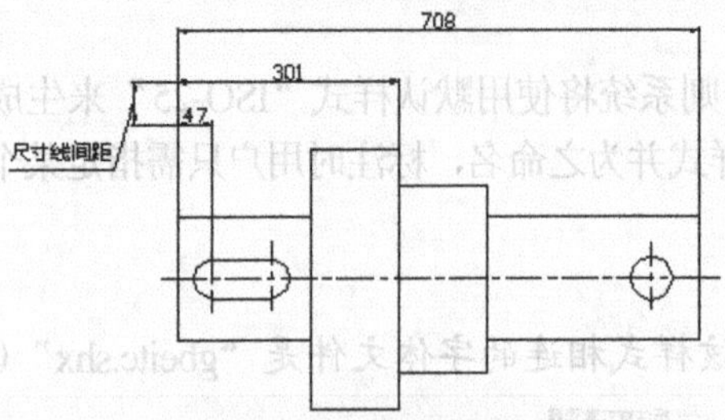

图7-5　控制尺寸线间的距离

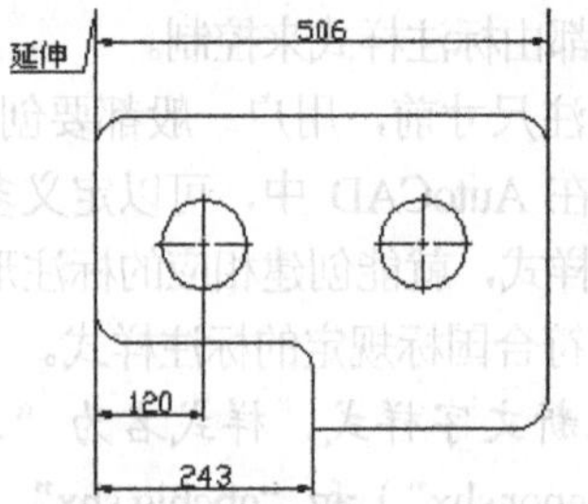

图7-6　设定尺寸界线超出尺寸线的长度

- 【起点偏移量】：控制尺寸界线起点与标注对象间的距离，如图 7-7 所示。

6. 在【符号和箭头】选项卡的【第一个】下拉列表中选择【实心闭合】选项，在【箭头大小】文本框中输入“2”，该值表示箭头的长度。
7. 在【文字】选项卡的【文字样式】下拉列表中选择【工程文字】，在【文字高度】【从尺寸线偏移】文本框中分别输入“2.5”“0.8”，在【文字对齐】分组框中选择【与尺寸线对齐】单选项。
   - 【文字样式】：在此下拉列表中选择文字样式或单击其右边的 按钮，打开【文字样式】对话框，创建新的文字样式。
   - 【从尺寸线偏移】：设定标注文字与尺寸线间的距离。
   - 【与尺寸线对齐】：使标注文本与尺寸线对齐。对于国标标注，应选择此单选项。
8. 在【调整】选项卡的【使用全局比例】文本框中输入“2”。该比例值将影响尺寸标注所有组成元素的大小，如标注文字和尺寸箭头等，如图 7-8 所示。当用户欲以 1∶2 的比例将图样打印在标准幅面的图纸上时，为保证尺寸外观合适，应设定标注的全局比例为打印比例的倒数，即 2。

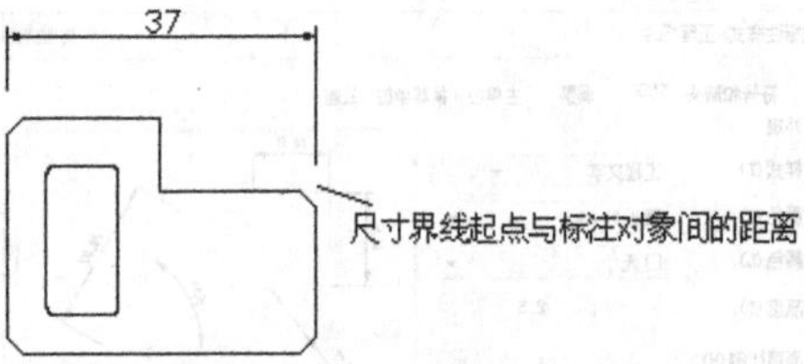

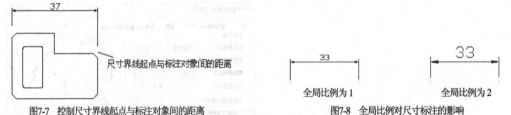

图7-7　控制尺寸界线起点与标注对象间的距离

图7-8　全局比例对尺寸标注的影响

9. 进入【主单位】选项卡，在【线性标注】分组框的【单位格式】【精度】【小数分隔符】下拉列表中分别选择【小数】【0.00】【“.”(句点)】；在【角度标注】分组框的【单位格式】【精度】下拉列表中分别选择【十进制度数】【0.0】。
10. 单击 确定 按钮得到一个新的标注样式，再单击 置为当前(U) 按钮使新样式成为当前样式。

7.1.2 创建长度尺寸标注

一般可使用以下两种方法标注长度尺寸。

- 通过在标注对象上指定尺寸线的起始点及终止点来创建尺寸标注。

- 直接选取要标注的对象。

DIMLINEAR 命令可以用于标注水平、竖直及倾斜方向的尺寸。标注时，若要使尺寸线倾斜，则输入“R”，然后输入尺寸线倾角即可。

标注水平、竖直及倾斜方向尺寸的方法如下。

1. 创建一个名为“尺寸标注”的图层，并使该图层成为当前图层。
2. 打开对象捕捉，设置捕捉类型为端点、圆心和交点。
3. 单击【注释】面板上的[线性]按钮，启动 DIMLINEAR 命令。

```
命令: _dimlinear
指定第一条尺寸界线原点或 <选择对象>:                //捕捉端点 A，如图 7-9 所示
指定第二条尺寸界线原点:                              //捕捉端点 B
指定尺寸线位置或[多行文字(M)/文字(T)/角度(A)/水平(H)/垂直(V)/旋转(R)]:
                                  //向左移动十字光标，将尺寸线放置在适当位置，单击
命令:DIMLINEAR                                       //重复命令
指定第一条尺寸界线原点或 <选择对象>:                //按Enter键
选择标注对象:                                        //选择线段 C
指定尺寸线位置:                   //向上移动十字光标，将尺寸线放置在适当位置，单击
```

继续标注尺寸“180”和“61”，结果如图 7-9 所示。

DIMLINEAR 命令的选项介绍如下。

- 多行文字(M)：使用该选项会打开多行文字编辑器，用户利用此编辑器可输入新的标注文字。

要点提示 若用户修改了系统自动标注的文字，就会失去尺寸标注的关联性，即尺寸数字不随标注对象的改变而改变。

- 文字(T)：在命令行上输入新的尺寸文字。
- 角度(A)：设置文字的放置角度。
- 水平(H)/垂直(V)：创建水平或垂直尺寸。用户也可通过移动十字光标指定创建何种类型的尺寸。若左右移动十字光标，则生成垂直尺寸；若上下移动十字光标，则生成水平尺寸。
- 旋转(R)：使用 DIMLINEAR 命令时，系统会自动将尺寸线调整成水平或竖直方向的。选择该选项可使尺寸线倾斜一定角度，因此可利用此选项标注倾斜的对象，如图 7-10 所示。

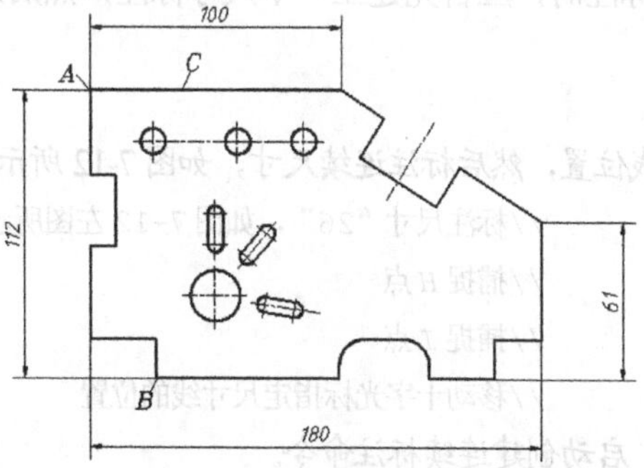

图7-9 标注长度尺寸

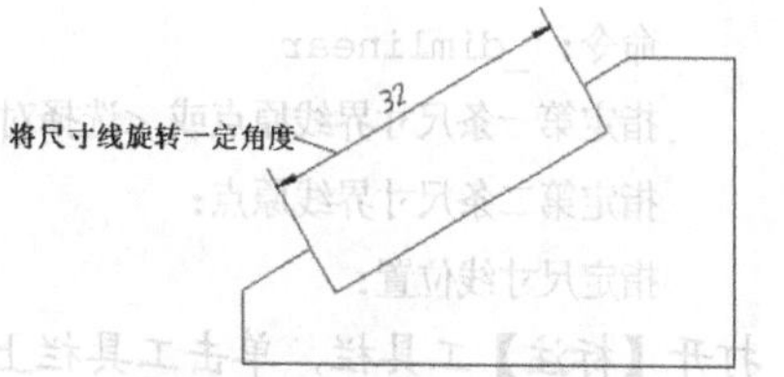

图7-10 使尺寸线倾斜一定角度

7.1.3 创建对齐尺寸标注

可使用对齐尺寸标注倾斜对象的真实长度，对齐尺寸的尺寸线平行于倾斜的标注对象。如果用户选择两个点来创建对齐尺寸，则尺寸线与两点的连线平行。

创建对齐尺寸的方法如下。

1. **单击【注释】面板上的 对齐 按钮，启动 DIMALIGNED 命令。**

命令：_dimaligned

指定第一条尺寸界线原点或 <选择对象>:　　//捕捉 D 点，如图 7-11 左图所示

指定第二条尺寸界线原点：per 到　　//捕捉垂足 E

指定尺寸线位置或[多行文字(M)/文字(T)/角度(A)]:　　//移动十字光标指定尺寸线的位置

命令:DIMALIGNED　　//重复命令

指定第一条尺寸界线原点或 <选择对象>:　　//捕捉 F 点

指定第二条尺寸界线原点:　　//捕捉 G 点

指定尺寸线位置或[多行文字(M)/文字(T)/角度(A)]:　　//移动十字光标指定尺寸线的位置

结果如图 7-11 左图所示。

2. **选择尺寸"36"或"38"，再选中文字处的关键点，移动十字光标调整文字及尺寸线的位置。继续标注尺寸"18"，结果如图 7-11 右图所示。**

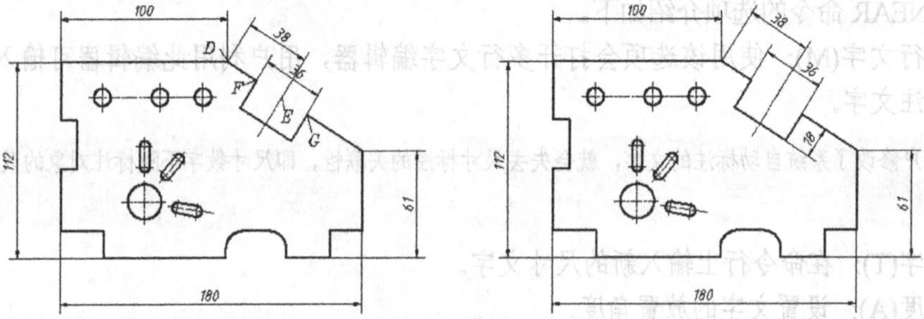

图7-11 标注对齐尺寸

DIMALIGNED 命令各选项的功能参见 7.1.2 小节。

7.1.4 创建连续和基线尺寸标注

连续尺寸标注是一系列首尾相连的标注；而基线尺寸标注是指所有的尺寸都从同一点开始标注，即共用一条尺寸界线。在创建这两种形式的尺寸标注时，应首先建立一个尺寸标注，然后发出标注命令。

创建连续和基线尺寸标注的方法如下。

1. **利用关键点编辑方式向下调整尺寸"180"的尺寸线位置，然后标注连续尺寸，如图 7-12 所示。**

命令：_dimlinear　　//标注尺寸"26"，如图 7-12 左图所示

指定第一条尺寸界线原点或 <选择对象>:　　//捕捉 H 点

指定第二条尺寸界线原点:　　//捕捉 I 点

指定尺寸线位置:　　//移动十字光标指定尺寸线的位置

2. **打开【标注】工具栏，单击工具栏上的 按钮，启动创建连续标注命令。**

命令：_dimcontinue

指定第二条尺寸界线原点或 [放弃(U)/选择(S)] <选择>: //捕捉 *J* 点
指定第二条尺寸界线原点或 [放弃(U)/选择(S)] <选择>: //捕捉 *K* 点
指定第二条尺寸界线原点或 [放弃(U)/选择(S)] <选择>: //捕捉 *L* 点
指定第二条尺寸界线原点或 [放弃(U)/选择(S)] <选择>: //按 Enter 键
选择连续标注: //按 Enter 键结束

结果如图 7-12 左图所示。

3. 标注尺寸"15""33""28"等，结果如图 7-12 右图所示。

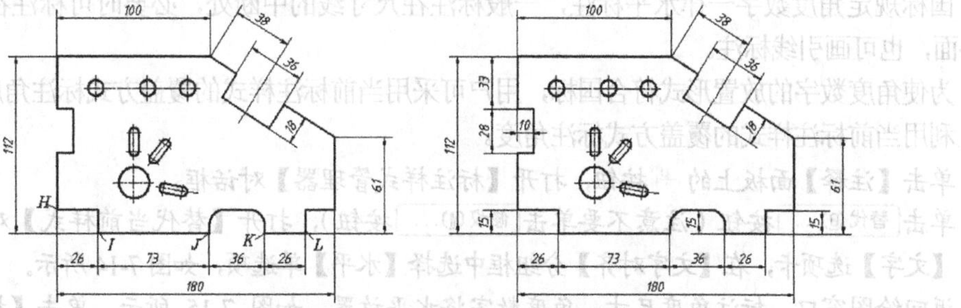

图7-12 调整尺寸线的位置及创建连续尺寸标注

4. 利用关键点编辑方式向上调整尺寸"100"的尺寸线位置，然后创建基线尺寸标注，如图 7-13 所示。

命令: _dimlinear //标注尺寸"25"，如图 7-13 左图所示
指定第一条尺寸界线原点或 <选择对象>: //捕捉 *M* 点
指定第二条尺寸界线原点: //捕捉 *N* 点
指定尺寸线位置: //移动十字光标指定尺寸线的位置

单击【标注】工具栏上的按钮，启动创建基线标注命令。

命令: _dimbaseline
指定第二条尺寸界线原点或 [放弃(U)/选择(S)] <选择>: //捕捉 *O* 点
指定第二条尺寸界线原点或 [放弃(U)/选择(S)] <选择>: //捕捉 *P* 点
指定第二条尺寸界线原点或 [放弃(U)/选择(S)] <选择>: //按 Enter 键
选择基准标注: //按 Enter 键结束

结果如图 7-13 左图所示。

5. 打开正交模式，使用 STRETCH 命令将虚线矩形框 *Q* 内的尺寸线向左调整，然后标注尺寸"20"，结果如图 7-13 右图所示。

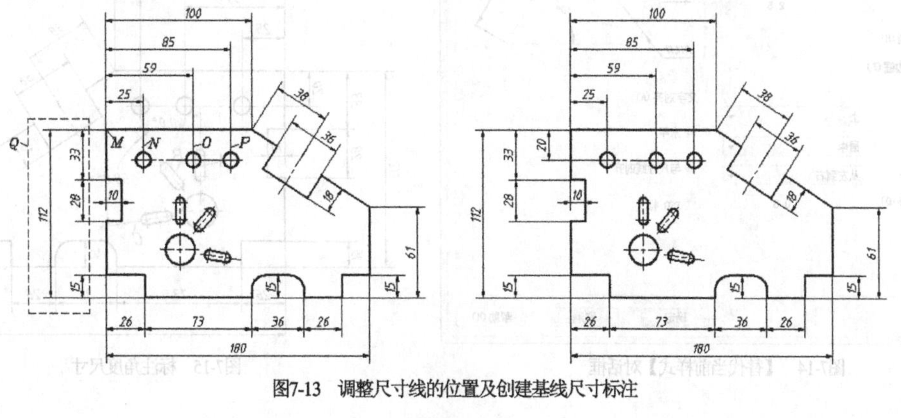

图7-13 调整尺寸线的位置及创建基线尺寸标注

当用户创建一个尺寸标注后，接着启动基线或连续标注命令，则系统将以该尺寸的第一条尺寸界线为基准线生成基线尺寸标注，或者以该尺寸的第二条尺寸界线为基准线建立连续尺寸标注。若不想在前一个尺寸的基础上生成连续或基线尺寸标注，就按 Enter 键，系统提示“选择连续标注”或“选择基准标注”，此时可选择某条尺寸界线作为建立新尺寸的基准线。

7.1.5 创建角度尺寸标注

国标规定角度数字一律水平标注，一般标注在尺寸线的中断处，必要时可标注在尺寸线上方或外面，也可画引线标注。

为使角度数字的放置形式符合国标，用户可采用当前标注样式的覆盖方式标注角度。

利用当前标注样式的覆盖方式标注角度。

1. 单击【注释】面板上的按钮，打开【标注样式管理器】对话框。
2. 单击 替代(O)... 按钮（注意不要单击 修改(M)... 按钮），打开【替代当前样式】对话框，进入【文字】选项卡，在【文字对齐】分组框中选择【水平】单选项，如图 7-14 所示。
3. 返回绘图窗口，标注角度尺寸，角度数字将水平放置，如图 7-15 所示。单击【标注】工具栏上的按钮，启动标注角度命令。

```
命令: _dimangular
选择圆弧、圆、直线或 <指定顶点>:                          //选择线段 A
选择第二条直线:                                          //选择线段 B
指定标注弧线位置或 [多行文字(M)/文字(T)/角度(A)/象限点(Q)]:
                                                  //移动十字光标指定尺寸线的位置
命令: _dimcontinue                                       //启动连续标注命令
指定第二条尺寸界线原点或 [放弃(U)/选择(S)] <选择>:          //捕捉 C 点
指定第二条尺寸界线原点或 [放弃(U)/选择(S)] <选择>:          //按 Enter 键
选择连续标注:                                            //按 Enter 键结束
```

结果如图 7-15 所示。

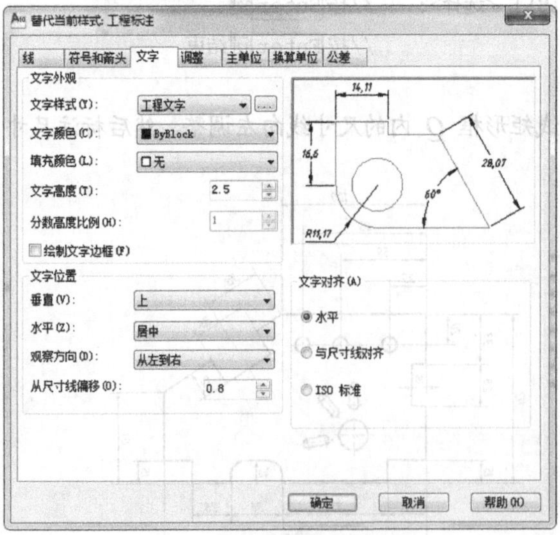

图7-14 【替代当前样式】对话框

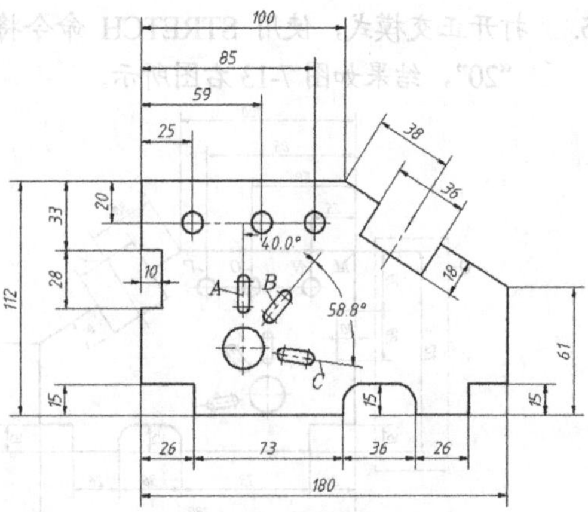

图7-15 标注角度尺寸

7.1.6 创建直径和半径尺寸标注

在标注直径和半径尺寸时，系统会自动在标注文字前面加入"Ø"或"R"符号。在实际标注中，直径和半径尺寸的标注形式多种多样，若通过当前样式的覆盖方式进行标注就非常方便。

7.1.5 小节已设定标注样式的覆盖方式，使尺寸数字水平放置，下面继续标注直径和半径尺寸，这些尺寸的标注文字也将处于水平方向。

利用当前标注样式的覆盖方式标注直径和半径尺寸。

1. 创建直径和半径尺寸标注，如图 7-16 所示。单击【标注】工具栏上的按钮，启动标注直径命令。

```
命令: _dimdiameter
选择圆弧或圆:                                              //选择圆 D
指定尺寸线位置或 [多行文字(M)/文字(T)/角度(A)]: t          //使用"文字(T)"选项
输入标注文字 <10>: 3-%%C10                                 //输入标注文字
指定尺寸线位置或 [多行文字(M)/文字(T)/角度(A)]:            //移动十字光标指定标注文字的位置
```

单击【标注】工具栏上的按钮，启动半径标注命令。

```
命令: _dimradius
选择圆弧或圆:                                              //选择圆弧 E
指定尺寸线位置或 [多行文字(M)/文字(T)/角度(A)]:            //移动十字光标指定标注文字的位置
```

继续标注直径尺寸"ϕ20"及半径尺寸"R3"，结果如图 7-16 所示。

2. 取消当前样式的覆盖方式，恢复原来的样式。单击按钮，进入【标注样式管理器】对话框，在该对话框的列表框中选择【工程标注】，然后单击【置为当前(U)】按钮，此时系统打开一个提示性对话框，单击【确定】按钮完成。
3. 标注尺寸"32""24""12""20"，然后利用关键点编辑方式调整尺寸线的位置，结果如图 7-17 所示。

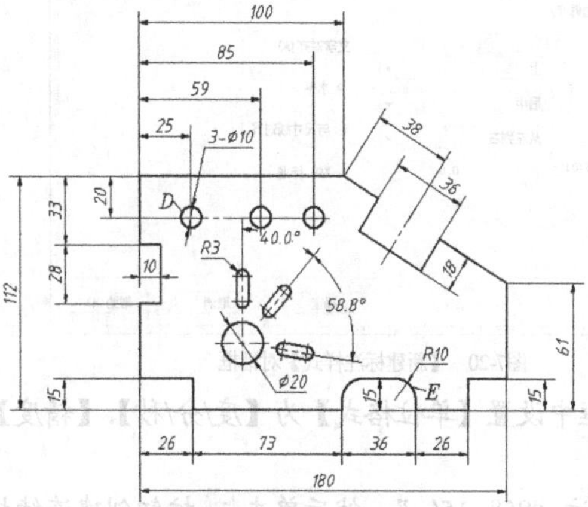

图7-16 标注直径和半径尺寸

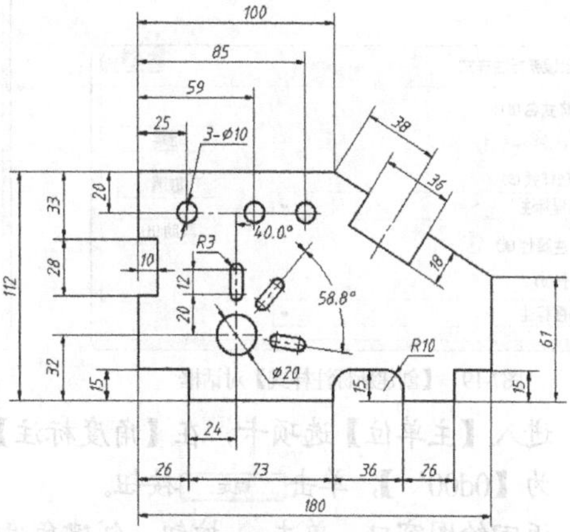

图7-17 利用关键点编辑方式调整尺寸线的位置

7.1.7 利用角度标注样式簇标注角度

前面标注角度时采用了标注样式的覆盖方式，使标注数字水平放置。除采用此种方法标注角度外，还可利用角度标注样式簇标注角度。样式簇是已有标注样式（父样式）的子样式，用于控制某种特定类型尺寸的外观。

练习7-2　打开素材文件“dwg\第 7 讲\7-2.dwg”，利用角度标注样式簇标注角度，如图 7-18 所示。

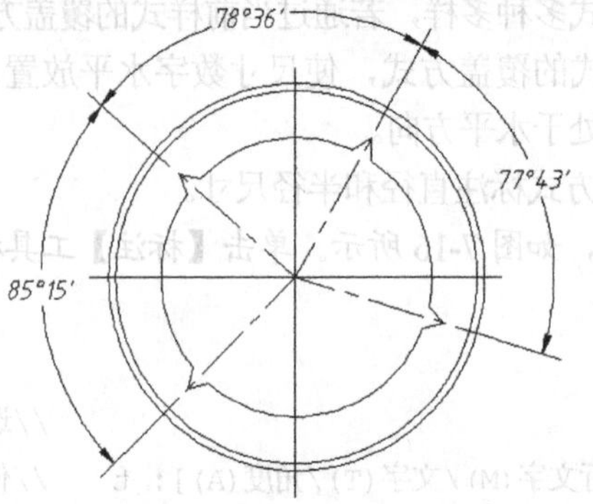

图7-18　标注角度

1. 单击【注释】面板上的按钮，打开【标注样式管理器】对话框，再单击新建(N)...按钮，打开【创建新标注样式】对话框，在【用于】下拉列表中选择【角度标注】选项，如图 7-19 所示。
2. 单击继续按钮，打开【新建标注样式】对话框，进入【文字】选项卡，在【文字对齐】分组框中选择【水平】单选项，如图 7-20 所示。

图7-19　【创建新标注样式】对话框

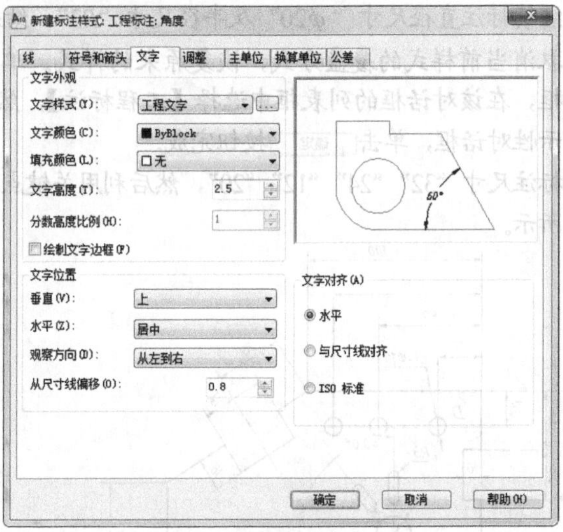

图7-20　【新建标注样式】对话框

3. 进入【主单位】选项卡，在【角度标注】分组框中设置【单位格式】为【度/分/秒】、【精度】为【0d00′】，单击确定按钮。
4. 返回绘图窗口，单击按钮，创建角度尺寸标注“85° 15′”，然后单击按钮创建连续标注，结果如图 7-18 所示。所有这些角度尺寸标注的外观由样式簇控制。

7.1.8　标注尺寸公差及形位公差

标注尺寸公差的方法有以下两种。

- 利用当前标注样式的覆盖方式标注尺寸公差，公差的上偏差值、下偏差值可在【替代当前样式】对话框的【公差】选项卡中设置。
- 标注时，利用“多行文字(M)”选项打开多行文字编辑器，然后采用堆叠文字方式标注公差。

标注形位公差可使用 TOLERANCE 和 QLEADER 命令，前者只能产生公差框格，后者既能形成公差框格，又能形成标注指引线。

练习7-3 打开素材文件“dwg\第 7 讲\7-3.dwg”，利用当前标注样式覆盖方式标注尺寸公差，如图 7-21 所示。

1. 打开【标注样式管理器】对话框，单击 替代(O)... 按钮，打开【替代当前样式】对话框，进入【公差】选项卡。
2. 在【方式】【精度】【垂直位置】下拉列表中分别选择【极限偏差】【0.000】【中】，在【上偏差】【下偏差】【高度比例】文本框中分别输入“0.039”“0.015”“0.75”，如图 7-22 所示。

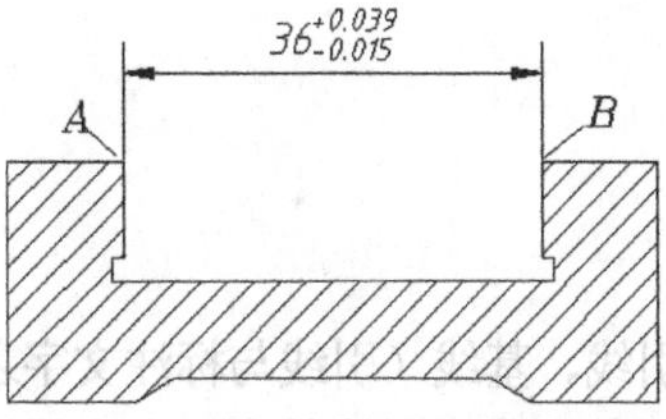

图7-21 创建尺寸公差

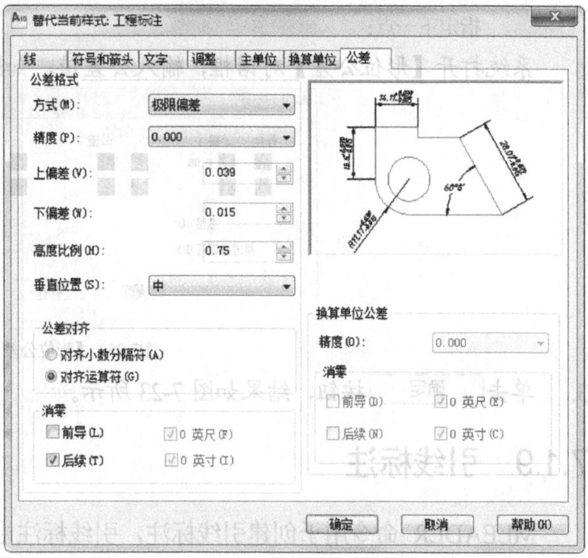

图7-22 【替代当前样式】对话框

3. 返回绘图窗口，发出 DIMLINEAR 命令，系统提示如下。

```
命令: _dimlinear
指定第一条尺寸界线原点或 <选择对象>:                //捕捉交点 A，如图 7-21 所示
指定第二条尺寸界线原点:                              //捕捉交点 B
指定尺寸线位置或[多行文字(M)/文字(T)/角度(A)/水平(H)/垂直(V)/旋转(R)]:
                                                    //移动十字光标指定标注文字的位置
```

结果如图 7-21 所示。

练习7-4 打开素材文件“dwg\第 7 讲\7-4.dwg”，使用 QLEADER 命令标注形位公差，如图 7-23 所示。

1. 输入 QLEADER 命令，系统提示“指定第一个引线点或[设置(S)]<设置>:”，直接按 Enter 键，打开【引线设置】对话框，在【注释】选项卡中选择【公差】单选项，如图 7-24 所示。

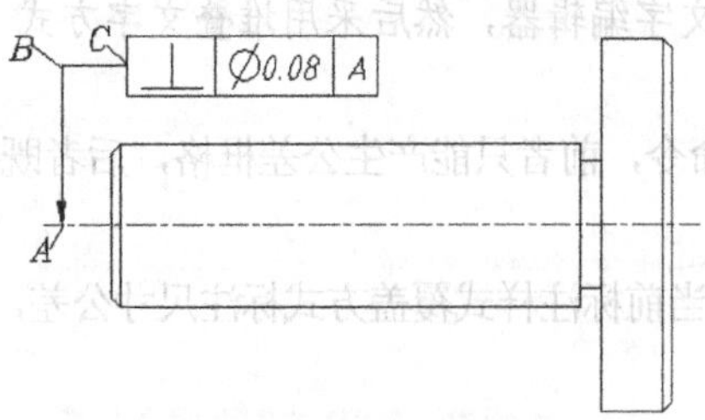

图7-23　标注形位公差

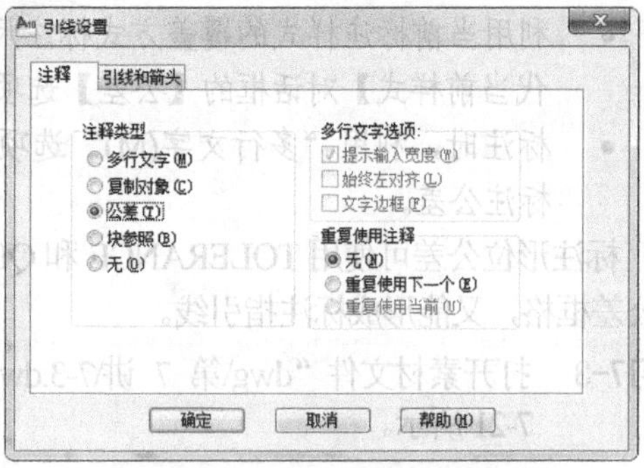

图7-24　【引线设置】对话框

2.　单击[确定]按钮，系统提示如下。

指定第一个引线点或 [设置(S)]<设置>: nea 到　　//在轴线上捕捉点 A，如图 7-23 所示
指定下一点: <正交 开>　　//打开正交模式并在 B 点处单击一点
指定下一点:　　//在 C 点处单击一点

系统打开【形位公差】对话框，输入公差值，如图 7-25 所示。

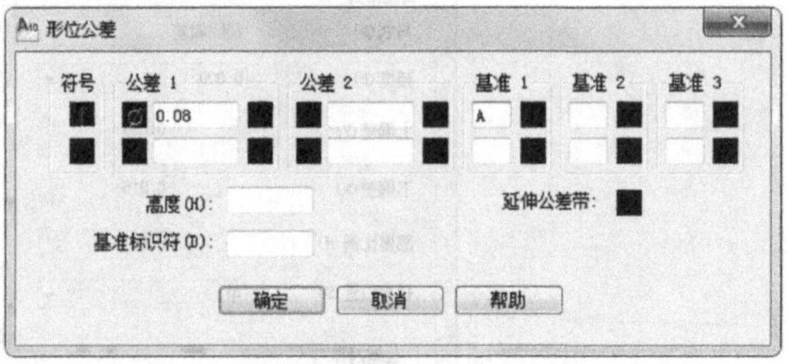

图7-25　【形位公差】对话框

3.　单击[确定]按钮，结果如图 7-23 所示。

7.1.9　引线标注

MLEADER 命令用于创建引线标注，引线标注由箭头、引线、基线（引线与标注文字之间的线）、多行文字（或图块）组成，如图 7-26 所示。其中，箭头的形式、引线外观、文字属性及图块形状等由引线样式控制。

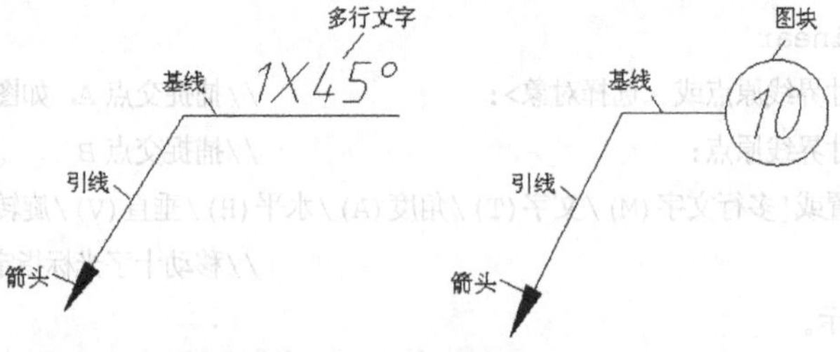

图7-26　引线标注

选中引线标注对象，利用关键点移动基线，则引线、文字和图块随之移动。若利用关键点移动箭头，则只有引线跟随移动，基线、文字和图块不动。

练习7-5　打开素材文件"dwg\第 7 讲\7-5.dwg"，使用 MLEADER 命令创建引线标注，如图 7-27 所示。

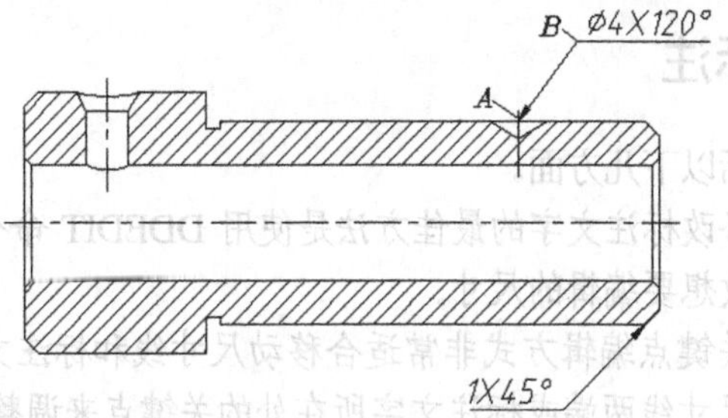

图7-27　创建引线标注

1. 单击【注释】面板上的按钮，打开【多重引线样式管理器】对话框，如图 7-28 所示。利用该对话框可新建、修改、重命名或删除引线样式。
2. 单击 修改(M)... 按钮，打开【修改多重引线样式】对话框，如图 7-29 所示。在该对话框中完成以下设置。

(1) 进入【引线格式】选项卡，在【箭头】分组框的【符号】下拉列表中选择【实心闭合】选项，在【大小】文本框中输入“2”。

(2) 进入【引线结构】选项卡，在【基线设置】分组框中选择【自动包含基线】和【设置基线距离】复选项，在其中的文本框中输入“1”。文本框中的数值表示基线的长度。

(3) 【内容】选项卡的设置如图 7-29 所示。其中【基线间隙】文本框中的数值表示基线与标注文字之间的距离。

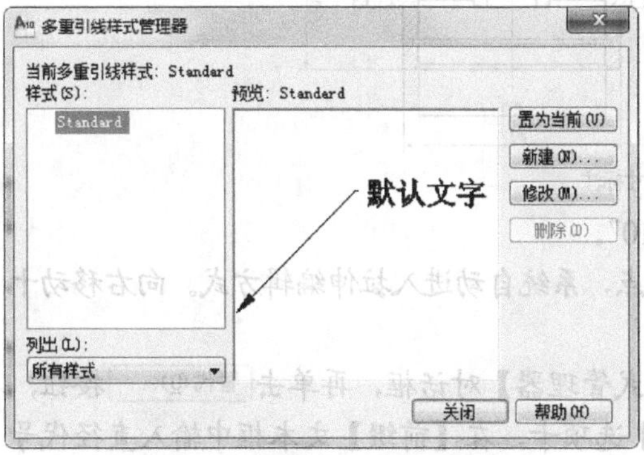

图7-28　【多重引线样式管理器】对话框

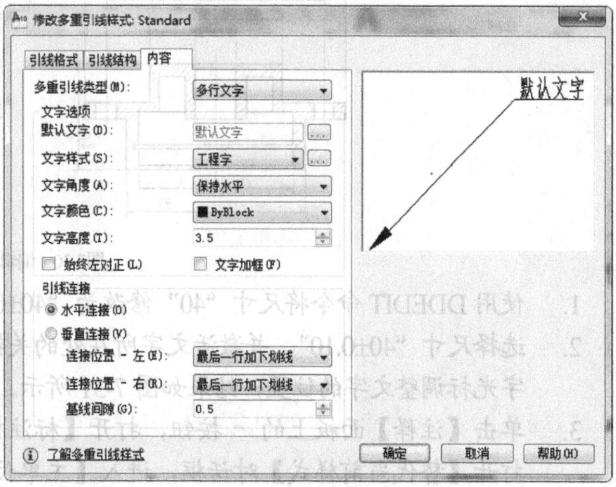

图7-29　【修改多重引线样式】对话框

3. 单击【注释】面板上的 多重引线 按钮，启动创建引线标注命令。

命令：_mleader

指定引线箭头的位置或 [引线基线优先(L)/内容优先(C)/选项(O)] <选项>:

//指定引线起始点 A，如图 7-27 所示

指定引线基线的位置：　　//指定引线下一个点 B

//启动多行文字编辑器，然后输入标注文字“Ø4×120°”

4. 重复命令，创建另一个引线标注，结果如图 7-27 所示。

要点提示 创建引线标注时，若文本或指引线的位置不合适，则可利用关键点编辑方式进行调整。

7.1.10 编辑尺寸标注

编辑尺寸标注主要包括以下几方面。

- 修改标注文字。修改标注文字的最佳方法是使用 DDEDIT 命令。发出该命令后，用户可以连续地修改想要编辑的尺寸。
- 调整标注位置。关键点编辑方式非常适合移动尺寸线和标注文字，进入这种编辑方式后，一般利用尺寸线两端或标注文字所在处的关键点来调整标注位置。
- 对于平行尺寸线之间的距离可用 DIMSPACE 命令调整，该命令可使平行尺寸线按用户指定的数值等间距分布。
- 编辑尺寸标注属性。使用 PROPERTIES 命令可以非常方便地编辑尺寸标注属性。用户一次性选取多个尺寸标注，启动 PROPERTIES 命令，系统打开【特性】对话框，在该对话框中可修改标注文字高度、文字样式及全局比例等属性。
- 修改某一尺寸标注的外观。先通过标注样式的覆盖方式调整样式，然后利用【标注】工具栏上的按钮更新尺寸标注。

练习7-6 打开素材文件“dwg\第 7 讲\7-6.dwg”，如图 7-30 左图所示，修改标注文字内容及调整标注位置等，结果如图 7-30 右图所示。

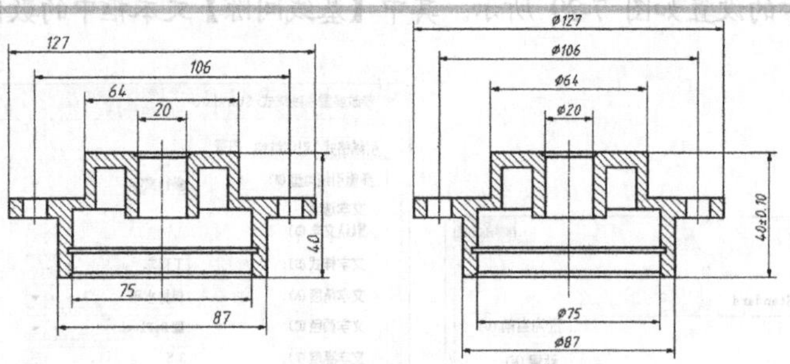

图7-30 编辑尺寸标注

1. 使用 DDEDIT 命令将尺寸“40”修改为“40±0.10”。
2. 选择尺寸“40±0.10”，并激活文字所在处的关键点，系统自动进入拉伸编辑方式。向右移动十字光标调整文字的位置，结果如图 7-31 所示。
3. 单击【注释】面板上的按钮，打开【标注样式管理器】对话框，再单击替代(O)...按钮，打开【替代当前样式】对话框，进入【主单位】选项卡，在【前缀】文本框中输入直径代号“%%C”。
4. 返回绘图窗口，单击【标注】工具栏上的按钮，系统提示“选择对象:”，选择尺寸“127”及“106”等，按Enter键，结果如图 7-32 所示。

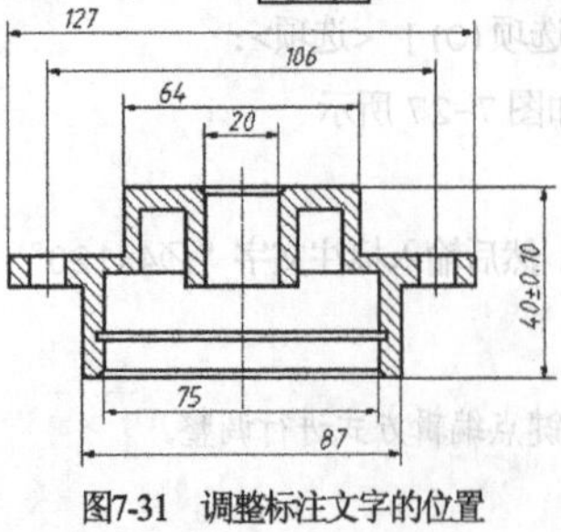

图7-31 调整标注文字的位置

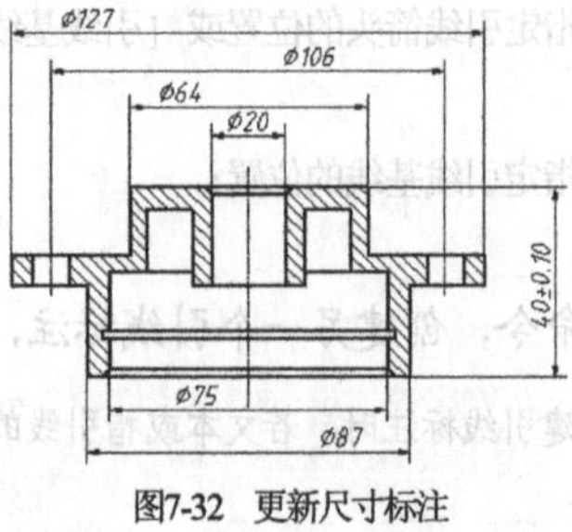

图7-32 更新尺寸标注

5. 调整平行尺寸线间的距离，如图 7-33 所示。单击【标注】工具栏上的 按钮，启动 DIMSPACE 命令。

```
命令: _DIMSPACE
选择基准标注:                                   //选择“Ø20”
选择要产生间距的标注:找到 1 个                  //选择“Ø64”
选择要产生间距的标注:找到 1 个, 总计 2 个       //选择“Ø106”
选择要产生间距的标注:找到 1 个, 总计 3 个       //选择“Ø127”
选择要产生间距的标注:                           //按Enter键
输入值或 [自动(A)] <自动>: 12                   //输入间距值并按Enter键
```

结果如图 7-33 所示。

6. 使用 PROPERTIES 命令将所有标注文字的高度改为 3.5，然后利用关键点编辑方式调整其他标注文字的位置，结果如图 7-34 所示。

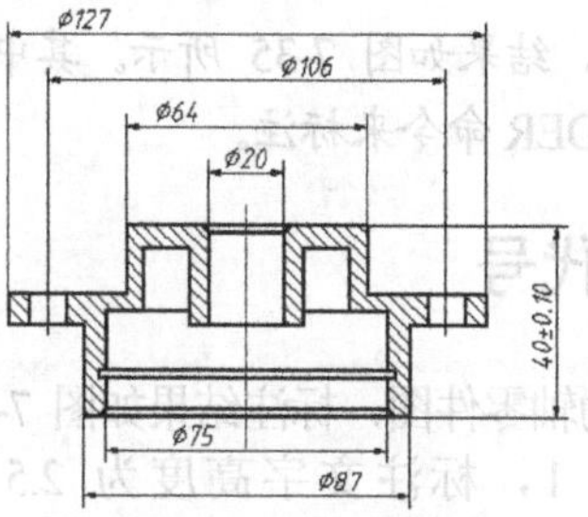

图7-33 调整平行尺寸线间的距离

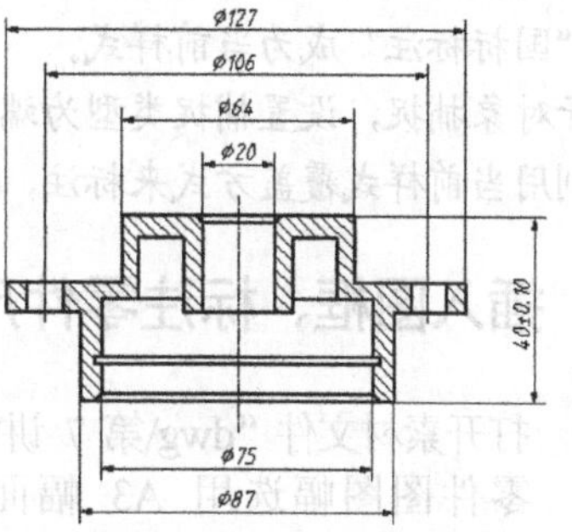

图7-34 修改标注文字的高度及位置

7.2 范例解析

下面提供平面图形及零件图的标注练习，练习内容包括标注尺寸、标注尺寸公差和形位公差、标注表面结构代号及选用图幅等。

7.2.1 标注平面图形

练习7-7 打开素材文件“dwg\第 7 讲\7-7.dwg”，标注该图形，结果如图 7-35 所示。

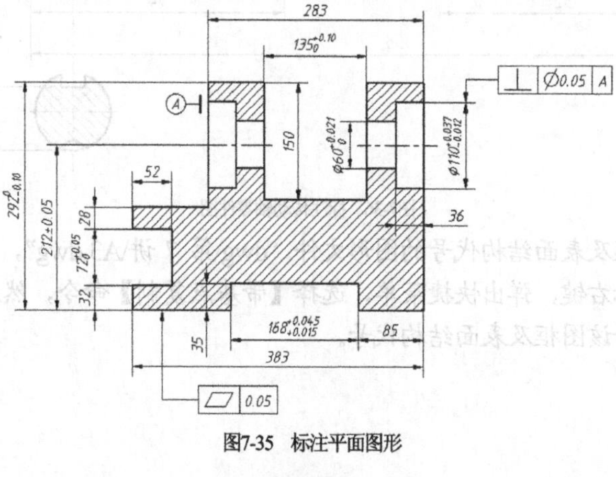

图7-35 标注平面图形

1. 建立一个名为“标注层”的图层，设置图层颜色为绿色，线型为 Continuous，并使其成为当前图层。
2. 创建新文字样式，样式名为“标注文字”。与该样式相连的字体文件是“gbeitc.shx”和“gbcbig.shx”。
3. 创建一个标注样式，名称为“国标标注”，对该样式作以下设置。
(1) 标注文本连接“标注文字”，文字高度为 2.5，精度为 0.0，小数点格式是“句点”。
(2) 标注文本与尺寸线之间的距离为 0.8。
(3) 箭头大小为 2。
(4) 尺寸界线超出尺寸线的长度为 2。
(5) 尺寸线起始点与标注对象端点之间的距离为 0。
(6) 标注基线尺寸时，平行尺寸线间的距离为 6。
(7) 使用的全局比例因子为 6。
(8) 使“国标标注”成为当前样式。
4. 打开对象捕捉，设置捕捉类型为端点和交点。标注尺寸，结果如图 7-35 所示。其中，尺寸公差利用当前样式覆盖方式来标注，形位公差使用 QLEADER 命令来标注。

7.2.2 插入图框、标注零件尺寸及表面结构代号

练习7-8 打开素材文件“dwg\第 7 讲\7-8.dwg”，标注传动轴零件图，标注结果如图 7-36 所示。零件图图幅选用 A3 幅面，绘图比例为 2∶1，标注文字高度为 2.5，字体为“gbeitc.shx”，标注全局比例因子为 0.5。此练习的目的是使读者掌握零件图尺寸标注的步骤和技巧。

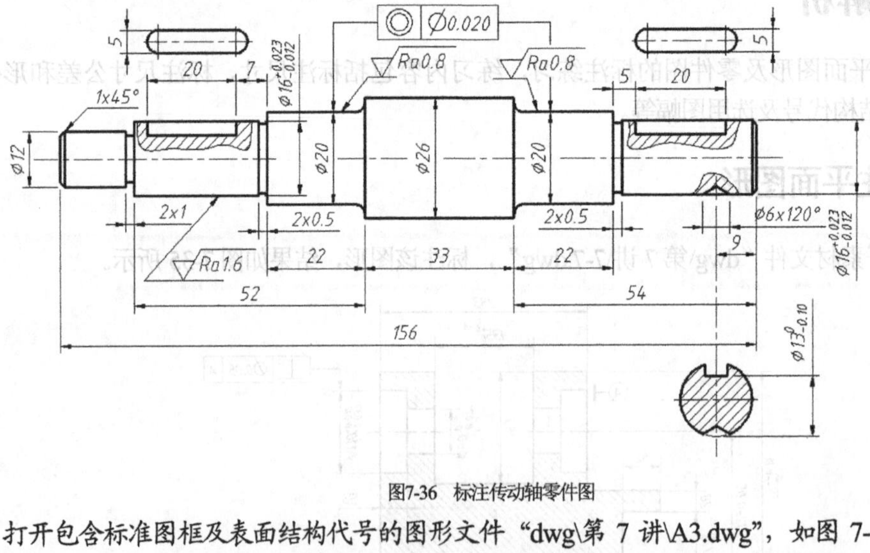

图7-36 标注传动轴零件图

1. 打开包含标准图框及表面结构代号的图形文件“dwg\第 7 讲\A3.dwg”，如图 7-37 所示。在绘图窗口中单击鼠标右键，弹出快捷菜单，选择【带基点复制】命令，然后指定 A3 图框的右下角为基点，再选择该图框及表面结构代号。

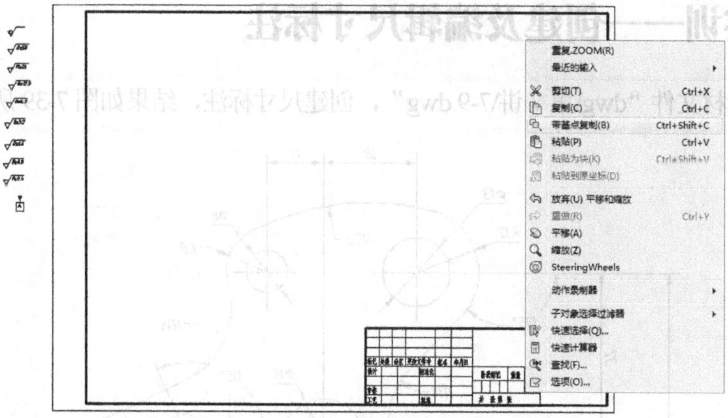

图7-37 复制图框

2. 切换到当前零件图，在绘图窗口中单击鼠标右键，弹出快捷菜单，选择【粘贴】命令，把 A3 图框粘贴到当前图形中，结果如图 7-38 所示。

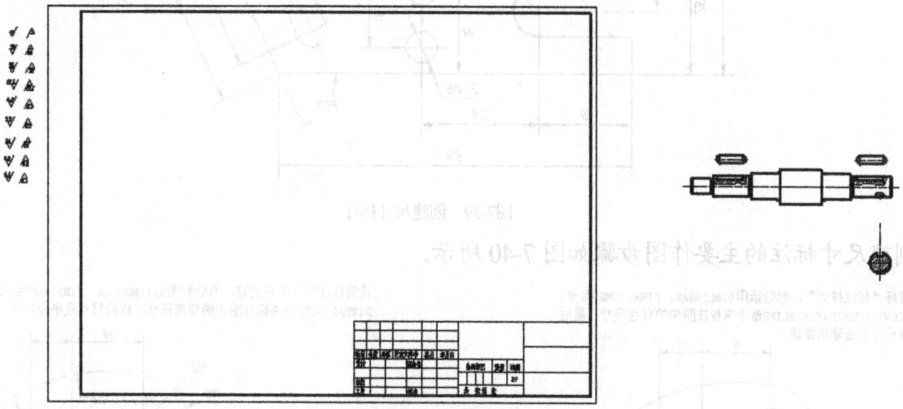

图7-38 粘贴图框

3. 使用 SCALE 命令把 A3 图框和表面结构代号缩小 50%。
4. 创建新文字样式，样式名为“标注文字”。与该样式相连的字体文件是“gbeitc.shx”和“gbcbig.shx”。
5. 创建一个标注样式，名称为“国标标注”，对该样式作以下设置。
   - 标注文本连接“标注文字”，文字高度为 2.5，精度为 0.0，小数点格式是“句点”。
   - 标注文本与尺寸线之间的距离为 0.8。
   - 箭头大小为 2。
   - 尺寸界线超出尺寸线的长度为 2。
   - 尺寸线起始点与标注对象端点之间的距离为 0。
   - 标注基线尺寸时，平行尺寸线间的距离为 6。
   - 使用全局比例因子为 0.5（绘图比例的倒数）。
   - 使“国标标注”成为当前样式。
6. 使用 MOVE 命令将视图放入图框内，标注尺寸，再使用 COPY 及 ROTATE 命令标注表面结构代号，结果如图 7-36 所示。

7.3 课堂实训——创建及编辑尺寸标注

练习7-9 打开素材文件“dwg\第 7 讲\7-9.dwg”，创建尺寸标注，结果如图 7-39 所示。

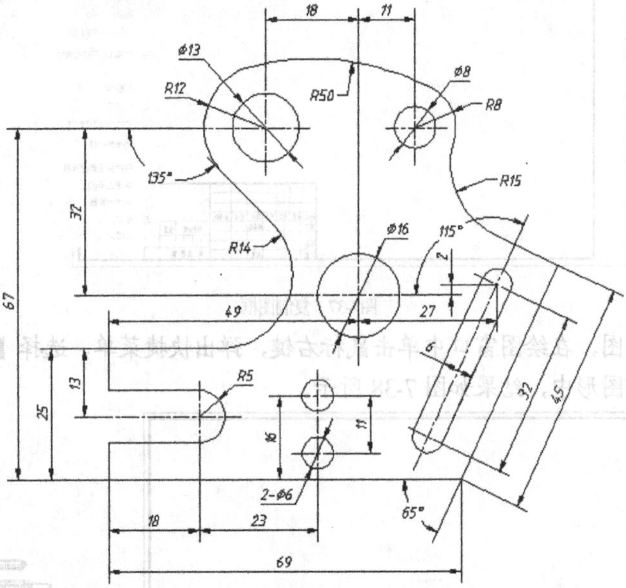

图7-39 创建尺寸标注

创建尺寸标注的主要作图步骤如图 7-40 所示。

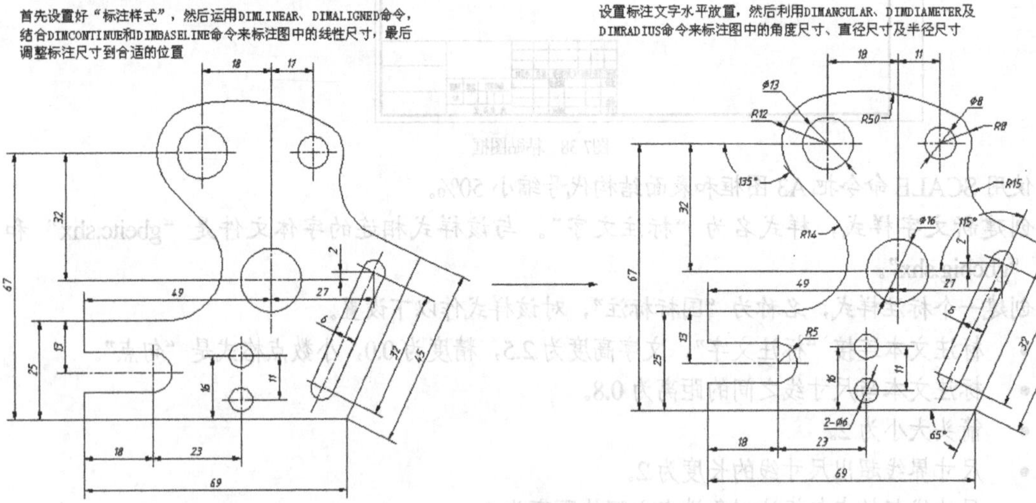
首先设置好“标注样式”，然后运用DIMLINEAR、DIMALIGNED命令，结合DIMCONTINUE和DIMBASELINE命令来标注图中的线性尺寸，最后调整标注尺寸到合适的位置
设置标注文字水平放置，然后利用DIMANGULAR、DIMDIAMETER及DIMRADIUS命令来标注图中的角度尺寸、直径尺寸及半径尺寸

图7-40 主要作图步骤

7.4 综合实例 1——标注零件图

练习7-10 打开素材文件“dwg\第 7 讲\7-10.dwg”，标注图形，结果如图 7-41 所示。

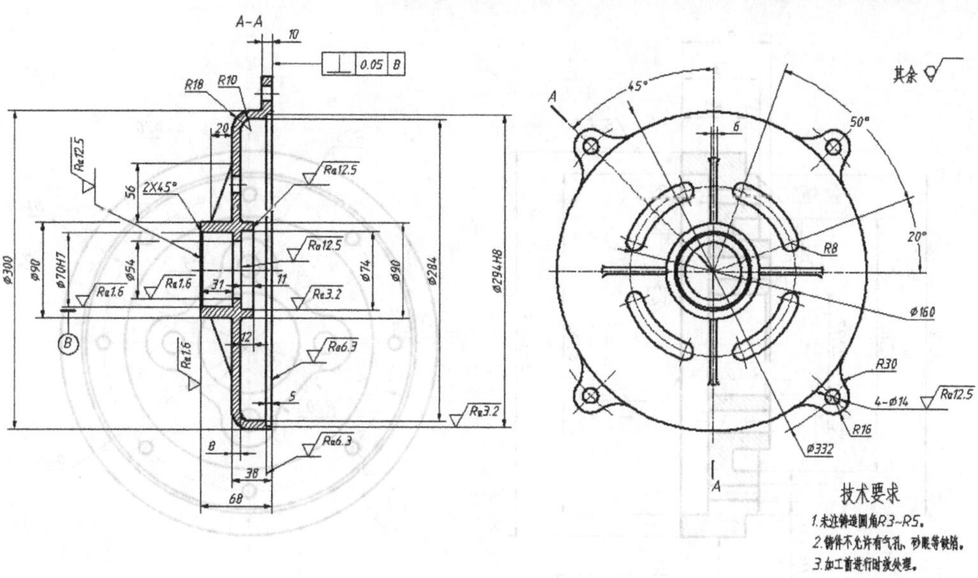

图7-41 标注传动箱盖零件图

标注传动箱盖零件图的主要作图步骤如图 7-42 所示。

首先，标注 1、2 图中的线性尺寸，再修改标注文字的对齐方式为水平，标注 1、2 图中的角度尺寸、半径尺寸和直径尺寸；然后，标注 1 图中的形位公差并创建引线标注；接着，标注 1、2 图中的表面结构代号；最后，在 2 图的右下方输入技术要求内容。

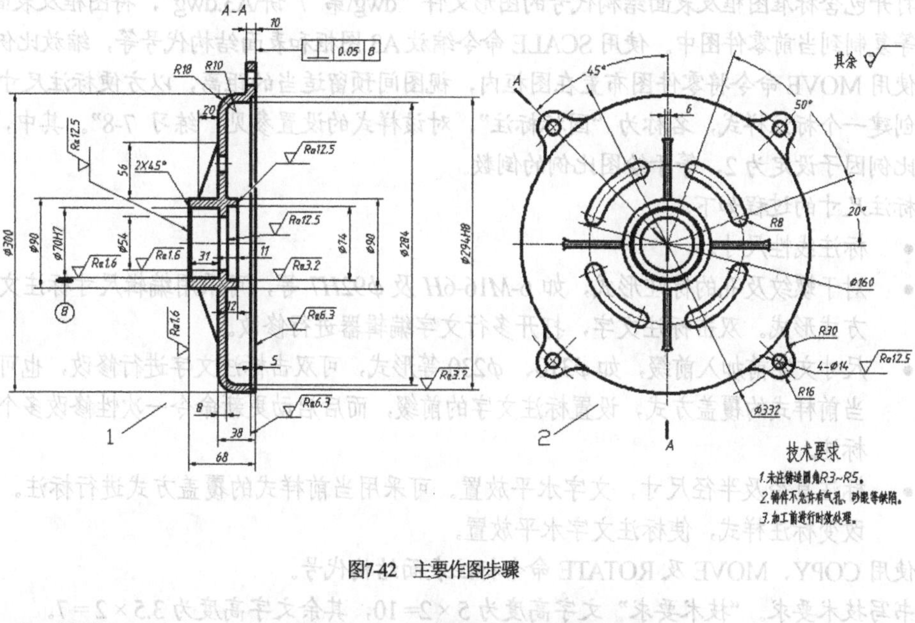

图7-42 主要作图步骤

7.5 综合实例 2——标注汽车无极变速器端盖

练习7-11 打开素材文件“dwg\第 7 讲\7-11.dwg”，标注端盖零件图，如图 7-43 所示。图幅选用 A3 幅面，绘图比例为 1：2，尺寸文字高度为 2.5，技术要求中的文字高度分别为 5 和 3.5。中文字体采用“gbcbig.shx”，西文字体采用“gbeitc.shx”。

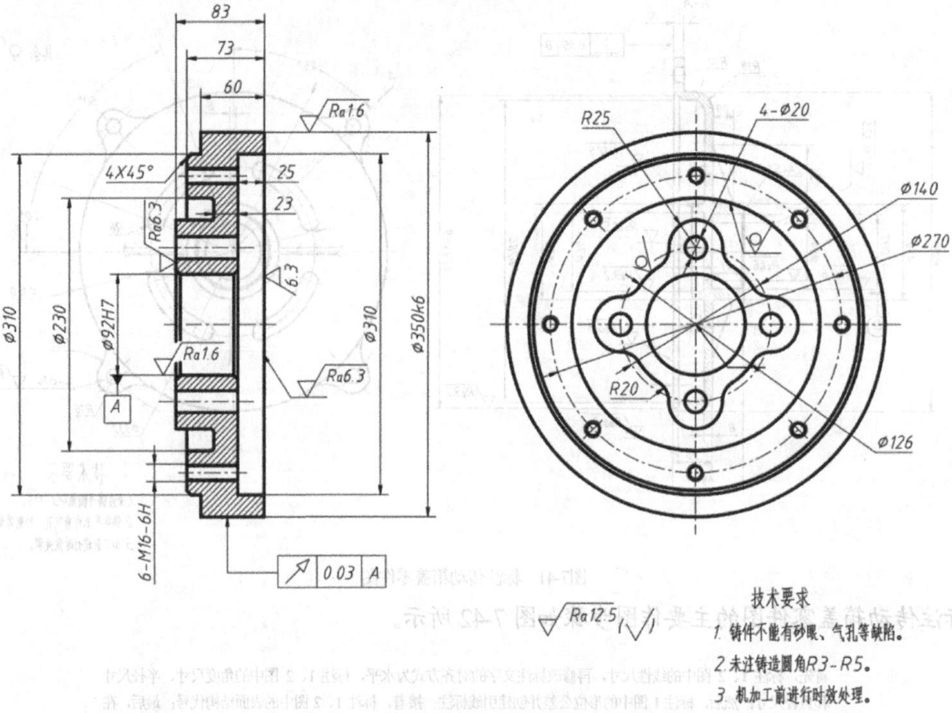

图7-43 标注端盖零件图

1. 打开包含标准图框及表面结构代号的图形文件“dwg\第 7 讲\A3.dwg”，将图框及表面结构代号等复制到当前零件图中。使用 SCALE 命令缩放 A3 图框和表面结构代号等，缩放比例为 2。
2. 使用 MOVE 命令将零件图布置在图框内，视图间预留适当的距离，以方便标注尺寸。
3. 创建一个标注样式，名称为“国标标注”，对该样式的设置参见“练习 7-8”。其中，标注全局比例因子设定为 2，等于绘图比例的倒数。
4. 标注尺寸的过程如下。
   - 标注线性尺寸。
   - 对于螺纹及孔的标注形式，如 6-*M*16-6*H* 及 *φ*92*H*7 等，可采用编辑尺寸标注文字的方式形成。双击标注文字，打开多行文字编辑器进行修改。
   - 尺寸文字前加入前缀，如 *φ*310、*φ*230 等形式，可双击标注文字进行修改，也可利用当前样式的覆盖方式，设置标注文字的前缀，而后启动更新命令一次性修改多个尺寸标注。
   - 标注直径及半径尺寸，文字水平放置。可采用当前样式的覆盖方式进行标注。暂时改变标注样式，使标注文字水平放置。
5. 使用 COPY、MOVE 及 ROTATE 命令标注表面结构代号。
6. 书写技术要求。“技术要求”文字高度为 5 × 2= 10，其余文字高度为 3.5 × 2 = 7。

7.6 课后作业

1. 打开素材文件“dwg\第 7 讲\7-12.dwg”，标注该图形，结果如图 7-44 所示。

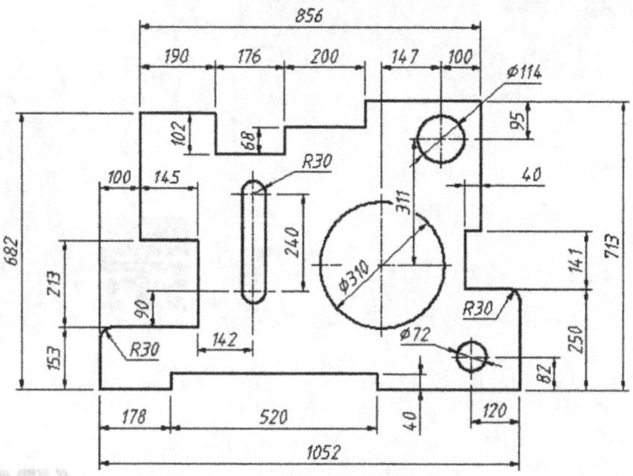

图7-44　标注平面图形

2.　打开素材文件“dwg\第7讲\7-13.dwg”，标注法兰盘零件图，结果如图7-45所示。零件图图幅选用A3幅面，绘图比例为1∶1.5，标注文字高度为3.5，字体为“gbeitc.shx”，标注全局比例因子为1.5。

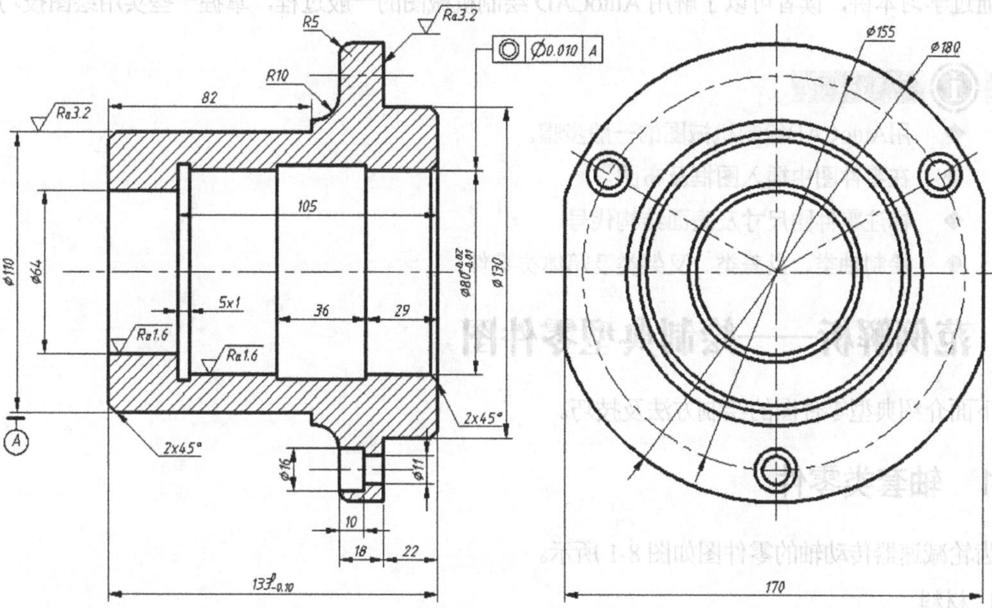

图7-45　标注法兰盘零件图

第8讲

绘制零件图

通过学习本讲，读者可以了解用 AutoCAD 绘制机械图的一般过程，掌握一些实用绘图技巧。

学习目标

- 用AutoCAD绘制机械图的一般步骤。
- 在零件图中插入图框及布图。
- 标注零件图尺寸及表面结构代号。
- 绘制轴类、盘盖类、叉架类及箱体类零件。

8.1 范例解析——绘制典型零件图

下面介绍典型零件图的绘制方法及技巧。

8.1.1 轴套类零件

齿轮减速器传动轴的零件图如图 8-1 所示。

1. 材料

45 号钢。

2. 技术要求

(1) 调质处理 190～230HB。

(2) 未注圆角半径 *R*1.5。

(3) 线性尺寸未注公差按 GB1804-m。

3. 形位公差

图中径向跳动、端面跳动及对称度的说明如表 8-1 所示。

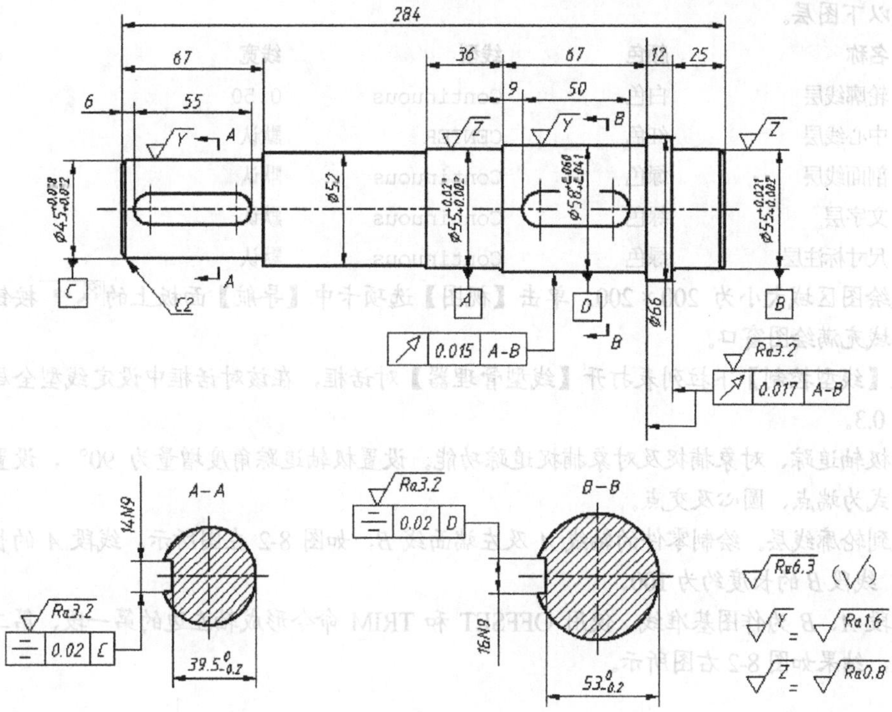

图8-1　传动轴零件图

表 8-1　形位公差

形位公差	说明
↗ 0.015 A-B	圆柱面对公共基准轴线的径向跳动公差为 0.015
↗ 0.017 A-B	轴肩对公共基准轴线的端面跳动公差为 0.017
⌯ 0.02 D	键槽对称面对基准轴线的对称度公差为 0.02

4. 表面结构参数

重要部位表面结构代号的选用如表 8-2 所示。

表 8-2　表面结构代号

位置	表面结构代号 *Ra*	说明
安装滚动轴承处	0.8	要求保证定心及配合特性的表面
安装齿轮处	1.6	有配合要求的表面
安装带轮处	1.6	中等转速的轴颈
键槽侧面	3.2	与键配合的表面

练习8-1　绘制传动轴零件图，如图 8-1 所示。通过该练习掌握用 AutoCAD 绘制轴类零件的方法和一些作图技巧。

1. 创建以下图层。

名称	颜色	线型	线宽
轮廓线层	白色	Continuous	0.50
中心线层	红色	CENTER	默认
剖面线层	绿色	Continuous	默认
文字层	绿色	Continuous	默认
尺寸标注层	绿色	Continuous	默认

2. 设定绘图区域大小为 200×200。单击【视图】选项卡中【导航】面板上的 按钮，使绘图区域充满绘图窗口。
3. 通过【线型控制】下拉列表打开【线型管理器】对话框，在该对话框中设定线型全局比例因子为 0.3。
4. 打开极轴追踪、对象捕捉及对象捕捉追踪功能。设置极轴追踪角度增量为 90°，设置对象捕捉方式为端点、圆心及交点。
5. 切换到轮廓线层。绘制零件的轴线 *A* 及左端面线 *B*，如图 8-2 左图所示。线段 *A* 的长度约为 350，线段 *B* 的长度约为 100。
6. 以线段 *A*、*B* 为作图基准线，使用 OFFSET 和 TRIM 命令形成轴左边的第一段、第二段和第三段，结果如图 8-2 右图所示。

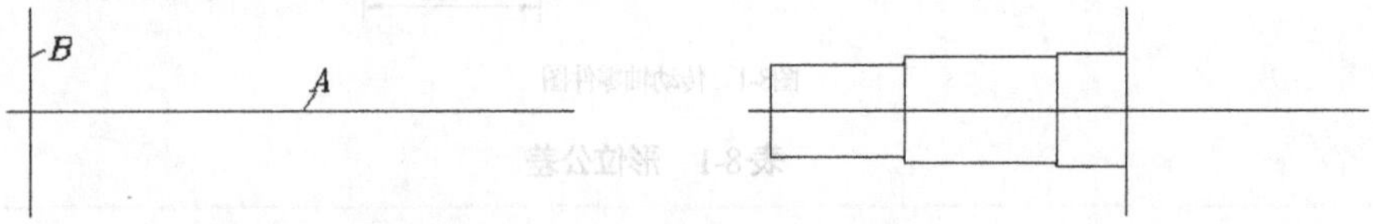

图8-2　绘制轴左边的第一段、第二段等

7. 使用同样的方法绘制轴的其余 3 段，结果如图 8-3 左图所示。
8. 使用 CIRCLE、LINE、TRIM 等命令绘制键槽及剖面图，结果如图 8-3 右图所示。

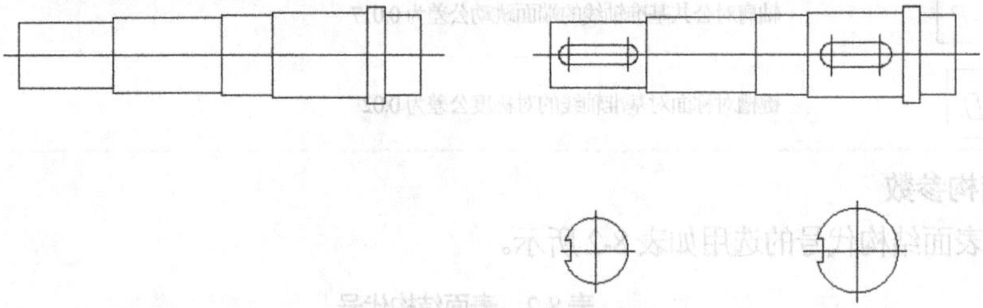

图8-3　绘制轴的其余各段等

9. 倒角，然后填充剖面图案，结果如图 8-4 所示。

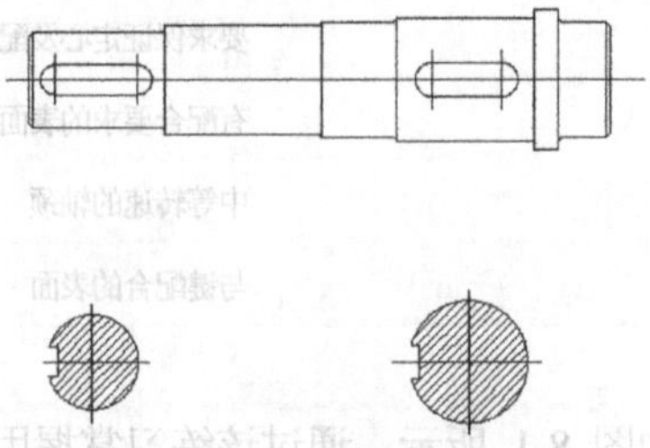

图8-4　倒角及填充剖面图案

10. 将轴线和定位线等放置到中心线层上，将剖面图案放置到剖面线层上。

11. 打开素材文件"dwg\第 8 讲\8-A3.dwg"，该文件包含 A3 幅面的图框、表面结构代号及基准代号。将图框及标注代号复制到零件图中，使用 SCALE 命令缩放它们，缩放比例为 1.5，然后把零件图布置在图框中，结果如图 8-5 所示。

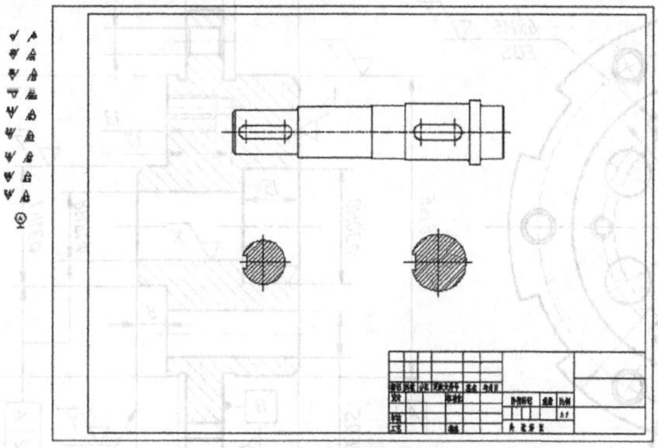

图8-5　插入图框

12. 切换到尺寸标注层，标注尺寸及表面结构代号，结果如图 8-6 所示（本图仅为了示意工程图标注后的真实结果）。尺寸文字高度为 3.5，标注的全局比例因子为 1.5。

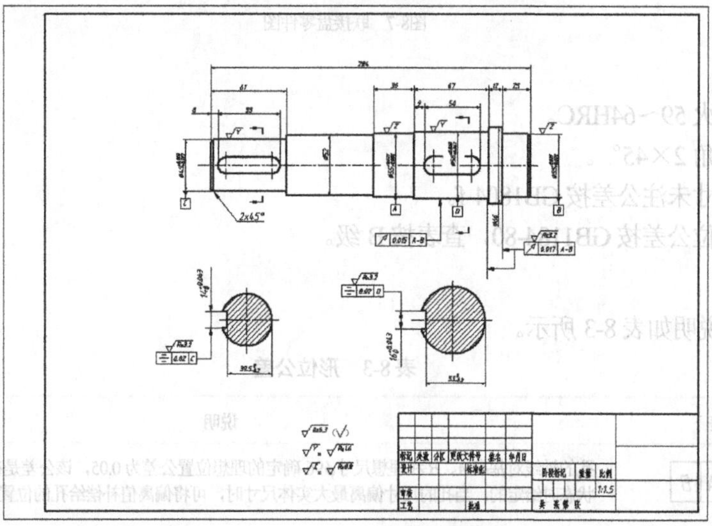

图8-6　标注尺寸及书写技术要求

13. 切换到文字层，书写技术要求。"技术要求"文字高度为 5 × 1.5=7.5，其余文字高度为 3.5 × 1.5=5.25。中文字体采用"gbcbig.shx"，西文字体采用"gbeitc.shx"。

要点提示　此零件图的绘图比例为 1∶1.5，打印时将按此比例出图。打印的真实效果为图纸幅面 A3，图纸上线条的长度与零件真实长度的比值为 1∶1.5，标注文字高度为 3.5，技术要求中的文字高度为 5 和 3.5。

8.1.2　盘盖类零件

联接盘零件图如图 8-7 所示，图例的相关说明如下。

1. 材料

T10。

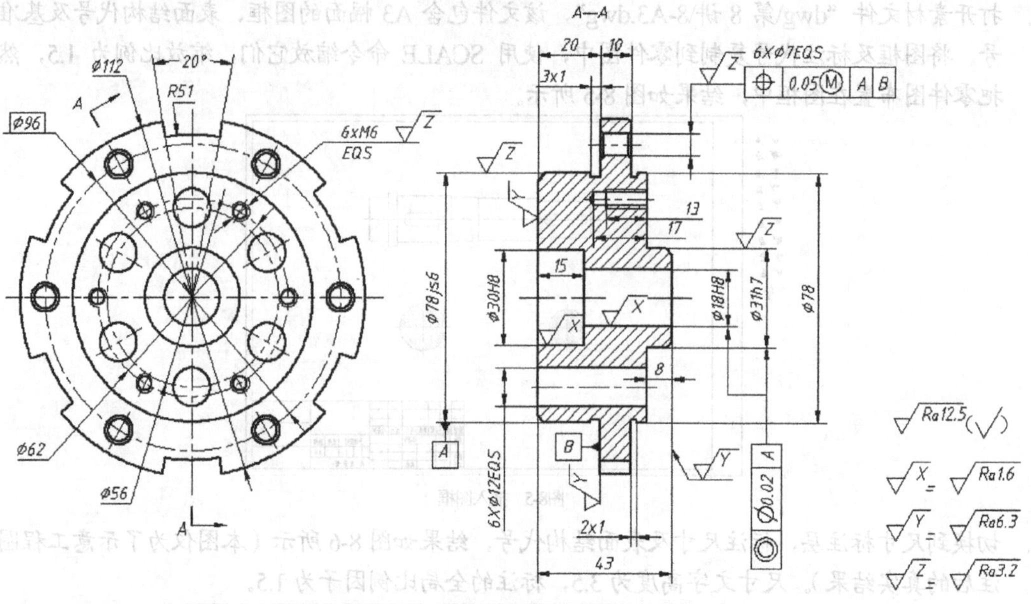

图8-7　联接盘零件图

2. 技术要求

(1)　高频淬火 59～64HRC。

(2)　未注倒角 2×45°　。

(3)　线性尺寸未注公差按 GB1804-f。

(4)　未注形位公差按 GB1184-80，查表按 B 级。

3. 形位公差

形位公差的说明如表 8-3 所示。

表 8-3　形位公差

形位公差	说明
⊕ | 0.05Ⓜ | A | B	孔的轴线对基准 *A*、*B* 和理想尺寸ϕ96 确定的理想位置公差为 0.05，该公差是在孔处于最大实体状态时给定的。当孔的尺寸偏离最大实体尺寸时，可将偏离值补偿给孔的位置度公差
◎ | ∅0.02 | A	被测轴线对基准轴线的同轴度公差为 0.02

4. 表面结构参数

重要部位表面结构代号的选用如表 8-4 所示。

表 8-4　表面结构代号

位置	表面结构代号 *Ra*	说明
圆柱面ϕ78*js*6 圆柱面ϕ31*h*7	3.2	与轴有配合关系且用于定位
孔表面ϕ30*H*8 孔表面ϕ18*H*8	1.6	有相对转动的表面，转速较低
基准面 *B*	6.3	该端面用于定位

练习8-2　绘制联接盘零件图，如图 8-7 所示。通过该练习掌握用 AutoCAD 绘制盘盖类零件的方法和一些作图技巧。

1. 创建以下图层。

名称	颜色	线型	线宽
轮廓线层	白色	Continuous	0.50
中心线层	红色	CENTER	默认
剖面线层	绿色	Continuous	默认
文字层	绿色	Continuous	默认
尺寸标注层	绿色	Continuous	默认

2. 设定绘图区域大小为 200 × 200。单击【视图】选项卡中【导航】面板上的按钮，使绘图区域充满绘图窗口。
3. 通过【线型控制】下拉列表打开【线型管理器】对话框，在该对话框中设定线型全局比例因子为 0.3。
4. 打开极轴追踪、对象捕捉及对象捕捉追踪功能。设置极轴追踪角度增量为 90°，设置对象捕捉方式为端点、圆心及交点。
5. 切换到轮廓线层。绘制水平及竖直的定位线，线段长度为 150 左右，如图 8-8 左图所示。使用 CIRCLE、ROTATE 及 ARRAY 等命令形成主视图细节，结果如图 8-8 右图所示。
6. 使用 XLINE 命令绘制水平投影线，再使用 LINE 命令绘制左视图作图基准线，结果如图 8-9 所示。

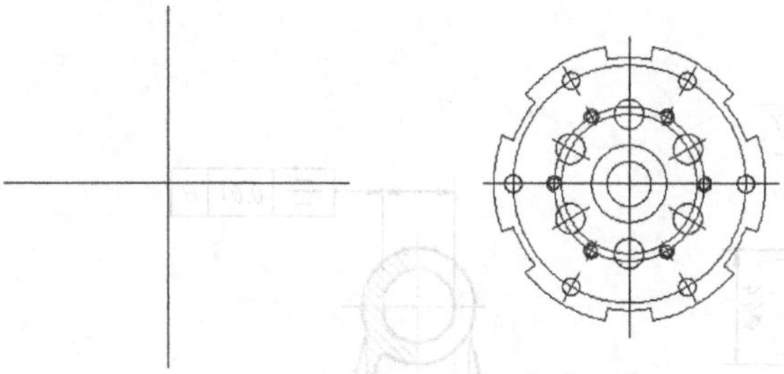

图8-8　绘制定位线及主视图细节

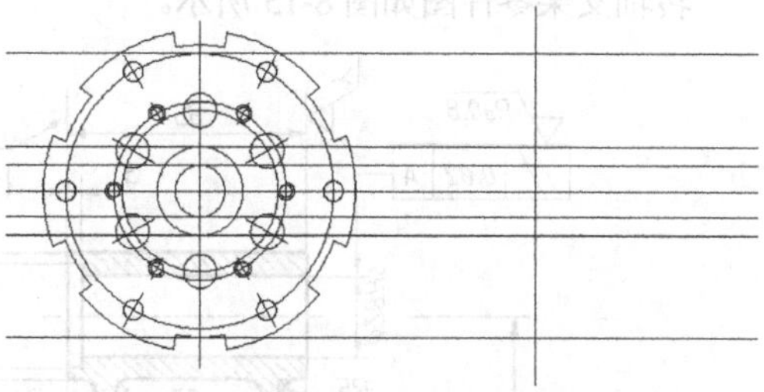

图8-9　绘制水平投影线及左视图作图基准线

7. 使用 OFFSET 及 TRIM 等命令形成左视图细节，结果如图 8-10 所示。
8. 倒角及填充剖面图案等，然后将定位线及剖面线分别修改到中心线层及剖面线层上，结果如图 8-11 所示。

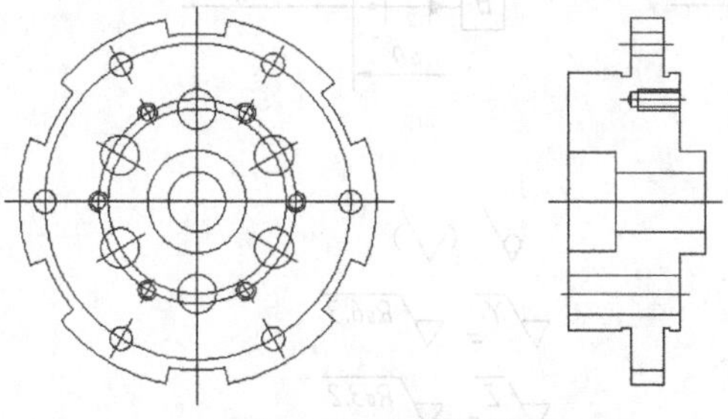

图8-10　绘制左视图细节

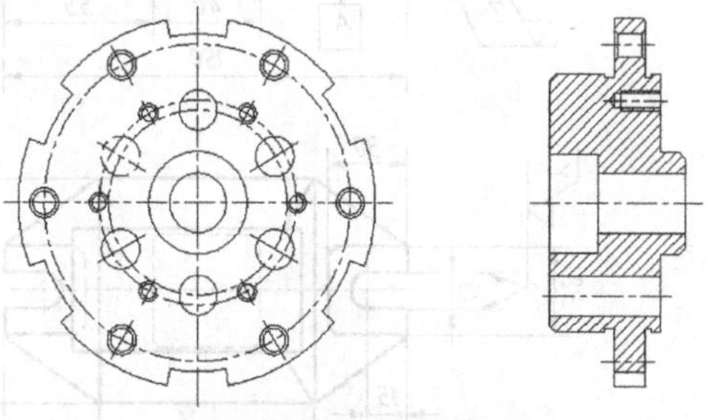

图8-11　倒角及填充剖面图案等

9. 打开素材文件“dwg\第 8 讲\8-A3.dwg”，该文件包含 A3 幅面的图框、表面结构代号及基准代号。将图框及标注代号复制到零件图中，然后把零件图布置在图框中，结果如图 8-12 所示。

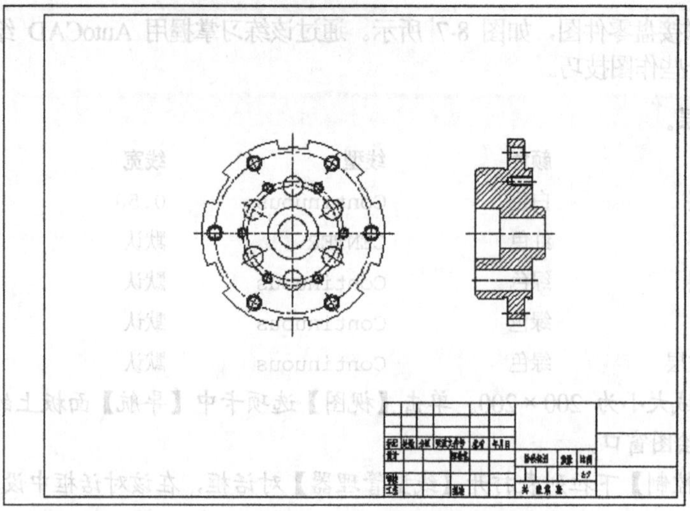

图8-12　插入图框

10. 切换到尺寸标注层，标注尺寸及表面结构代号。尺寸文字高度为 3.5，标注全局比例因子为 1。

11. 切换到文字层，书写技术要求。“技术要求”文字高度为 5，其余文字高度为 3.5。中文字体采用“gbcbig.shx”，西文字体采用“gbeitc.shx”。

8.1.3　叉架类零件

转轴支架零件图如图 8-13 所示。

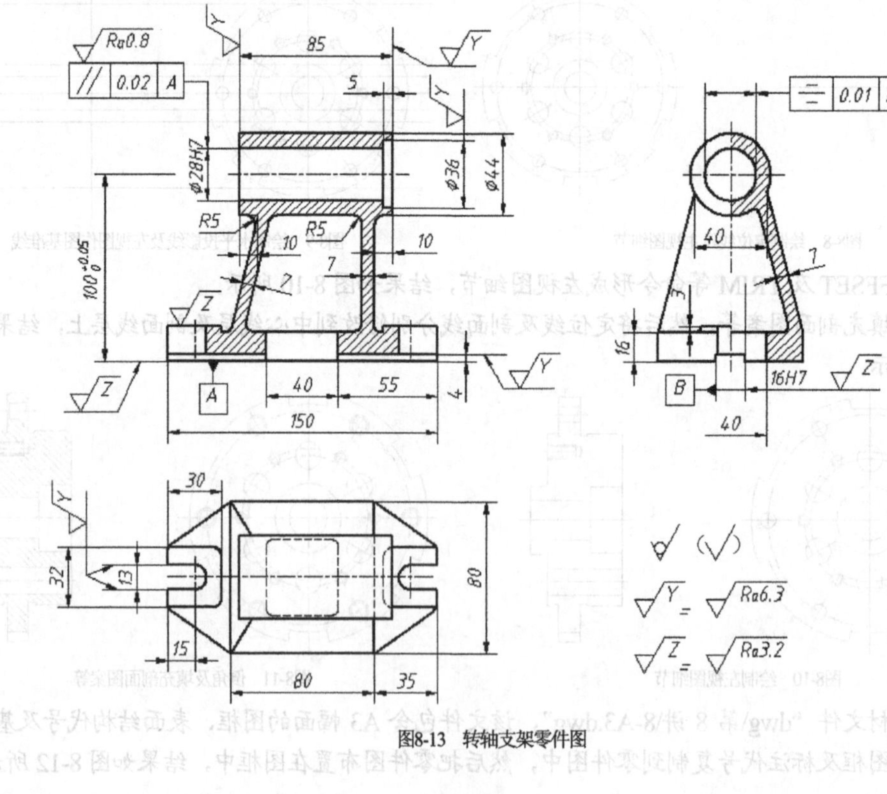

图8-13　转轴支架零件图

1. 材料

HT200。

2. 技术要求

(1) 铸件不得有砂眼及气孔等缺陷。

(2) 正火 170～190HB。

(3) 未注圆角 *R*3～*R*5。

(4) 线性尺寸未注公差按 GB1804-m。

3. 形位公差

图中形位公差的说明如表 8-5 所示。

表 8-5 形位公差

形位公差	说明
// 0.02 A	孔的轴线对基准面的平行度公差为 0.02
≡ 0.01 B	孔的轴线对槽的对称面在水平方向的对称度公差为 0.01

4. 表面结构参数

重要部位表面结构代号的选用如表 8-6 所示。

表 8-6 表面结构代号

位置	表面结构代号 *Ra*	说明
孔表面ϕ28*H7*	0.8	有相对转动的表面
槽表面ϕ16*H7*	3.2	起定位作用的表面
基准面 *A*	6.3	起定位作用的表面

练习8-3 绘制转轴支架零件图，如图 8-13 所示。通过该练习掌握用 AutoCAD 绘制叉架类零件的方法和一些作图技巧。

1. 创建以下图层。

名称	颜色	线型	线宽
轮廓线层	白色	Continuous	0.50
中心线层	红色	CENTER	默认
虚线层	黄色	DASHED	默认
剖面线层	绿色	Continuous	默认
文字层	绿色	Continuous	默认
尺寸标注层	绿色	Continuous	默认

2. 设定绘图区域大小为 300×300。单击【视图】选项卡中【导航】面板上的 按钮，使绘图区域充满绘图窗口。

3. 通过【线型控制】下拉列表打开【线型管理器】对话框，在该对话框中设定线型全局比例因子为 0.3。

4. 打开极轴追踪、对象捕捉及对象捕捉追踪功能。设置极轴追踪角度增量为 90°，设置对象捕捉方式为端点、圆心及交点。

5. 切换到轮廓线层。绘制水平及竖直作图基准线，线段长度为 200 左右，如图 8-14 左图所示。使用 OFFSET 及 TRIM 等命令形成主视图细节，结果如图 8-14 右图所示。
6. 从主视图绘制水平投影线，再绘制左视图的对称线，如图 8-15 左图所示。使用 CIRCLE、OFFSET 及 TRIM 等命令形成左视图细节，结果如图 8-15 右图所示。

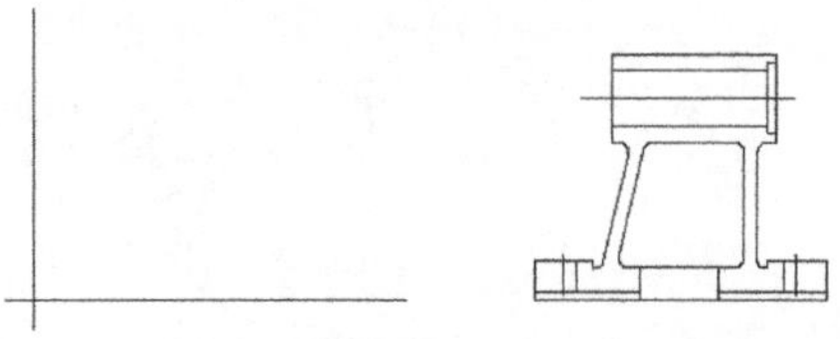

图8-14 绘制作图基准线及主视图细节

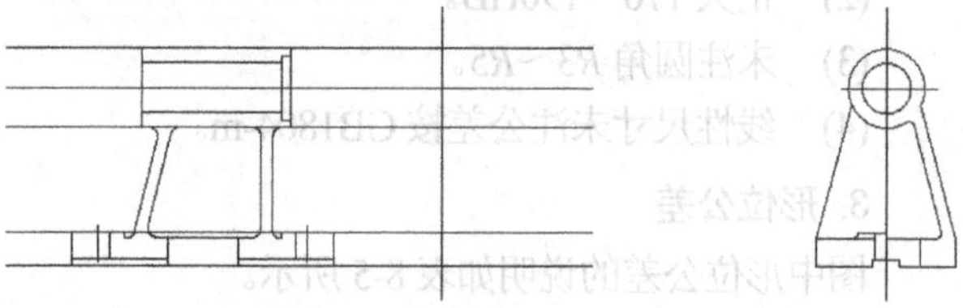

图8-15 绘制水平投影线及左视图细节

7. 复制并旋转左视图，然后向俯视图绘制投影线，结果如图 8-16 所示。
8. 使用 CIRCLE、OFFSET 及 TRIM 等命令形成俯视图细节，然后将定位线及剖面线分别修改到中心线层及剖面线层上，结果如图 8-17 所示。

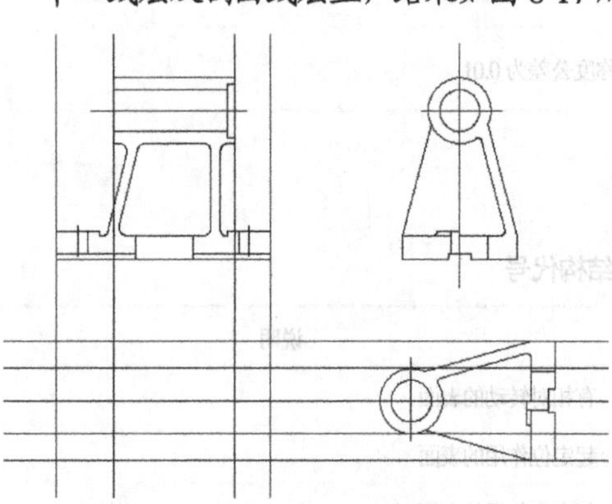

图8-16 绘制投影线等

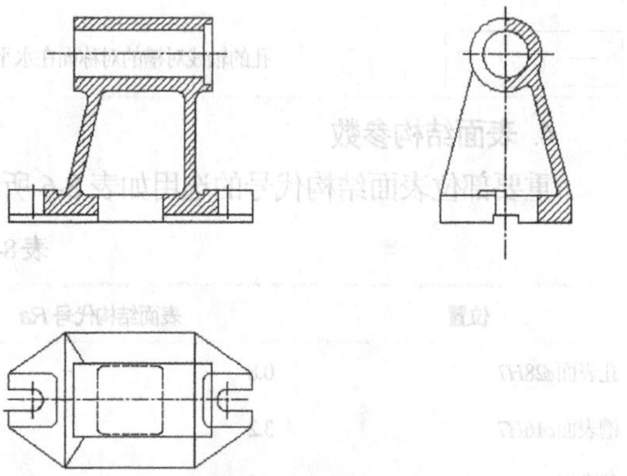

图8-17 绘制俯视图细节等

9. 打开素材文件“dwg\第 8 讲\8-A3.dwg”，该文件包含 A3 幅面的图框、表面结构代号及基准代号。将图框及标注符号复制到零件图中，使用 SCALE 命令缩放它们，缩放比例为 1.5，然后把零件图布置在图框中，结果如图 8-18 所示。
10. 切换到尺寸标注层，标注尺寸及表面结构代号。尺寸文字高度为 3.5，标注全局比例因子为 1.5。
11. 切换到文字层，书写技术要求。“技术要求”文字高度为 5 × 1.5=7.5，其余文字高度为 3.5 × 1.5=5.25。中文字体采用“gbcbig.shx”，西文字体采用“gbeitc.shx”。

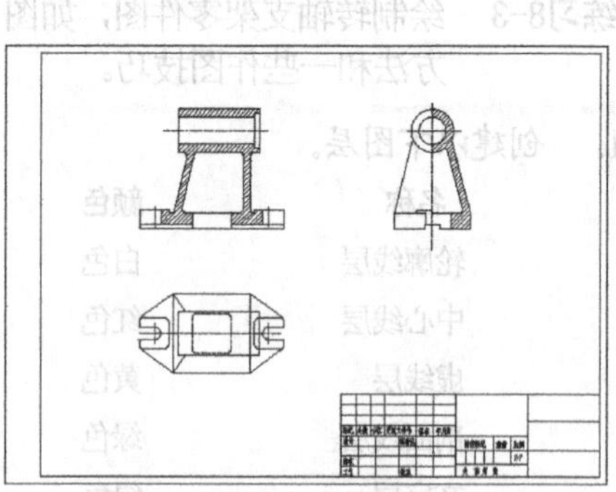

图8-18 插入图框

8.1.4 箱体类零件

蜗轮箱零件图如图 8-19 所示。

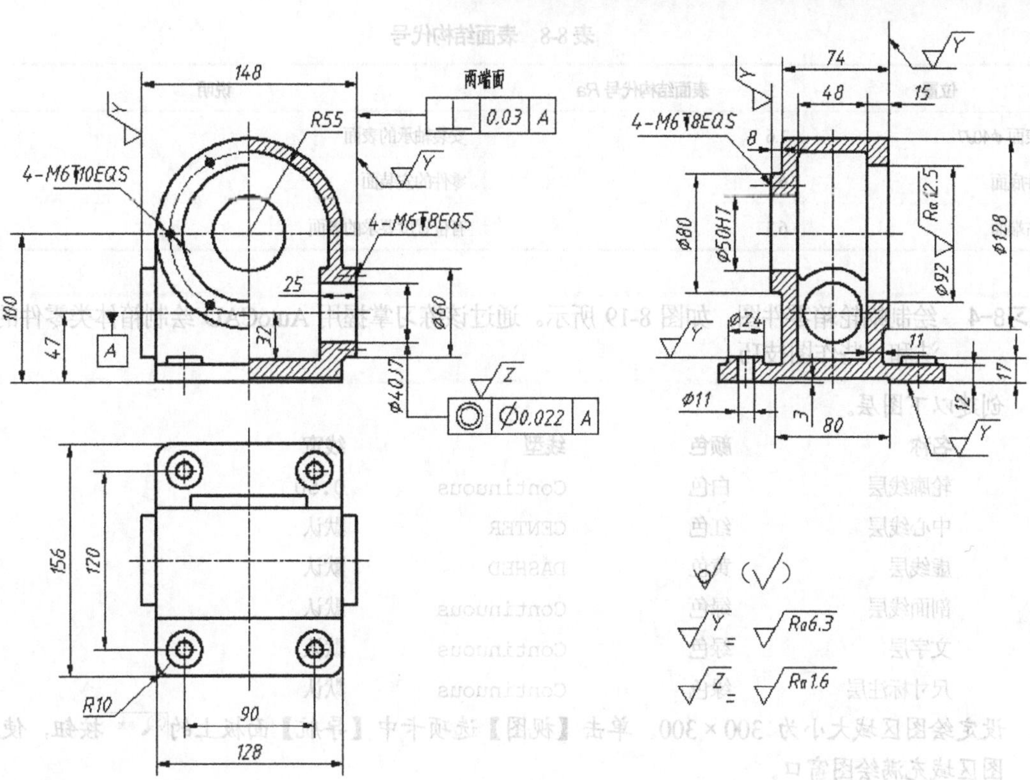

图8-19　蜗轮箱零件图

1. 材料

HT200。

2. 技术要求

(1)　铸件不得有砂眼、气孔及裂纹等缺陷。

(2)　机加工前进行时效处理。

(3)　未注铸造圆角 *R*3～*R*5。

(4)　加工面线性尺寸未注公差按 GB1804-m。

3. 形位公差

形位公差的说明如表 8-7 所示。

表 8-7　形位公差

形位公差	说明
◎ ⌀0.022 A	孔的轴线对基准轴线的同轴度公差为 ϕ0.022
⊥ 0.03 A	被测端面对基准轴线的垂直度公差为 0.03

4. 表面结构参数

重要部位表面结构代号的选用如表 8-8 所示。

表 8-8　表面结构代号

位置	表面结构代号 *Ra*	说明
孔表面 ϕ40J7	1.6	安装轴承的表面
零件底面	6.3	零件的安装面
左右端面	6.3	有位置度要求的表面

练习8-4　绘制蜗轮箱零件图，如图 8-19 所示。通过该练习掌握用 AutoCAD 绘制箱体类零件的方法和一些作图技巧。

1. 创建以下图层。

名称	颜色	线型	线宽
轮廓线层	白色	Continuous	0.50
中心线层	红色	CENTER	默认
虚线层	黄色	DASHED	默认
剖面线层	绿色	Continuous	默认
文字层	绿色	Continuous	默认
尺寸标注层	绿色	Continuous	默认

2. 设定绘图区域大小为 300×300。单击【视图】选项卡中【导航】面板上的按钮，使绘图区域充满绘图窗口。
3. 通过【线型控制】下拉列表打开【线型管理器】对话框，在该对话框中设定线型全局比例因子为 0.3。
4. 打开极轴追踪、对象捕捉及对象捕捉追踪功能。设置极轴追踪角度增量为 90°，设置对象捕捉方式为端点、圆心及交点。
5. 切换到轮廓线层。绘制水平及竖直作图基准线，线的长度为 200 左右，如图 8-20 左图所示。使用 CIRCLE、OFFSET 及 TRIM 等命令形成主视图细节，结果如图 8-20 右图所示。

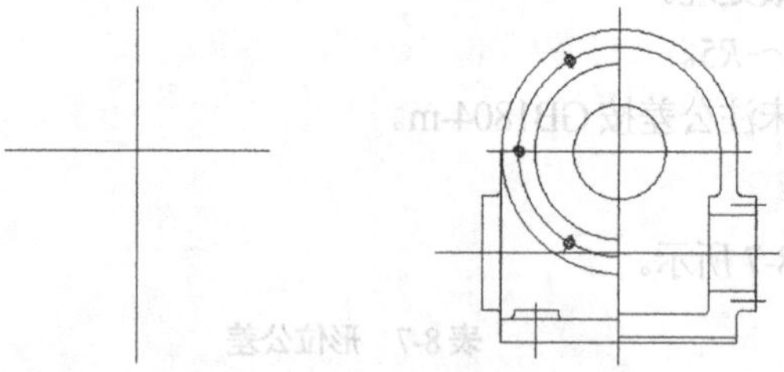

图8-20　绘制作图基准线及主视图细节

6. 从主视图绘制水平投影线，再绘制左视图的对称线，如图 8-21 左图所示。使用 CIRCLE、OFFSET 及 TRIM 等命令形成左视图细节，结果如图 8-21 右图所示。

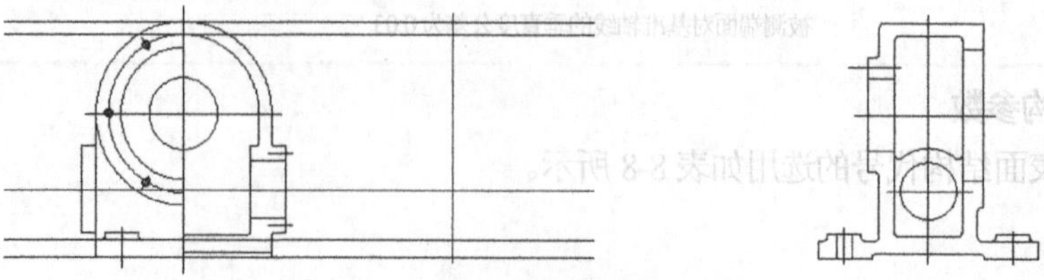

图8-21　绘制水平投影线及左视图细节

7. 复制并旋转左视图，然后向俯视图绘制投影线，结果如图 8-22 所示。
8. 使用 CIRCLE、OFFSET 及 TRIM 等命令形成俯视图细节，然后将定位线及剖面线分别修改到中心线层及剖面线层上，结果如图 8-23 所示。

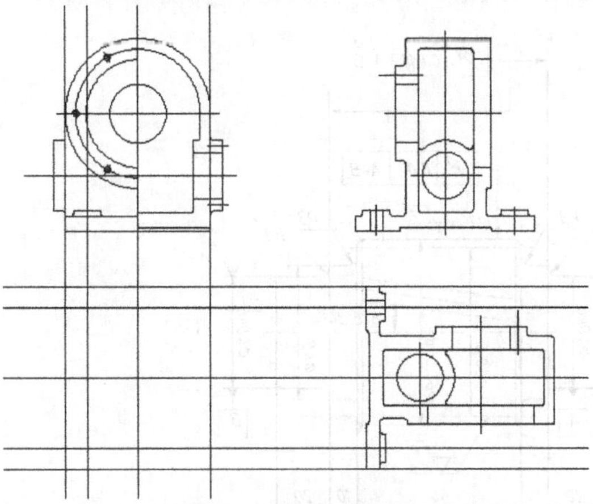
图8-22 绘制投影线等

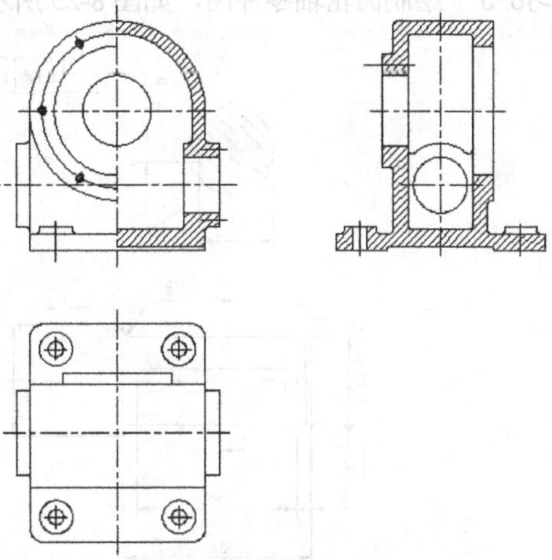
图8-23 绘制俯视图细节等

9. 打开素材文件“dwg\第 8 讲\8-A3.dwg”，该文件包含 A3 幅面的图框、表面结构代号及基准代号。将图框及标注符号复制到零件图中，使用 SCALE 命令缩放它们，缩放比例为 2，然后把零件图布置在图框中，结果如图 8-24 所示。

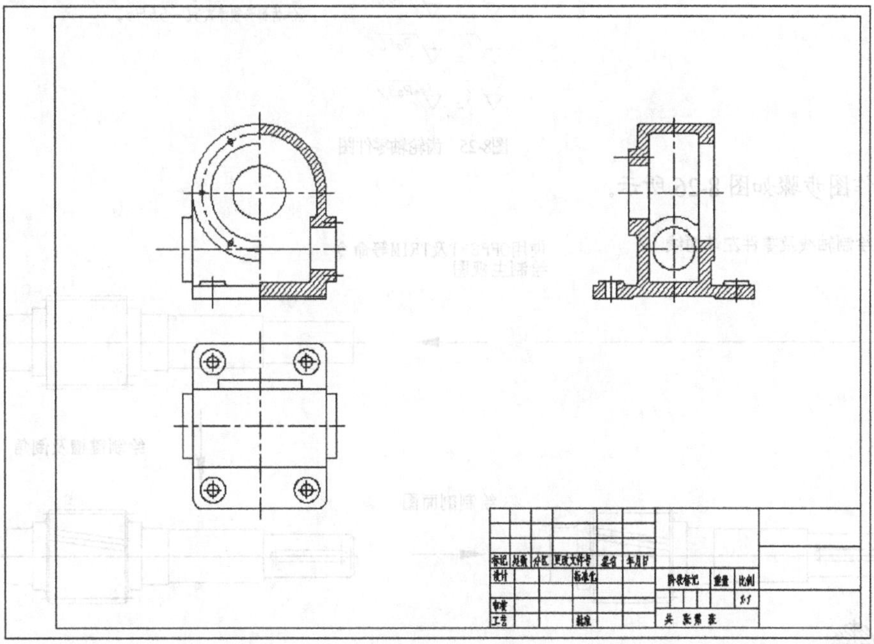
图8-24 插入图框

10. 切换到尺寸标注层，标注尺寸及表面结构代号。尺寸文字高度为 3.5，标注全局比例因子为 2。
11. 切换到文字层，书写技术要求。“技术要求”文字高度为 5 × 2=10，其余文字高度为 3.5 × 2=7。中文字体采用“gbcbig.shx”，西文字体采用“gbeitc.shx”。

8.2 课堂实训——绘制零件图

练习8-5 绘制齿轮轴零件图，如图 8-25 所示。

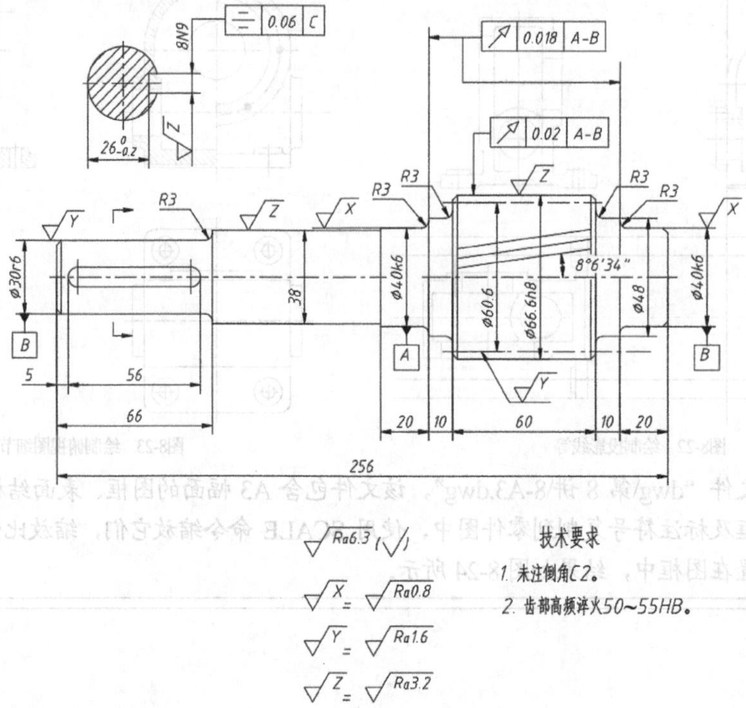

技术要求
1. 未注倒角C2。
2. 齿部高频淬火50~55HB。

图8-25 齿轮轴零件图

主要作图步骤如图 8-26 所示。

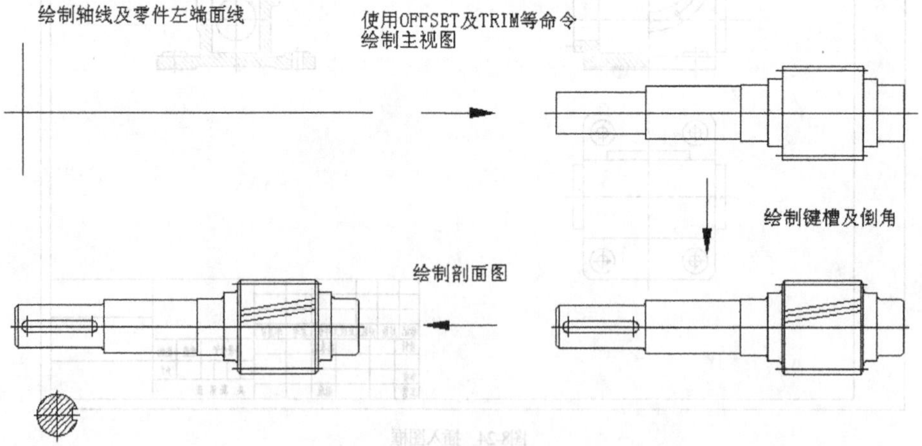

图8-26 主要作图步骤（1）

练习8-6 绘制导轨座零件图，如图 8-27 所示。

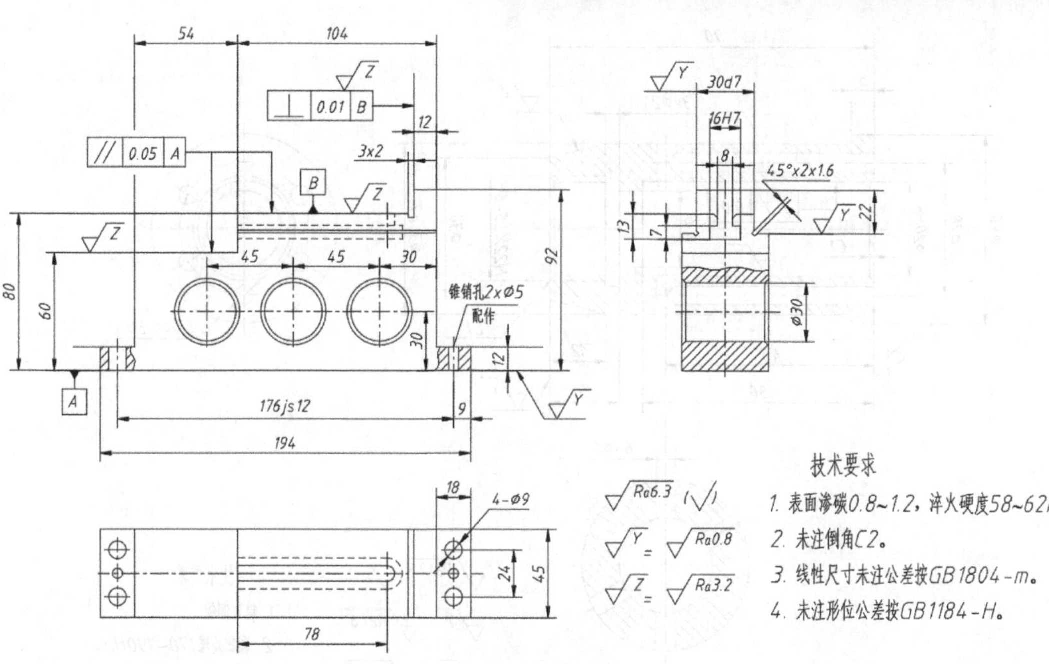

图8-27　导轨座零件图

主要作图步骤如图 8-28 所示。

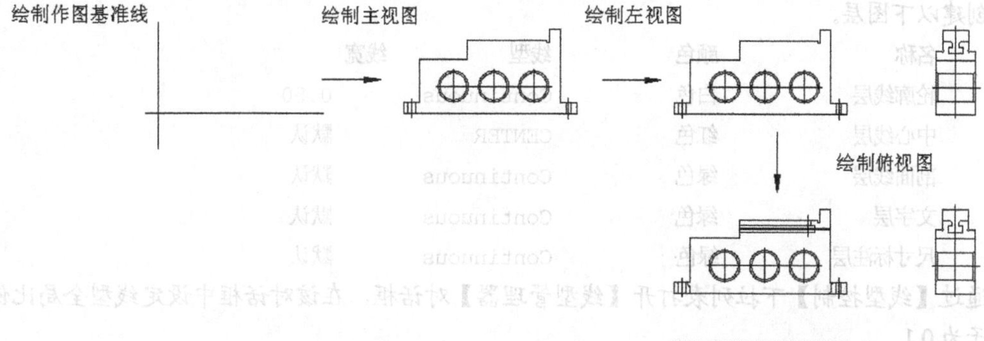

图8-28　主要作图步骤（2）

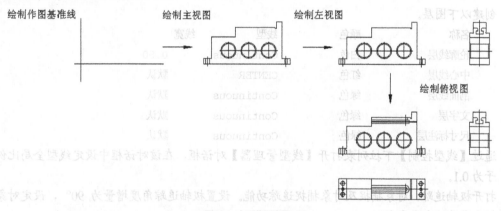

8.3　综合实例——绘制发动机缸套零件图

练习8-7　绘制发动机缸套零件图，如图 8-29 所示。图幅选用 A3 幅面，绘图比例为 1∶1，尺寸文字高度为 2.5，技术要求中的文字高度分别为 5 和 3.5。中文字体采用“gbcbig.shx”，西文字体采用“gbeitc.shx”。

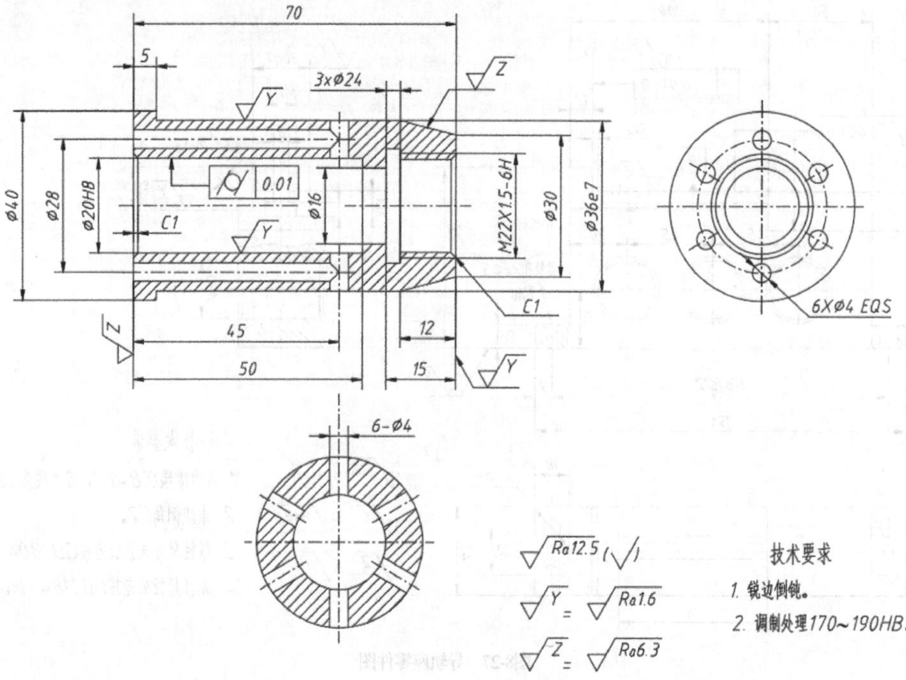

图8-29 发动机缸套零件图

1. 创建以下图层。

名称	颜色	线型	线宽
轮廓线层	白色	Continuous	0.50
中心线层	红色	CENTER	默认
剖面线层	绿色	Continuous	默认
文字层	绿色	Continuous	默认
尺寸标注层	绿色	Continuous	默认

2. 通过【线型控制】下拉列表打开【线型管理器】对话框，在该对话框中设定线型全局比例因子为 0.1。
3. 打开极轴追踪、对象捕捉及对象捕捉追踪功能。设置极轴追踪角度增量为 90°，设定对象捕捉方式为端点和交点。
4. 设定绘图窗口高度。绘制一条竖直线段，线段长度为 300。双击鼠标滚轮，使线段充满绘图窗口。
5. 切换到轮廓线层。绘制零件的轴线 *A* 及左端面线 *B*，如图 8-30 所示。线段 *A* 的长度约为 100，线段 *B* 的长度约为 60。
6. 用 OFFSET 命令绘制平行线 *C*、*D* 等，如图 8-31 左图所示。修剪多余线条，结果如图 8-31 右图所示。

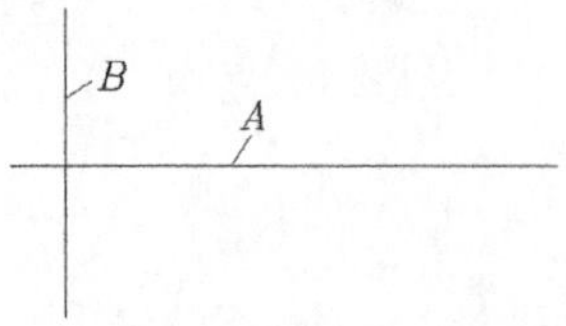

图8-30 绘制零件的轴线及左端面线

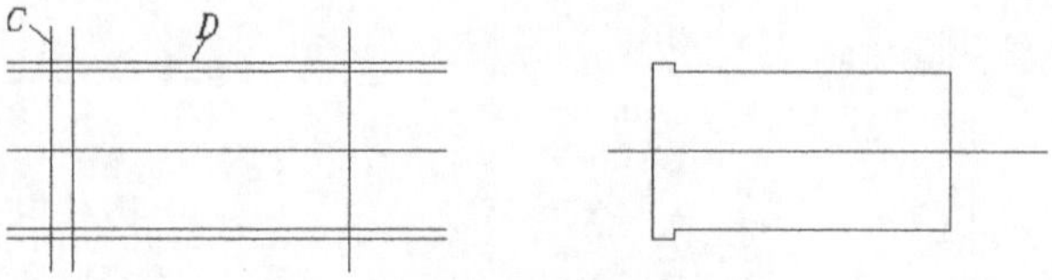

图8-31 绘制平行线并修剪多余线条（1）

7. 用 OFFSET 命令绘制平行线 *E*、*F* 等，如图 8-32 左图所示。修剪多余线条，结果如图 8-32 右图所示。
8. 用 OFFSET 及 TRIM 命令绘制螺纹 *G* 等，结果如图 8-33 所示。

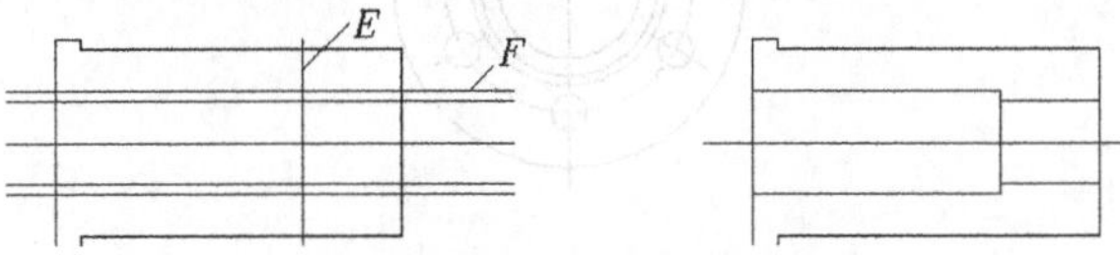

图8-32　绘制平行线并修剪多余线条（2）

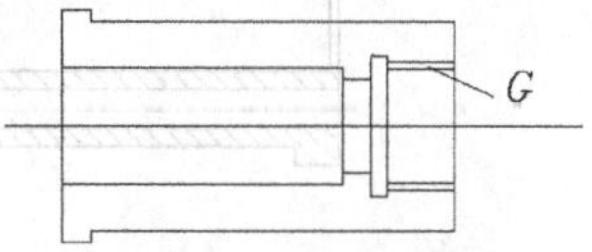

图8-33　绘制螺纹 *G* 等

9. 绘制平行线及斜线等，如图 8-34 左图所示。修剪多余线条，然后镜像对象，结果如图 8-34 右图所示。

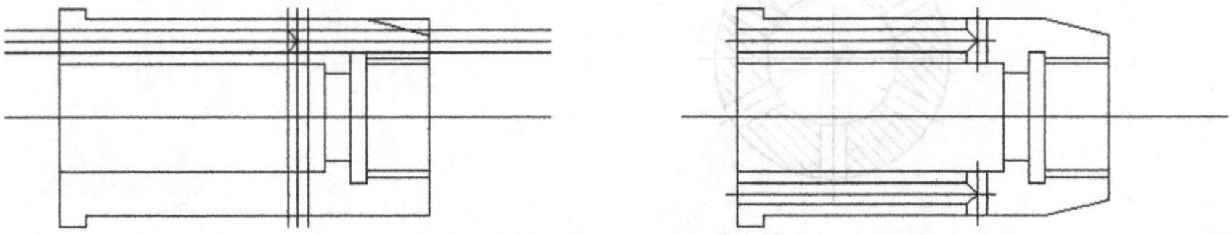

图8-34　绘制平行线、斜线及镜像对象等

10. 绘制左视图定位线及圆，如图 8-35 左图所示。阵列对象，结果如图 8-35 右图所示。

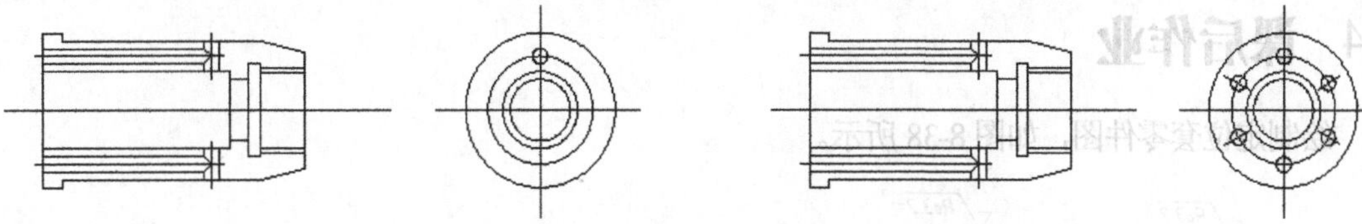

图8-35　绘制左视图定位线及圆并阵列对象

11. 绘制圆及平行线等，如图 8-36 左图所示。修剪多余线条，然后阵列对象，结果如图 8-36 右图所示。

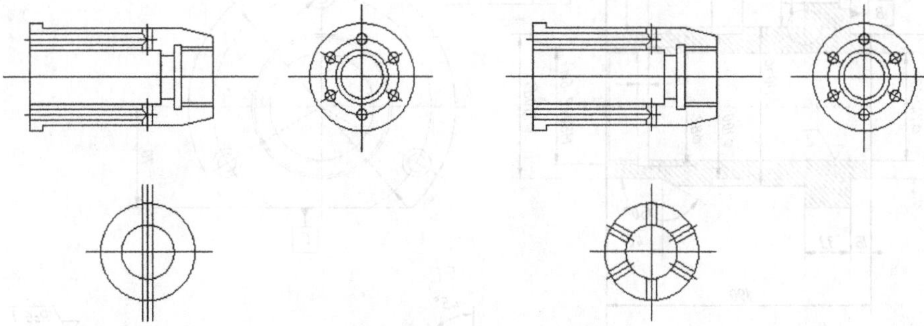

图8-36　绘制圆及平行线并阵列对象等

12. 完成以下绘图任务。
    - 倒圆角。
    - 填充剖面图案。
    - 用 LENGTHEN 命令调整定位线的长度。
    - 将轴线、定位线等修改到中心线层上。

结果如图 8-37 所示。

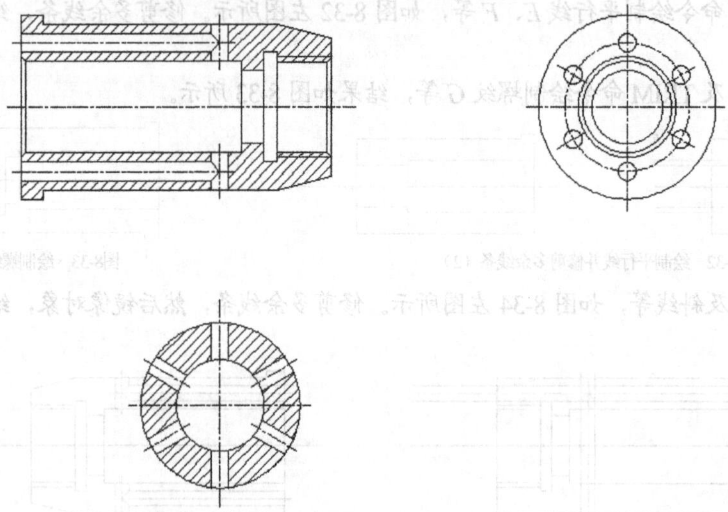

图8-37　填充剖面图案及修饰图形

13. 插入图框、标注尺寸并书写文字，参见“练习 8-1”。

8.4 课后作业

1. 绘制定位套零件图，如图 8-38 所示。

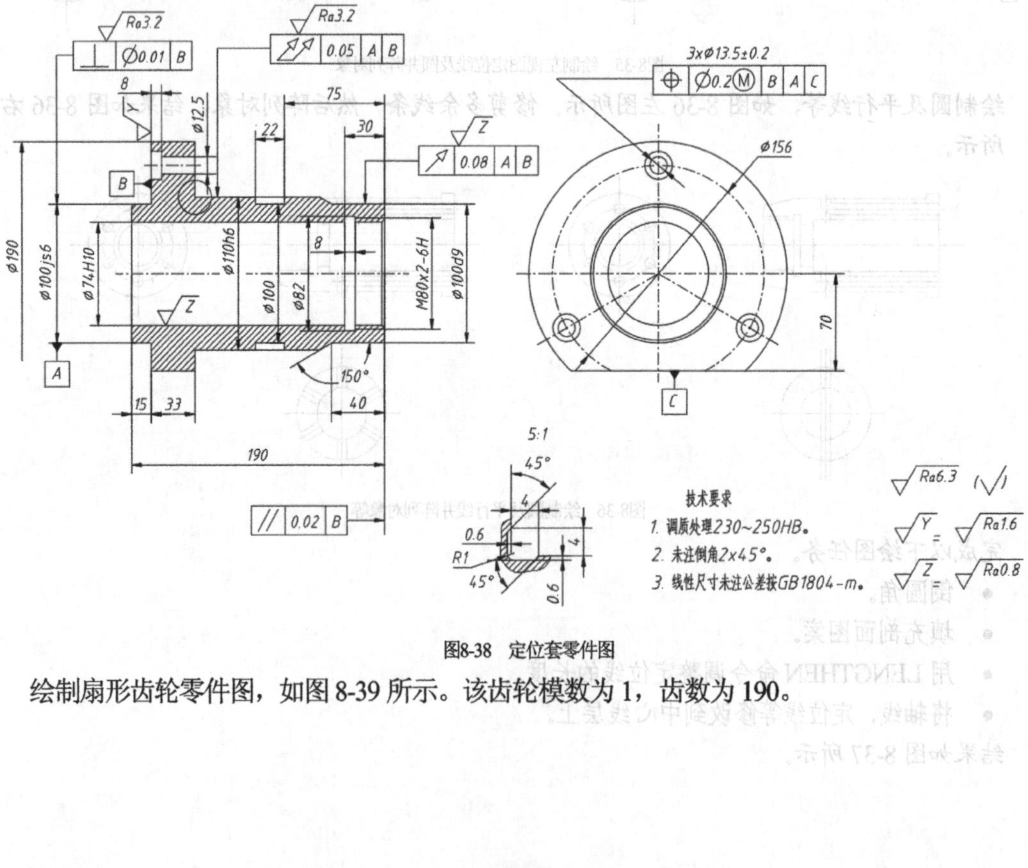

图8-38　定位套零件图

2. 绘制扇形齿轮零件图，如图 8-39 所示。该齿轮模数为 1，齿数为 190。

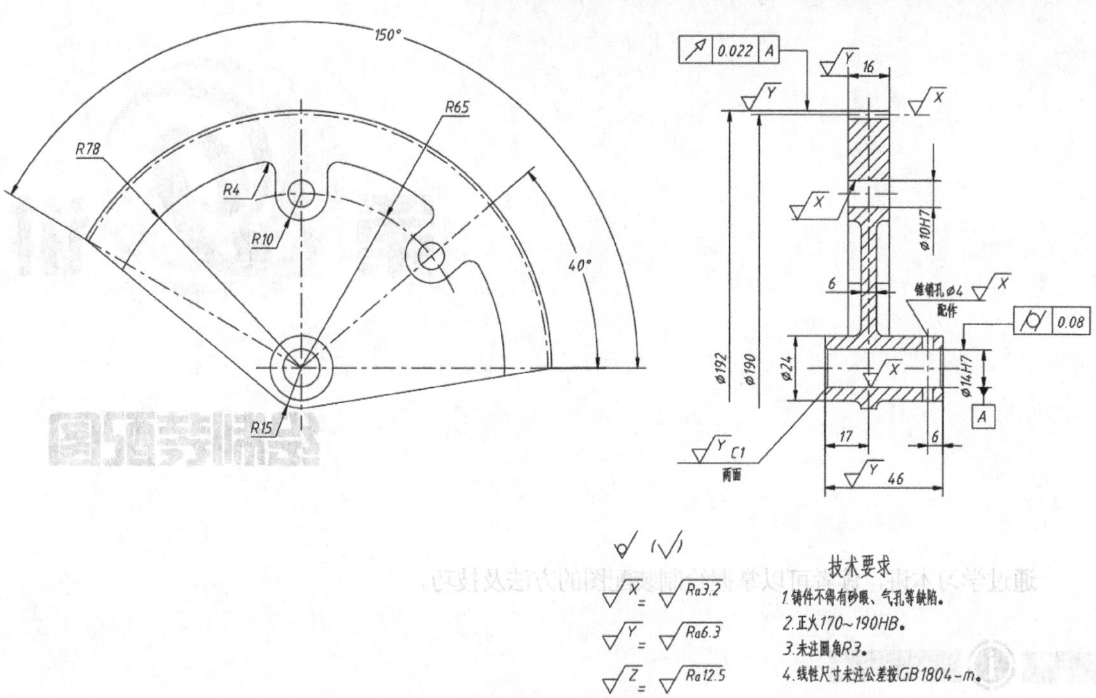

图8-39 扇形齿轮零件图

第9讲

绘制装配图

通过学习本讲，读者可以掌握绘制装配图的方法及技巧。

学习目标

- 根据装配图拆绘零件图及检验零件间装配尺寸的正确性。
- 由零件图组合装配图，给装配图中的零件编号及形成零件明细表。

9.1 范例解析

本节主要内容包括根据装配图拆绘零件图，由零件图组合装配图，标注零件序号及编写明细表等。

9.1.1 根据装配图拆绘零件图

绘制了精确的装配图后，就可利用 AutoCAD 的复制及粘贴功能从装配图拆绘零件图，具体过程如下。

- 将装配图中某个零件的主要轮廓复制到剪贴板上。
- 通过样板文件创建一个新文件，然后将剪贴板上的零件图粘贴到当前文件中。
- 在已有零件图的基础上进行详细的结构设计，要求精确地进行绘制，以便以后利用零件图检验装配尺寸的正确性，详见 9.1.2 小节。

练习9-1 打开素材文件“dwg\第 9 讲\9-1.dwg”，如图 9-1 所示，由装配图拆绘零件图。

1. 创建新图形文件，文件名为“筒体.dwg”。
2. 切换到文件“9-1.dwg”，在绘图窗口中单击鼠标右键，弹出快捷菜单，选择【带基点复制】命令，然后选择筒体零件并指定复制的基点为 *A* 点，如图 9-2 所示。
3. 切换到文件“筒体.dwg”，在绘图窗口中单击鼠标右键，弹出快捷菜单，选择【粘贴】命令，结果如图 9-3 所示。

4. 对筒体零件进行必要的编辑，结果如图 9-4 所示。

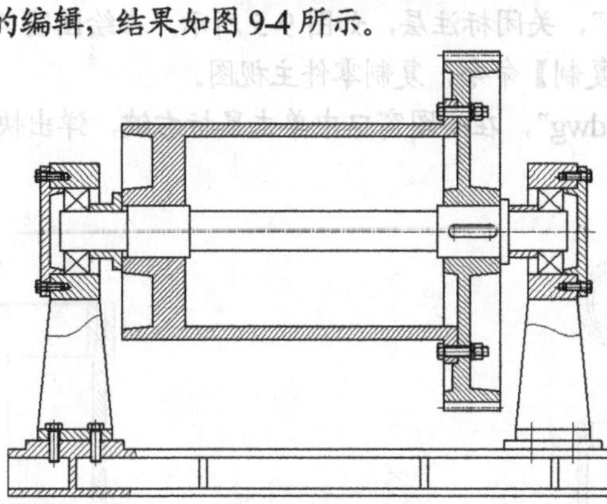

图9-1 拆绘零件图

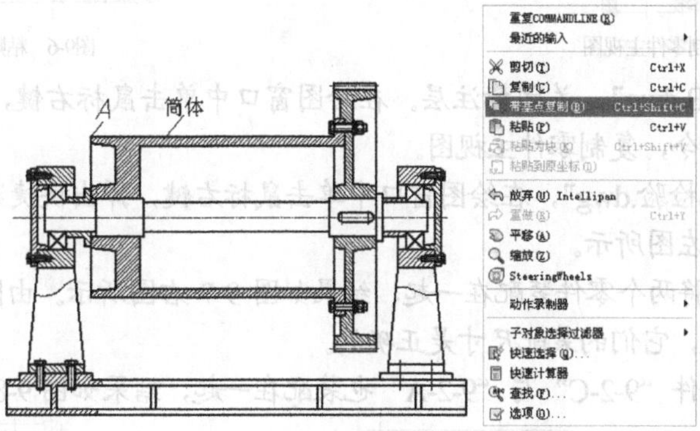

图9-2 复制对象

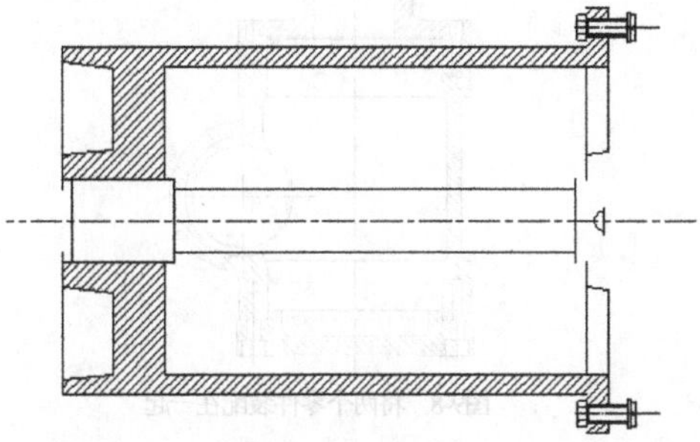

图9-3 粘贴对象

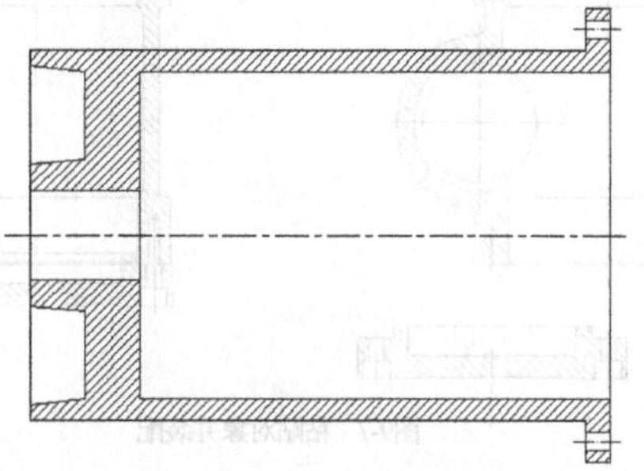

图9-4 编辑图形

9.1.2 检验零件间装配尺寸的正确性

复杂机器设备常常包含成百上千个零件，这些零件要正确地装配在一起，就必须保证所有零件之间配合尺寸的正确性，否则就会产生干涉。若技术人员一张张图纸去核对零件的配合尺寸，工作量非常大，且容易出错。怎样才能更有效地检查配合尺寸的正确性呢？可先通过 AutoCAD 的复制及粘贴功能将零件图“装配”在一起，然后通过查看“装配”后的图样就能迅速判定配合尺寸是否正确。

练习9-2 打开“dwg\第 9 讲”中的“9-2-A.dwg”“9-2-B.dwg”“9-2-C.dwg”素材文件，将它们装配在一起以检验配合尺寸的正确性。

1. 创建新图形文件，文件名为“装配检验.dwg”。

2. 切换到文件“9-2-A.dwg”，关闭标注层，如图 9-5 所示。在绘图窗口中单击鼠标右键，弹出快捷菜单，选择【带基点复制】命令，复制零件主视图。
3. 切换到文件“装配检验.dwg”，在绘图窗口中单击鼠标右键，弹出快捷菜单，选择【粘贴】命令，结果如图 9-6 所示。

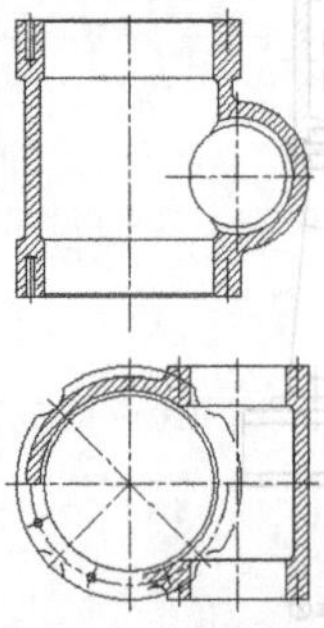

图9-5 复制零件主视图

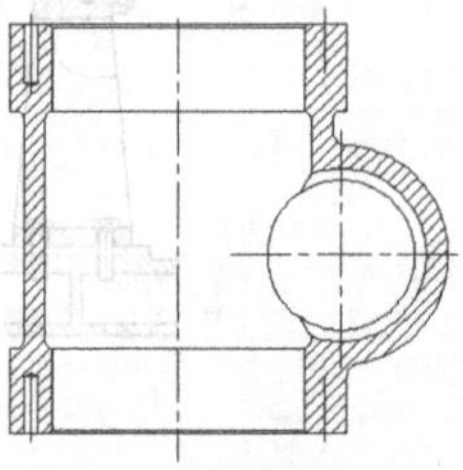

图9-6 粘贴对象

4. 切换到文件“9-2-B.dwg”，关闭标注层。在绘图窗口中单击鼠标右键，弹出快捷菜单，选择【带基点复制】命令，复制零件主视图。
5. 切换到文件“装配检验.dwg”，在绘图窗口中单击鼠标右键，弹出快捷菜单，选择【粘贴】命令，结果如图 9-7 左图所示。
6. 使用 MOVE 命令将两个零件装配在一起，结果如图 9-7 右图所示。由图可以看出，两个零件正确地配合在一起，它们的装配尺寸是正确的。
7. 使用上述方法将零件“9-2-C”与“9-2-A”也装配在一起，结果如图 9-8 所示。

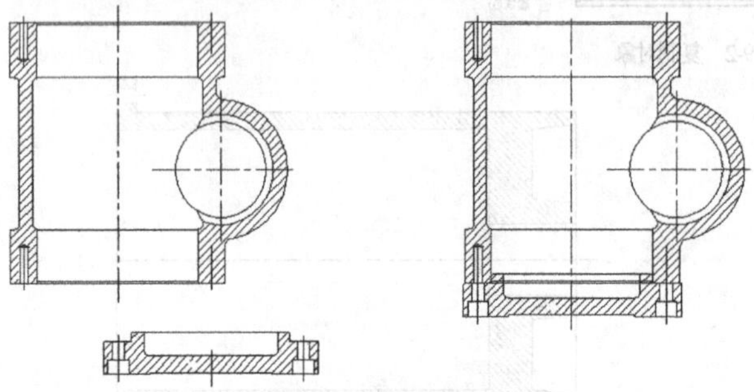

图9-7 粘贴对象并装配

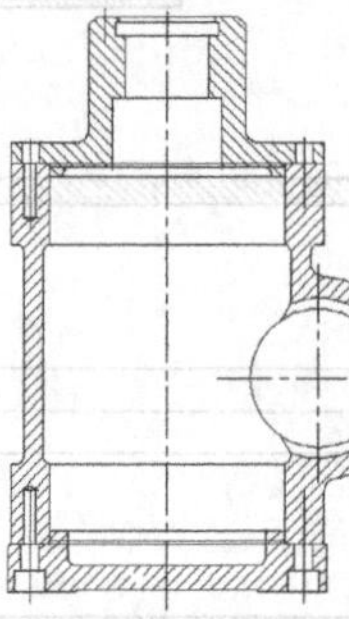

图9-8 将两个零件装配在一起

9.1.3 由零件图组合装配图

若已绘制了机器或部件的所有零件图，当需要一张完整的装配图时，就可以考虑利用零件图来组合装配图，这样能避免重复劳动，提高工作效率。组合装配图的方法如下。

- 创建一个新文件。
- 打开所需的零件图，关闭尺寸所在的图层，利用复制及粘贴功能将零件图复制到新文件中。
- 利用 MOVE 命令将零件图组合在一起，再进行必要的编辑形成装配图。

练习9-3 打开“dwg\第 9 讲”中的“9-3-A.dwg”“9-3-B.dwg”“9-3-C.dwg”“9-3-D.dwg”素材文件，将 4 张零件图“装配”在一起形成装配图。

1. 创建新图形文件，文件名为“装配图.dwg”。

2. 切换到文件“9-3-A.dwg”，在绘图窗口中单击鼠标右键，弹出快捷菜单，选择【带基点复制】命令，复制零件主视图。
3. 切换到文件“装配图.dwg”，在绘图窗口中单击鼠标右键，弹出快捷菜单，选择【粘贴】命令，结果如图9-9所示。

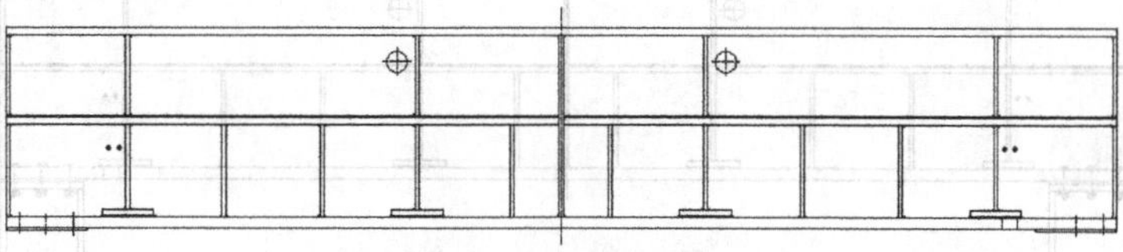

图9-9 粘贴对象（1）

4. 切换到文件“9-3-B.dwg”，在绘图窗口中单击鼠标右键，弹出快捷菜单，选择【带基点复制】命令，复制零件左视图。
5. 切换到文件“装配图.dwg”，在绘图窗口中单击鼠标右键，弹出快捷菜单，选择【粘贴】命令。再重复粘贴操作，结果如图9-10所示。

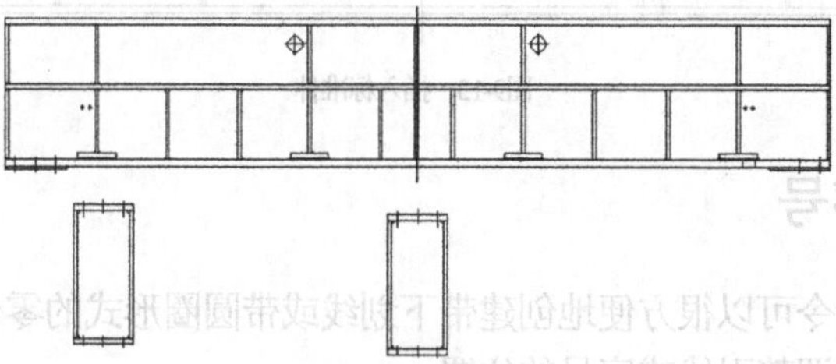

图9-10 粘贴对象（2）

6. 使用MOVE命令将零件图装配在一起，结果如图9-11所示。

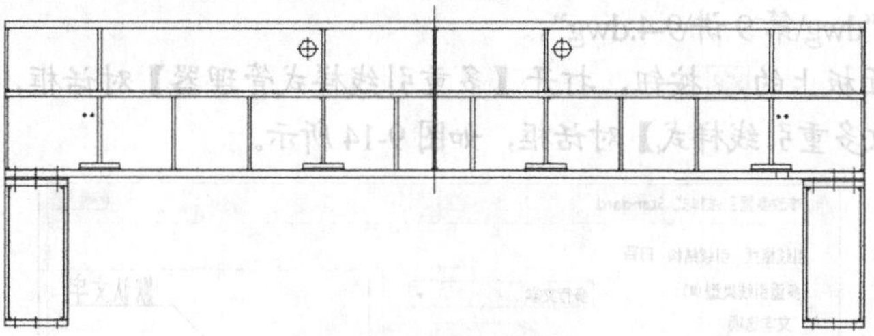

图9-11 将零件图装配在一起

7. 用相同的方法将零件图“9-3-C.dwg”与“9-3-D.dwg”也插入装配图中，并进行必要的编辑，结果如图9-12所示。

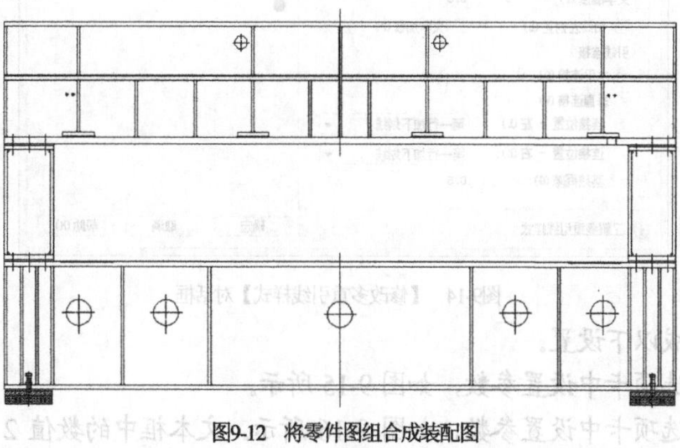

图9-12 将零件图组合成装配图

8. 打开素材文件“dwg\第 9 讲\标准件.dwg”，将该文件中的 M20 螺栓、螺母及垫圈等标准件复制到“装配图.dwg”中，然后使用 MOVE 和 ROTATE 命令将这些标准件装配到正确的位置，结果如图 9-13 所示。

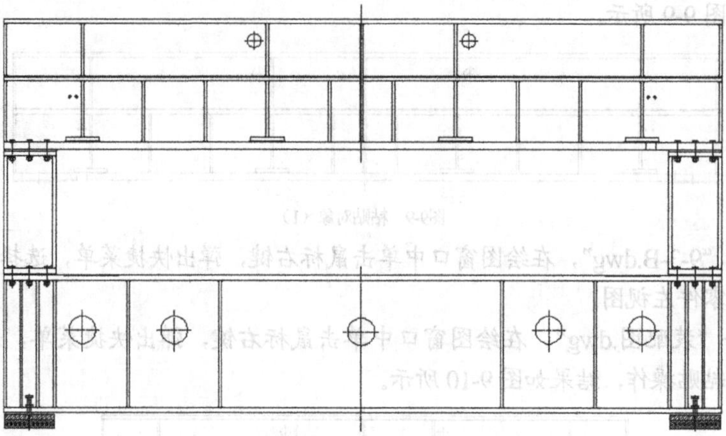

图9-13 插入标准件

9.1.4 标注零件序号

使用 MLEADER 命令可以很方便地创建带下划线或带圆圈形式的零件序号，生成序号后，用户可通过关键点编辑方式调整引线或序号的位置。

练习9-4 编写零件序号。

1. 打开素材文件“dwg\第 9 讲\9-4.dwg”。
2. 单击【注释】面板上的按钮，打开【多重引线样式管理器】对话框，再单击 修改(M)... 按钮，打开【修改多重引线样式】对话框，如图 9-14 所示。

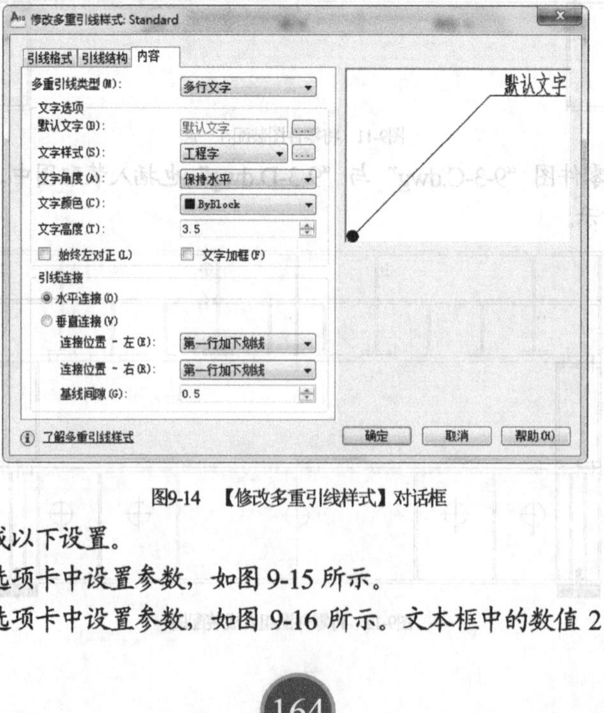

图9-14 【修改多重引线样式】对话框

在该对话框中完成以下设置。

(1) 在【引线格式】选项卡中设置参数，如图 9-15 所示。

(2) 在【引线结构】选项卡中设置参数，如图 9-16 所示。文本框中的数值 2 表示下划线与引线之间的距离，【指定比例】文本框中的数值等于绘图比例的倒数。

图9-15　设置【引线格式】选项卡参数

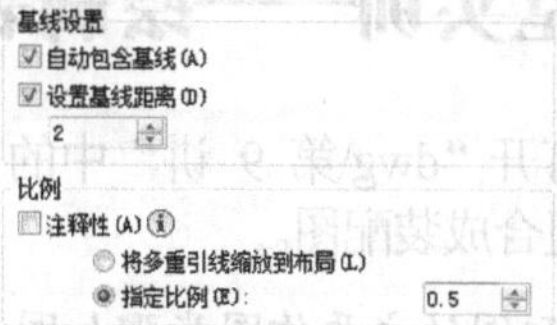

图9-16　设置【引线结构】选项卡参数

(3) 在【内容】选项卡中设置参数，如图 9-14 所示。其中【基线间隙】文本框中的数值表示下划线的长度。

3. 单击【注释】面板上的[多重引线]按钮，启动创建引线标注命令，标注零件序号，结果如图 9-17 所示。

4. 对齐零件序号。单击【注释】面板上的[对齐]按钮，选择零件序号 1、2、3 和 5，按 Enter 键，然后选择要对齐的序号 4 并指定水平方向为对齐方向，结果如图 9-18 所示。

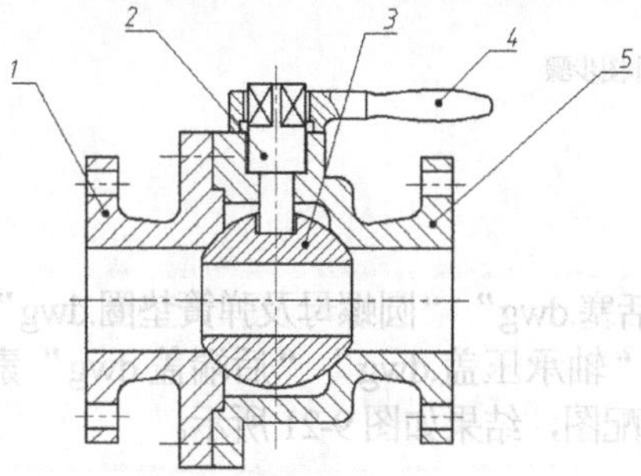

图9-17　标注零件序号

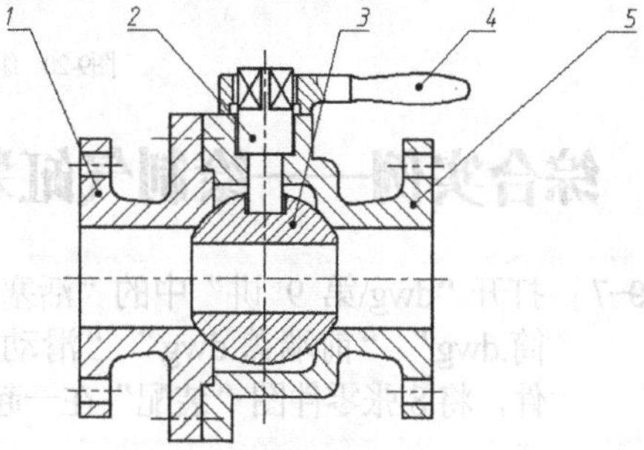

图9-18　对齐零件序号

9.1.5 编写明细表

用户可事先创建空白表格对象并保存在一个文件中，当要编写零件明细表时，打开该文件，然后填写表格对象。

练习9-5　打开素材文件“dwg\第 9 讲\明细表.dwg”，该文件包含一个零件明细表，此表是表格对象，用户双击其中一个单元就可填写文字，填写结果如图 9-19 所示。

	5	右阀体	1	青铜		
旧底图总号	4	手柄	1	HT150		
	3	球形阀瓣	1	黄铜		
	2	阀杆	1	35		
底图总号	1	左阀体	1	青铜		

					制定			标记	
					编写			共　页	第　页
签名	日期				校对		明细表		
					标准化检查				
		标记	更改内容或依据	更改人	日期	审核			

图9-19　填写零件明细表

9.2 课堂实训——绘制装配图

练习9-6 打开“dwg\第 9 讲”中的“9-6-A.dwg”“9-6-B.dwg”“9-6-C.dwg”素材文件，将它们组合成装配图。

组合装配图的主要作图步骤如图 9-20 所示。

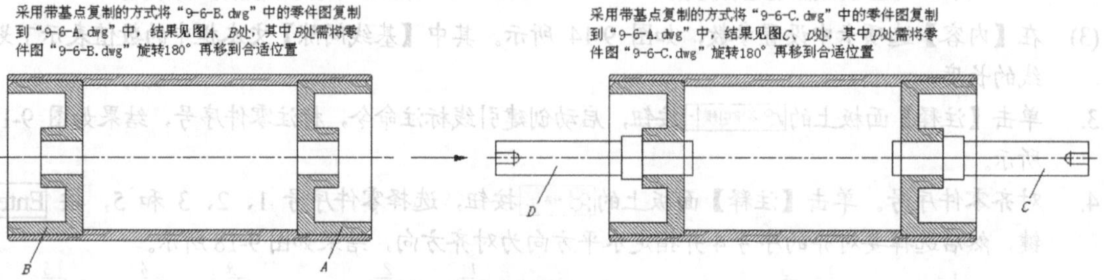
采用带基点复制的方式将“9-6-B.dwg”中的零件图复制到“9-6-A.dwg”中，结果见图A、B处，其中B处需将零件图“9-6-B.dwg”旋转180°再移到合适位置
采用带基点复制的方式将“9-6-C.dwg”中的零件图复制到“9-6-A.dwg”中，结果见图C、D处，其中D处需将零件图“9-6-C.dwg”旋转180°再移到合适位置
B
A
D
C

图9-20 组合装配图的主要作图步骤

9.3 综合实例——绘制气缸装配图

练习9-7 打开“dwg\第 9 讲”中的“活塞杆.dwg”“活塞.dwg”“圆螺母及弹簧垫圈.dwg”“缸筒.dwg”“前端盖.dwg”“滑动轴承.dwg”“轴承压盖.dwg”“后端盖.dwg”素材文件，将 8 张零件图“装配”在一起形成气缸装配图，结果如图 9-21 所示。

1. 创建新图形文件，文件名为“气缸装配图.dwg”。
2. 打开“活塞杆.dwg”“活塞.dwg”“圆螺母及弹簧垫圈.dwg”，将这些图样复制到“气缸装配图.dwg”中，利用移动命令将图样“装配”在一起，并做适当编辑，结果如图 9-22 所示。

图9-21 将零件图组合成装配图

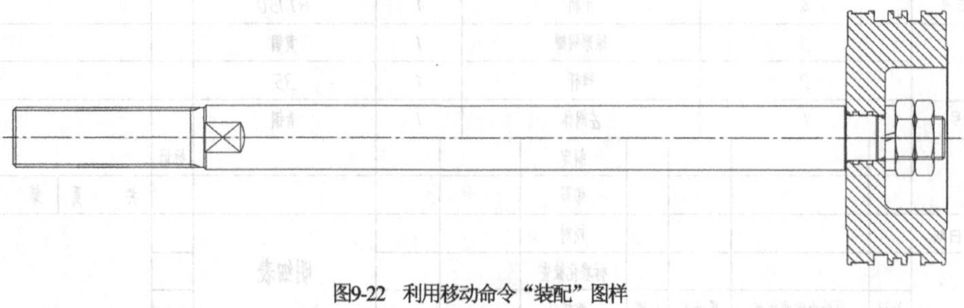

图9-22 利用移动命令“装配”图样

3. 用同样的方法“装配”其余图样，结果如图 9-21 所示。

9.4 课后作业

1. 打开素材文件“dwg\第 9 讲\9-8.dwg”，如图 9-23 所示，由此装配图拆绘零件图。
2. 打开素材文件“dwg\第 9 讲\9-9.dwg”，给装配图中的零件编号，结果如图 9-24 所示。

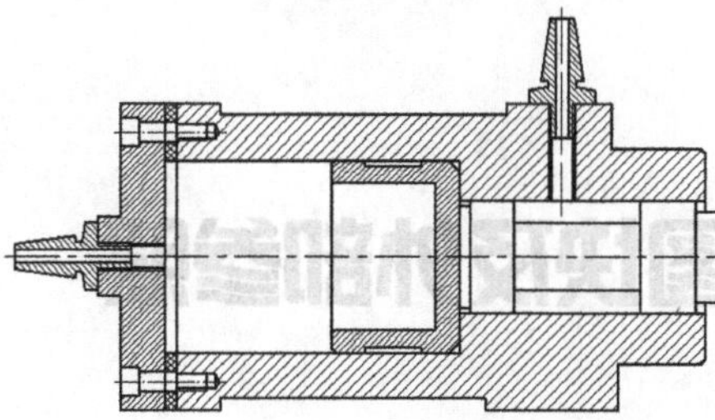

图9-23 由装配图拆绘零件图

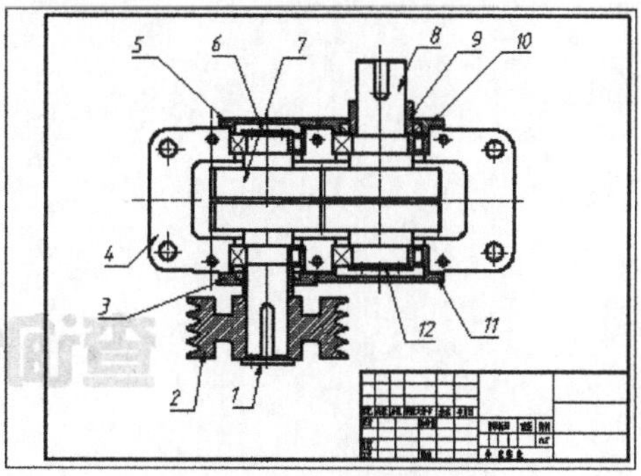

图9-24 编写零件序号

第10讲

查询信息、图块及外部参照

通过学习本讲，读者可以掌握查询距离、面积及周长等图形信息的方法，并了解图块和外部参照的概念及基本使用方法等。

学习目标

- 查询距离、面积及周长等信息。
- 创建图块、插入图块。
- 创建及编辑图块属性。
- 引用外部图形。
- 更新当前图形中的外部引用。

10.1 功能讲解——获取图形信息的方法

本节将介绍获取图形信息的一些命令。

10.1.1 获取点的坐标

ID 命令用于查询图形对象上某点的绝对坐标，坐标值以“*x,y,z*”形式显示出来。对于二维图形，*z* 坐标值为零。

命令启动方法

- 菜单命令：【工具】/【查询】/【点坐标】。
- 面板：【实用工具】面板上的 点坐标 按钮。
- 命令：ID。

要点提示 ID 命令显示的坐标值与当前坐标系的位置有关。如果用户创建新坐标系，则 ID 命令测量的同一点坐标值也将发生变化。

10.1.2 测量距离及连续线的长度

DIST 或 MEA 命令（“距离”选项）可用于测量距离及连续线的长度。使用 MEA 命令时，屏幕上将显示测量结果。

命令启动方法

- 菜单命令：【工具】/【查询】/【距离】。
- 面板：【实用工具】面板上的按钮。
- 命令：DIST 或简写 DI，MEASUREGEOM 或简写 MEA。

(1) 测量两点间距离。

DIST 或 MEA 命令既可用于测量两点之间的距离，也可用于计算与两点连线相关的两种角度，如图 10-1（a）所示。

- *XY* 平面中的倾角：两点连线在 *XY* 平面上的投影与 *X* 轴间的夹角。
- 与 *XY* 平面的夹角：两点连线与 *XY* 平面间的夹角。

(2) 计算线段构成的连续线长度。

启动 DIST 或 MEA 命令，选择“多个点(M)”选项，然后指定连续线的端点就能计算出连续线的长度，如图 10-1（b）所示。

(3) 计算包含圆弧的连续线长度。

启动 DIST 或 MEA 命令，选择“多个点(M)”“圆弧(A)”或“长度(L)”选项，就可以像绘制多段线一样测量包含圆弧的连续线的长度，如图 10-1（c）所示。

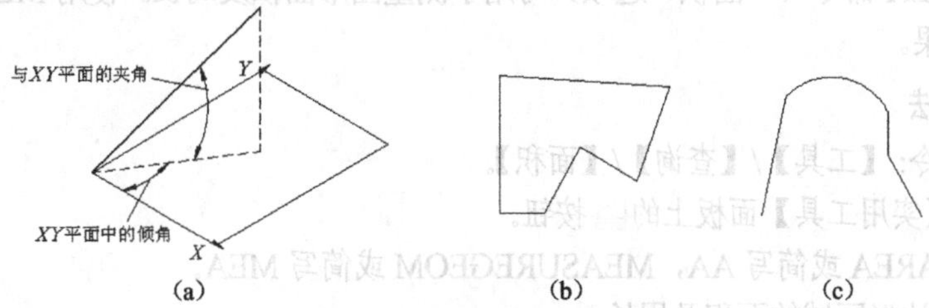

图10-1 测量距离及长度

启动 MEA 命令后，系统打开动态提示，在屏幕上显示测量的结果。完成一次测量的同时将弹出快捷菜单，选择【距离】命令，可继续测量距离另一条连续线的长度。

10.1.3 测量半径及直径

单击【实用工具】面板上的按钮，选择圆弧或圆，系统打开动态提示，在屏幕上显示测量的结果，如图 10-2 所示。完成一次测量的同时将弹出快捷菜单，选择其中相应的命令，可继续进行测量。

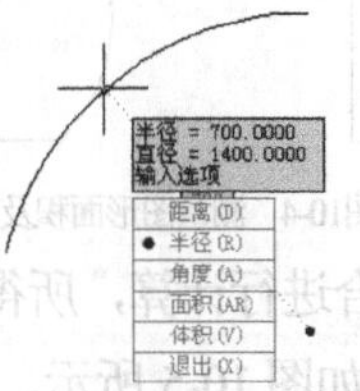

图10-2 测量半径及直径

10.1.4 测量角度

单击【实用工具】面板上的按钮，可测量角度。

(1) 两条线段的夹角。

单击按钮，选择夹角的两条边测量角度，如图 10-3（a）所示。

(2) 测量圆心角。

单击按钮，选择圆弧，或者在圆上选择两点测量角度，如图 10-3（b）所示。

(3) 测量三点构成的角度。

单击按钮，先选择夹角的顶点，再选择另外两点测量角度，如图 10-3（c）所示。

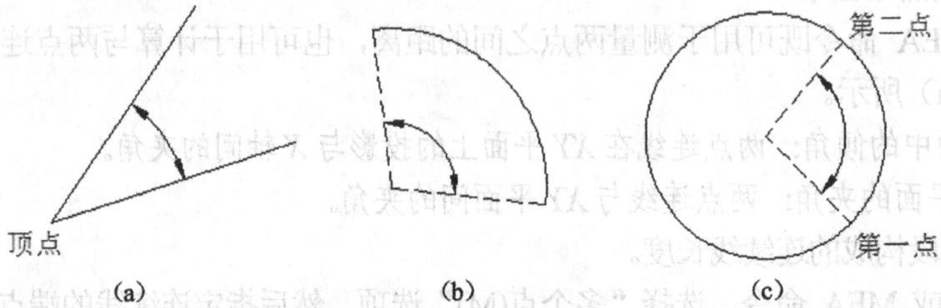

图10-3 测量角度

10.1.5 计算图形面积及周长

AREA 或 MEA 命令（“面积”选项）可用于测量图形面积及周长。使用 MEA 命令时，屏幕上将显示测量结果。

命令启动方法

- 菜单命令：【工具】/【查询】/【面积】。
- 面板：【实用工具】面板上的按钮。
- 命令：AREA 或简写 AA，MEASUREGEOM 或简写 MEA。

(1) 测量多边形区域的面积及周长。

启动 AREA 或 MEA 命令，然后指定折线的端点就能计算出折线包围区域的面积及周长，如图 10-4 左图所示。若折线不闭合，则系统假定将其闭合进行计算，所得周长是折线闭合后的数值。

(2) 测量包含圆弧区域的面积及周长。

启动 AREA 或 MEA 命令，选择“圆弧(A)”或“长度(L)”选项，就可以像创建多段线一样“绘制”图形的外轮廓，如图 10-4 右图所示。“绘制”完成后，系统显示面积及周长。

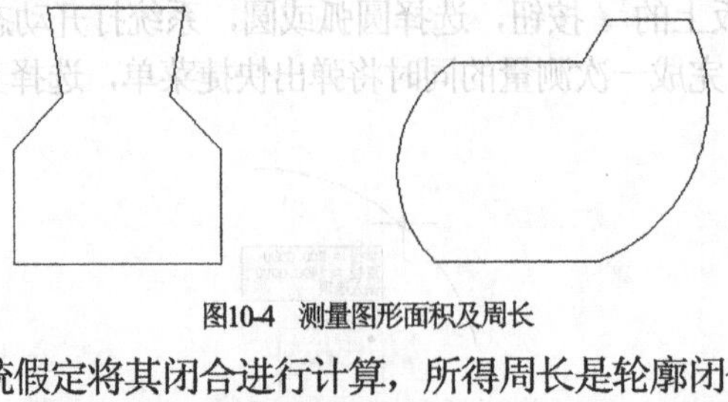

图10-4 测量图形面积及周长

若轮廓不闭合，则系统假定将其闭合进行计算，所得周长是轮廓闭合后的数值。

练习10-1 用 MEA 命令计算图形面积，如图 10-5 所示。

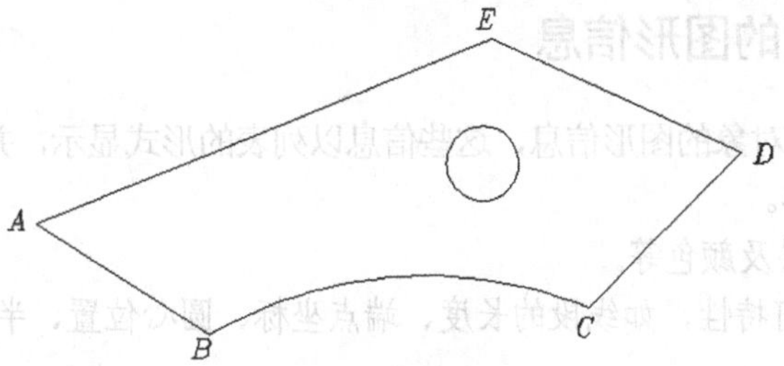

图10-5　测量图形面积

命令: _MEASUREGEOM　　//单击按钮
指定第一个角点或 [增加面积(A)] <对象(O)>: a　　//使用"增加面积(A)"选项
指定第一个角点:　　//捕捉A点
("加"模式)指定下一个点:　　//捕捉B点
("加"模式)指定下一个点或 [圆弧(A)]: a　　//使用"圆弧(A)"选项
指定圆弧的端点或[第二个点(S)]: s　　//使用"第二个点(S)"选项
指定圆弧上的第二个点: nea 到　　//捕捉圆弧上的一点
指定圆弧的端点:　　//捕捉C点
指定圆弧的端点或[直线(L)]: l　　//使用"直线(L)"选项
("加"模式)指定下一个点:　　//捕捉D点
("加"模式)指定下一个点:　　//捕捉E点
("加"模式)指定下一个点:　　//按Enter键
面积 = 933629.2416，周长 = 4652.8657
总面积 = 933629.2416
指定第一个角点或 [减少面积(S)]: s　　//使用"减少面积(S)"选项
指定第一个角点或 [对象(O)]: o　　//使用"对象(O)"选项
("减"模式) 选择对象:　　//选择圆
面积 = 36252.3386，圆周长 = 674.9521
总面积 = 897376.9029
("减"模式) 选择对象:　　//按Enter键结束

MEA命令中的选项介绍如下。

(1) 对象(O)：求出所选对象的面积，有以下两种情况。

- 用户选择的对象是圆、椭圆、面域、正多边形及矩形等闭合图形。
- 对于非封闭的多段线及样条曲线，系统将假定有一条连线使其闭合，然后计算出闭合区域的面积，而所计算出的周长却是多段线或样条曲线的实际长度。

(2) 增加面积(A)：进入"加"模式。可以将新测量的面积加入总面积中。

(3) 减少面积(S)：可把新测量的面积从总面积中扣除。

要点提示　可以将复杂的图形创建成面域，然后利用"对象(O)"选项查询面积及周长。

10.1.6 列出对象的图形信息

LIST 命令用于获取对象的图形信息，这些信息以列表的形式显示，并且随对象类型的不同而不同，一般包括以下内容。

- 对象类型、图层及颜色等。
- 对象的一些几何特性，如线段的长度、端点坐标、圆心位置、半径、圆的面积及周长等。

命令启动方法

- 菜单命令：【工具】/【查询】/【列表显示】。
- 面板：【特性】面板上的按钮。
- 命令：LIST 或简写 LI。

练习10-2 练习 LIST 命令。

打开素材文件“dwg\第 10 讲\10-2.dwg”，单击【特性】面板上的按钮，启动 LIST 命令，系统提示如下。

命令：_list

选择对象：找到 1 个　//选择圆，如图 10-6 所示

选择对象：　//按 Enter 键结束，系统打开【文本窗口】，显示以下信息

圆　　图层：0

空间：模型空间

句柄 = 1e9

圆心 点，X=1643.5122　Y=1348.1237　Z=0.0000

半径 59.1262

周长 371.5006

面积 10982.7031

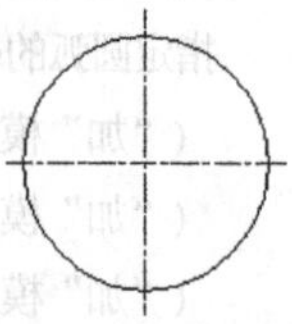

图10-6 查询圆的几何信息

要点提示 可以将复杂的图形创建成面域，然后用 LIST 命令获取图形的面积及周长等。

10.2 范例解析——查询图形信息综合练习

练习10-3 打开素材文件“dwg\第 10 讲\10-3.dwg”，如图 10-7 所示。试获取以下图形信息。

(1) 图形外轮廓线的长度。

(2) 线框 *A* 的周长及围成的面积。

(3) 3 个圆弧槽的总面积。

(4) 去除圆弧槽及内部异形孔后的图形总面积。

1. 使用 REGION 命令将图形外轮廓线围成的区域创建成面域，然后使用 LIST 命令获取外轮廓线框的长度，数值为 758.56。

2. 把线框 A 围成的区域创建成面域，再使用 LIST 命令查询该面域的周长和面积，数值分别为 292.91 和 3421.76。
3. 将 3 个圆弧槽创建成面域，然后使用 AREA 命令的“加(A)”选项计算 3 个槽的总面积，数值为 4108.50。
4. 用外轮廓线面域“减去” 3 个圆弧槽面域及内部异形孔面域，再使用 LIST 命令查询图形总面积，数值为 17934.85。

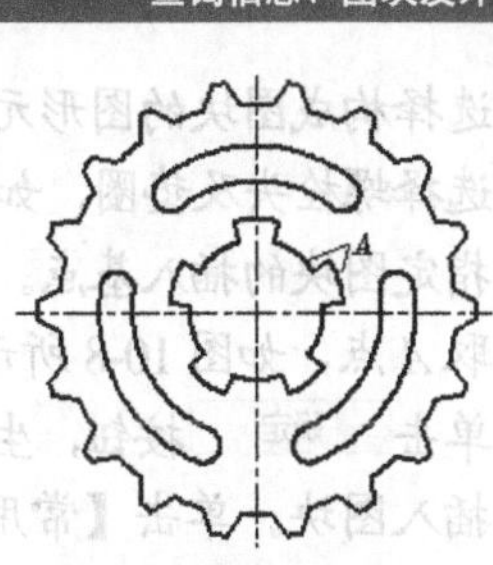

图10-7 计算面积及周长

10.3 功能讲解——图块及块属性

在机械工程中有大量反复使用的标准件，如轴承、螺栓及螺钉等。由于某种类型的标准件其结构形状是相同的，只是尺寸、规格有所不同，因而作图时常事先将它们生成图块，这样当用到标准件时只需插入已定义的图块即可。

10.3.1 定制及插入标准件图块

使用 BLOCK 命令可以将图形的一部分或整个图形创建成图块。用户可以给图块起名，并可定义插入基点。

BLOCK 命令启动方法

- 菜单命令：【绘图】/【块】/【创建】。
- 面板：【块】面板上的按钮。
- 命令：BLOCK 或简写 B。

用户可以使用 INSERT 命令在当前图形中插入图块或其他图形文件。无论图块或被插入的图形多么复杂，系统都将它们作为一个单独的对象。如果用户需编辑其中的单个图形元素，就必须分解图块或文件块。

INSERT 命令启动方法

- 菜单命令：【插入】/【块】。
- 面板：【块】面板上的按钮。
- 命令：INSERT 或简写 I。

练习10-4 创建及插入图块。

1. 打开素材文件“dwg\第 10 讲\10-4.dwg”，如图 10-8 所示。

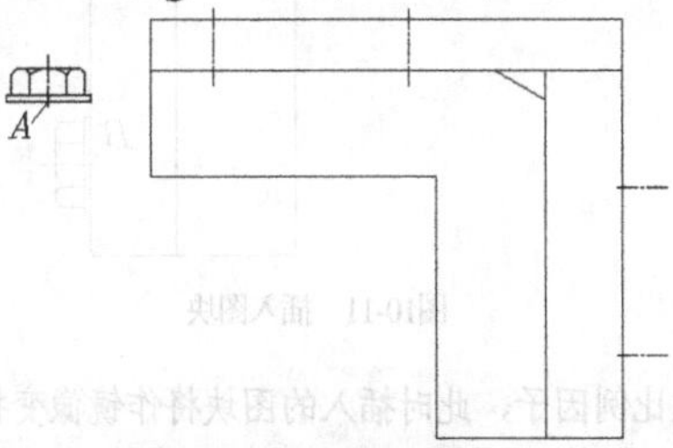

图10-8 创建及插入图块

2. 单击【常用】选项卡中【块】面板上的按钮，或者输入 BLOCK 命令，打开【块定义】对话框，在【名称】文本框中输入图块名“螺栓”，如图 10-9 所示。

3. 选择构成图块的图形元素。单击按钮（选择对象），返回绘图窗口，并提示“选择对象”，选择螺栓头及垫圈，如图 10-8 所示。
4. 指定图块的插入基点。单击按钮（拾取点），返回绘图窗口，并提示“指定插入基点”，拾取 A 点，如图 10-8 所示。
5. 单击 确定 按钮，生成图块。
6. 插入图块。单击【常用】选项卡中【块】面板上的按钮，或者输入 INSERT 命令，打开【插入】对话框，在【名称】下拉列表中选择【螺栓】选项，并在【插入点】【比例】【旋转】分组框中选择【在屏幕上指定】复选项，如图 10-10 所示。

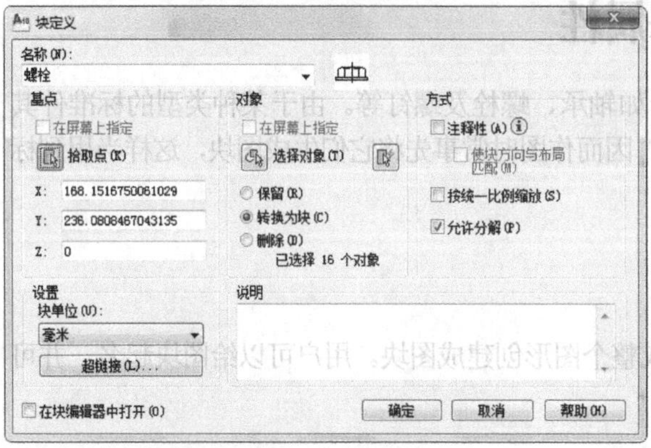

图10-9 【块定义】对话框

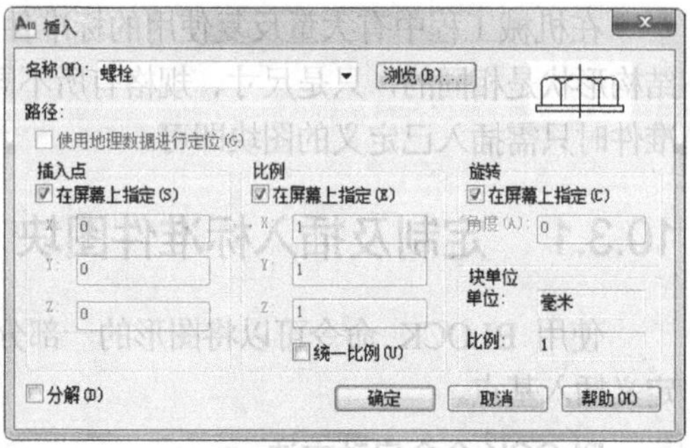

图10-10 【插入】对话框

7. 单击 确定 按钮，系统提示如下。

命令: _insert

指定插入点或 [基点(B)/比例(S)/X/Y/Z/旋转(R)]: int 于

//指定插入点 B，如图 10-11 所示

输入 X 比例因子，指定对角点，或 [角点(C)/XYZ(XYZ)] <1>: 1

//输入 x 方向的缩放比例因子

输入 Y 比例因子或 <使用 X 比例因子>: 1　　//输入 y 方向的缩放比例因子

指定旋转角度 <0>: -90　　//输入图块的旋转角度

结果如图 10-11 所示。

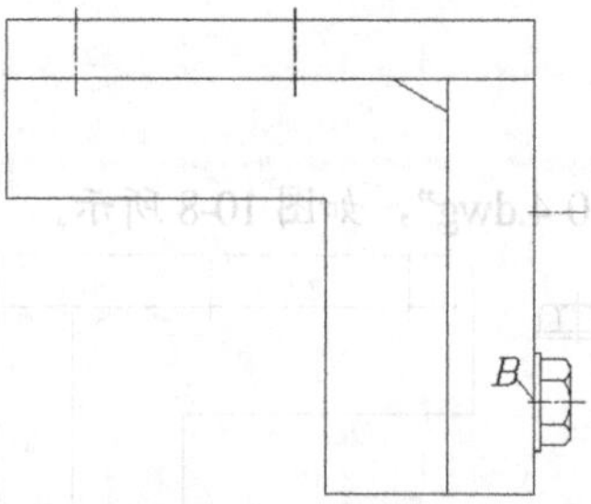

图10-11 插入图块

要点提示　可以指定 x、y 方向的负缩放比例因子，此时插入的图块将作镜像变换。

8. 请读者插入其余图块。

【块定义】及【插入】对话框中常用选项的功能如表 10-1 所示。

表 10-1　常用选项的功能

对话框	选项	功能
【块定义】	【名称】	在此文本框中输入新建图块的名称
	【选择对象】	单击此按钮，切换到绘图窗口，用户在绘图区中选择构成图块的图形对象
	【拾取点】	单击此按钮，切换到绘图窗口，用户可直接在图形中拾取某点作为图块的插入基点
	【保留】	生成图块后，还保留构成图块的源对象
	【转换为块】	生成图块后，把构成图块的源对象也转化为图块
【插入】	【名称】	通过此下拉列表选择要插入的图块。如果要将".dwg"文件插入当前图形中，就单击 浏览(B)... 按钮，然后选择要插入的文件
	【统一比例】	使图块沿 x、y、z 方向的缩放比例都相同
	【分解】	在插入图块的同时分解图块对象

10.3.2　创建及使用图块属性

在 AutoCAD 中，可以使图块附带属性。属性类似于商品的标签，包含了图块所不能表达的一些文字信息，如材料、型号及制造者等，存储在属性中的信息一般称为属性值。当用 BLOCK 命令创建图块时，将已定义的属性与图形一起生成图块，这样图块中就包含属性了。当然，用户也可以只将属性本身创建成一个图块。

属性有助于用户快速产生关于设计项目的信息报表，或者作为一些符号块的可变文字对象。其次，属性也常用来预定义文本位置、内容或提供文本默认值等，例如，把标题栏中的一些文字项目定制成属性对象，就能方便地填写或修改。

命令启动方法

- 菜单命令：【绘图】/【块】/【定义属性】。
- 面板：【块】面板上的按钮。
- 命令：ATTDEF 或简写 ATT。

练习10-5　演示定义属性及使用属性的具体过程。

1. 打开素材文件"dwg\第 10 讲\10-5.dwg"。
2. 单击【常用】选项卡中【块】面板上的按钮，或者输入 ATTDEF 命令，打开【属性定义】对话框，如图 10-12 所示。在【属性】分组框中输入下列内容。

   【标记】：　姓名及号码

   【提示】：　请输入您的姓名及电话号码

   【默认】：　李燕　2660732
3. 在【文字样式】下拉列表中选择【样式-1】，在【文字高度】文本框中输入数值"3"，单击 确定 按钮，系统提示"指定起点"，在电话机的下边拾取 A 点，结果如图 10-13 所示。

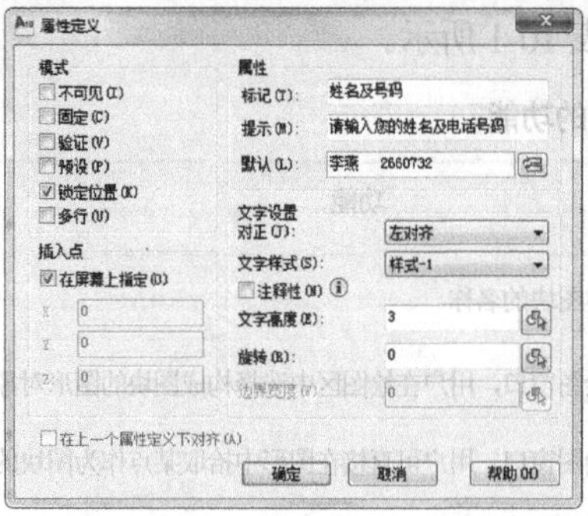

图10-12 【属性定义】对话框

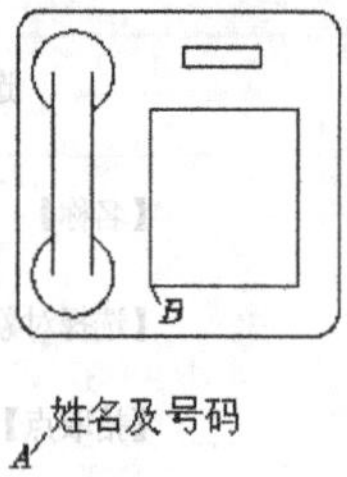

图10-13 定义属性

4. 将属性与图形一起创建成图块。单击【块】面板上的按钮，系统打开【块定义】对话框，如图 10-14 所示。
5. 在【名称】下拉列表中输入新建图块的名称“电话机”，在【对象】分组框中选择【保留】单选项，如图 10-14 所示。
6. 单击按钮（选择对象），返回绘图窗口，并提示“选择对象”，选择电话机及属性，如图 10-13 所示。
7. 指定图块的插入基点。单击按钮（拾取点），返回绘图窗口，并提示“指定插入基点”，拾取 B 点，如图 10-13 所示。

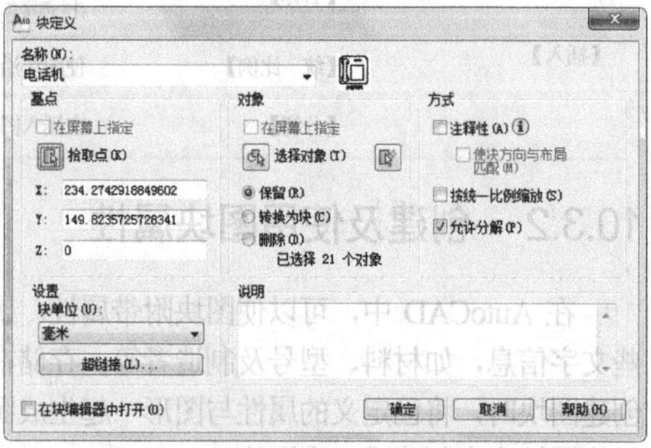

图10-14 【块定义】对话框

8. 单击 确定 按钮，生成图块。
9. 插入带属性的图块。单击【块】面板上的按钮，打开【插入】对话框，在【名称】下拉列表中选择【电话机】，如图 10-15 所示。
10. 单击 确定 按钮，系统提示如下。

指定插入点或 [基点(B)/比例(S)/X/Y/Z/旋转(R)]: //在屏幕的适当位置指定插入点

请输入您的姓名及电话号码 <李燕 2660732>: 张涛 5895926 //输入属性值

结果如图 10-16 所示。

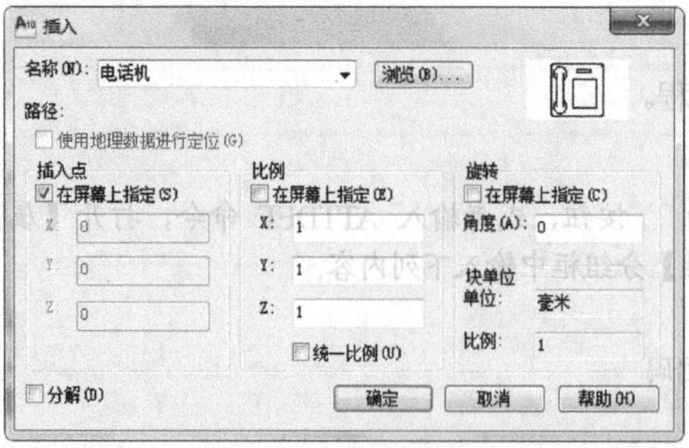

图10-15 【插入】对话框

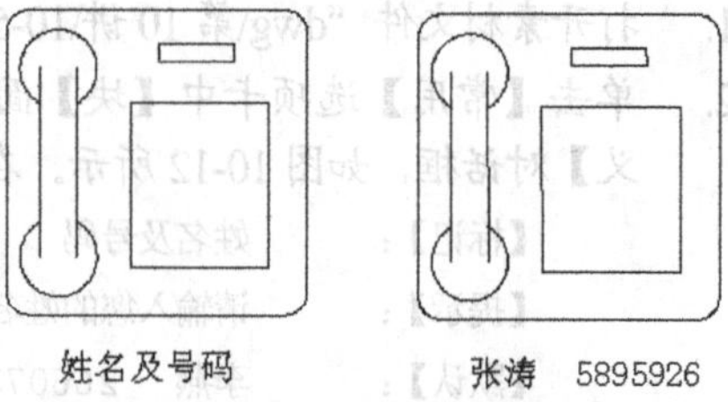

图10-16 插入带属性的图块

【属性定义】对话框（见图 10-12）中常用选项的功能介绍如下。

- 【不可见】：控制属性值在图形中的可见性。如果想使图中包含属性信息，但又不想使其在图形中显示出来，就选择该复选项。有一些文字信息（如零部件的成本、产地、存放仓库等）不必在图形中显示出来，就可设定为不可见属性。

- 【固定】：选择该复选项，属性值将为常量。
- 【预设】：设定是否将实际属性值设置成默认值。若选择此复选项，则插入图块时，系统将不再提示用户输入新属性值，实际属性值等于【默认】文本框中的值。
- 【对正】：该下拉列表中包含了 10 多种属性文字的对齐方式，如调整、中心、中间、左和右等。这些选项的功能与 DTEXT 命令对应选项的功能相同。
- 【文字样式】：设定文字样式。
- 【文字高度】：输入属性的文字高度。
- 【旋转】：设定属性文字的旋转角度。

10.3.3 编辑图块的属性

若属性已被创建成图块，则用户可用 EATTEDIT 命令来编辑属性值及属性的其他特性。

命令启动方法

- 菜单命令：【修改】/【对象】/【属性】/【单个】。
- 面板：【块】面板上的按钮。
- 命令：EATTEDIT。

练习10-6 练习 EATTEDIT 命令。

启动 EATTEDIT 命令，提示“选择块”，选择要编辑的图块后，系统打开【增强属性编辑器】对话框，如图 10-17 所示，在该对话框中用户可对图块的属性进行编辑。

【增强属性编辑器】对话框中有【属性】【文字选项】【特性】3 个选项卡，它们的功能介绍如下。

(1) 【属性】选项卡。

该选项卡中列出了当前图块对象中各个属性的标记、提示及值，如图 10-17 所示。选中某一属性，用户就可以在【值】文本框中修改属性的值。

(2) 【文字选项】选项卡。

该选项卡用于修改属性文字的一些特性，如文字样式及文字高度等，如图 10-18 所示。该选项卡中各选项的含义与【文字样式】对话框中同名选项的含义相同，参见 6.1.1 小节。

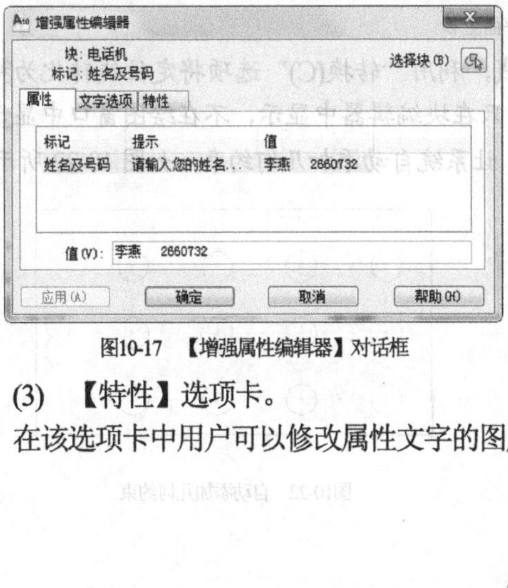

图10-17 【增强属性编辑器】对话框

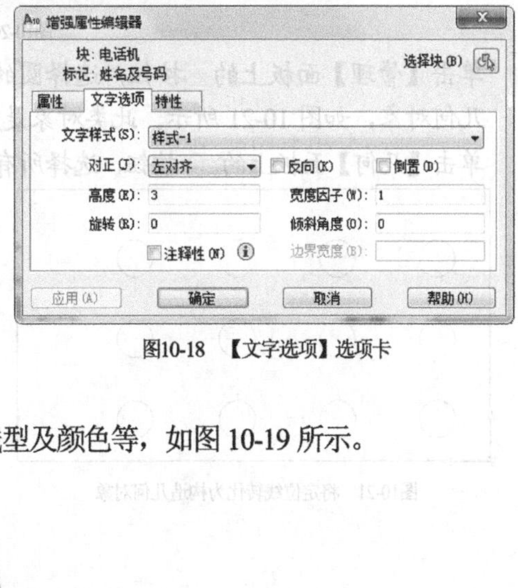

图10-18 【文字选项】选项卡

(3) 【特性】选项卡。

在该选项卡中用户可以修改属性文字的图层、线型及颜色等，如图 10-19 所示。

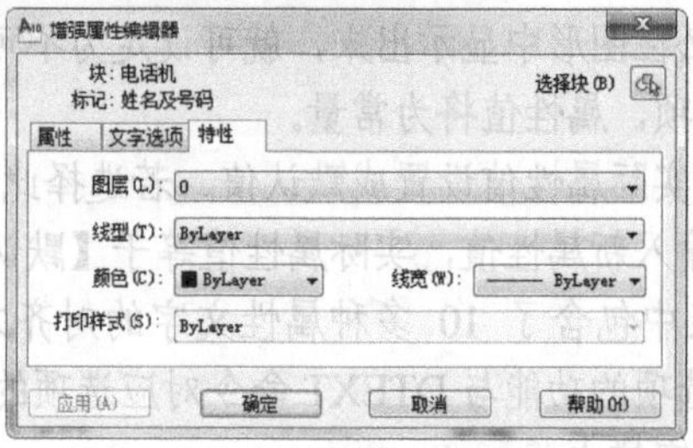

图10-19 【特性】选项卡

10.3.4 参数化的动态图块

用 BLOCK 命令创建的图块是静态的，使用时不能改变其形状及大小（只能缩放）。动态图块继承了普通图块的所有特性，但增加了动态性。创建此类图块时，可加入几何及尺寸约束，利用这些约束驱动图块的形状及大小发生变化。

练习10-7 创建参数化动态图块。

1. 单击【常用】选项卡中【块】面板上的按钮，打开【编辑块定义】对话框，输入图块名“DB-1”，单击 确定 按钮，进入块编辑器。绘制平面图形，尺寸任意，如图 10-20 所示。

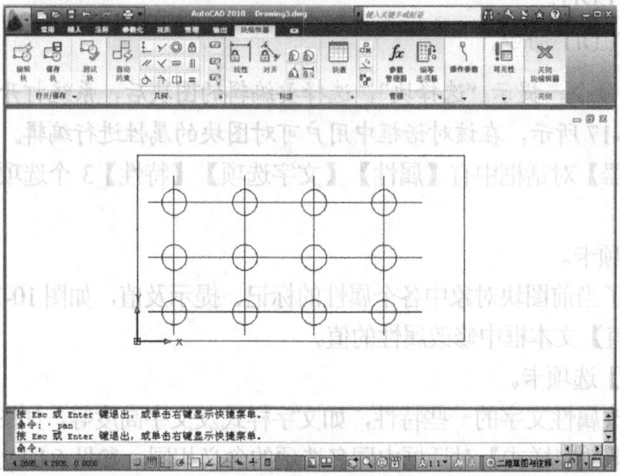

图10-20 绘制平面图形

2. 单击【管理】面板上的按钮，选择圆的定位线，利用“转换(C)”选项将定位线转化为构造几何对象，如图 10-21 所示。此类对象是虚线，只在块编辑器中显示，不在绘图窗口中显示。
3. 单击【几何】面板上的按钮，选择所有对象，让系统自动添加几何约束，如图 10-22 所示。

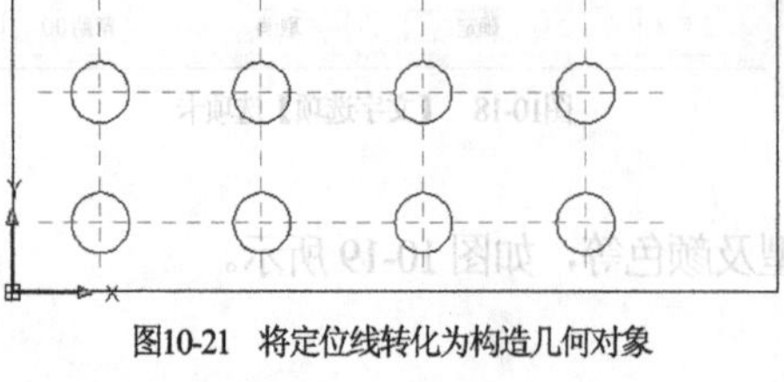

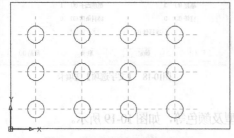

图10-21 将定位线转化为构造几何对象

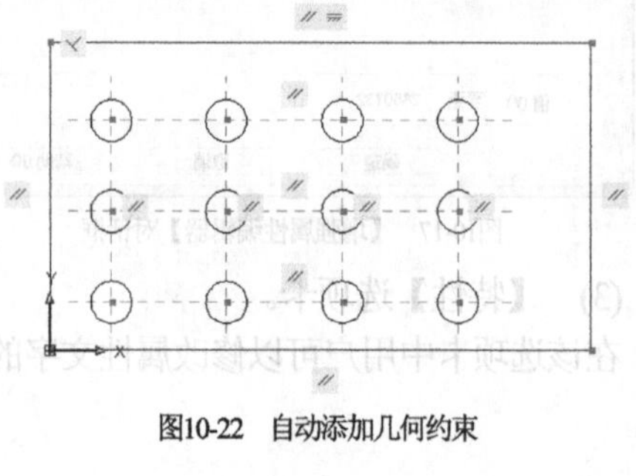

图10-22 自动添加几何约束

4. 给所有圆添加相等约束，然后加入尺寸约束并修改尺寸变量的名称，如图 10-23 所示。
5. 单击【管理】面板上的 *fx* 按钮，打开【参数管理器】，修改尺寸变量的值（不修改变量 *L*、*W* 及 *DIA* 的值），如图 10-24 所示。

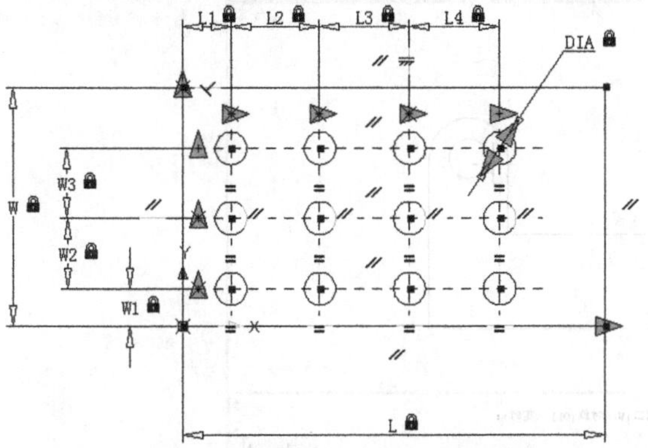

图10-23 加入尺寸约束并修改尺寸变量的名称

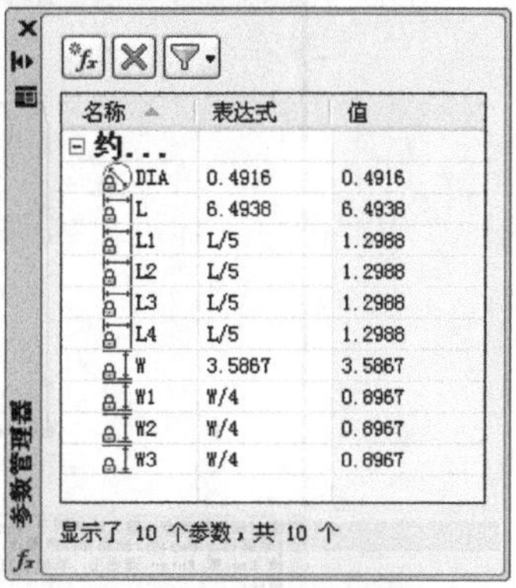

图10-24 修改尺寸变量的值

6. 单击 按钮，测试图块。选中图块，拖动关键点改变图块的大小，如图 10-25 所示。
7. 单击鼠标右键，在弹出的快捷菜单中选择【特性】命令，打开【特性】对话框，将尺寸变量 *L*、*W*、*DIA* 的值分别修改为 18、6、1.1，如图 10-26 所示。

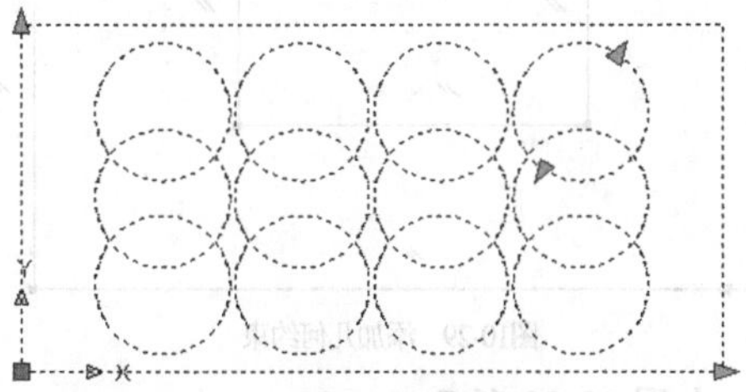

图10-25 测试图块

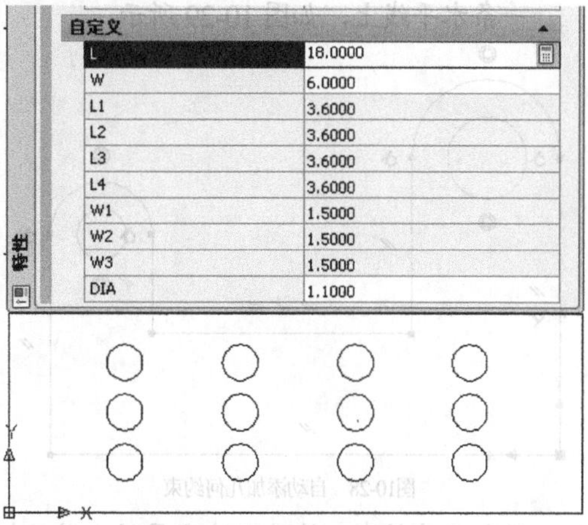

图10-26 修改尺寸

8. 单击 按钮，关闭测试窗口，返回块编辑器。单击 按钮，保存图块。

10.3.5 利用表格参数驱动动态图块

在动态图块中加入几何约束及尺寸约束后，就可通过修改尺寸值改变动态图块的形状及大小。用户可事先将多个尺寸参数创建成表格，利用表格指定图块的不同尺寸组。

练习10-8 创建参数化动态图块。

1. 单击【常用】选项卡中【块】面板上的 按钮，打开【编辑块定义】对话框，输入图块名“DB-2”，单击 确定 按钮，进入块编辑器。绘制平面图形，尺寸任意，如图 10-27 所示。

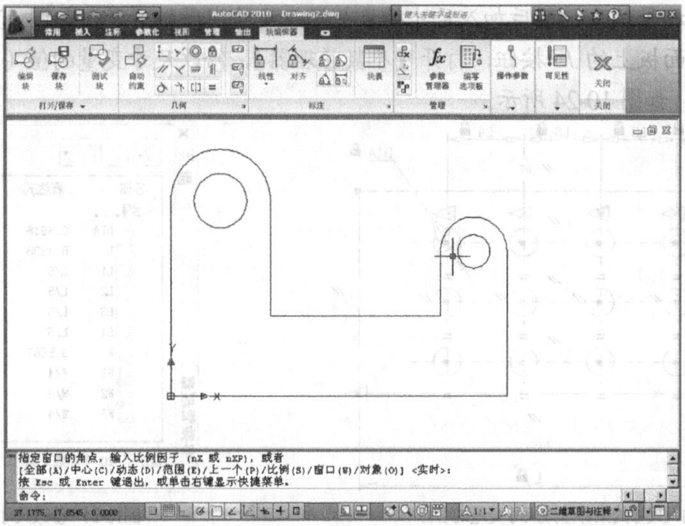

图10-27 绘制平面图形

2. 单击【几何】面板上的按钮，选择所有对象，让系统自动添加几何约束，如图 10-28 所示。
3. 添加相等约束，使两个半圆弧及两个圆的大小相同；添加水平约束，使两个圆弧的圆心在同一条水平线上，如图 10-29 所示。

图10-28 自动添加几何约束

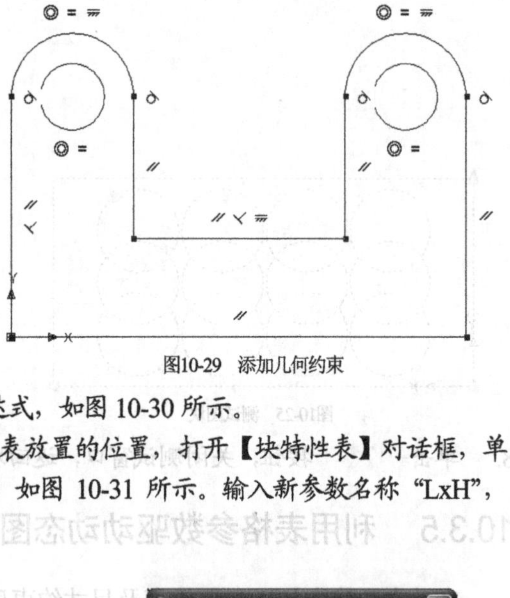

图10-29 添加几何约束

4. 添加尺寸约束，修改尺寸变量的名称及相关表达式，如图 10-30 所示。
5. 双击【标注】面板上的按钮，指定图块参数表放置的位置，打开【块特性表】对话框，单击对话框中的按钮，打开【新参数】对话框，如图 10-31 所示。输入新参数名称 “LxH”，设定新参数的类型为【字符串】。

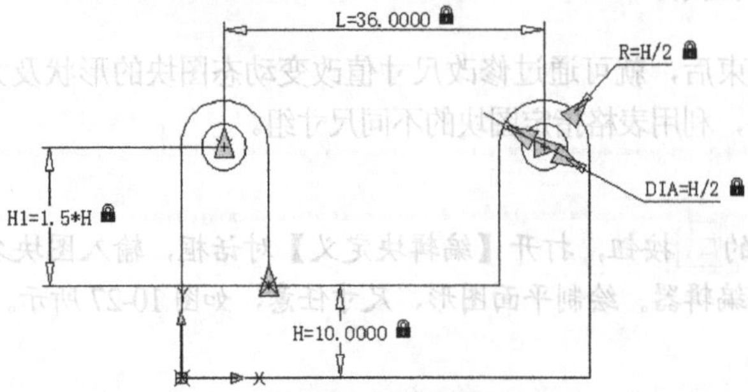

图10-30 加入尺寸约束等

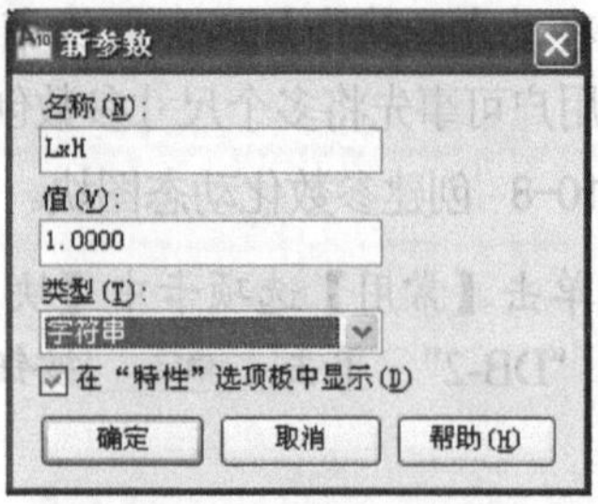

图10-31 【新参数】对话框

6. 返回【块特性表】对话框，单击 按钮，打开【添加参数特性】对话框，如图 10-32 左图所示。选择参数 L 及 H，单击 确定 按钮，所选参数添加到【块特性表】对话框中，如图 10-32 右图所示。

图10-32　将参数添加到【块特性表】对话框中

7. 双击表格单元，输入参数值，如图 10-33 所示。
8. 单击 按钮，测试图块。选中图块，单击参数表的关键点，选择不同的参数，查看图块的变化，如图 10-34 所示。

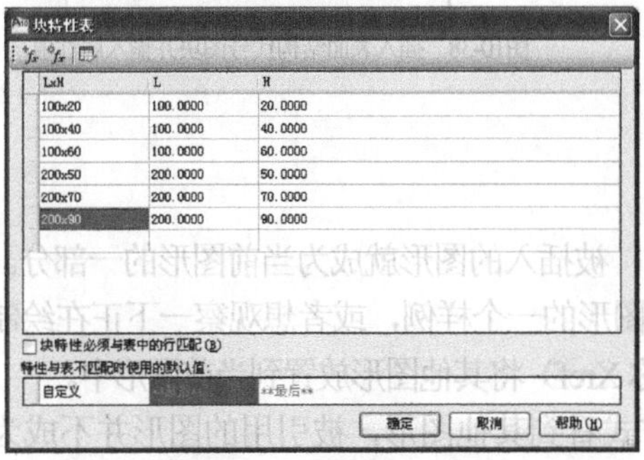

图10-33　输入参数值

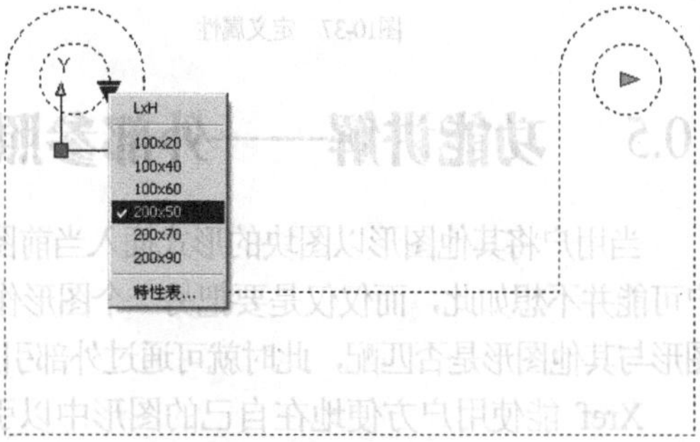

图10-34　测试图块（1）

9. 关闭测试窗口，单击【标注】面板上的 按钮，打开【块特性表】对话框，按住列标题名称“L”，将其拖到第一列，如图 10-35 所示。
10. 单击 按钮，测试图块。选中图块，单击参数表的关键点，打开参数列表，目前的列表样式已发生变化，如图 10-36 所示。

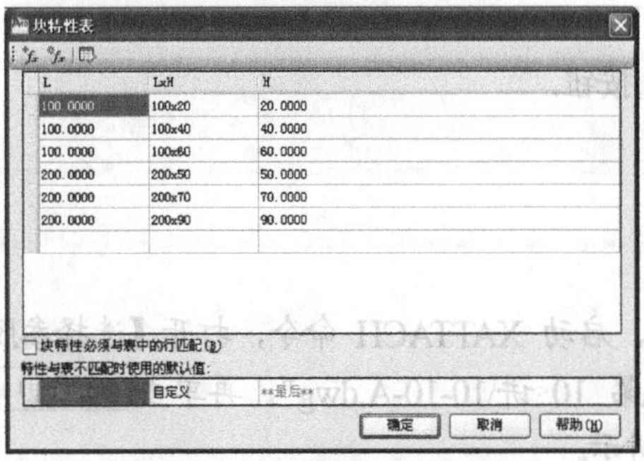

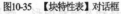

图10-35　【块特性表】对话框

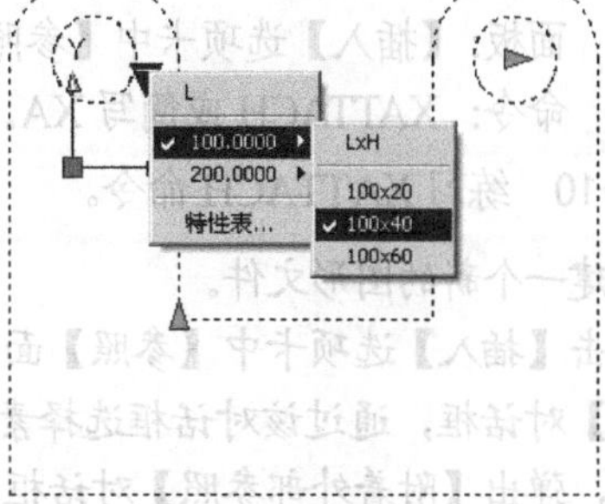

图10-36　测试图块（2）

11. 单击 按钮，关闭测试窗口，返回块编辑器。单击 按钮，保存图块。

10.4 范例解析——图块及属性综合练习

练习10-9 创建图块、属性及插入带属性的图块。

1. 打开素材文件“dwg\第 10 讲\10-9.dwg”。
2. 定义属性“表面结构代号”，该属性包含以下内容。

   【标记】: 表面结构代号
   【提示】: 请输入表面结构参数值
   【默认】: 12.5
3. 设定属性的高度为 3.5，字体为“工程文字”，对齐方式为“左对齐”，对齐点在 *A* 点，如图 10-37 所示。
4. 将表面结构代号及属性一起创建成图块。
5. 插入表面结构代号图块并输入属性值，结果如图 10-38 所示。

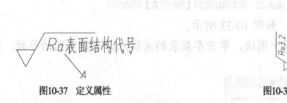

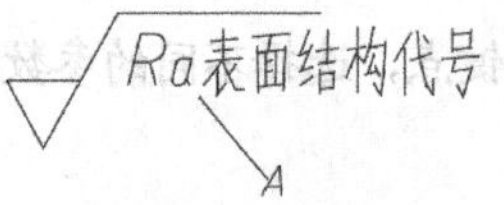

图10-37 定义属性

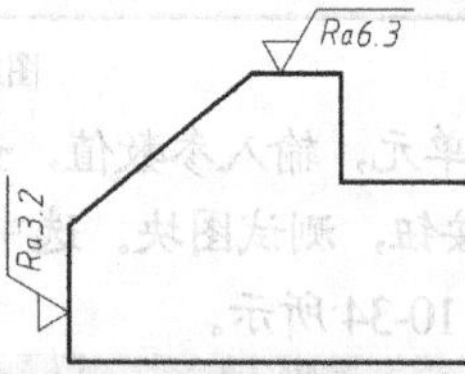

图10-38 插入表面结构代号图块并输入属性值

10.5 功能讲解——外部参照

当用户将其他图形以图块的形式插入当前图形中时，被插入的图形就成为当前图形的一部分。用户可能并不想如此，而仅仅是要把另一个图形作为当前图形的一个样例，或者想观察一下正在绘制的图形与其他图形是否匹配，此时就可通过外部引用（也称 Xref）将其他图形放置到当前图形中。

Xref 能使用户方便地在自己的图形中以引用的方式看到其他图形，被引用的图形并不成为当前图形的一部分，当前图形中仅记录了外部引用文件的位置和名称。

10.5.1 引用外部图形

命令启动方法

- 菜单命令:【插入】/【DWG 参照】。
- 面板:【插入】选项卡中【参照】面板上的按钮。
- 命令: XATTACH 或简写 XA。

练习10-10 练习 XATTACH 命令。

1. 创建一个新的图形文件。
2. 单击【插入】选项卡中【参照】面板上的按钮，启动 XATTACH 命令，打开【选择参照文件】对话框，通过该对话框选择素材文件“dwg\第 10 讲\10-10-A.dwg”，再单击打开(O)按钮，弹出【附着外部参照】对话框，如图 10-39 所示。
3. 单击确定按钮，再按系统提示指定文件的插入点，移动及缩放图形，结果如图 10-40 所示。

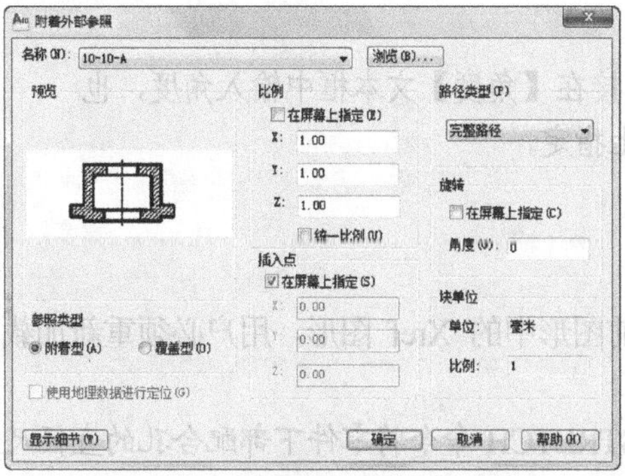

图10-39 【附着外部参照】对话框

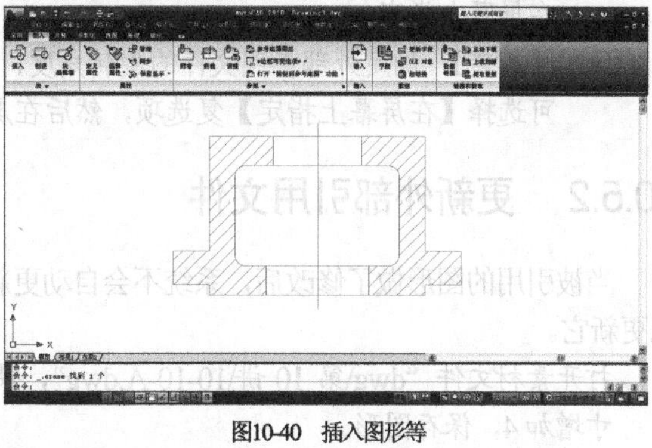

图10-40 插入图形等

4. 用与上述相同的方法引用图形文件“dwg\第 10 讲\10-10-B.dwg”，再用 MOVE 命令把两个图形组合在一起，结果如图 10-41 所示。

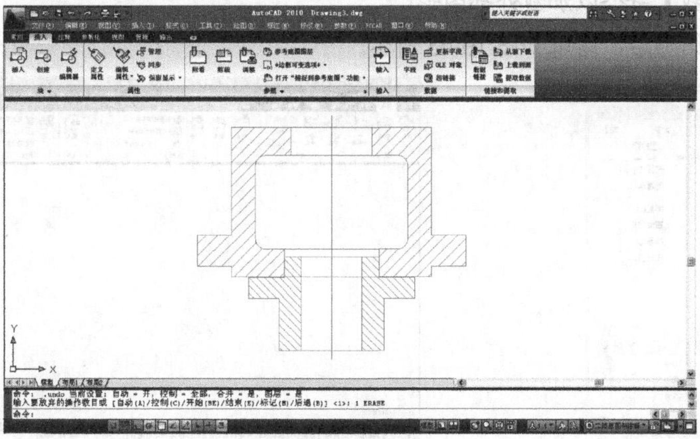

图10-41 插入并组合图形

【附着外部参照】对话框中各选项的功能介绍如下。

- 【名称】：该下拉列表显示了当前图形中包含的外部参照文件名称。用户可在下拉列表中直接选取文件，也可单击其右侧的 浏览(B)... 按钮查找其他参照文件。
- 【附着型】：图形文件 *A* 嵌套了其他的 Xref，而这些文件是以“附着型”方式被引用的。当新文件引用图形 *A* 时，用户不仅可以看到图形 *A* 本身，还能看到图形 *A* 中嵌套的 Xref。附着方式的 Xref 不能循环嵌套，即如果图形 *A* 引用了图形 *B*，而图形 *B* 又引用了图形 *C*，则图形 *C* 不能再引用图形 *A*。
- 【覆盖型】：图形 *A* 中有多层嵌套的 Xref，但它们均以“覆盖型”方式被引用。当其他图形引用图形 *A* 时，就只能看到图形 *A*，而其包含的任何 Xref 都不会显示出来。覆盖方式的 Xref 可以循环引用，这使设计人员可以灵活地查看其他任何图形文件，而无须为图形之间的嵌套关系而担忧。
- 【插入点】：在该分组框中指定外部参照文件的插入基点，可直接在【X】【Y】【Z】文本框中输入插入点的坐标，也可选择【在屏幕上指定】复选项，然后在屏幕上指定。
- 【比例】：在该分组框中指定外部参照文件的缩放比例，可直接在【X】【Y】【Z】文本框中输入沿这 3 个方向的比例因子，也可选择【在屏幕上指定】复选项，然后在屏幕上指定。

- 【旋转】：确定外部参照文件的旋转角度，可直接在【角度】文本框中输入角度，也可选择【在屏幕上指定】复选项，然后在屏幕上指定。

10.5.2 更新外部引用文件

当被引用的图形做了修改后，系统不会自动更新当前图形中的 Xref 图形，用户必须重新加载以更新它。

1. 打开素材文件"dwg\第 10 讲\10-10-A.dwg"，使用 STRETCH 命令将零件下部配合孔的直径尺寸增加 4，保存图形。
2. 切换到新图形文件。单击【插入】选项卡中【参照】面板右下角的 按钮，打开【外部参照】对话框，如图 10-42 所示。选中"10-10-A.dwg"文件，单击鼠标右键，在弹出的快捷菜单中选择【重载】命令以加载外部图形。
3. 重新加载外部图形后，结果如图 10-43 所示。

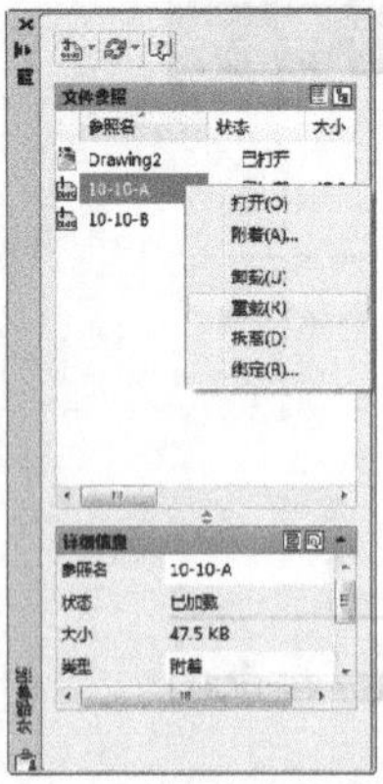

图10-42 【外部参照】对话框

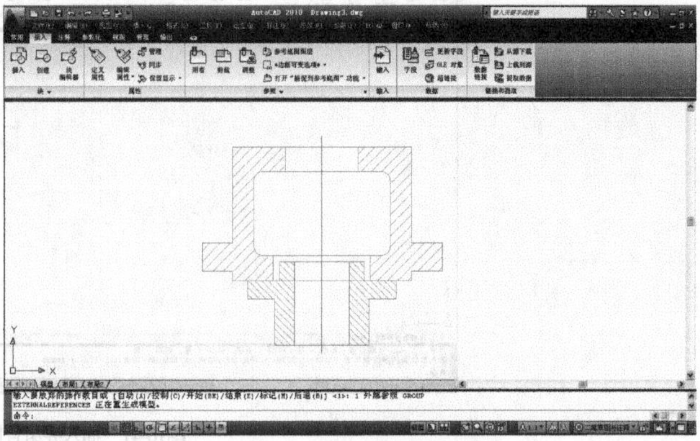

图10-43 重新加载外部图形

【外部参照】对话框中常用选项的功能介绍如下。

- ：单击此按钮，系统弹出【选择参照文件】对话框，用户通过该对话框选择要插入的图形文件。
- 附着（快捷菜单命令，下同）：选择此命令，系统弹出【外部参照】对话框，用户通过该对话框选择要插入的图形文件。
- 卸载：暂时移走当前图形中的某个外部参照文件，但在列表框中仍保留该文件的路径。
- 重载：在不退出当前图形文件的情况下更新外部引用文件。
- 拆离：将某个外部参照文件去除。
- 绑定：将外部参照文件永久地插入当前图形中，使之成为当前文件的一部分，详细内容见 10.5.3 小节。

10.5.3 转化外部引用文件的内容为当前图形的一部分

由于被引用的图形本身并不是当前图形的内容，因此引用图形的命名项目，如图层、文字样式和标注样式等，都以特有的格式表示出来。Xref 的命名项目的表示形式为"Xref 名称|命名项目"，通过这种方式，系统将引用文件的命名项目与当前图形的命名项目区别开来。

用户可以把外部引用文件转化为当前图形的内容，转化后 Xref 就变为图形中的一个图块，另外，也能把引用图形的命名项目（如图层及文字样式等）转变为当前图形的一部分。通过这种方法，用户可以轻易地使所有图形的图层及文字样式等命名项目保持一致。

在【外部参照】对话框中，选择要转化的图形文件，然后单击鼠标右键，弹出快捷菜单，选取【绑定】命令，打开【绑定外部参照】对话框，如图10-44所示。

【绑定外部参照】对话框中有两个选项，它们的功能介绍如下。

- 【绑定】：选择该单选项时，引用图形的所有命名项目的名称由“Xref 名称|命名项目”变为“Xref名称N命名项目”。其中，字母 *N* 是可自动增加的整数，以避免与当前图形中的项目名称重复。
- 【插入】：使用该单选项类似于先拆离引用文件，然后再以图块的形式插入外部引用文件。当合并外部图形后，命名项目的名称前不加任何前缀。例如，外部引用文件中有图层 WALL，当利用【插入】单选项转化外部图形时，若当前图形中无 WALL 图层，那么系统就创建 WALL 图层，否则继续使用原来的 WALL 图层。

在命令行中输入“XBIND”，系统打开【外部参照绑定】对话框，如图 10-45 所示。在该对话框左边的列表框中选择要添加到当前图形中的项目，然后单击 添加(A) -> 按钮，把命名项目加入【绑定定义】列表框中，再单击 确定 按钮。

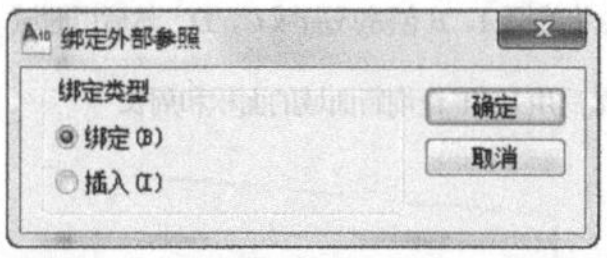

图10-44 【绑定外部参照】对话框

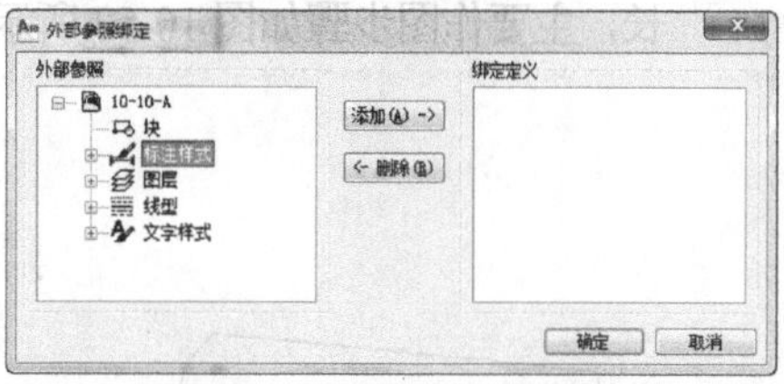

图10-45 【外部参照绑定】对话框

要点提示 用户可以通过 Xref 连接一系列库文件。如果想要使用库文件中的内容，就用 XBIND 命令将库文件中的有关项目（如标注样式及图块等）转化成当前图形的一部分。

10.6 范例解析——使用外部参照

练习10-11 练习使用外部参照的方法，内容包括引用外部图形、修改及保存图形、重新加载图形。

1. 打开素材文件“dwg\第 10 讲\10-11-A.dwg”。
2. 使用 XATTACH 命令引用文件“dwg\第 10 讲\10-11-B.dwg”，再使用 MOVE 命令移动图形，使两个图形“装配”在一起，结果如图 10-46 所示。

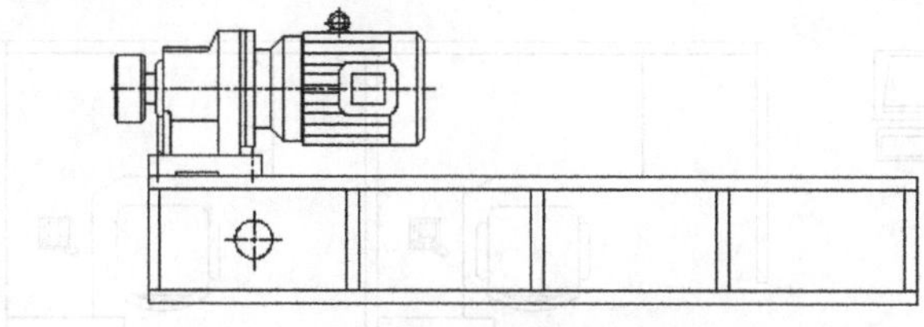

图10-46 引用外部图形并装配

3. 打开素材文件“dwg\第 10 讲\10-11-B.dwg”，修改图形，再保存图形，结果如图 10-47 所示。

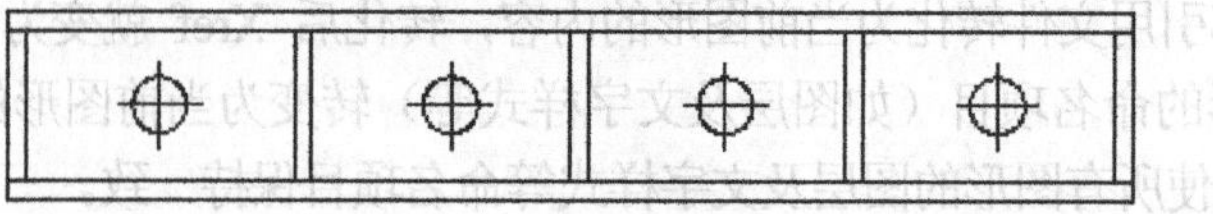

图10-47　修改并保存图形

4. 切换到文件“10-11-A.dwg”，使用 XREF 命令重新加载文件“10-11-B.dwg”，结果如图 10-48 所示。

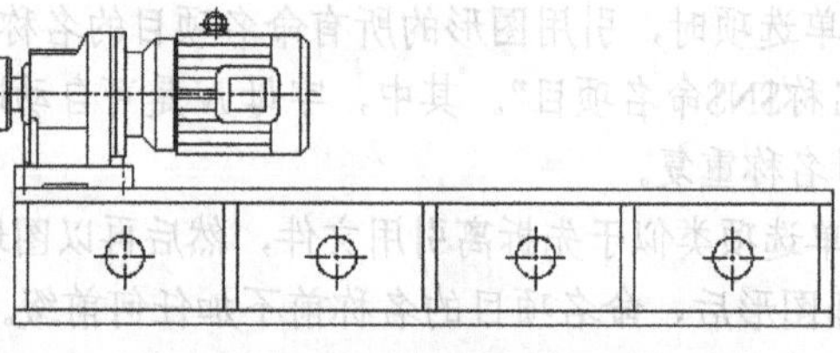

图10-48　重新加载文件

10.7　课堂实训——查询图形信息、图块及外部参照练习

练习10-12 打开素材文件“dwg\第 10 讲\10-12.dwg”，如图 10-49 所示，查询该图形的面积及周长，主要作图步骤如图 10-50 所示。

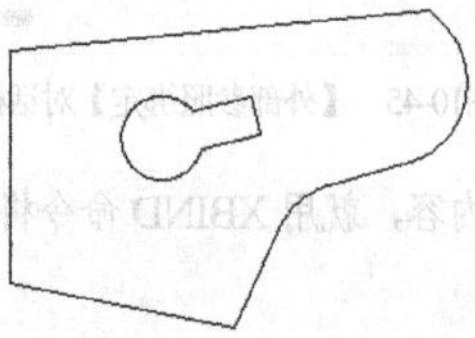

图10-49　查询图形面积及周长

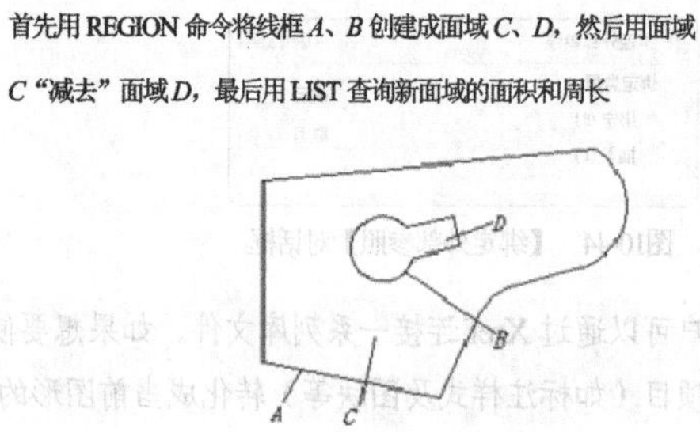
首先用 REGION 命令将线框 A、B 创建成面域 C、D，然后用面域 C“减去”面域 D，最后用 LIST 查询新面域的面积和周长
D
B
A
C

图10-50　主要作图步骤（1）

练习10-13 打开素材文件“dwg\第 10 讲\10-13.dwg”，如图 10-51 所示，将“计算机”与属性一起创建成图块，然后在图形中插入新生成的图块，并输入属性值。

属性定义如下。

- 标记：姓名及编号。
- 提示：请输入你的姓名及编号。
- 默认：李燕　0001。

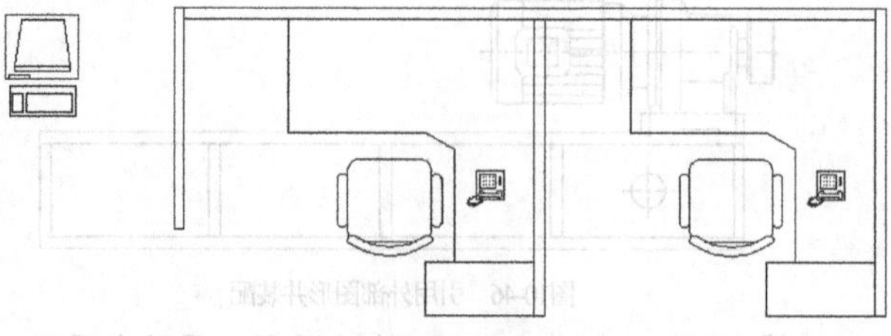

图10-51　使用图块及属性

创建及插入带属性图块的主要作图步骤如图 10-52 所示。

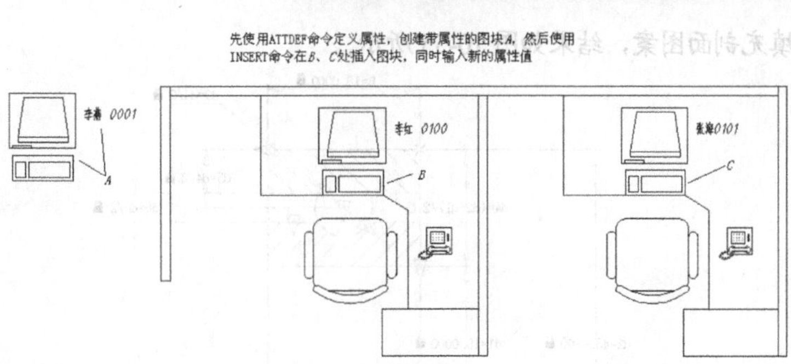

图10-52 主要作图步骤（2）

10.8 综合实例——创建表格驱动的轴承图块

练习10-14 创建深沟球轴承图块，图块大小由表格参数驱动，参数包括轴承内径、外径及宽度。图块效果如图 10-53 所示。

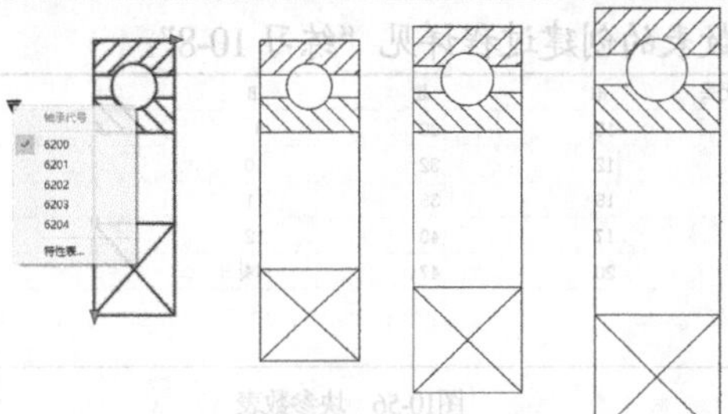

图10-53 表格参数驱动的轴承图块

1. 单击【常用】选项卡中【块】面板上的按钮，打开【编辑块定义】对话框，输入图块名“深沟球轴承”，单击 确定 按钮，进入块编辑器。绘制轴承平面图形，宽度及高度小于 50，其余尺寸任意，结果如图 10-54 左图所示。
2. 单击【几何】面板右下角的按钮，打开【约束设置】对话框，进入【自动约束】选项卡，设置自动约束类型为【重合】。单击【几何】面板上的按钮，选择所有对象，让系统自动添加重合约束，使图形的所有交点都重合。用同样的方法给图形对象添加水平及竖直约束。
3. 分别单击【几何】面板上的 = 、 ⁄ 按钮，给与圆相连的 4 条短线添加相等及共线约束，如图 10-54 右图所示。

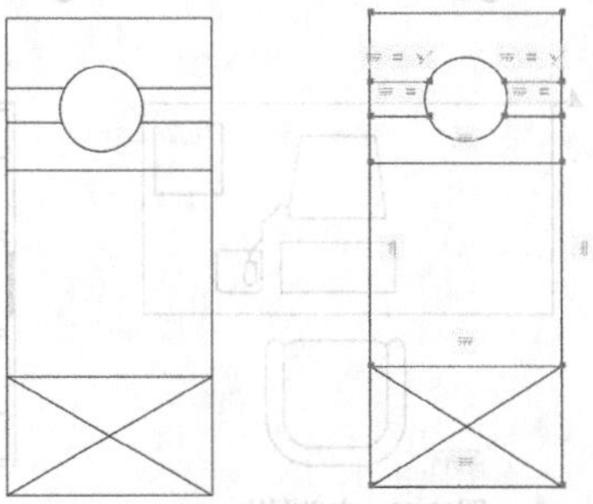

图10-54 绘制轴承平面图形及添加几何约束

4. 分别单击【标注】面板上的、按钮，标注线性尺寸及直径尺寸，修改尺寸变量名称及尺寸值，再填充剖面图案，结果如图 10-55 所示。

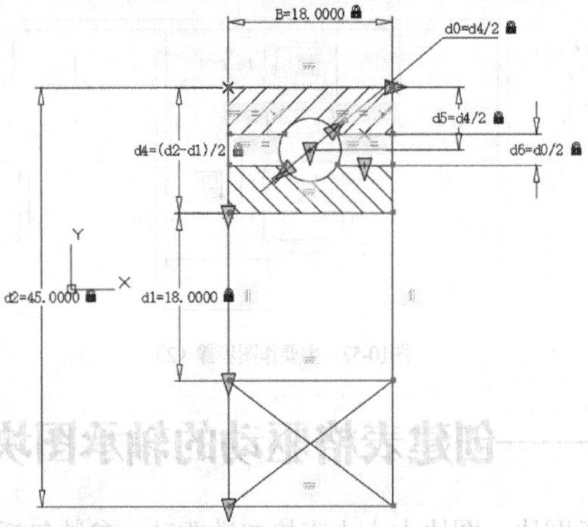

图10-55　添加尺寸约束及填充剖面图案等

5. 单击【标注】面板上的按钮，创建块参数表，表中参数如图 10-56 所示。其中“轴承代号”是新建参数。块参数表的创建过程详见“练习 10-8”。

轴承代号	d1	d2	B
6200	10	30	9
6201	12	32	10
6202	15	35	11
6203	17	40	12
6204	20	47	14

图10-56　块参数表

6. 插入并选择图块，打开块参数表，选择不同参数得到相应大小的轴承图块，结果如图 10-53 所示。

10.9　课后作业

1. 打开素材文件“dwg\第 10 讲\10-15.dwg”，如图 10-57 所示，试计算图形面积及外轮廓线周长。
2. 创建图块、插入图块及外部引用。
(1) 打开素材文件“dwg\第 10 讲\10-16-A.dwg”，如图 10-58 所示，将图形定义为图块，图块名为“Block”，插入点在 *A* 点。
(2) 在当前文件中引用外部文件“dwg\第 10 讲\10-16-B.dwg”，然后插入“Block” 图块，结果如图 10-59 所示。

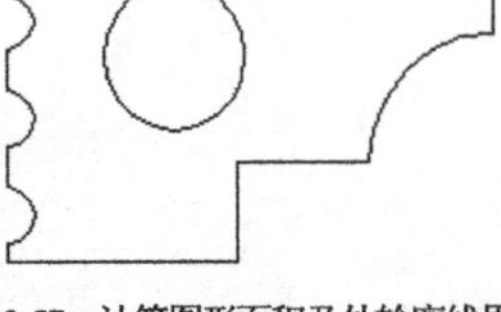

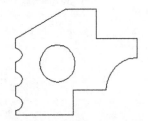

图10-57　计算图形面积及外轮廓线周长

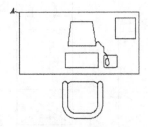

图10-58　定义图块

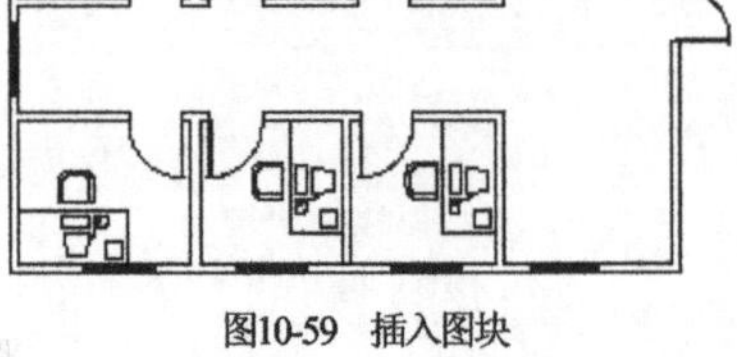

图10-59　插入图块

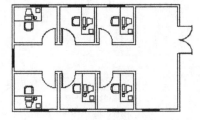

3. 引用外部图形、修改并保存图形及重新加载图形。

(1) 打开“dwg\第10讲”中的“10-17-A.dwg”和“10-17-B.dwg”素材文件。

(2) 激活文件“10-17-A.dwg”，用XATTACH命令插入文件“10-17-B.dwg”，再用MOVE命令移动图形，使两个图形“装配”在一起，结果如图10-60所示。

(3) 激活文件“10-17-B.dwg”，如图10-61左图所示，用STRETCH命令调整上、下两孔的位置，使两孔间距离增加40，结果如图10-61右图所示。

(4) 保存文件“10-17-B.dwg”。

(5) 激活文件“10-17-A.dwg”，用XREF命令重新加载文件“10-17-B.dwg”，结果如图10-62所示。

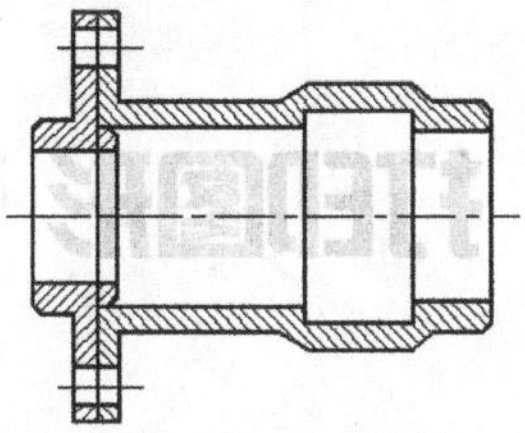

图10-60 引用外部图形

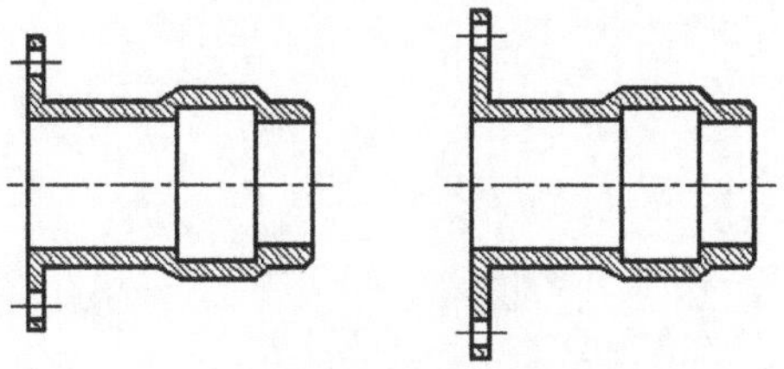

图10-61 调整孔的位置

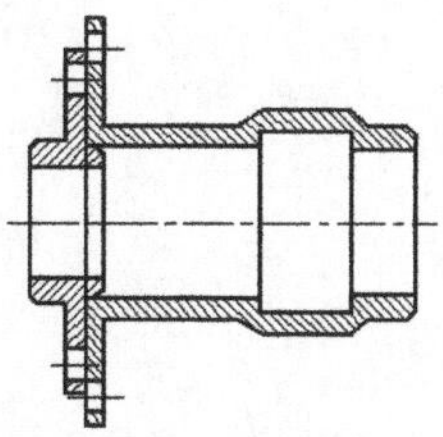

图10-62 重新加载外部文件

第11讲

打印图形

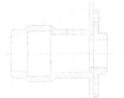

通过学习本讲，读者可以掌握从模型空间打印图形的方法，并学会将多张图纸布置在一起打印的技巧。

学习目标

- 打印图形的完整过程。
- 选择打印设备，对当前打印设备的设置进行简单修改。
- 选择图纸幅面和设定打印区域。
- 调整打印方向、位置和设定打印比例。
- 打印样式基本概念。
- 将小幅面图纸组合成大幅面图纸进行打印。

11.1 功能讲解——了解打印过程及设置打印参数

本节主要内容包括打印图形的过程和打印参数的设置等。

11.1.1 打印图形的过程

在模型空间中将工程图样布置在标准幅面的图框内，再标注尺寸及书写文字后，就可以打印图形了。打印图形的主要过程如下。

(1) 指定打印设备，打印设备可以是 Windows 系统打印机也可以是在 AutoCAD 中安装的打印机。

(2) 选择图纸幅面及打印份数。

(3) 设定要输出的内容。例如，可指定打印某一矩形区域的内容，或者打印包围所有图形的最大矩形区域的内容。

(4) 调整图形在图纸上的位置及方向。

(5) 选择打印样式，详见 11.1.3 小节。若不指定打印样式，则按对象的原有属性进行打印。

(6) 设定打印比例。

(7) 预览打印效果。

练习11-1 从模型空间打印图形。

1. 打开素材文件“dwg\第 11 讲\11-1.dwg”。
2. 选择菜单命令【文件】/【绘图仪管理器】，打开【Plotters】窗口，利用该窗口的“添加绘图仪向导”配置一台绘图仪“DesignJet 450C C4716A”。
3. 选择菜单命令【文件】/【打印】，打开【打印-模型】对话框，如图 11-1 所示。在该对话框中完成以下设置。

(1) 在【打印机/绘图仪】分组框的【名称】下拉列表中选择打印设备【DesignJet 450C C4716A.pc3】。

(2) 在【图纸尺寸】下拉列表中选择 A2 幅面图纸。

(3) 在【打印份数】分组框的文本框中输入打印份数。

(4) 在【打印范围】下拉列表中选择【范围】选项。

(5) 在【打印比例】分组框中设置打印比例为【1：5】。

(6) 在【打印偏移】分组框中指定打印原点为（80,40）。

(7) 在【图形方向】分组框中设定图形打印方向为【横向】。

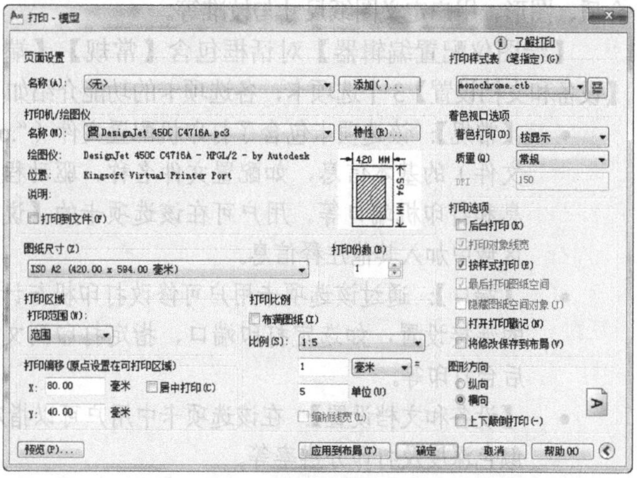

图11-1 【打印-模型】对话框

(8) 在【打印样式表】分组框的下拉列表中选择打印样式【monochrome.ctb】（将所有颜色打印为黑色）。

4. 单击 预览(P)... 按钮，预览打印效果，如图 11-2 所示。若满意，则单击快速访问工具栏上的 🖨 按钮开始打印，否则按 Esc 键返回【打印-模型】对话框，重新设定打印参数。

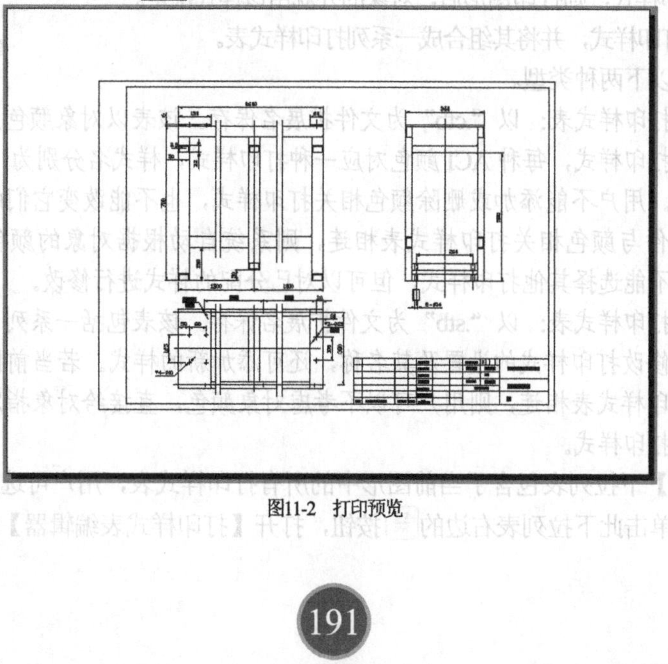

图11-2 打印预览

11.1.2 选择打印设备

在【打印机/绘图仪】的【名称】下拉列表中，用户可以选择 Windows 系统打印机或 AutoCAD 内部打印机（“.pc3”文件）作为打印设备。请注意，这两种打印机名称前的图标是不一样的。当用户选定某种打印机后，【名称】下拉列表的下方将显示被选中设备的名称、连接端口，以及其他有关打印机的注释信息。

如果用户想修改当前打印机设置，可单击 特性(R)... 按钮，打开【绘图仪配置编辑器】对话框，如图 11-3 所示。在该对话框中用户可以重新设定打印机端口及其他输出设置，如介质、图形、用户定义图纸尺寸与校准等。

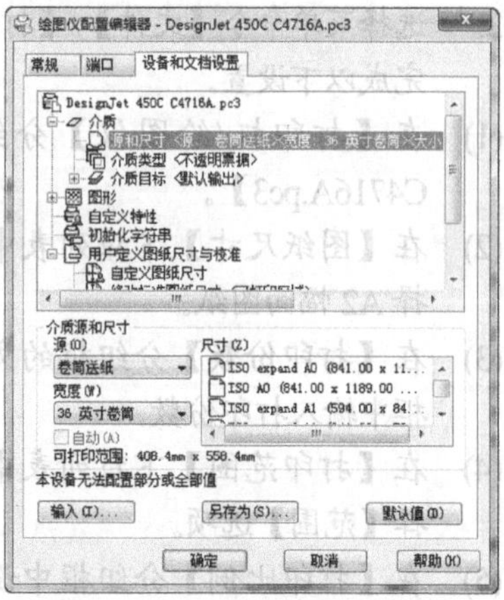

图11-3 【绘图仪配置编辑器】对话框

【绘图仪配置编辑器】对话框包含【常规】【端口】【设备和文档设置】3 个选项卡，各选项卡的功能介绍如下。

- 【常规】：该选项卡包含了打印机配置文件（“.pc3”文件）的基本信息，如配置文件名称、驱动程序信息和打印机端口等。用户可在该选项卡的【说明】区域中加入其他注释信息。
- 【端口】：通过该选项卡用户可修改打印机与计算机的连接设置，如选定打印端口、指定打印到文件和后台打印等。
- 【设备和文档设置】：在该选项卡中用户可以指定图纸来源、尺寸和类型，并能修改颜色深度及打印分辨率等。

11.1.3 选择打印样式

在【打印样式表】分组框的下拉列表中选择一种打印样式，如图 11-4 所示。打印样式是对象的一种特性，如同颜色和线型一样，它用于修改打印图形的外观。若为某个对象选择了一种打印样式，则打印图形后，对象的外观由该样式决定。系统提供了几百种打印样式，并将其组合成一系列打印样式表。

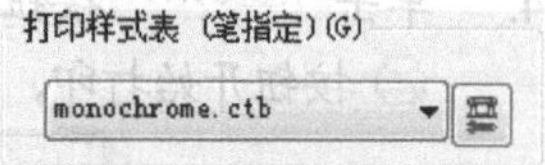

图11-4 选择打印样式

打印样式表有以下两种类型。

- 颜色相关打印样式表：以“.ctb”为文件扩展名保存。该表以对象颜色为基础，共包含 255 种打印样式，每种 ACI 颜色对应一种打印样式，样式名分别为“颜色 1”“颜色 2”等。用户不能添加或删除颜色相关打印样式，也不能改变它们的名称。若当前图形文件与颜色相关打印样式表相连，则系统自动根据对象的颜色分配打印样式。用户不能选择其他打印样式，但可以对已分配的样式进行修改。
- 命名相关打印样式表：以“.stb”为文件扩展名保存。该表包括一系列已命名的打印样式，可修改打印样式的设置及其名称，还可添加新的样式。若当前图形文件与命名相关打印样式表相连，则用户可以不考虑对象颜色，直接给对象指定样式表中的任意一种打印样式。

【打印样式表】下拉列表包含了当前图形中的所有打印样式表，用户可选择其中之一。若要修改打印样式，可单击此下拉列表右边的按钮，打开【打印样式表编辑器】对话框，利用该对话框可查看或改变当前打印样式表中的参数。

要点提示 选择菜单命令【文件】/【打印样式管理器】，打开“plot styles”文件夹，该文件夹中包含打印样式文件及创建新打印样式的快捷方式，单击此快捷方式就能创建新打印样式。

AutoCAD 新建的图形是处于“颜色相关”模式还是“命名相关”模式，和创建图形时选择的样板文件有关。若是采用无样板方式新建图形，则可事先设定新图形的打印样式模式。发出 OPTIONS 命令，系统打开【选项】对话框，进入【打印和发布】选项卡，再单击 打印样式表设置(S)... 按钮，打开【打印样式表设置】对话框，如图 11-5 所示，通过该对话框设置新图形的默认打印样式模式。当选择【使用命名打印样式】单选项并指定打印样式表后，还可从样式表中选取对象或图层 0 所采用的默认打印样式。

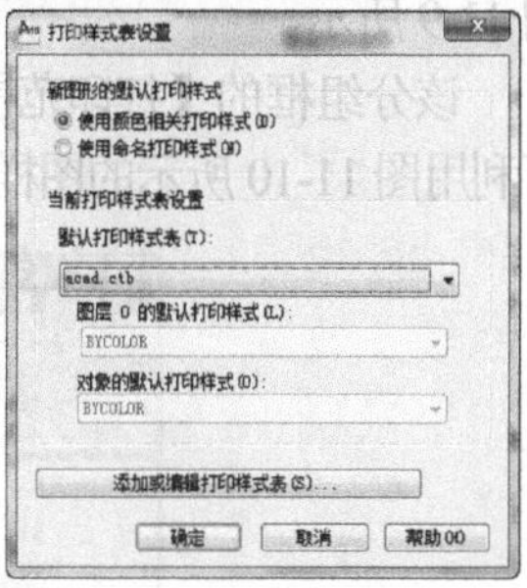

图11-5 【打印样式表设置】对话框

11.1.4 选择图纸幅面

在【图纸尺寸】分组框的下拉列表中指定一种图纸大小，如图 11-6 所示。该下拉列表包含了选定打印设备可用的标准图纸尺寸。当选择某种幅面的图纸时，该列表右上角出现所选图纸及实际打印范围的预览图像（打印范围用阴影表示出来，可在【打印区域】分组框中设定）。将十字光标移到图像上面，在其位置处就显示出精确的图纸尺寸及图纸上可打印区域的尺寸。

图11-6 【图纸尺寸】分组框

除了从【图纸尺寸】下拉列表中选择标准图纸外，用户也可以创建自定义的图纸。此时，用户需修改所选打印设备的配置。

练习11-2 创建自定义图纸。

1. 在【打印机/绘图仪】分组框中单击 特性(R)... 按钮，打开【绘图仪配置编辑器】对话框，在【设备和文档设置】选项卡中选择【自定义图纸尺寸】，如图 11-7 所示。
2. 单击 添加(A)... 按钮，打开【自定义图纸尺寸-开始】对话框，如图 11-8 所示。

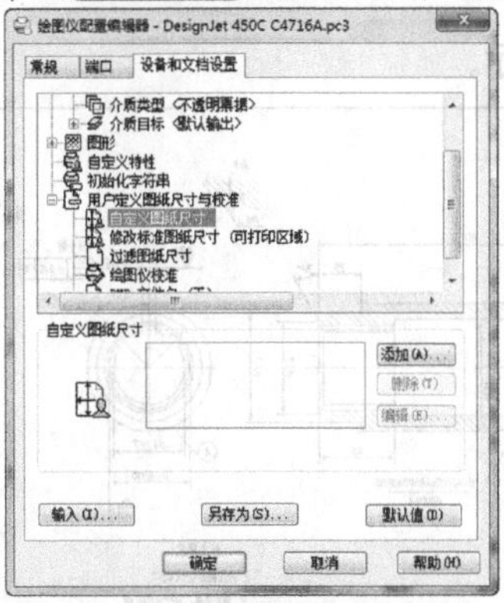

图11-7 【绘图仪配置编辑器】对话框

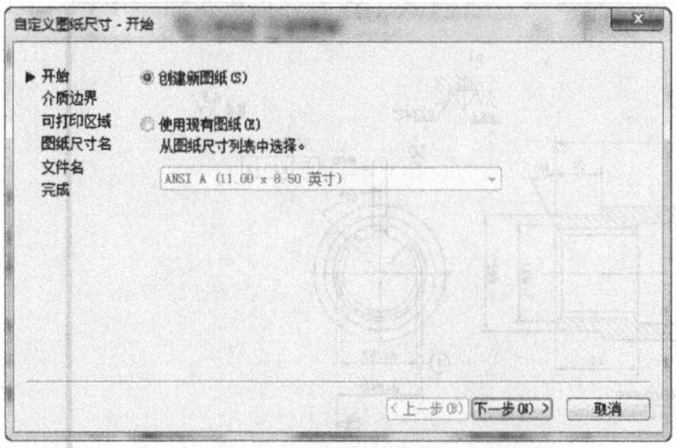

图11-8 【自定义图纸尺寸-开始】对话框

3. 不断单击 下一步(N) > 按钮，并根据系统提示设置图纸参数，最后单击 完成(F) 按钮。
4. 返回【打印-模型】对话框，系统将在【图纸尺寸】下拉列表中显示自定义的图纸尺寸。

11.1.5 设定打印区域

在【打印区域】分组框中设置要输出的图形范围，如图 11-9 所示。

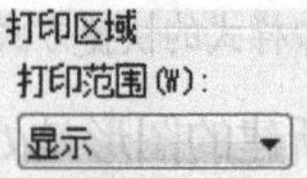

图11-9 【打印区域】分组框

该分组框的【打印范围】下拉列表包含 4 个选项，用户可利用图 11-10 所示的图样了解它们的功能。

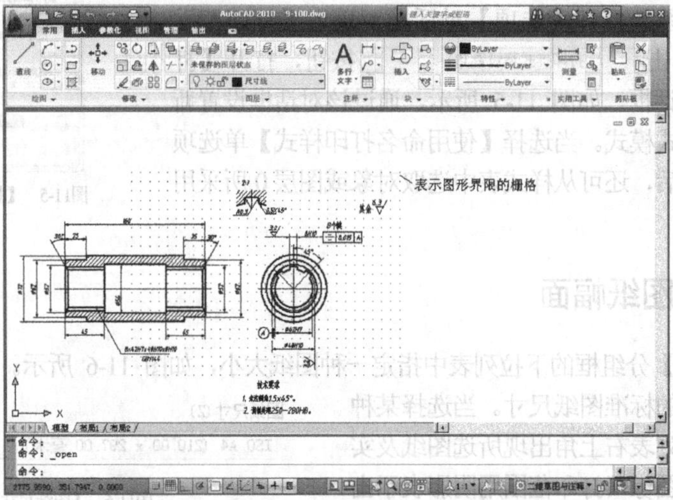

图11-10 设置打印区域

要点提示：在【草图设置】对话框中取消选中【自适应栅格】及【显示超出界线的栅格】复选项，才会出现图 11-10 所示的栅格。

- 【图形界限】：从模型空间打印时，【打印范围】下拉列表将列出【图形界限】选项。选择该选项，系统就把设定的图形界限（用 LIMITS 命令设置图形界限）中的内容打印在图纸上，如图 11-11 所示。
  从图纸空间打印时，【打印范围】下拉列表将列出【布局】选项。选择该选项，系统将打印虚拟图纸可打印区域内的所有内容。
- 【范围】：打印图样中的所有图形对象，如图 11-12 所示。

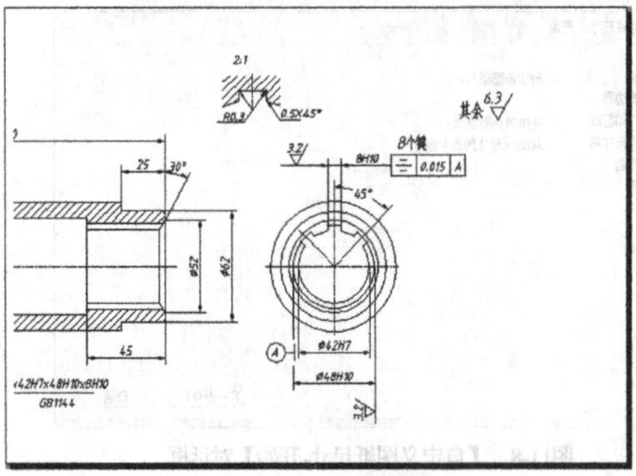

图11-11 应用【图形界限】选项

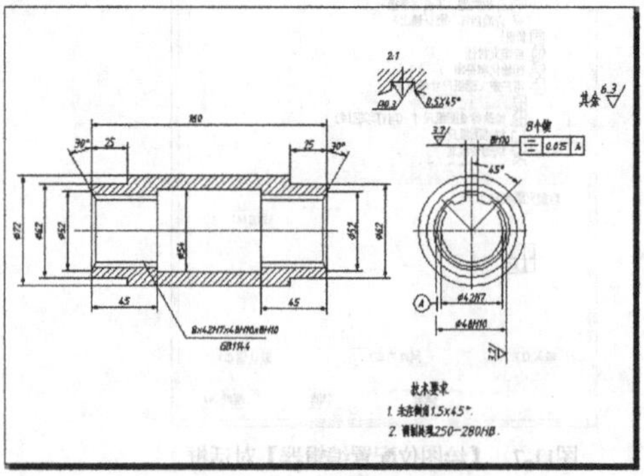

图11-12 应用【范围】选项

- 【显示】：打印整个绘图窗口中的内容，打印结果如图 11-13 所示。

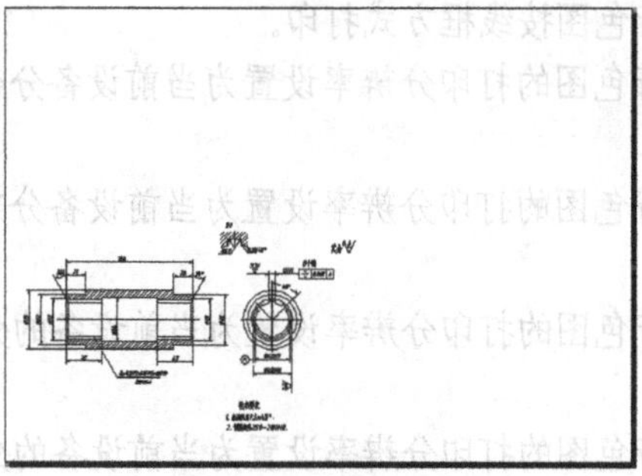

图11-13 应用【显示】选项

- 【窗口】：打印用户设定的区域。选择此选项后，系统提示指定打印区域的两个角点，同时在【打印】对话框中显示 窗口(O)< 按钮，单击此按钮，可重新设定打印区域。

11.1.6 设定打印比例

在【打印比例】分组框中设置打印比例，如图 11-14 所示。绘图阶段用户根据实物按 1：1 比例绘图，打印阶段需依据图纸尺寸确定打印比例，该比例是图纸大小与图形大小的比值。当测量单位是毫米（mm），打印比例设定为 1：2 时，表示图纸上的 1mm 代表两个图形单位。

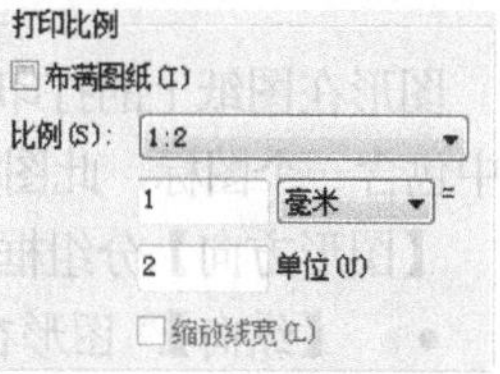

图11-14 【打印比例】分组框

【比例】下拉列表包含一系列标准缩放比例和【自定义】选项。选择【自定义】选项，用户可以自己指定打印比例。

从模型空间打印时，【打印比例】的默认设置是【布满图纸】，此时系统将缩放图形以充满所选定的图纸。

11.1.7 设定着色打印

着色打印用于指定着色图及渲染图的打印方式，并可设定它们的分辨率。可在【着色视口选项】分组框中设置着色打印方式，如图 11-15 所示。

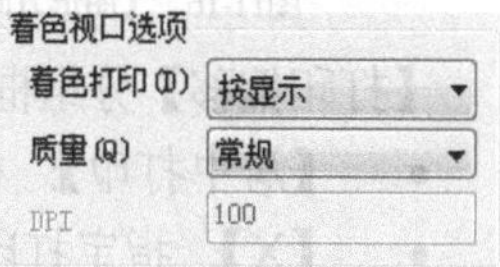

图11-15 【着色视口选项】分组框

【着色视口选项】分组框包含以下 3 个选项。

(1) 【着色打印】下拉列表。

- 【按显示】：按对象在屏幕上的显示进行打印。
- 【线框】：按线框方式打印对象，不考虑其在屏幕上的显示情况。
- 【消隐】：打印对象时消除隐藏线，不考虑其在屏幕上的显示情况。
- 【三维隐藏】：按“三维隐藏”视觉样式打印对象，不考虑其在屏幕上的显示情况。
- 【三维线框】：按“三维线框”视觉样式打印对象，不考虑其在屏幕上的显示情况。
- 【概念】：按“概念”视觉样式打印对象，不考虑其在屏幕上的显示情况。
- 【真实】：按“真实”视觉样式打印对象，不考虑其在屏幕上的显示情况。
- 【渲染】：按渲染方式打印对象，不考虑其在屏幕上的显示情况。

(2) 【质量】下拉列表。

- 【草稿】：将渲染及着色图按线框方式打印。
- 【预览】：将渲染及着色图的打印分辨率设置为当前设备分辨率的 1/4，DPI 的最大值为 150。
- 【常规】：将渲染及着色图的打印分辨率设置为当前设备分辨率的 1/2，DPI 的最大值为 300。
- 【演示】：将渲染及着色图的打印分辨率设置为当前设备的分辨率，DPI 的最大值为 600。
- 【最高】：将渲染及着色图的打印分辨率设置为当前设备的分辨率。
- 【自定义】：将渲染及着色图的打印分辨率设置为【DPI】文本框中用户指定的分辨率，最大可为当前设备的分辨率。

(3) 【DPI】文本框。

DPI 用于设定打印图像时每英寸的点数，最大值为当前打印设备分辨率的最大值。只有在【质量】下拉列表中选择了【自定义】选项后，此文本框才可用。

11.1.8 调整图形打印方向和位置

图形在图纸上的打印方向通过【图形方向】分组框中的选项来调整，如图 11-16 所示。该分组框中包含一个图标，此图标表明图纸的放置方向，图标中的字母代表图形在图纸上的打印方向。

【图形方向】分组框包含以下 3 个选项。

- 【纵向】：图形在图纸上的放置方向是水平的。
- 【横向】：图形在图纸上的放置方向是竖直的。
- 【上下颠倒打印】：使图形颠倒打印，此选项可与【纵向】和【横向】结合使用。

图形在图纸上的打印位置由【打印偏移】分组框中的选项确定，如图 11-17 所示。默认情况下，AutoCAD 从图纸左下角打印图形。打印原点处在图纸左下角的位置，坐标是（0,0），用户可在该分组框中设定新的打印原点，这样图形在图纸上将沿 x 轴和 y 轴移动。

图11-16 【图形方向】分组框

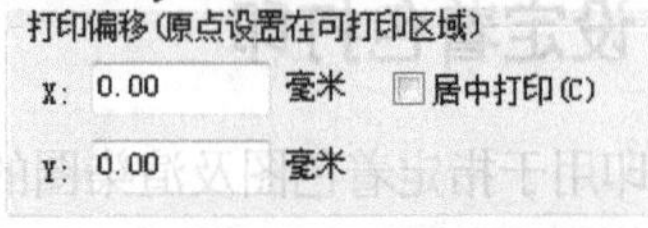

图11-17 【打印偏移】分组框

【打印偏移】分组框包含以下 3 个选项。

- 【居中打印】：在图纸正中间打印图形（自动计算 x 和 y 的偏移值）。
- 【X】：指定打印原点在 x 方向的偏移值。
- 【Y】：指定打印原点在 y 方向的偏移值。

要点提示 如果用户不能确定打印机如何确定原点，可试着改变打印原点的位置并预览打印结果，然后根据图形的移动距离推测原点位置。

11.1.9 预览打印效果

打印参数设置完成后，用户可通过打印预览观察图形的打印效果，如果对效果不满意，可重新调整，以免浪费图纸。

单击【打印-模型】对话框左下角的 预览(P)... 按钮，AutoCAD 显示实际的打印效果。由于系统要重新生成图形，因此对于复杂图形需耗费较多的时间。

预览时，十字光标变成🔍形状，利用它可以进行实时缩放操作。查看完毕后，按 Esc 键或 Enter 键返回【打印-模型】对话框。

11.1.10 保存打印设置

用户选择打印设备并设置打印参数（图纸幅面、比例和方向等）后，可以将这些参数保存在页面设置中，以便以后使用。

在【页面设置】分组框的【名称】下拉列表中显示了所有已命名的页面设置。若要保存当前的页面设置，就单击该下拉列表右边的 添加(.)... 按钮，打开【添加页面设置】对话框，如图 11-18 所示。在该对话框的【新页面设置名】文本框中输入页面名称，然后单击 确定(O) 按钮，存储页面设置。

用户也可以从其他图形中输入已定义的页面设置。在【页面设置】分组框的【名称】下拉列表中选择【输入】选项，打开【从文件选择页面设置】对话框，选择并打开所需的图形文件，打开【输入页面设置】对话框，如图 11-19 所示。该对话框显示了图形文件中包含的页面设置，选择其中之一，单击 确定(O) 按钮完成。

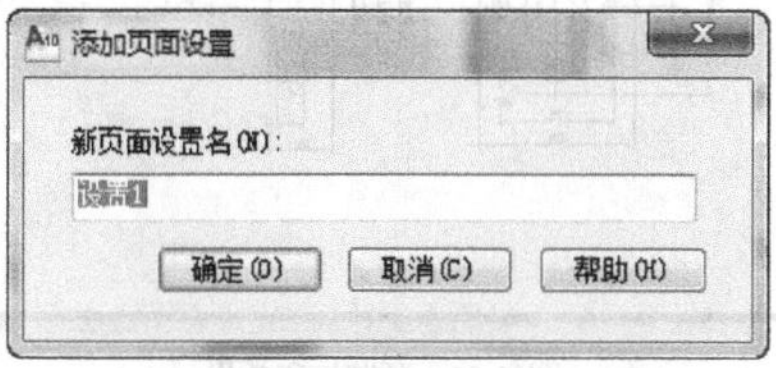

图11-18 【添加页面设置】对话框

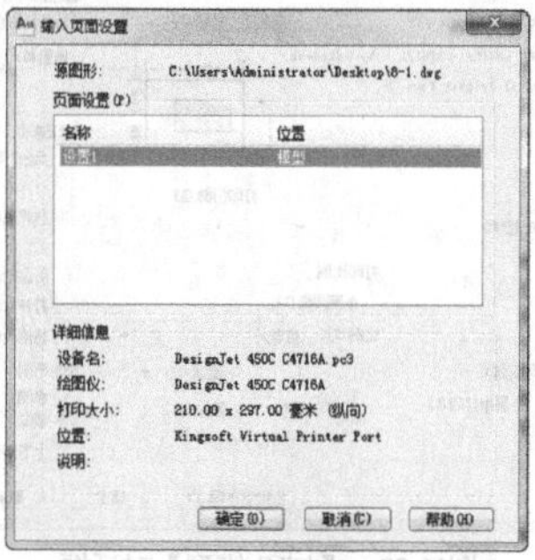

图11-19 【输入页面设置】对话框

11.2 范例解析

本节主要通过两个练习来学习打印单张图纸和将多张图纸布置在一起打印的方法。

11.2.1 打印单张图纸

前面介绍了许多有关打印方面的知识，下面通过一个练习来演示打印单张图纸的全过程。

练习11-3 打印图形。

1. 打开素材文件“dwg\第 11 讲\11-3.dwg”。
2. 选择菜单命令【文件】/【打印】，打开【打印-模型】对话框，如图 11-20 所示。
3. 如果想使用以前创建的页面设置，就在【页面设置】分组框的【名称】下拉列表中选择它。
4. 在【打印机/绘图仪】分组框的【名称】下拉列表中指定打印设备。若要修改打印机特性，可单击其下拉列表右边的 特性(R)... 按钮，打开【绘图仪配置编辑器】对话框。通过该对话框中修改打印机端口和介质类型，还可自定义图纸大小。

5. 在【打印份数】分组框的文本框中输入打印份数。
6. 如果要将图形输出到文件，则应在【打印机/绘图仪】分组框中选择【打印到文件】选项，此后每当用户单击【打印-模型】对话框中的 确定(O) 按钮时，系统就打开【浏览打印文件】对话框，用户可在该对话框中指定输出文件的名称及地址。
7. 继续在【打印】对话框中作以下设置。
(1) 在【图纸尺寸】下拉列表中选择 A3 图纸。
(2) 在【打印范围】下拉列表中选择【范围】选项。
(3) 设定打印比例为 1∶1.5。
(4) 设定图形打印方向为【横向】。
(5) 指定打印原点为（50,60）。
(6) 在【打印样式表】分组框的下拉列表中选择打印样式【monochrome.ctb】（将所有颜色打印为黑色）。
8. 单击 预览(P)... 按钮，预览打印效果，如图 11-21 所示。若满意，则按 Esc 键返回【打印-模型】对话框，再单击 确定(O) 按钮开始打印。

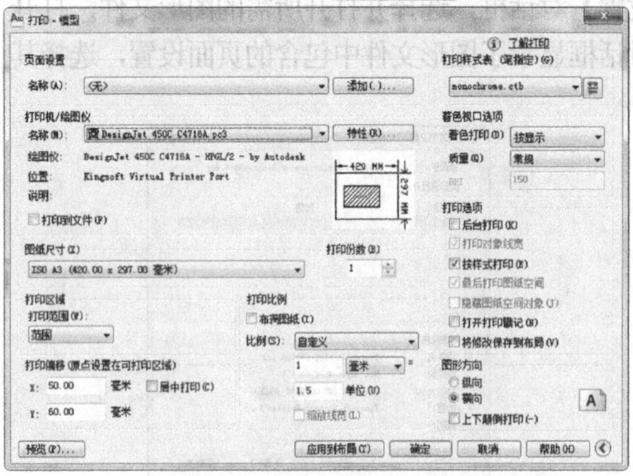

图11-20 【打印-模型】对话框

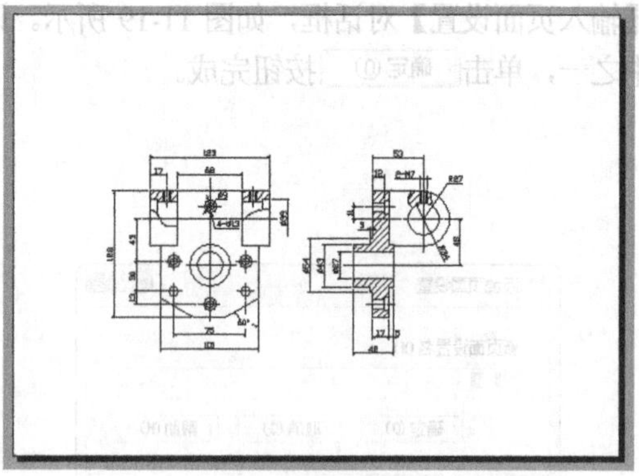

图11-21 预览打印效果

11.2.2 将多张图纸布置在一起打印

为了节省图纸，用户常常需要将几张图纸布置在一起打印，具体方法如下。

练习11-4 “dwg\第 11 讲”中的“11-4-A.dwg”和“11-4-B.dwg”素材文件都采用 A2 幅面图纸，绘图比例分别为 1∶3 和 1∶4，现将它们布置在一起，输出到 A1 幅面的图纸上。

1. 创建一个新文件。
2. 选择菜单命令【插入】/【DWG 参照】，打开【选择参照文件】对话框，找到图形文件“11-4-A.dwg”，单击 打开(O) 按钮，打开【外部参照】对话框，利用该对话框插入图形文件。插入时的缩放比例为 1∶1。
3. 使用 SCALE 命令缩放图形，缩放比例为 1∶3（图形的绘图比例）。
4. 使用与步骤 2、3 相同的方法插入文件“11-4-B.dwg”，插入时的缩放比例为 1∶1。插入图形后，使用 SCALE 命令缩放图形，缩放比例为 1∶4。
5. 使用 MOVE 命令调整图形的位置，使其组成 A1 幅面图纸，结果如图 11-22 所示。
6. 选择菜单命令【文件】/【打印】，打开【打印-模型】对话框，如图 11-23 所示。在该对话框中作以下设置。

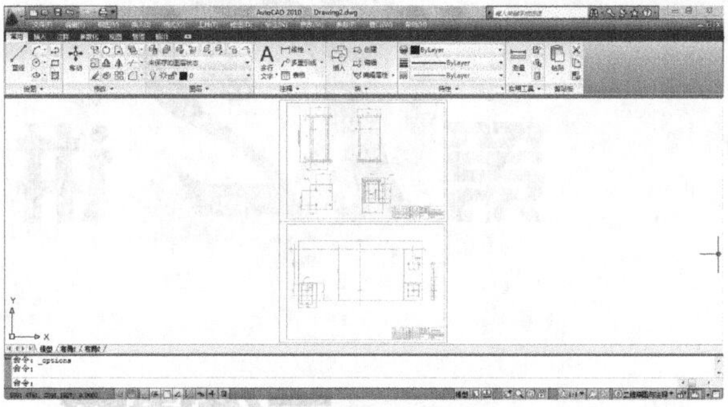

图11-22　组成A1幅面图纸

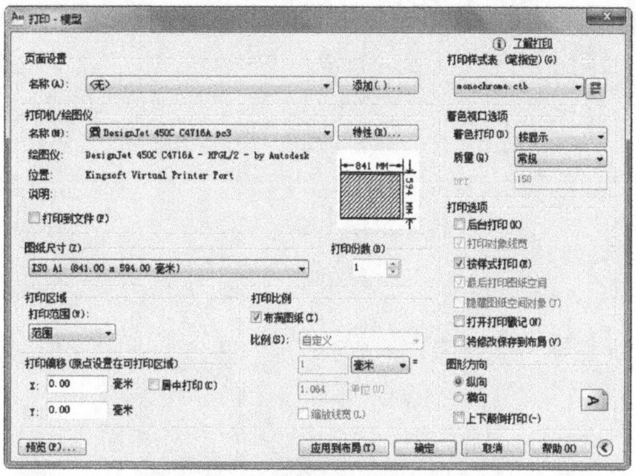

图11-23　【打印-模型】对话框

(1) 在【打印机/绘图仪】分组框的【名称】下拉列表中选择打印设备【DesignJet 450C C4716A.pc3】。

(2) 在【图纸尺寸】下拉列表中选择A1幅面图纸。

(3) 在【打印样式表】分组框的下拉列表中选择打印样式【monochrome.ctb】（将所有颜色打印为黑色）。

(4) 在【打印范围】下拉列表中选择【范围】选项。

(5) 在【打印比例】分组框中选择【布满图纸】复选项。

(6) 在【图形方向】分组框中选择【纵向】单选项。

7. 单击 预览(P)... 按钮，预览打印效果，如图11-24所示。若满意，则单击 按钮开始打印。

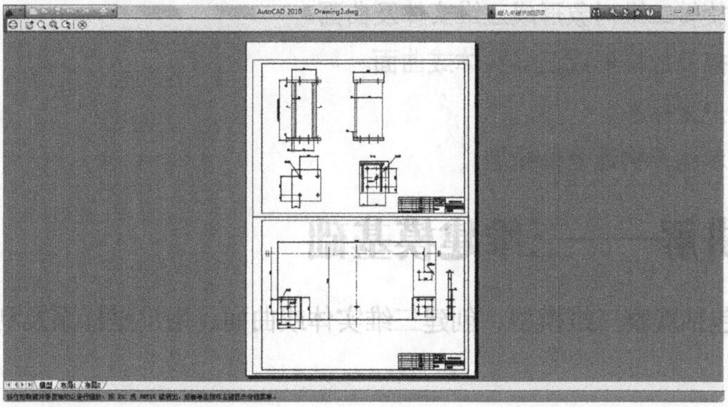

图11-24　打印预览

11.3　课后作业

1. 打印图形时，一般应设置哪些打印参数？如何设置？
2. 打印图形的主要过程是什么？
3. 当设置完打印参数后，应如何保存以便再次使用？
4. 从模型空间出图时，怎样将不同绘图比例的图纸放在一起打印？
5. 有哪两种类型的打印样式？它们的作用是什么？

第12讲

三维建模

通过学习本讲，读者可以掌握创建三维模型的主要命令，并了解利用布尔运算构建复杂模型的方法。

学习目标

- ◆ 观察三维模型。
- ◆ 创建长方体、球体及圆柱体。
- ◆ 拉伸或旋转二维对象形成三维实体及曲面。
- ◆ 通过扫掠及放样形成三维实体或曲面。
- ◆ 使用用户坐标系。
- ◆ 利用布尔运算构建复杂模型。

12.1 功能讲解——三维建模基础

本节主要内容包括观察三维模型、创建三维实体或曲面、用户坐标系及利用布尔运算构建复杂模型等。

12.1.1 三维建模空间

创建三维模型时可切换至 AutoCAD 三维工作空间。单击状态栏上的⚙按钮，弹出菜单，选择【三维建模】选项，就切换至该空间。默认情况下，三维建模空间包含【建模】面板、【实体编辑】面板、【视图】面板及工具选项板等，如图 12-1 所示。这些面板及工具选项板的功能介绍如下。

- 【建模】面板：利用该面板中的命令按钮可以创建基本体、回转体及其他曲面立体等。
- 【实体编辑】面板：利用该面板中的命令按钮可对实体表面进行拉伸、旋转等操作。
- 【视图】面板：利用该面板中的命令按钮可设定观察模型的方向，形成不同的模型视图。
- 工具选项板：该面板包含二维绘图及编辑命令，还提供了各类材质样例。

图12-1 三维建模空间

12.1.2 用标准视点观察模型

任何三维模型都可以从任意一个方向观察。进入三维建模空间，该空间【常用】选项卡中【视图】面板上提供了 10 种标准视点，如图 12-2 所示。通过这些标准视点就能获得三维模型的 10 种视图，如前视图、后视图、左视图及东南等轴测视图等。

图12-2 标准视点

练习12-1 利用标准视点观察图 12-3 所示的三维模型。

1. 打开素材文件“dwg\第 12 讲\12-1.dwg”，如图 12-3 所示。
2. 选择【前视】选项，然后发出消隐命令 HIDE，结果如图 12-4 所示，此图是三维模型的前视图。

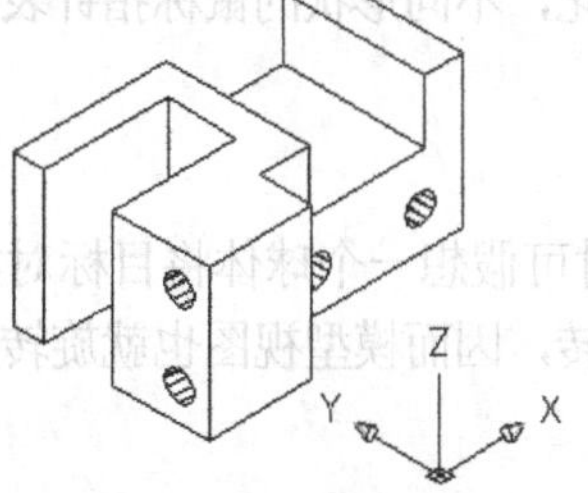

图12-3 利用标准视点观察模型

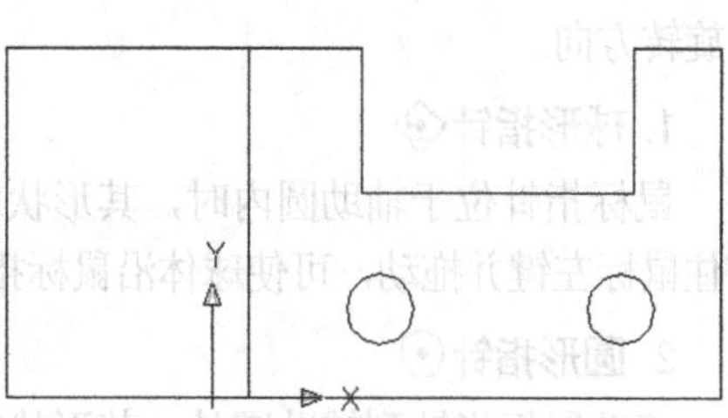

图12-4 前视图

3. 选择【左视】选项，然后发出消隐命令 HIDE，结果如图 12-5 所示，此图是三维模型的左视图。
4. 选择【东南等轴测】选项，然后发出消隐命令 HIDE，结果如图 12-6 所示，此图是三维模型的东南等轴测视图。

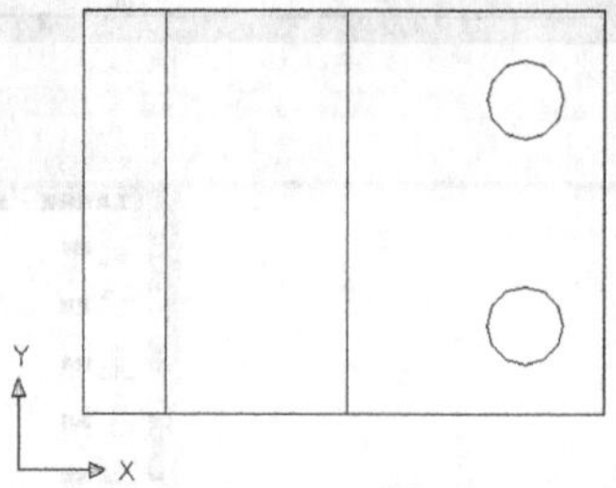

图12-5　左视图

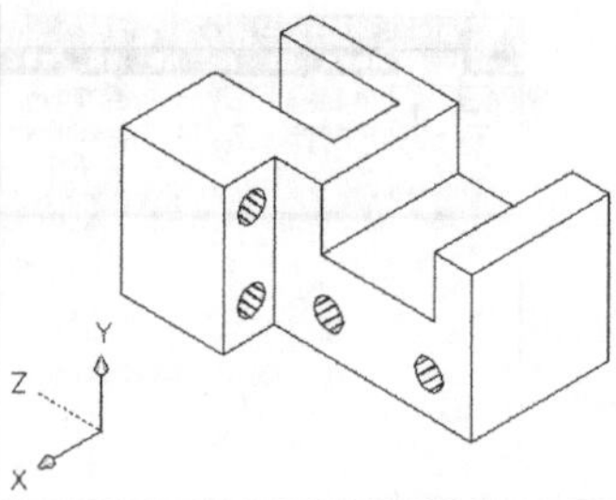

图12-6　东南等轴测视图

12.1.3　三维动态旋转

单击【视图】选项卡中【导航】面板上的按钮，启动三维动态旋转命令（3DFORBIT），此时用户可通过按住鼠标左键并拖动的方法来改变观察方向，从而能够非常方便地获得不同方向的 3D 视图。使用此命令时，可以选择观察全部的对象或模型中的一部分对象，系统围绕待观察的对象形成一个辅助圆，该圆被 4 个小圆分成四等份，如图 12-7 所示。辅助圆的圆心是观察目标点，当用户按住鼠标左键并拖动时，待观察对象的观察目标点静止不动，而视点绕着 3D 对象旋转，显示结果是视图在不断地转动。

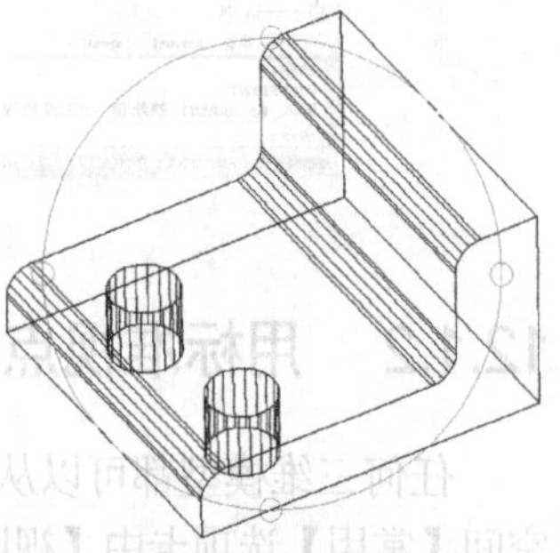

图12-7　三维动态旋转

当用户想观察模型的部分对象时，应先选择这些对象，然后启动 3DFORBIT 命令，此时仅所选对象显示在屏幕上。若其没有处在动态观察器的大圆内，就单击鼠标右键，在弹出的快捷菜单中选择【范围缩放】命令。

命令启动方法

- 菜单命令：【视图】/【动态观察】/【自由动态观察】。
- 面板：【视图】选项卡中【导航】面板上的按钮。
- 命令：3DFORBIT。

启动 3DFORBIT 命令，AutoCAD 绘图窗口中就出现 1 个大圆和 4 个均布的小圆，如图 12-7 所示。当鼠标指针移至圆的不同位置时，其形状将发生变化，不同形状的鼠标指针表明了当前视图的旋转方向。

1. 球形指针

鼠标指针位于辅助圆内时，其形状就变为球形，此时可假想一个球体将目标对象包裹起来。按住鼠标左键并拖动，可使球体沿鼠标指针拖动的方向旋转，因而模型视图也就旋转起来。

2. 圆形指针

移动鼠标指针到辅助圆外，其形状就变为圆形，按住鼠标左键并将鼠标指针沿辅助圆拖动，可使 3D 视图旋转，旋转轴垂直于屏幕并通过辅助圆的圆心。

3. 水平椭圆形指针

当把鼠标指针移动到左、右小圆的位置时，其形状就变为水平椭圆。按住鼠标左键并拖动，可使视图绕着一个铅垂轴转动，此旋转轴经过辅助圆的圆心。

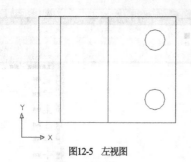

4. 竖直椭圆形指针⊕

将鼠标指针移动到上、下两个小圆的位置时，其形状就变为竖直椭圆。按住鼠标左键并拖动，可将使视图绕着一个水平轴转动，此旋转轴经过辅助圆的圆心。

激活 3DFORBIT 命令时，单击鼠标右键，弹出快捷菜单，如图 12-8 所示。

图12-8 快捷菜单

此菜单中常用命令的功能介绍如下。

- 【其他导航模式】：对三维视图进行平移和缩放等操作。
- 【缩放窗口】：用矩形窗口选择要缩放的区域。
- 【范围缩放】：将所有 3D 对象构成的视图缩放到绘图窗口的大小。
- 【缩放上一个】：动态旋转模型后再回到旋转前的状态。
- 【平行模式】：激活平行投影模式。
- 【透视模式】：激活透视投影模式，透视图与眼睛观察到的图像极为接近。
- 【重置视图】：将当前的视图恢复到激活 3DFORBIT 命令时的视图。
- 【预设视图】：该选项提供了常用的标准视图，如前视图、左视图等。
- 【视觉样式】：该选项提供了以下的模型显示方式。

  【三维隐藏】：用三维线框表示模型并隐藏不可见线条。

  【三维线框】：用直线和曲线表示模型。

  【概念】：着色对象，效果缺乏真实感，但可以清晰地显示模型细节。

  【真实】：对模型表面进行着色，显示已附着于对象的材质。

12.1.4 视觉样式

视觉样式用于改变模型在视口中的显示外观，它是一组控制模型显示方式的设置，这些设置包括面设置、环境设置及边设置等。面设置用于控制视口中面的外观，环境设置用于控制阴影和背景，边设置用于控制如何显示边。当选中一种视觉样式时，系统在视口中按样式规定的形式显示模型。

AutoCAD 提供了以下 5 种默认视觉样式，可在【视图】面板的【视觉样式】下拉列表中进行选择，如图 12-9 所示。

- 三维线框：以线框形式显示对象，同时显示着色的 UCS 图标，光栅图像、线型及线宽均可见，如图 12-10 所示。
- 三维隐藏：以线框形式显示对象并隐藏不可见线条，光栅图像及线宽可见，线型不可见，如图 12-10 所示。
- 二维线框：以线框形式显示对象，光栅图像、线型及线宽均可见，如图 12-10 所示。
- 概念：对模型表面进行着色，着色时采用从冷色到暖色的过渡而不是从深色到浅色的过渡。效果缺乏真实感，但可以很清晰地显示模型细节，如图 12-10 所示。
- 真实：对模型表面进行着色，显示已附着于对象的材质。光栅图像、线型及线宽均可见，如图 12-10 所示。

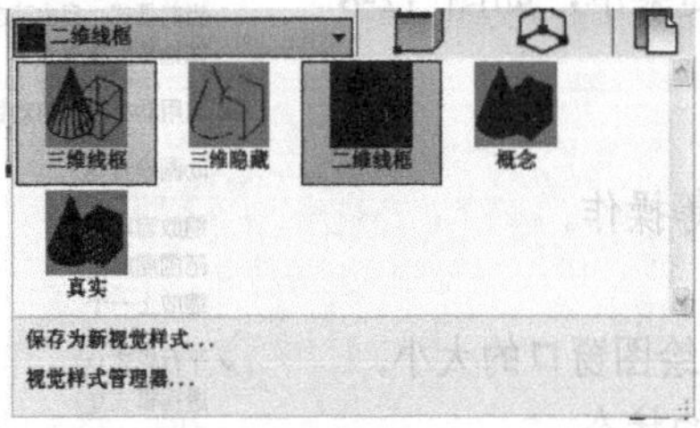

图12-9 【视觉样式】下拉列表

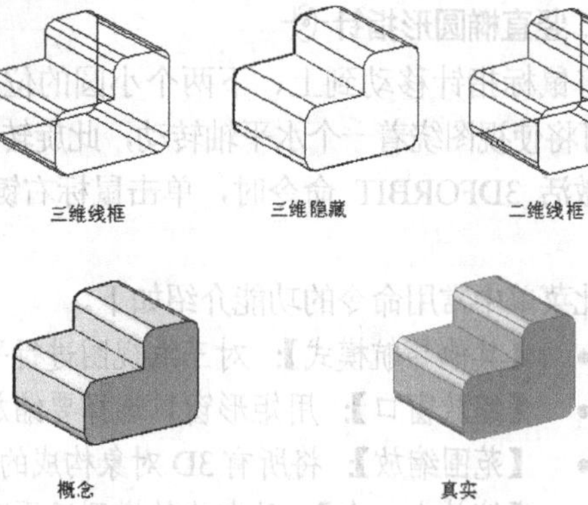

图12-10 视觉样式

12.1.5 创建三维基本实体

在 AutoCAD 中能创建长方体、球体、圆柱体、圆锥体、楔形体及圆环体等基本实体。【建模】面板中包含了创建这些实体的按钮，表 12-1 列出了这些按钮的功能及操作时要输入的主要参数。

表 12-1 创建基本实体的按钮

按钮	功能	输入参数
长方体	创建长方体	指定长方体的一个角点，再输入另一角点的相对坐标
球体	创建球体	指定球心，输入球半径
圆柱体	创建圆柱体	指定圆柱体底面的中心点，输入圆柱体的半径及高度
圆锥体	创建圆锥体及圆锥台	指定圆锥体底面的中心点，输入圆锥体底面半径及圆锥体高度 指定圆锥台底面的中心点，输入圆锥台底面半径、顶面半径及圆锥台高度
楔体	创建楔形体	指定楔形体的一个角点，再输入另一角点的相对坐标
圆环体	创建圆环体	指定圆环中心点，输入圆环体半径及圆管半径
棱锥体	创建棱锥体及棱锥台	指定棱锥体底面边数及中心点，输入棱锥体底面半径及棱锥体高度 指定棱锥台底面边数及中心点，输入棱锥台底面半径、顶面半径及棱锥台高度

创建长方体或其他基本实体时，也可采用单击一点设定参数的方式。当系统提示输入相关数据时，用户移动鼠标指针到适当位置，然后单击一点，在此过程中实体的外观将显示出来，便于用户初步确定实体形状。绘制完成后，可用 PROPERTIES 命令显示实体尺寸，并可对其进行修改。

练习12-2 创建长方体及圆柱体。

1. 进入三维建模工作空间。打开【视图】面板上的【视图控制】下拉列表，选择【东南等轴测】选项，切换到东南等轴测视图。再通过【视图】选项卡中【导航】面板上的【视觉样式】下拉列表设定当前模型显示方式为【二维线框】。
2. 单击【建模】面板上的 长方体 按钮，系统提示如下。

```
命令: _box
指定第一个角点或 [中心(C)]:                //指定长方体角点 A，如图 12-11 左图所示
指定其他角点或 [立方体(C)/长度(L)]: @100,200,300
```

//输入另一角点B的相对坐标

3. 单击【建模】面板上的 按钮，系统提示如下。

命令: _cylinder

指定底面的中心点或 [三点(3P)/两点(2P)/相切、相切、半径(T)/椭圆(E)]:

//指定圆柱体底圆中心，如图12-11右图所示

指定底面半径或 [直径(D)] <80.0000>: 80 //输入圆柱体半径

指定高度或 [两点(2P)/轴端点(A)] <300.0000>: 300 //输入圆柱体高度

结果如图12-11所示。

4. 改变实体表面网格线的密度。

命令: isolines

输入 ISOLINES 的新值 <4>: 40 //设置实体表面网格线的数量，详见12.1.13小节

选择菜单命令【视图】/【重生成】，重新生成模型，实体表面网格线变得更加密集。

5. 控制实体消隐后表面网格线的密度。

命令: facetres

输入 FACETRES 的新值 <0.5000>: 5 //设置实体消隐后的网格线密度，详见12.1.13小节

6. 启动HIDE命令，结果如图12-11所示。

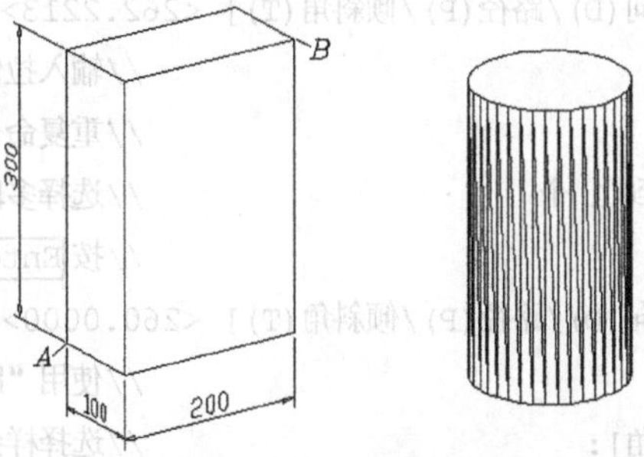

图12-11 创建长方体及圆柱体

12.1.6 将二维对象拉伸成实体或曲面

EXTRUDE 命令用于拉伸二维对象生成3D实体或曲面。若拉伸闭合对象，则生成实体，否则生成曲面。操作时，可指定拉伸高度及拉伸对象的倾斜角，还可沿某一直线或曲线路径进行拉伸。

EXTRUDE 命令能拉伸的对象及路径如表12-2所示。

表12-2 拉伸对象及路径

拉伸对象	拉伸路径
直线、圆弧、椭圆弧	直线、圆弧、椭圆弧
二维多段线	二维及三维多段线
二维样条曲线	二维及三维样条曲线
面域	螺旋线
实体上的平面	实体及曲面的边

要点提示 实体的面、边及顶点是实体的子对象，按住Ctrl键就能选择这些子对象。

命令启动方法

- 菜单命令：【绘图】/【建模】/【拉伸】。
- 面板：【建模】面板上的按钮。
- 命令：EXTRUDE 或简写 EXT。

练习12-3 练习 EXTRUDE 命令。

1. 打开素材文件"dwg\第 12 讲\12-3.dwg"，使用 EXTRUDE 命令创建实体。
2. 将图形 *A* 创建成面域，再使用 PEDIT 命令将连续线 *B* 编辑成一条多段线，如图 12-12（a）、图 12-12（b）所示。
3. 使用 EXTRUDE 命令拉伸面域及多段线，形成实体和曲面。进入三维建模空间，单击【建模】面板上的按钮，启动 EXTRUDE 命令。

```
命令: _extrude
选择要拉伸的对象: 找到 1 个                                  //选择面域
选择要拉伸的对象:                                            //按Enter键
指定拉伸的高度或 [方向(D)/路径(P)/倾斜角(T)] <262.2213>: 260
                                                             //输入拉伸高度
命令:EXTRUDE                                                 //重复命令
选择要拉伸的对象: 找到 1 个                                  //选择多段线
选择要拉伸的对象:                                            //按Enter键
指定拉伸的高度或 [方向(D)/路径(P)/倾斜角(T)] <260.0000>: p
                                                             //使用"路径(P)"选项
选择拉伸路径或 [倾斜角]:                                     //选择样条曲线 C
```

结果如图 12-12（c）、图 12-12（d）所示。

要点提示 系统变量 SURFU 和 SURFV 用于控制曲面上素线的密度。选中曲面，启动 PROPERTIES 命令，将列出这两个系统变量的值，修改它们，曲面上素线的数量就发生变化。

EXTRUDE 命令各选项的功能介绍如下。

- 指定拉伸的高度：如果输入正值，则使对象沿 *z* 轴正向拉伸；若输入负值，则使对象沿 *z* 轴负向拉伸。当对象不在坐标系 *xy* 平面内时，将沿该对象所在平面的法线方向拉伸对象。
- 方向(D)：指定两点，两点的连线表明了拉伸的方向和距离。
- 路径(P)：沿指定路径拉伸对象形成实体或曲面。拉伸时，路径被移动到轮廓的形心位置。路径不能与拉伸对象在同一个平面内，也不能具有较大曲率的区域，否则有可能在拉伸过程中产生自相交的情况。
- 倾斜角(T)：当系统提示"指定拉伸的倾斜角度<0>:"时，输入正的拉伸倾斜角表示从基准对象逐渐变细地拉伸，而输入负的拉伸倾斜角，则表示从基准对象逐渐变粗地拉伸，如图 12-13 所示。用户要注意拉伸倾斜角不能太大，若拉伸实体截面在到达拉伸高度前已经变成一个点，那么系统将提示不能进行拉伸。

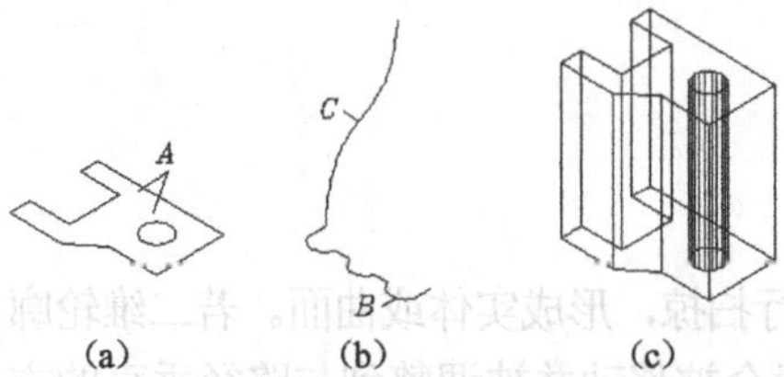

图12-12　拉伸面域及多段线

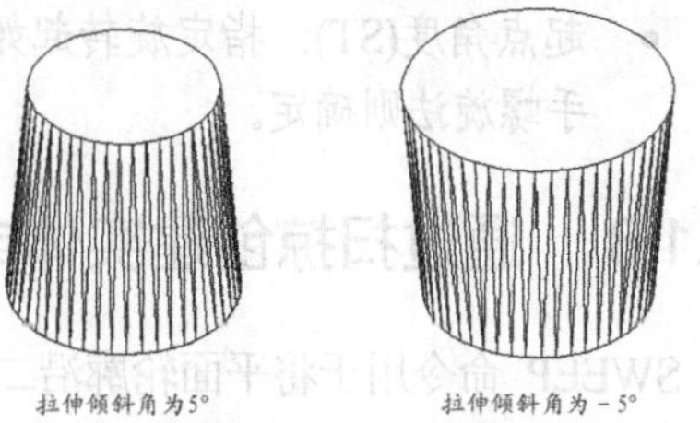

图12-13　指定拉伸倾斜角

12.1.7　旋转二维对象形成实体或曲面

REVOLVE 命令用于旋转二维对象生成实体或曲面。若二维对象是闭合的，则生成实体，否则生成曲面。用户通过选择直线、指定两点或 x 轴（或 y 轴、z 轴）来确定旋转轴。

REVOLVE 命令可以旋转以下二维对象。

- 直线、圆弧和椭圆弧。
- 二维多段线和二维样条曲线。
- 面域和实体上的平面。

命令启动方法

- 菜单命令：【绘图】/【建模】/【旋转】。
- 面板：【建模】面板上的按钮。
- 命令：REVOLVE 或简写 REV。

练习12-4　练习 REVOLVE 命令。

打开素材文件“dwg\第 12 讲\12-4.dwg”，使用 REVOLVE 命令创建实体。进入三维建模空间，单击【建模】面板上的按钮，启动 REVOLVE 命令。

```
命令：_revolve
选择要旋转的对象：找到 1 个    //选择要旋转的对象，该对象是面域，如图 12-14 左图所示
选择要旋转的对象：                                        //按Enter键
指定轴起点或根据以下选项之一定义轴 [对象(O)/X/Y/Z] <对象>://捕捉端点A
指定轴端点：                                              //捕捉端点B
指定旋转角度或 [起点角度(ST)] <360>: st                   //使用“起点角度(ST)”选项
指定起点角度 <0.0>: -30                                   //输入回转起始角度
指定旋转角度 <360>: 210                                   //输入回转角度
```

再启动 HIDE 命令，结果如图 12-14 右图所示。

要点提示　若拾取两点指定旋转轴，则轴的正向是从第一点指向第二点，旋转角的正方向通过右手螺旋法则确定。

REVOLVE 命令各选项的功能介绍如下。

- 对象(O)：选择直线或实体的线性边作为旋转轴，轴的正方向是从拾取点指向最远端点。
- X、Y、Z：使用当前坐标系的 x 轴、y 轴、z 轴作为旋转轴。

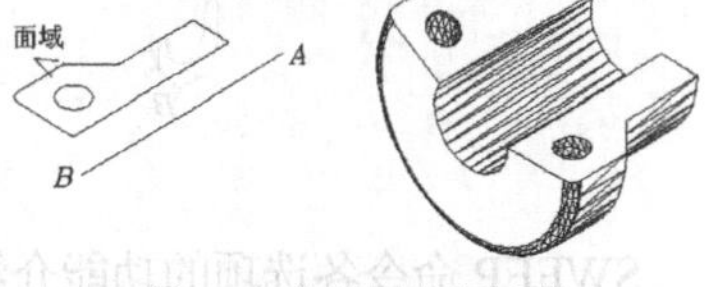

图12-14　旋转面域形成实体

- 起点角度(ST)：指定旋转起始位置与旋转对象所在平面的夹角，角度的正向通过右手螺旋法则确定。

12.1.8 通过扫掠创建实体或曲面

SWEEP 命令用于将平面轮廓沿二维路径或三维路径进行扫掠，形成实体或曲面。若二维轮廓是闭合的，则生成实体，否则生成曲面。扫掠时，轮廓一般会被移动并被调整到与路径垂直的方向。默认情况下，轮廓形心将与路径起始点对齐，但也可指定轮廓的其他点作为扫掠对齐点。

扫掠时可选择的轮廓对象及路径如表 12-3 所示。

表 12-3 扫掠轮廓对象及路径

轮廓对象	扫掠路径
直线、圆弧、椭圆弧	直线、圆弧、椭圆弧
二维多段线	二维及三维多段线
二维样条曲线	二维及三维样条曲线
面域	螺旋线
实体上的平面	实体及曲面的边

命令启动方法

- 菜单命令：【绘图】/【建模】/【扫掠】。
- 面板：【建模】面板上的按钮。
- 命令：SWEEP。

练习12-5 练习 SWEEP 命令。

1. 打开素材文件“dwg\第 12 讲\12-5.dwg”。
2. 利用 PEDIT 命令将路径曲线 *A* 编辑成一条多段线，如图 12-15 左图所示。
3. 用 SWEEP 命令将面域沿路径扫掠。进入三维建模空间，单击【建模】面板上的按钮，启动 SWEEP 命令。

```
命令：_sweep
选择要扫掠的对象：找到 1 个                                   //选择轮廓面域，如图 12-15 左图所示
选择要扫掠的对象：                                            //按Enter键
选择扫掠路径或 [对齐(A)/基点(B)/比例(S)/扭曲(T)]：b          //使用“基点(B)”选项
指定基点：  end于                                             //捕捉B点
选择扫掠路径或 [对齐(A)/基点(B)/比例(S)/扭曲(T)]：            //选择路径曲线A
```

4. 再启动 HIDE 命令，结果如图 12-15 右图所示。

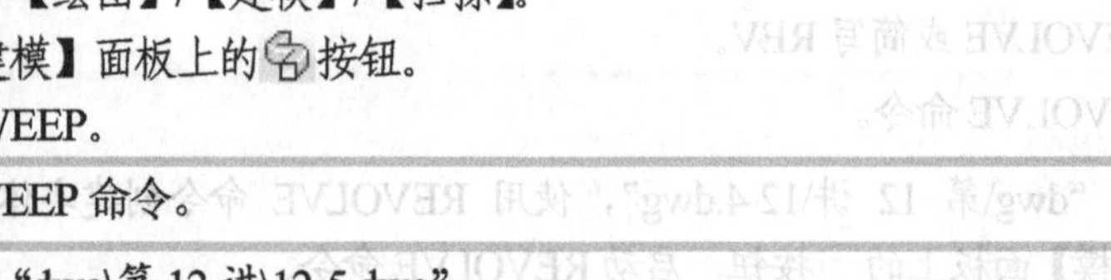

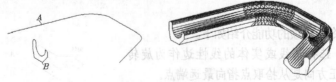

图12-15 将面域沿路径扫掠

SWEEP 命令各选项的功能介绍如下。

- 对齐(A)：指定是否将轮廓调整到与路径垂直的方向，或者保持原有方向。默认情况下，系统使轮廓与路径垂直。
- 基点(B)：指定扫掠时的基点，该点将与路径起始点对齐。
- 比例(S)：路径起始点处轮廓缩放比例为 1，路径结束处缩放比例为输入值，中间轮廓沿路径连续变化。与选择点靠近的路径端点是路径的起始点。
- 扭曲(T)：设定轮廓沿路径扫掠时的扭转角度，扭曲角度应小于 360°。该选项包含“倾斜”子选项，该子选项可使轮廓随三维路径自然倾斜。

12.1.9 通过放样创建实体或曲面

LOFT 命令用于对一组平面轮廓曲线进行放样，形成实体或曲面。若所有轮廓是闭合的，则生成实体，否则生成曲面，如图 12-16 所示。注意，放样时轮廓线或是全部闭合，或是全部开放，不能使用既包含开放轮廓又包含闭合轮廓的选择集。

放样实体或曲面中间轮廓的形状可利用放样路径控制，如图 12-16 左图所示。放样路径始于第一个轮廓所在的平面，终于最后一个轮廓所在的平面。使用导向曲线也可以控制放样形状，将轮廓上对应的点通过导向曲线连接起来，使轮廓按预定方式进行变化，如图 12-16 右图所示。轮廓的导向曲线可以有多条，每条导向曲线必须与各轮廓相交，始于第一个轮廓，止于最后一个轮廓。

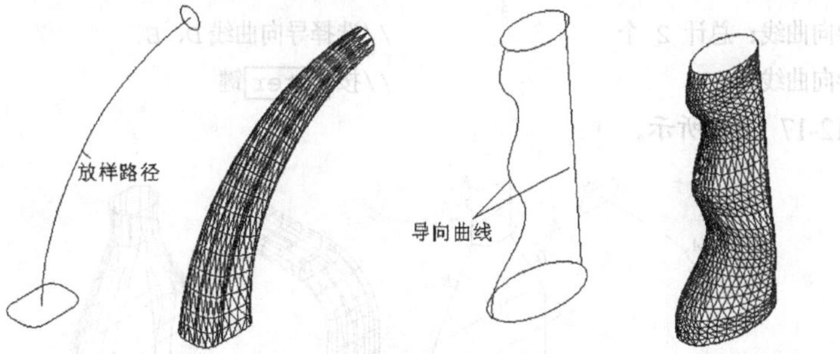

图12-16 通过放样创建实体或曲面

放样时可选择的轮廓对象、路径及导向曲线如表 12-4 所示。

表 12-4 放样轮廓对象、路径及导向曲线

轮廓对象	路径及导向曲线
直线、圆弧、椭圆弧	直线、圆弧、椭圆弧
面域、二维多段线及二维样条曲线	二维及三维多段线
点对象，仅第一个或最后一个放样截面可以是点	二维及三维样条曲线

命令启动方法

- 菜单命令：【绘图】/【建模】/【放样】。
- 面板：【建模】面板上的按钮。
- 命令：LOFT。

练习12-6 练习 LOFT 命令。

1. 打开素材文件“dwg\第 12 讲\12-6.dwg”。

2. 使用 PEDIT 命令将线条 *A*、*D*、*E* 编辑成多段线，如图 12-17（a）、图 12-17（b）所示。使用该命令时，应先将 UCS 的 *xy* 平面与连续线所在的平面对齐。

3. 使用 LOFT 命令在轮廓 *B*、*C* 间放样，路径曲线是 *A*。进入三维建模空间，单击【建模】面板上的按钮，启动 LOFT 命令。

命令：_loft
按放样次序选择横截面：总计 2 个　　　　　//选择轮廓 *B*、*C*，如图 12-17（a）所示
按放样次序选择横截面：　　　　　　　　　//按 Enter 键
输入选项 [导向(G)/路径(P)/仅横截面(C)] <仅横截面>：P
　　　　　　　　　　　　　　　　　　　　//使用"路径(P)"选项
选择路径曲线：　　　　　　　　　　　　　//选择路径曲线 *A*

结果如图 12-17（c）所示。

4. 使用 LOFT 命令在轮廓 *F*、*G*、*H*、*I*、*J* 间放样，导向曲线是 *D*、*E*。

命令：_loft
按放样次序选择横截面：总计 5 个　　　　//选择轮廓 *F*、*G*、*H*、*I*、*J*，如图 12-17（b）所示
按放样次序选择横截面：　　　　　　　　//按 Enter 键
输入选项 [导向(G)/路径(P)/仅横截面(C)] <仅横截面>：G
　　　　　　　　　　　　　　　　　　　//使用"导向(G)"选项
选择导向曲线：总计 2 个　　　　　　　　//选择导向曲线 *D*、*E*
选择导向曲线：　　　　　　　　　　　　//按 Enter 键

结果如图 12-17（d）所示。

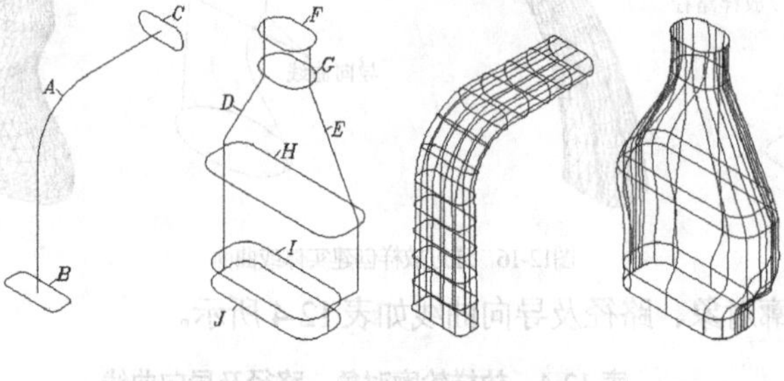

(a)　(b)　(c)　(d)

图12-17　利用放样生成实体

LOFT 命令各选项的功能介绍如下。

(1) 导向(G)：利用连接各个轮廓的导向曲线控制放样实体或曲面的截面形状。

(2) 路径(P)：指定放样实体或曲面的路径，路径要与各个轮廓的截面相交。

(3) 仅横截面(C)：选择此选项，打开【放样设置】对话框，如图 12-18 所示，通过该对话框控制放样对象表面的变化。对话框中各选项的功能介绍如下。

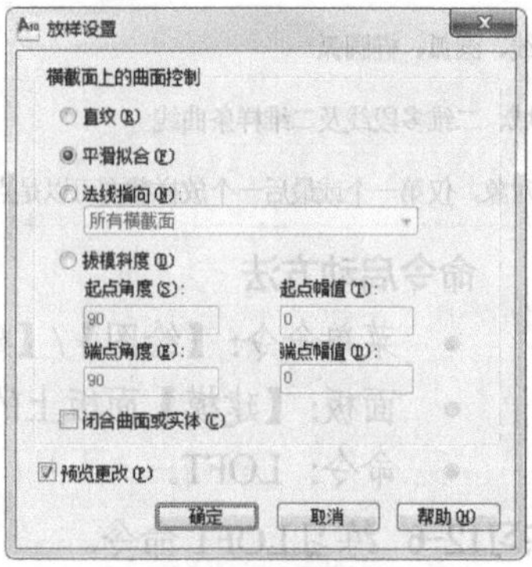

图12-18　【放样设置】对话框

- 【直纹】：各轮廓线间是直纹面。
- 【平滑拟合】：用平滑曲面连接各轮廓线。
- 【法线指向】：该下拉列表中的选项用于设定放样对象表面与各轮廓截面是否垂直。

- 【拔模斜度】：设定放样对象表面在起始及终止位置处的切线方向与轮廓所在截面的夹角。该拔模斜度对放样对象的影响范围由幅值文本框中的数值决定。

12.1.10 加厚曲面形成实体

THICKEN 命令用于加厚任何类型的曲面，形成实体。

选择菜单命令【修改】/【三维操作】/【加厚】，启动 THICKEN 命令，选择要加厚的曲面，再输入厚度，曲面就转化为实体。

12.1.11 利用平面或曲面剖切实体

SLICE 命令用于根据平面或曲面切开实体，被切开的实体可保留一半或两半都保留。保留部分将保持原实体的图层和颜色特性。剖切方法是先定义剖切平面，然后选定需要的部分。用户可通过 3 点来定义剖切平面，也可指定当前坐标系的 *xy* 平面、*yz* 平面、*zx* 平面作为剖切平面。

命令启动方法

- 菜单命令：【修改】/【三维操作】/【剖切】。
- 面板：【实体编辑】面板上的按钮。
- 命令：SLICE。

练习12-7 练习 SLICE 命令。

打开素材文件“dwg\第 12 讲\12-7.dwg”，使用 SLICE 命令剖切实体。进入三维建模空间，单击【实体编辑】面板上的按钮，启动 SLICE 命令。

```
命令：_slice
选择要剖切的对象：找到 1 个                                   //选择实体，如图 12-19 左图所示
选择要剖切的对象：                                            //按Enter键
指定切面的起点或 [平面对象(O)/曲面(S)/Z 轴(Z)/视图(V)/XY/YZ/ZX/三点(3)] <三点>:
                                                   //按Enter键，利用 3 点定义剖切平面
指定平面上的第一个点：end 于                                  //捕捉端点 A
指定平面上的第二个点：mid 于                                  //捕捉中点 B
指定平面上的第三个点：mid 于                                  //捕捉中点 C
在所需的侧面上指定点或 [保留两个侧面(B)] <保留两个侧面>://在要保留的那边单击一点
命令:SLICE                                                    //重复命令
选择要剖切的对象：找到 1 个                                   //选择实体
选择要剖切的对象：                                            //按Enter键
指定 切面 的起点或 [平面对象(O)/曲面(S)/Z 轴(Z)/视图(V)/XY/YZ/ZX/三点(3)] <三点>: s
                                                              //使用“曲面(S)”选项
选择曲面：                                                    //选择曲面
选择要保留的实体或 [保留两个侧面(B)] <保留两个侧面>：         //在要保留的那边单击一点
```

结果如图 12-19 右图所示。

SLICE 命令各选项的功能介绍如下。

- 平面对象(O)：用圆、椭圆、圆弧或椭圆弧、二维样条曲线或二维多段线等对象所在

的平面作为剖切平面。

- 曲面(S)：指定曲面作为剖切平面。
- Z 轴(Z)：通过指定剖切平面的法线方向来确定剖切平面。
- 视图(V)：剖切平面与当前视图平面平行。
- XY、YZ、ZX：用坐标平面 *xoy*、*yoz*、*zox* 剖切实体。

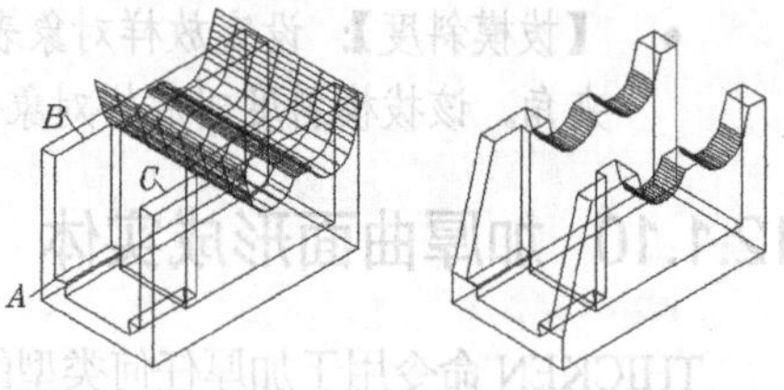

图12-19 剖切实体

12.1.12 螺旋线、涡状线

HELIX 命令用于创建螺旋线及涡状线，这些曲线可用作扫掠路径及拉伸路径，从而形成复杂的三维实体。用户用该命令绘制螺旋线，再用 SWEEP 命令将圆沿螺旋线扫掠就创建出弹簧的实体模型。

命令启动方法

- 菜单命令：【绘图】/【螺旋】。
- 面板：【绘图】面板上的按钮。
- 命令：HELIX。

练习12-8 练习 HELIX 命令。

1. 打开素材文件“dwg\第 12 讲\12-8.dwg”。
2. 使用 HELIX 命令绘制螺旋线。进入三维建模空间，单击【绘图】面板上的按钮，启动 HELIX 命令。

```
命令: _Helix
指定底面的中心点:                                   //指定螺旋线底面中心点
指定底面半径或 [直径(D)] <40.0000>: 40              //输入螺旋线半径
指定顶面半径或 [直径(D)] <40.0000>:                 //按Enter键
指定螺旋高度或 [轴端点(A)/圈数(T)/圈高(H)/扭曲(W)] <100.0000>: h
                                                    //使用“圈高(H)”选项
指定圈间距 <20.0000>: 20                            //输入螺距
指定螺旋高度或 [轴端点(A)/圈数(T)/圈高(H)/扭曲(W)] <100.0000>: 100
                                                    //输入螺旋线高度
```

结果如图 12-20 左图所示。

> **要点提示** 若输入螺旋线的高度为 0，则形成涡状线。

3. 使用 SWEEP 命令将圆沿螺旋线扫掠形成弹簧，再启动 HIDE 命令，结果如图 12-20 右图所示。

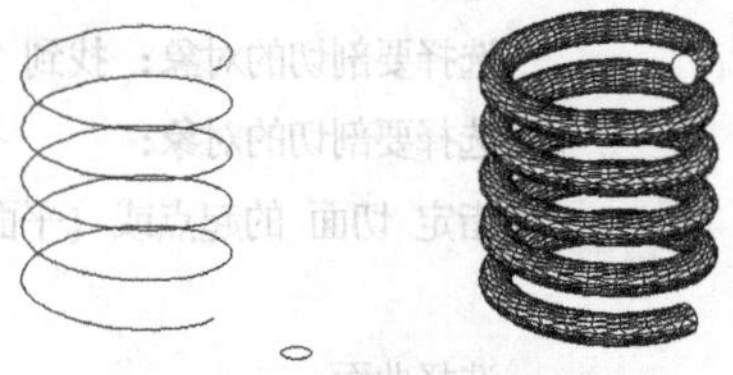
图12-20 创建弹簧

HELIX 命令各选项的功能介绍如下。

- 轴端点(A)：指定螺旋轴端点的位置。螺旋轴的长度及方向表明了螺旋线的高度及倾斜方向。
- 圈数(T)：输入螺旋线的圈数，数值小于 500。

- 圈高(H)：输入螺旋线螺距。
- 扭曲(W)：按顺时针或逆时针方向绘制螺旋线。

12.1.13 与实体显示有关的系统变量

与实体显示有关的系统变量有ISOLINES、FACETRES及DISPSILH，分别介绍如下。

- ISOLINES：用于设定实体表面网格线的数量，如图12-21所示。
- FACETRES：用于设置实体消隐或渲染后的表面网格密度。此变量值的范围为0.01～10.0，值越大表明网格越密，消隐或渲染后的表面越光滑，如图12-22所示。
- DISPSILH：用于控制消隐时是否显示实体表面网格线。若此变量值为0，则显示网格线；为1，则不显示网格线，如图12-23所示。

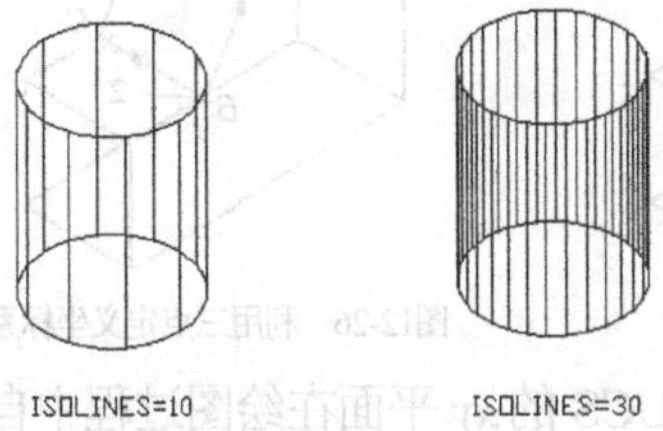

图12-21 ISOLINES变量

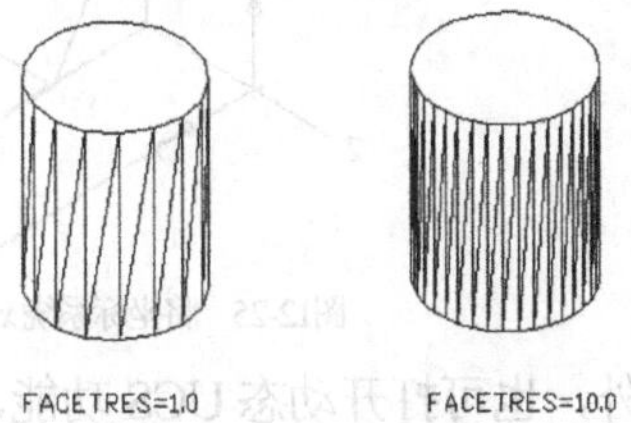

图12-22 FACETRES变量

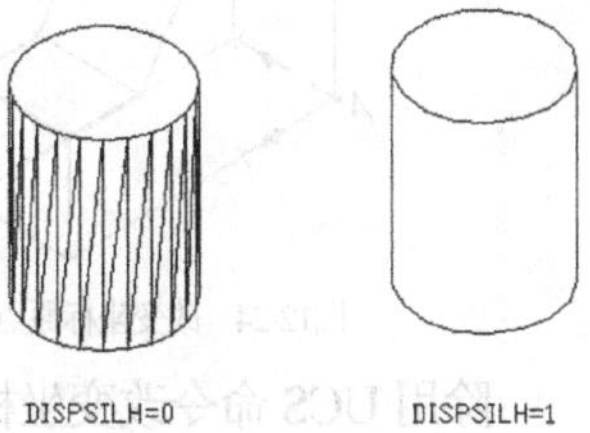

图12-23 DISPSILH变量

12.1.14 用户坐标系

默认情况下，AutoCAD坐标系统是世界坐标系，该坐标系是一个固定坐标系。用户也可在三维空间中建立自己的用户坐标系（UCS），该坐标系是一个可变动的坐标系，坐标轴正向通过右手螺旋法则来确定。三维绘图时，UCS特别有用，因为可以在任意位置、沿任意方向建立UCS，从而使三维绘图变得更加容易。

在AutoCAD中，多数2D命令只能在当前坐标系的*xy*平面或与*xy*平面平行的平面内执行。若用户想在3D空间的某一平面内使用2D命令，则应在此平面位置创建新的UCS。

练习12-9 在三维空间中创建坐标系。

1. 打开素材文件"dwg\第12讲\12-9.dwg"。
2. 改变坐标原点。输入UCS命令，系统提示如下。

```
命令: ucs
指定 UCS 的原点或 [面(F)/命名(NA)/对象(OB)/上一个(P)/视图(V)/世界(W)/X/Y/Z/Z 轴
(ZA)] <世界>:                                    //捕捉A点，如图12-24所示
指定 X 轴上的点或 <接受>:                         //按Enter键
```

结果如图12-24所示。

3. 将UCS坐标系绕*x*轴旋转90°。

```
命令:UCS
指定 UCS 的原点或 [面(F)/命名(NA)/对象(OB)/上一个(P)/视图(V)/世界(W)/X/Y/Z/Z 轴
(ZA)] <世界>: x                                  //使用"X"选项
指定绕 X 轴的旋转角度 <90>: 90                    //输入旋转角度
```

结果如图 12-25 所示。

4. 利用三点定义新坐标系。

```
命令:UCS
指定 UCS 的原点或 [面(F)/命名(NA)/对象(OB)/上一个(P)/视图(V)/世界(W)/X/Y/Z/Z 轴(ZA)] <世界>: end于          //捕捉B点，如图12-26所示
指定 X 轴上的点或 <接受>: end于          //捕捉C点
指定 XY 平面上的点或 <接受>: end于          //捕捉D点
```

结果如图 12-26 所示。

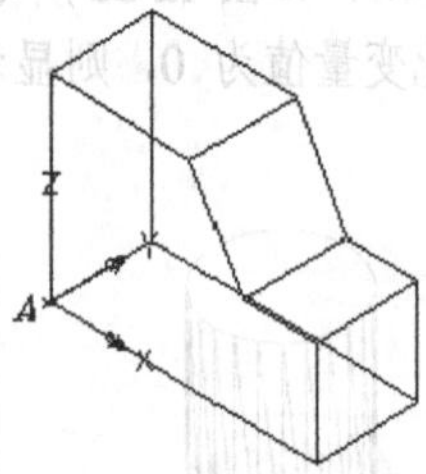

图12-24 改变坐标原点

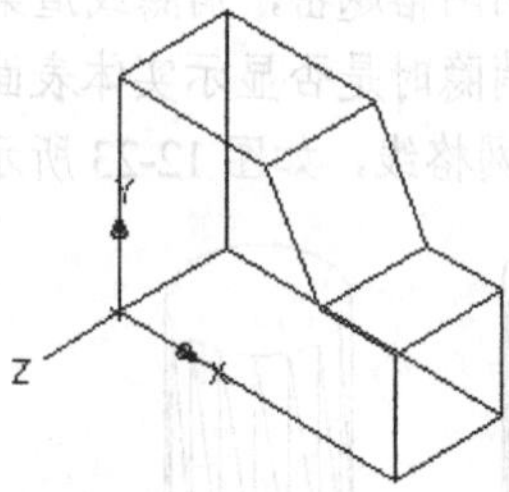

图12-25 将坐标系统绕 x 轴旋转

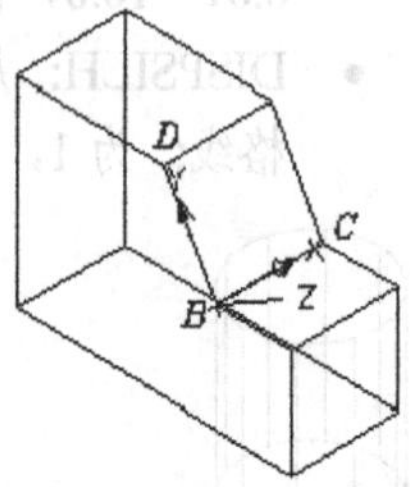

图12-26 利用三点定义坐标系

除用 UCS 命令改变坐标系外，也可打开动态 UCS 功能，使 UCS 的 *xy* 平面在绘图过程中自动与某一平面对齐。按 F6 键或按下状态栏中的按钮，就能打开动态 UCS 功能。启动二维或三维绘图命令，将十字光标移动到要绘图的实体面，该实体面亮显，表明坐标系的 *xy* 平面临时与实体面对齐，绘制的对象将处于此面内。绘图完成后，UCS 又返回原来的状态。

12.1.15 显示 UCS 的 *xy* 平面视图

PLAN 命令用于显示 UCS 的 *xy* 平面视图，该命令在三维建模过程中是非常有用的。例如，当用户想在 3D 空间的某个平面上绘图时，可先以该平面为 *xy* 坐标面创建 UCS，然后使用 PLAN 命令显示坐标系的 *xy* 平面视图，这样在三维空间的某一平面上绘图就如同绘制一般的二维图。

启动 PLAN 命令，系统提示“输入选项 [当前 UCS(C)/UCS(U)/世界(W)] <当前 UCS>:”，按 Enter 键，当前 UCS 的 *xy* 平面就显示在屏幕上。

12.2 范例解析——利用布尔运算构建复杂的实体模型

练习12-10 利用布尔运算创建支撑架的实体模型，如图 12-27 所示。

1. 创建一个新图形。
2. 选择菜单命令【视图】/【三维视图】/【东南等轴测】，切换到东南等轴测视图。在 *xy* 平面上绘制底板的轮廓形状，并将其创建成面域，结果如图 12-28 所示。
3. 拉伸面域，形成底板的实体模型，结果如图 12-29 所示。
4. 建立新的用户坐标系，在 *xy* 平面上绘制弯板及三角形筋板的二维轮廓，并将其创建成面域，结果如图 12-30 所示。
5. 拉伸面域 *A*、*B*，形成弯板及筋板的实体模型，结果如图 12-31 所示。

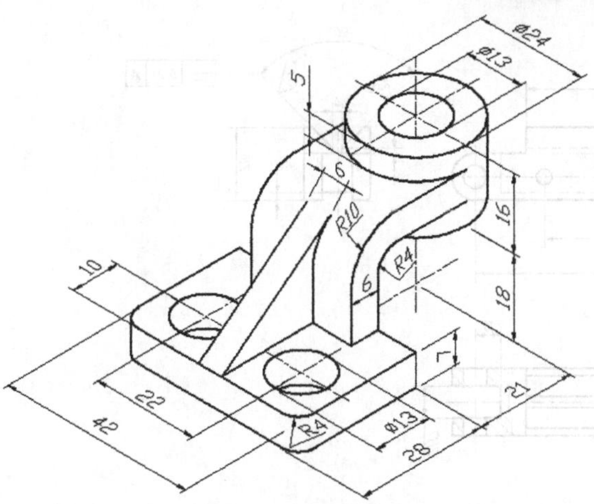

图12-27 创建实体模型

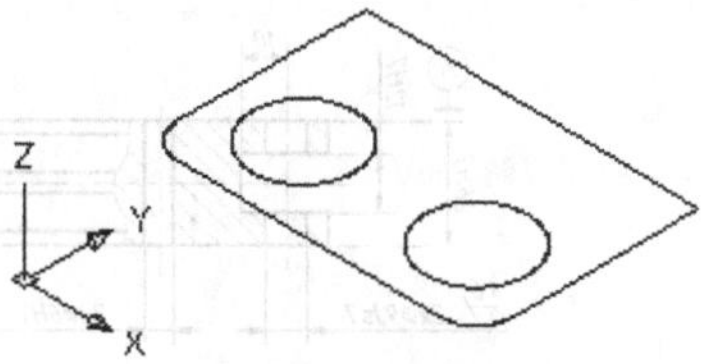

图12-28 创建面域

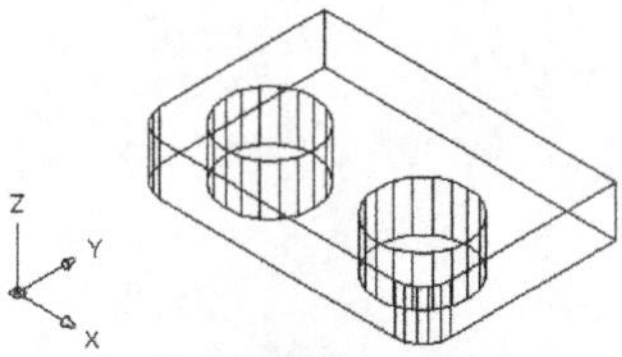

图12-29 拉伸面域（1）

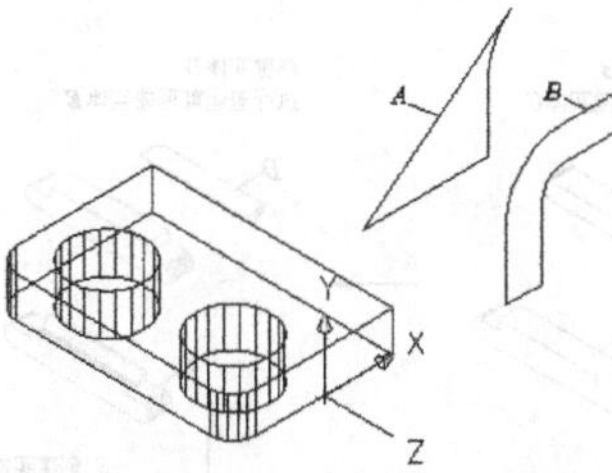

图12-30 新建用户坐标系及创建面域

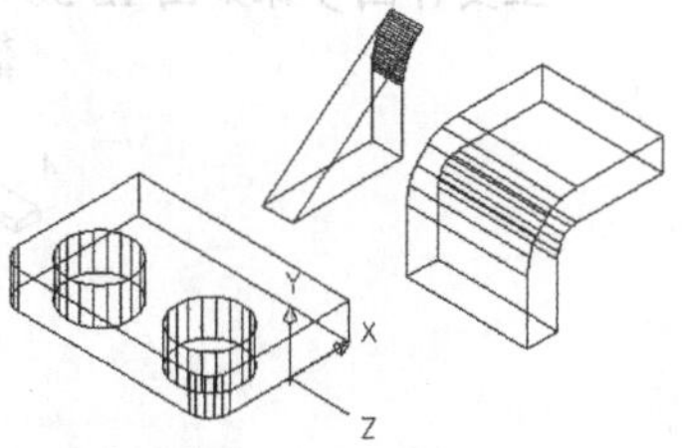

图12-31 拉伸面域（2）

6. 使用 MOVE 命令将弯板及筋板移动到正确的位置，结果如图 12-32 所示。
7. 建立新的用户坐标系，如图 12-33 左图所示，再绘制两个圆柱体，结果如图 12-33 右图所示。
8. 合并底板、弯板、筋板及大圆柱体，使其成为单一实体，然后从该实体中去除小圆柱体，结果如图 12-34 所示。

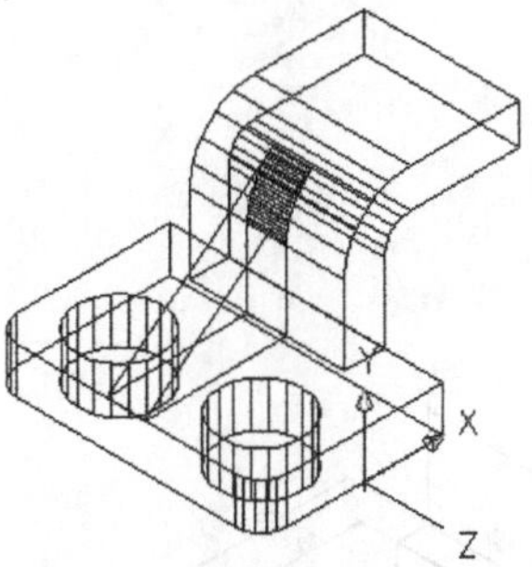

图12-32 移动对象

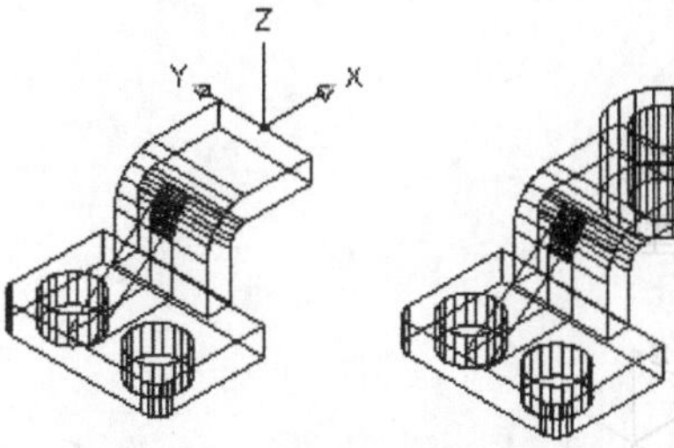

图12-33 新建用户坐标系及绘制圆柱体

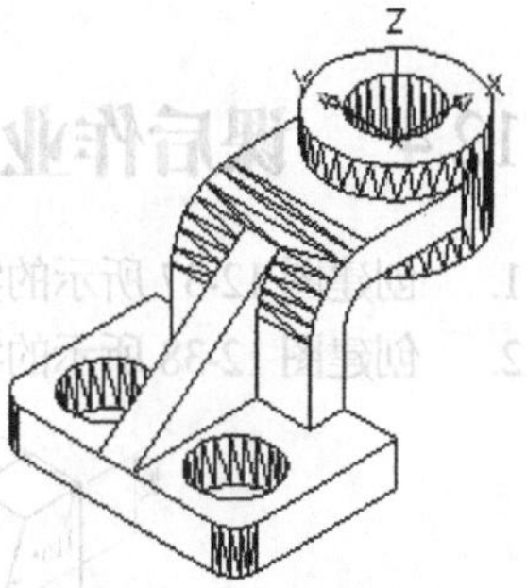

图12-34 执行并运算等

12.3 课堂实训——创建 V 形导轨实体模型

练习12-11 根据 V 形导轨零件图创建实体模型，如图 12-35 所示。

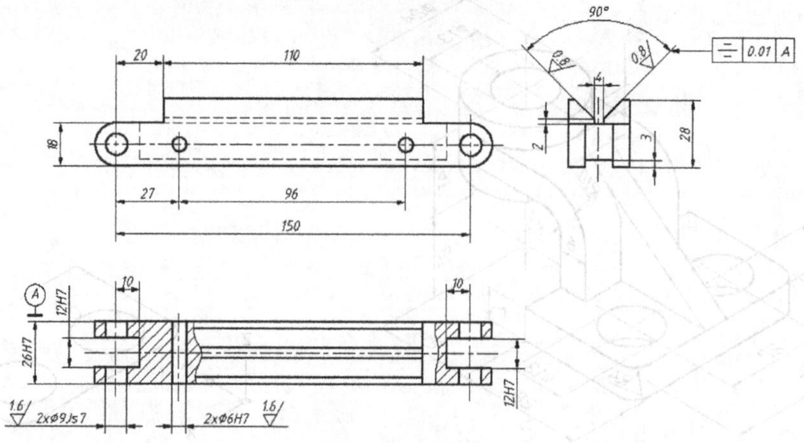

图12-35　创建实体模型

主要作图步骤如图 12-36 所示。

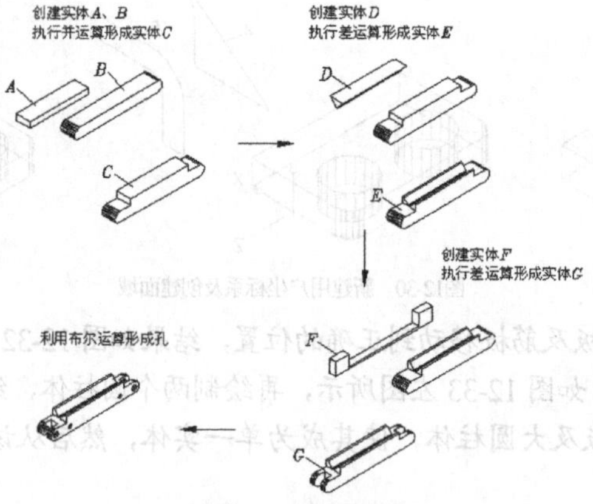

图12-36　主要作图步骤

12.4　课后作业

1. 创建图 12-37 所示的实体模型。
2. 创建图 12-38 所示的实体模型。

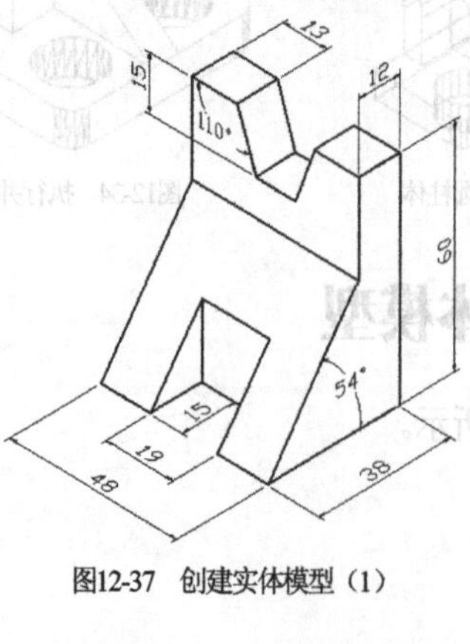

图12-37　创建实体模型（1）

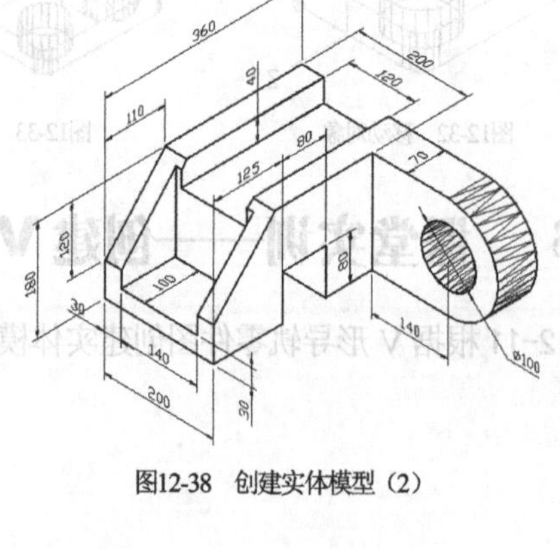

图12-38　创建实体模型（2）

第13讲 编辑三维模型

通过学习本讲，读者可以掌握编辑三维模型的主要命令。

学习目标

- **阵列、旋转及镜像三维对象。**
- **拉伸、移动及旋转实体表面。**

13.1 功能讲解——调整模型位置及编辑实体表面

本节主要介绍调整模型位置的各种方法及编辑实体表面的各种方法。

13.1.1 显示及操作小控件

小控件是能指示方向的三维图标，可帮助用户移动、旋转和缩放三维对象和子对象。实体的面、边及顶点等对象为子对象，按Ctrl键可选择这些对象。

小控件分为三维移动小控件、三维旋转小控件及三维缩放小控件 3 种，每种小控件都包含坐标轴及控件中心（原点处），如图 13-1 所示。默认情况下，选择具有三维视觉样式的对象或子对象时，在选择集的中心位置会出现三维移动小控件。

图13-1 3 种小控件

对小控件可进行以下操作。

(1) 改变小控件的位置。

单击小控件的中心框可以把控件中心移到其他位置。用鼠标右键单击小控件，弹出快捷菜单，如图 13-2 所示，利用以下两个命令也可改变小控件的位置。

- 【重新定位小控件】：控件中心随十字光标移动，单击一点指定控件位置。

- 【将小控件对齐到】：将控件坐标轴与世界坐标系、用户坐标系或实体表面对齐。

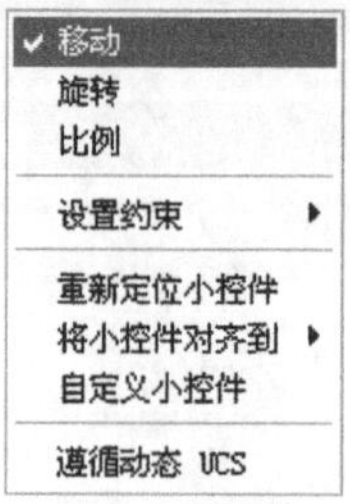

图13-2　快捷菜单

(2)　调整控件坐标轴的方向。

用鼠标右键单击小控件，在弹出的快捷菜单中选择【自定义小控件】命令，然后拾取 3 个点指定控件 x 轴方向及 xy 平面位置。

(3)　切换小控件。

用鼠标右键单击小控件，利用快捷菜单中的【移动】【旋转】【缩放】命令切换小控件。

13.1.2　利用小控件编辑模式移动、旋转及缩放对象

显示小控件并调整其位置后，就可激活控件编辑模式编辑对象。

(1)　激活控件编辑模式。

将鼠标指针悬停在小控件的坐标轴或回转圆上直至坐标轴或回转圆变为黄色，单击确认，就激活控件编辑模式，如图 13-3 所示。其次，用鼠标右键单击小控件，利用快捷菜单中的【设置约束】命令指定移动方向、缩放方向或旋转轴等，也可激活控件编辑模式，如图 13-3 所示。

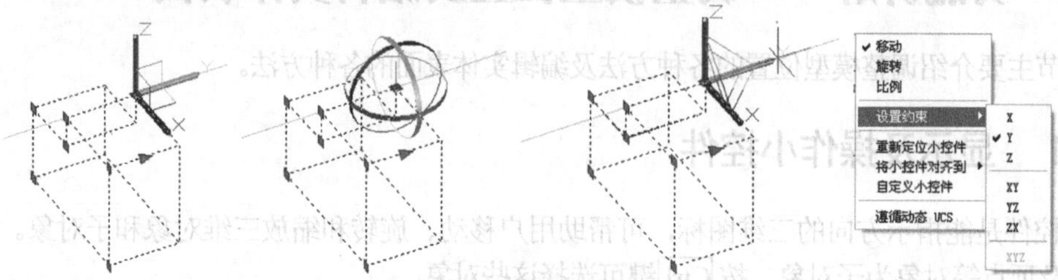

图13-3　激活控件编辑模式

当控件编辑模式激活后，连续按空格键或 Enter 键可在移动、旋转及缩放模式间切换。单击鼠标右键，弹出快捷菜单，利用菜单中的相应命令也可切换编辑模式，还能改变控件位置。

控件编辑模式与对应的关键点编辑模式功能相同。对于每种编辑模式，系统的提示信息都包括“基点(B)”及“复制(C)”等选项。

(2)　移动对象。

激活移动模式后，对象的移动方向被约束到与控件坐标轴的方向一致。移动鼠标，对象随之移动，输入移动距离，按 Enter 键结束。输入负的移动距离，则移动方向相反。

操作过程中，单击鼠标右键，利用快捷菜单中的【设置约束】命令可指定其他坐标方向作为移动方向。

将鼠标指针悬停在控件坐标轴间的矩形边上直至矩形变为黄色，单击确认，对象的移动方向被约束在矩形平面内，如图 13-4 所示。以坐标方式输入移动的距离及方向，按 Enter 键结束。

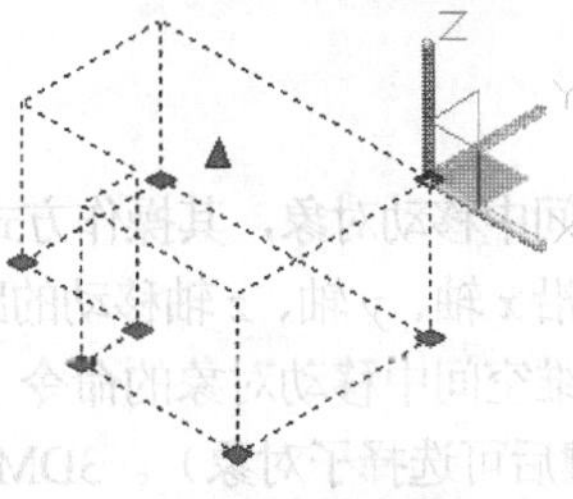

图13-4　移动编辑模式

(3)　旋转对象。

激活旋转模式的同时将出现以圆为回转方向的回转轴，对象将绕此轴旋转。移动鼠标，物体随之转动，输入旋转角度，按Enter键结束。输入负的旋转角度，则旋转方向相反。

操作过程中，单击鼠标右键，利用快捷菜单中的【设置约束】命令可指定其他坐标轴作为旋转轴。

若想以任一轴作为旋转轴，可利用快捷菜单中的【自定义小控件】命令创建新控件，使新控件的 x 轴与指定的旋转轴重合，如图13-5所示。

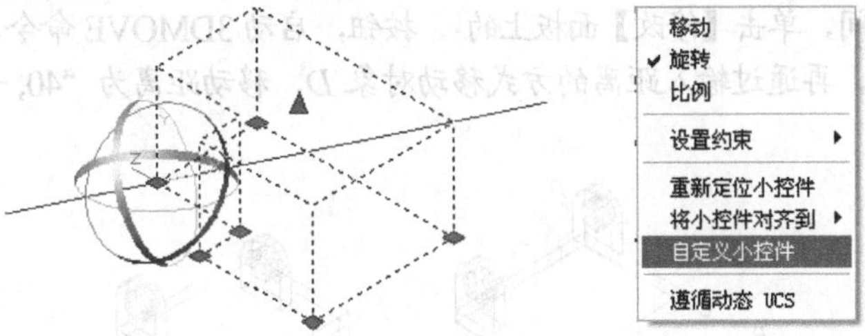

图13-5　旋转对象

(4)　缩放对象。

利用控件缩放模式可以分别沿1个、2个或3个坐标轴方向进行缩放。

可用以下方式激活控件缩放模式。

- 指定缩放轴。这种方法前面已有介绍。
- 指定缩放平面。将鼠标指针悬停在坐标轴间的两条平行线内，直至平行线内的区域变为黄色，单击确认，如图13-6左图所示。
- 沿3个坐标轴方向缩放对象。将鼠标指针悬停在控件中心框附近，直至该区域变为黄色，单击确认，如图13-6中图所示。
- 用鼠标右键单击小控件，利用快捷菜单中的【设置约束】命令激活控件缩放模式，如图13-6右图所示。

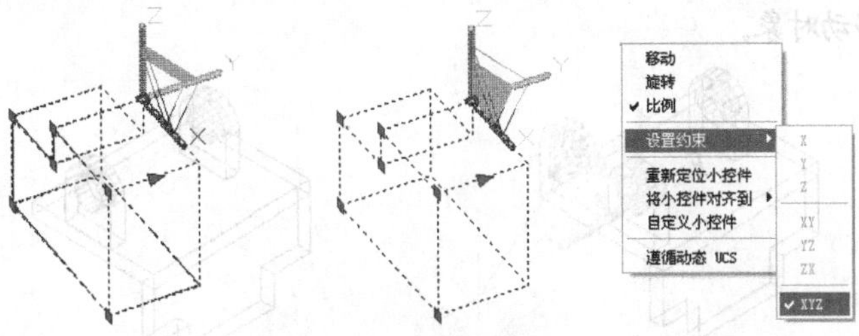

图13-6　缩放对象

激活控件缩放模式后，输入缩放比例，按Enter键结束。操作过程中，单击鼠标右键，利用快捷菜单中的【设置约束】命令可指定其他方向作为缩放方向。

13.1.3 三维移动

可以使用 MOVE 命令在三维空间中移动对象，其操作方式与在二维空间中一样，只不过当通过输入距离来移动对象时，必须输入沿 x 轴、y 轴、z 轴移动的距离。

AutoCAD 提供了专门用来在三维空间中移动对象的命令 3DMOVE，该命令还能移动对象的面、边及顶点等子对象（按住 Ctrl 键后可选择子对象）。3DMOVE 命令的操作方式与 MOVE 命令类似，但前者使用起来更形象、直观。

命令启动方法

- 菜单命令：【修改】/【三维操作】/【三维移动】。
- 面板：【修改】面板上的按钮。
- 命令：3DMOVE 或简写 3M。

练习13-1 练习 3DMOVE 命令。

1. 打开素材文件“dwg\第 13 讲\13-1.dwg”，如图 13-7 左图所示。
2. 进入三维建模空间，单击【修改】面板上的按钮，启动 3DMOVE 命令，将对象 A 由基点 B 移动到第二点 C，再通过输入距离的方式移动对象 D，移动距离为“40,−50”，结果如图 13-7 右图所示。

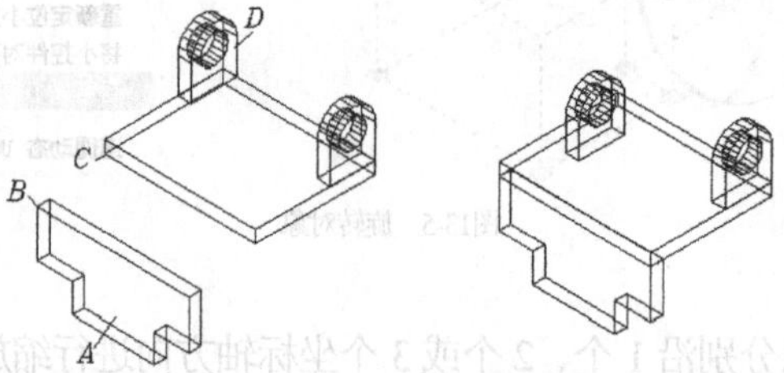

图13-7 移动对象

3. 重复命令，选择对象 E，按 Enter 键，系统显示移动控件，该控件 3 个轴的方向与当前坐标轴的方向一致，如图 13-8 左图所示。
4. 将鼠标指针悬停在小控件的 y 轴上直至 y 轴变为黄色并显示移动辅助线，单击确认，对象的移动方向被约束到与轴的方向一致。
5. 若将鼠标指针移动到两轴间的矩形边处，直至矩形变为黄色，则表明移动被限制在矩形所在的平面内。
6. 向左下方移动鼠标指针，对象随之移动，输入移动距离 50，结果如图 13-8 右图所示。也可通过单击一点来移动对象。

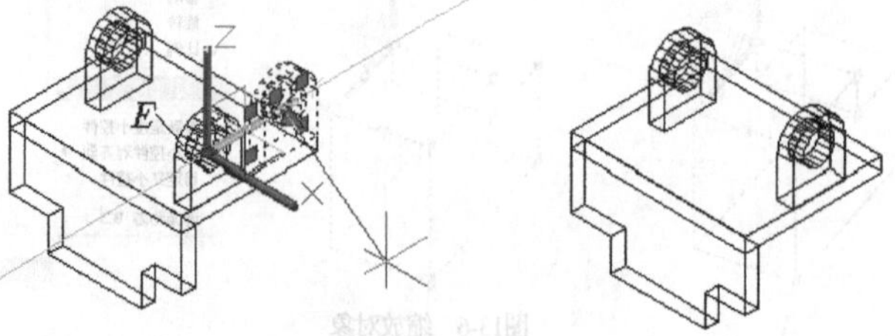

图13-8 移动对象 E

若想沿任一方向移动对象，可按以下方式操作。

1. 将模型的显示方式切换为三维线框模式，启动3DMOVE命令，选择对象，系统显示移动控件。
2. 调整控件位置，使小控件的 x 轴与移动方向重合。
3. 激活控件移动模式，移动模型。

13.1.4 三维旋转

使用ROTATE命令仅能使对象在 xy 平面内旋转，即旋转轴只能是 z 轴。3DROTATE命令是ROTATE的3D版本，该命令能使对象绕三维空间中的任意轴旋转。此外，ROTATE3D命令还能旋转实体的表面（按住Ctrl键选择实体表面）。

命令启动方法

- 菜单命令：【修改】/【三维操作】/【三维旋转】。
- 面板：【常用】选项卡中【修改】面板上的按钮。
- 命令：3DROTATE或简写3R。

练习13-2 练习3DROTATE命令。

1. 打开素材文件“dwg\第13讲\13-2.dwg”。
2. 进入三维建模空间，单击【修改】面板上的按钮，启动3DROTATE命令，选择要旋转的对象，按Enter键，系统显示旋转控件，如图13-9左图所示，该旋转控件包含表示旋转方向的3个辅助圆。
3. 移动鼠标指针到 A 点处，并捕捉该点，旋转控件就被放置在此点，如图13-9左图所示。
4. 将鼠标指针移动到圆 B 处停住，直至圆变为黄色，同时出现以圆为回转方向的回转轴，单击确认。回转轴与世界坐标系的坐标轴是平行的，且轴的正方向与坐标轴正向一致。
5. 输入回转角度“–90°”，结果如图13-9右图所示。角度正方向按右手螺旋法则确定，也可单击一点指定回转起点，然后再单击一点指定回转终点。

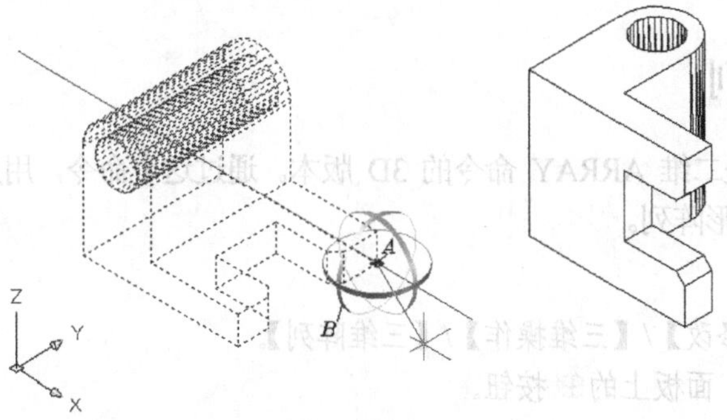

图13-9 旋转对象

若想以任一方向为旋转轴，可按以下方式操作。

1. 将模型的显示方式切换为三维线框模式，启动3DROTATE命令，选择对象，系统显示旋转控件。
2. 调整控件位置，使小控件的 x 轴与旋转轴重合。
3. 激活控件旋转模式，旋转模型。

13.1.5 三维缩放

二维对象的缩放命令 SCALE 也可用于缩放三维对象，但只能进行整体缩放。3DSCALE 命令是 SCALE 的 3D 版本，对于三维网格模型及其子对象，该命令可以分别沿 1 个、2 个或 3 个坐标轴方向进行缩放；对于三维实体模型及其子对象，则只能整体缩放。

命令启动方法

- 面板：【修改】面板上的 按钮。
- 命令：3DSCALE。

练习13-3 练习 3DSCALE 命令。

1. 打开素材文件“dwg\第 13 讲\13-3.dwg”。
2. 进入三维建模空间，单击【修改】面板上的 按钮，启动 3DSCALE 命令，按住 Ctrl 键选择实体表面 *A*，按 Enter 键，系统显示缩放控件。
3. 移动鼠标指针到 *B* 点处，并捕捉该点，缩放控件就被放置在此点，如图 13-10 左图所示。
4. 将鼠标指针悬停在控件中心框附近，直至该区域变为黄色，单击确认。输入缩放比例 0.5，按 Enter 键结束，结果如图 13-10 右图所示。

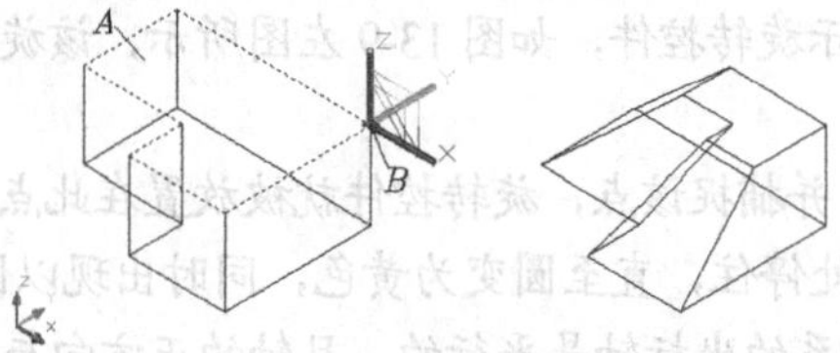

图13-10 缩放对象

3DSCALE 命令还有另一种操作方式：启动命令并选择对象后，系统显示缩放控件，激活控件编辑模式缩放对象。

13.1.6 三维阵列

3DARRAY 命令是二维 ARRAY 命令的 3D 版本。通过这个命令，用户可以在三维空间中创建对象的矩形阵列或环形阵列。

命令启动方法

- 菜单命令：【修改】/【三维操作】/【三维阵列】。
- 面板：【修改】面板上的 按钮。
- 命令：3DARRAY。

练习13-4 练习 3DARRAY 命令。

打开素材文件“dwg\第 13 讲\13-4.dwg”，使用 3DARRAY 命令创建矩形阵列及环形阵列。进入三维建模空间，单击【修改】面板上的 按钮，启动 3DARRAY 命令。

```
命令：_3darray
选择对象：找到 1 个                                  //选择要阵列的对象
选择对象：                                          //按 Enter 键
输入阵列类型 [矩形(R)/环形(P)] <矩形>：             //指定矩形阵列
```

输入行数 (---) <1>: 2　　//输入行数，行的方向平行于 x 轴
输入列数 (|||) <1>: 3　　//输入列数，列的方向平行于 y 轴
输入层数 (...) <1>: 3　　//指定层数，层数表示沿 z 轴方向的分布数目
指定行间距 (---): 50　　//输入行间距，若输入负值，则阵列方向将沿 x 轴反方向
指定列间距 (|||): 80　　//输入列间距，若输入负值，则阵列方向将沿 y 轴反方向
指定层间距 (...): 120　　//输入层间距，若输入负值，则阵列方向将沿 z 轴反方向

启动 HIDE 命令，结果如图 13-11 所示。

如果选择"环形(P)"选项，就能创建环形阵列，系统提示如下。

输入阵列中的项目数目: 6　　//输入环形阵列的数目
指定要填充的角度 (+=逆时针, -=顺时针) <360>:
　　//输入环行阵列的角度，可以输入正值或负值，角度正方向由右手螺旋法则确定
旋转阵列对象? [是(Y)/否(N)]<是>:　　//按 Enter 键，则阵列的同时还旋转对象
指定阵列的中心点:　　//指定旋转轴的第一点 A，如图 13-12 所示
指定旋转轴上的第二点:　　//指定旋转轴的第二点 B

启动 HIDE 命令，结果如图 13-12 所示。

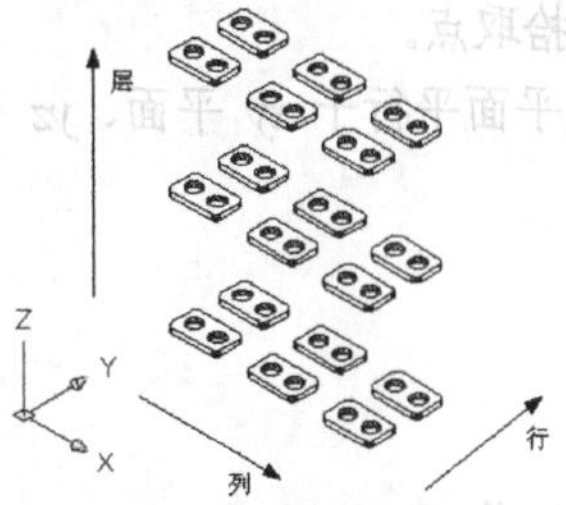

图13-11　矩形阵列

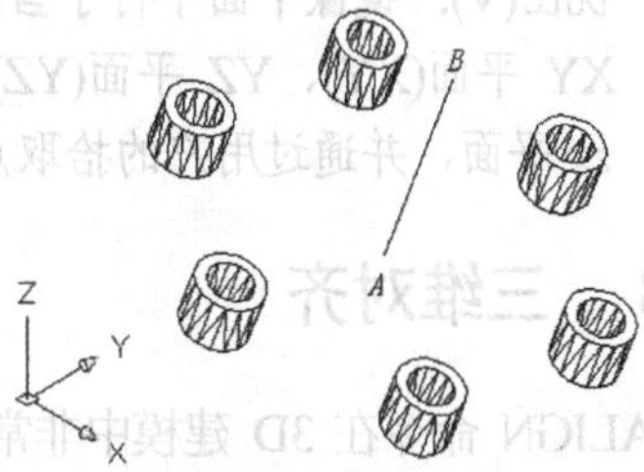

图13-12　环形阵列

环形阵列时，旋转轴的正方向是从第一个指定点指向第二个指定点，沿该方向伸出大拇指，则其他 4 个手指的弯曲方向就是旋转角的正方向。

13.1.7　三维镜像

如果镜像线是当前坐标系 xy 平面内的直线，则使用常见的 MIRROR 命令就可对 3D 对象进行镜像复制。但若想以某个平面作为镜像平面来创建 3D 对象的镜像复制，就必须使用 MIRROR3D 命令。如图 13-13 所示，把 A、B、C 点定义的平面作为镜像平面，对实体进行镜像。

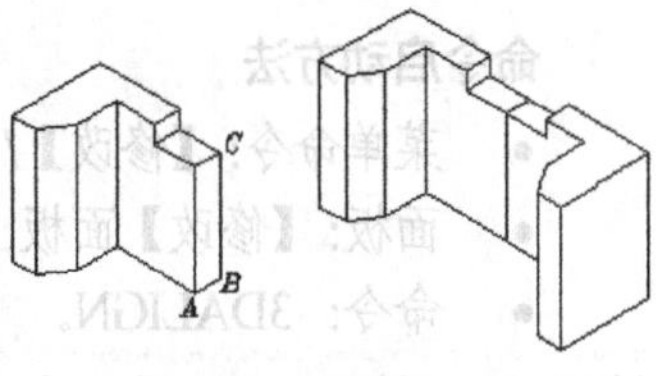

图13-13　三维镜像

命令启动方法

- 菜单命令：【修改】/【三维操作】/【三维镜像】。
- 面板：【修改】面板上的%按钮。
- 命令：MIRROR3D。

练习13-5　练习 MIRROR3D 命令。

打开素材文件"dwg\第 13 讲\13-5.dwg"，用 MIRROR3D 命令创建对象的三维镜像。进入三维建模空间，单击【修改】面板上的%按钮，启动 MIRROR3D 命令。

```
命令: _mirror3d
选择对象: 找到 1 个                                    //选择要镜像的对象
选择对象:                                              //按Enter键
指定镜像平面 (三点) 的第一个点或[对象(O)/最近的(L)/Z 轴(Z)/视图(V)/XY 平面(XY)/YZ 平面
(YZ)/ZX 平面(ZX)/三点(3)]<三点>:
                         //利用 3 点指定镜像平面，捕捉第一点 A，如图 13-13 左图所示
在镜像平面上指定第二点:                                //捕捉第二点 B
在镜像平面上指定第三点:                                //捕捉第三点 C
是否删除源对象？[是(Y)/否(N)] <否>:                    //按Enter键不删除源对象
```

结果如图 13-13 右图所示。

MIRROR3D 命令有以下选项，利用这些选项就可以在三维空间中定义镜像平面。

- 对象(O)：以圆、圆弧、椭圆及 2D 多段线等二维对象所在的平面作为镜像平面。
- 最近的(L)：该选项指定上一次 MIRROR3D 命令使用的镜像平面作为当前镜像平面。
- Z 轴(Z)：用户在三维空间中指定两个点，镜像平面将垂直于两点的连线，并通过第一个选取点。
- 视图(V)：镜像平面平行于当前视区，并通过用户的拾取点。
- XY 平面(XY)、YZ 平面(YZ)、ZX 平面(ZX)：镜像平面平行于 *xy* 平面、*yz* 平面或 *zx* 平面，并通过用户的拾取点。

13.1.8 三维对齐

3DALIGN 命令在 3D 建模中非常有用，通过该命令用户可以指定源对象与目标对象的对齐点，从而使源对象的位置与目标对象的位置对齐。例如，用户利用 3DALIGN 命令让对象 *M*（源对象）的某一平面上的 3 点与对象 *N*（目标对象）的某一平面上的 3 点对齐，操作完成后，*M*、*N* 两对象将组合在一起，如图 13-14 所示。

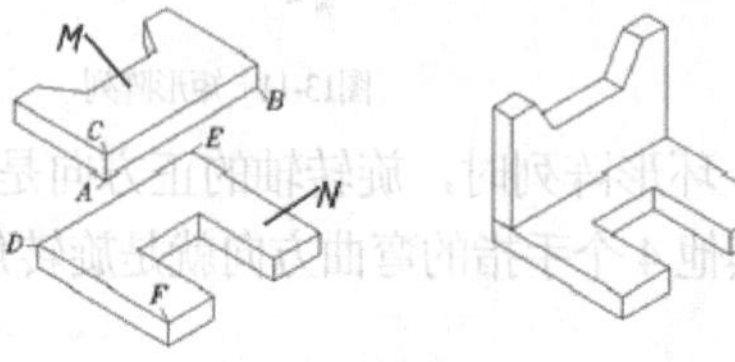

图13-14 三维对齐

命令启动方法

- 菜单命令：【修改】/【三维操作】/【三维对齐】。
- 面板：【修改】面板上的按钮。
- 命令：3DALIGN。

练习13-6 练习 3DALIGN 命令。

打开素材文件“dwg\第 13 讲\13-6.dwg”，使用 3DALIGN 命令对齐 3D 对象。进入三维建模空间，单击【修改】面板上的按钮，启动 3DALIGN 命令。

```
命令: _3dalign
选择对象: 找到 1 个                          //选择要对齐的对象
选择对象:                                    //按Enter键
指定基点或 [复制(C)]:                        //捕捉源对象上的第一点 A，如图 13-14 左图所示
指定第二个点或 [继续(C)] <C>:                //捕捉源对象上的第二点 B
```

```
指定第三个点或 [继续(C)] <C>:          //捕捉源对象上的第三点 C
指定第一个目标点:                      //捕捉目标对象上的第一点 D
指定第二个目标点或 [退出(X)] <X>:      //捕捉目标对象上的第二点 E
指定第三个目标点或 [退出(X)] <X>:      //捕捉目标对象上的第三点 F
```

结果如图 13-14 右图所示。

使用 3DALIGN 命令时，用户不必指定所有的 3 对对齐点。下面说明提供不同数量的对齐点时，系统如何移动源对象。

- 如果仅指定一对对齐点，系统就把源对象由第一个源点移动到第一个目标点处。
- 若指定两对对齐点，则系统移动源对象后，将使两个源点的连线与两个目标点的连线重合，并让第一个源点与第一个目标点也重合。
- 如果用户指定 3 点对齐点，那么命令结束后，3 个源点定义的平面将与 3 个目标点定义的平面重合在一起。选择的第一个源点要移动到第一个目标点的位置，前两个源点的连线与前两个目标点的连线重合。第 3 个目标点的选取顺序若与第 3 个源点的选取顺序一致，则两个对象平行对齐，否则相对对齐。

13.1.9　三维倒圆角及倒角

FILLET 和 CHAMFER 命令用于对二维对象倒圆角及倒角，它们的用法已在第 2 讲中叙述过。对于三维实体，同样可用这两个命令创建圆角和倒角，但此时的操作方式与在二维绘图时略有不同。

练习13-7　在 3D 空间中使用 FILLET、CHAMFER 命令。

打开素材文件“dwg\第 13 讲\13-7.dwg”，使用 FILLET、CHAMFER 命令给 3D 对象倒圆角及倒角。

```
命令: _fillet
选择第一个对象或 [放弃(U)/多段线(P)/半径(R)/修剪(T)/多个(U)]:
                                        //选择棱边 A，如图 13-15 左图所示
输入圆角半径 <10.0000>: 15              //输入圆角半径
选择边或 [链(C)/半径(R)]:               //选择棱边 B
选择边或 [链(C)/半径(R)]:               //选择棱边 C
选择边或 [链(C)/半径(R)]:               //按 Enter 键结束
命令: _chamfer
选择第一条直线或 [放弃(U)/多段线(P)/距离(D)/角度(A)/修剪(T)/方式(M)/多个(U)]:
                                        //选择棱边 E
基面选择...                             //选择平面 D，该面是倒角基面
输入曲面选择选项 [下一个(N)/当前(OK)] <当前>:  //按 Enter 键
指定基面的倒角距离 <15.0000>: 10        //输入基面内的倒角距离
指定其他曲面的倒角距离 <10.0000>: 30    //输入另一平面内的倒角距离
选择边或[环(L)]:                        //选择棱边 E
选择边或[环(L)]:                        //选择棱边 F
选择边或[环(L)]:                        //选择棱边 G
```

选择边或[环(L)]:　　//选择棱边 *H*

选择边或[环(L)]:　　//按 Enter 键结束

结果如图 13-15 右图所示。

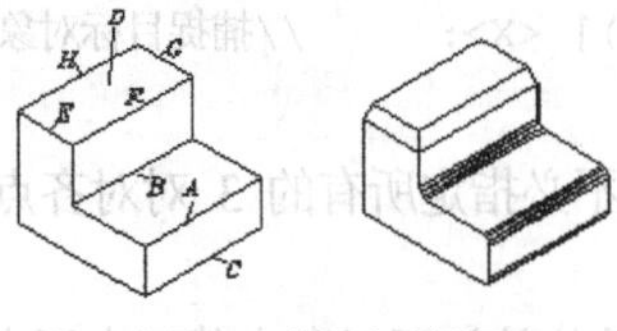

图13-15　倒圆角及倒角

13.1.10 拉伸面

AutoCAD 可以根据指定的距离拉伸面或将面沿某条路径进行拉伸。拉伸时，如果输入拉伸距离和倾斜角度（锥角），可将拉伸所形成的实体锥化。图 13-16 所示是将实体表面按指定的距离、锥角及沿路径进行拉伸的示例。

练习13-8　拉伸面。

1. 打开素材文件“dwg\第 13 讲\13-8.dwg”，利用 SOLIDEDIT 命令拉伸实体表面。
2. 进入三维建模空间，单击【实体编辑】面板上的拉伸面按钮，系统主要提示如下。

命令: _solidedit

选择面或 [放弃(U)/删除(R)]: 找到一个面。　　//选择实体表面 *A*，如图 13-16 左上图所示

选择面或 [放弃(U)/删除(R)/全部(ALL)]:　　//按 Enter 键

指定拉伸高度或 [路径(P)]: 50　　//输入拉伸的距离

指定拉伸的倾斜角度 <0>: 5　　//指定拉伸的锥角

结果如图 13-16 右上图所示。

拉伸面常用选项的功能介绍如下。

- 指定拉伸高度：输入拉伸距离及锥角来拉伸面。对于每个面规定其外法线方向是正方向，当输入的拉伸距离是正值时，面将沿其外法线方向拉伸，否则将向相反方向拉伸。在指定拉伸距离后，系统会提示输入锥角，若输入正锥角，则将使面向实体内部锥化，否则将使面向实体外部锥化，如图 13-17 所示。

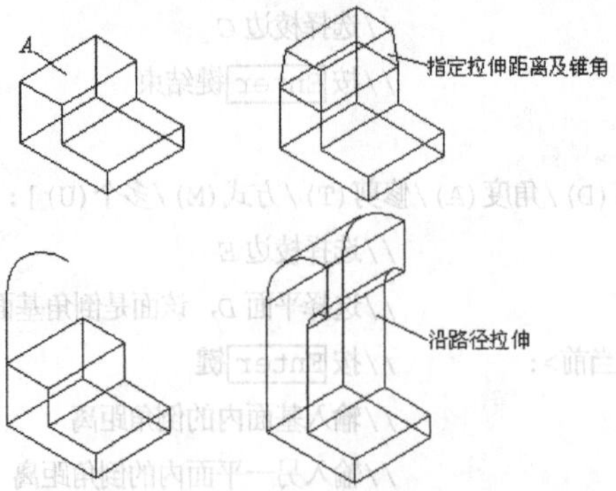

图13-16　拉伸实体表面

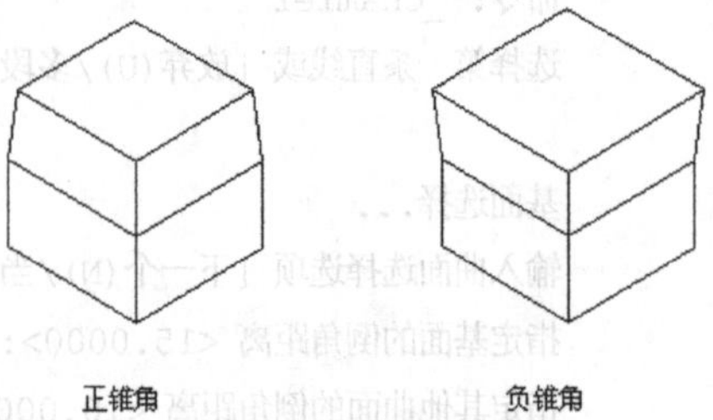

图13-17　拉伸并锥化面

- 路径(P)：沿着一条指定的路径拉伸实体表面。拉伸路径可以是直线、圆弧、多段线及 2D 样条线等，作为路径的对象不能与要拉伸的表面共面，也应避免路径曲线的

某些局部区域有较高的曲率，否则可能使新形成的实体在路径曲率较高处出现自相交的情况，从而导致拉伸失败。

要点提示 可用 PEDIT 命令的“合并(J)”选项将当前坐标系 xy 平面内的连续几段线条连接成多段线，这样就可以将其定义为拉伸路径了。

13.1.11 旋转面

通过旋转实体的表面就可改变面的倾斜角度，或者将一些结构特征（如孔、槽等）旋转到新的方位。如图 13-18 所示，将 *A* 面的倾斜角度修改为 120°，并把槽旋转 90°。

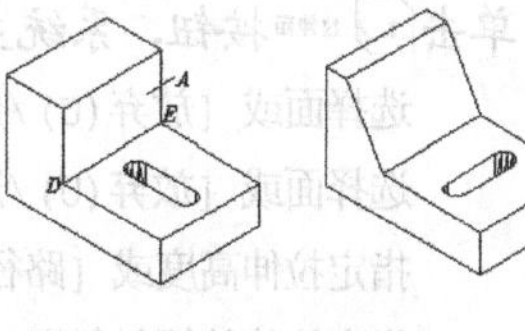

图13-18 旋转面

在旋转面时，用户可通过拾取两点、选择某条直线或设定旋转轴平行于坐标轴等方法来指定旋转轴，另外，应注意确定旋转轴的正方向。

练习13-9 旋转面。

1. 打开素材文件“dwg\第 13 讲\13-9.dwg”，利用 SOLIDEDIT 命令旋转实体表面。
2. 进入三维建模空间，单击【实体编辑】面板上的 旋转面 按钮，系统主要提示如下。

命令： _solidedit

选择面或 [放弃(U)/删除(R)]: 找到一个面。 //选择表面 A，如图 13-18 左图所示

选择面或 [放弃(U)/删除(R)/全部(ALL)]: //按 Enter 键

指定轴点或 [经过对象的轴(A)/视图(V)/X 轴(X)/Y 轴(Y)/Z 轴(Z)] <两点>:
//捕捉旋转轴上的第一点 *D*

在旋转轴上指定第二个点: //捕捉旋转轴上的第二点 *E*

指定旋转角度或 [参照(R)]: -30 //输入旋转角度

结果如图 13-18 右图所示。

旋转面常用选项的功能介绍如下。

- 两点：指定两点来确定旋转轴，轴的正方向是由第一个选择点指向第二个选择点。
- X 轴(X)、Y 轴(Y)、Z 轴(Z)：旋转轴平行于 *x* 轴、*y* 轴或 *z* 轴，并通过拾取点。旋转轴的正方向与坐标轴的正方向一致。

13.1.12 压印

压印（Imprint）用于把圆、直线、多段线、样条曲线、面域及实体等对象压印到三维实体上，使其成为实体的一部分。用户必须使被压印的几何对象在实体表面内或与实体表面相交，压印操作才能成功。压印时，系统将创建新的表面，该表面以被压印的几何图形及实体的棱边作为边界，用户可以对生成的新面进行拉伸和旋转等操作。如图 13-19 所示，将圆压印在实体上，并将新生成的面向上拉伸。

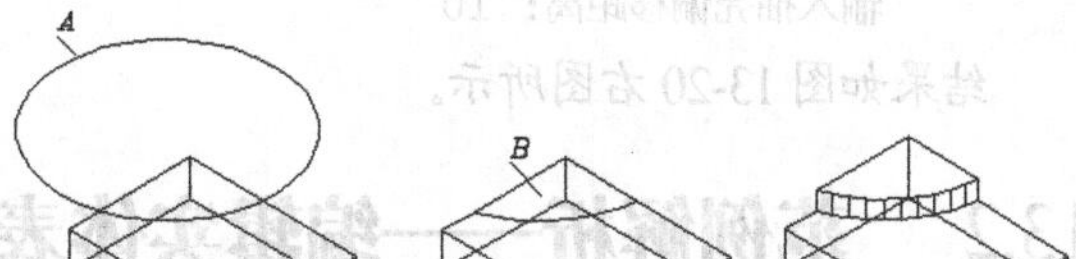

图13-19 压印

练习13-10 压印。

1. 打开素材文件“dwg\第 13 讲\13-10.dwg”，进入三维建模空间，单击【实体编辑】面板上的 压印 按钮，系统主要提示如下。

选择三维实体： //选择实体模型
选择要压印的对象： //选择圆 A，如图 13-19 左图所示
是否删除源对象？ <N>：y //删除圆 A
选择要压印的对象： //按 Enter 键

2. 单击 拉伸面 按钮，系统主要提示如下。

选择面或 [放弃(U)/删除(R)]：找到一个面。 //选择表面 B，如图 13-19 中图所示
选择面或 [放弃(U)/删除(R)/全部(ALL)]： //按 Enter 键
指定拉伸高度或 [路径(P)]：10 //输入拉伸高度
指定拉伸的倾斜角度 <0>： //按 Enter 键

结果如图 13-19 右图所示。

13.1.13 抽壳

用户可以利用抽壳的方法将一个实体模型生成一个空心的薄壳体。在使用抽壳功能时，用户要先指定壳体的厚度，然后系统把现有的实体表面偏移指定的厚度，形成新的表面，这样原来的实体就变为一个薄壳体。如果指定正的厚度，系统就在实体内部创建新面，否则在实体外部创建新面。另外，在抽壳操作过程中还能将实体的某些面去除，以形成开口的薄壳体。图 13-20 所示是把实体进行抽壳并去除其顶面的示例。

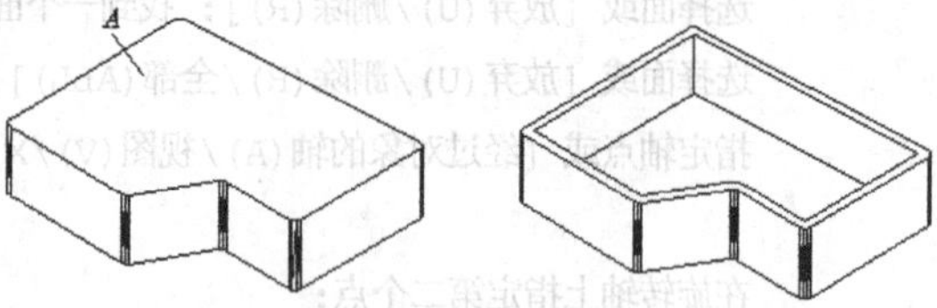

图13-20 抽壳

练习13-11 抽壳。

1. 打开素材文件“dwg\第 13 讲\13-11.dwg”，利用 SOLIDEDIT 命令创建一个薄壳体。
2. 进入三维建模空间，单击【实体编辑】面板上的 抽壳 按钮，系统主要提示如下。

选择三维实体： //选择要抽壳的对象
删除面或 [放弃(U)/添加(A)/全部(ALL)]：找到一个面，已删除 1 个
//选择要删除的表面 A，如图 13-20 左图所示
删除面或 [放弃(U)/添加(A)/全部(ALL)]： //按 Enter 键
输入抽壳偏移距离：10 //输入壳体厚度

结果如图 13-20 右图所示。

13.2 范例解析——编辑实体表面形成新特征

练习13-12 打开素材文件“dwg\第 13 讲\13-12.dwg”，如图 13-21 左图所示，通过编辑实体表面，将左图修改为右图。

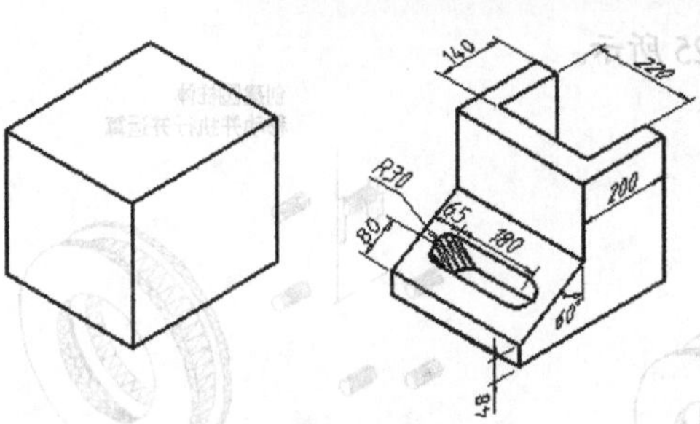

图13-21　编辑实体表面

1. 在实体顶面绘制线框，将其压印在实体表面，如图 13-22 左图所示。拉伸实体表面，形成矩形槽，结果如图 13-22 右图所示。
2. 创建新坐标系，在实体侧面绘制线框，将其压印在实体表面，如图 13-23 左图所示。拉伸实体表面，形成缺口，结果如图 13-23 右图所示。

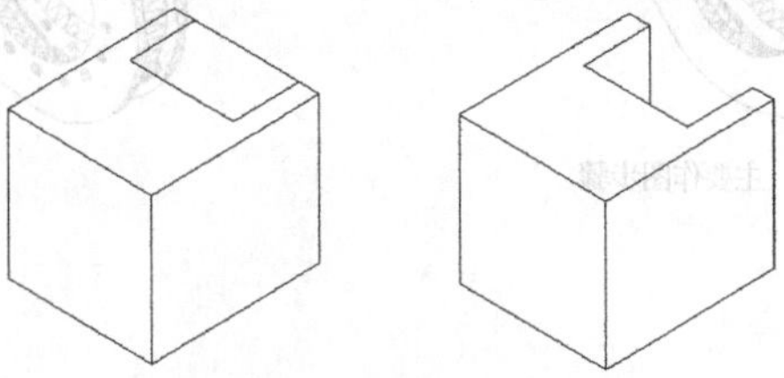

图13-22　压印及拉伸实体表面（1）

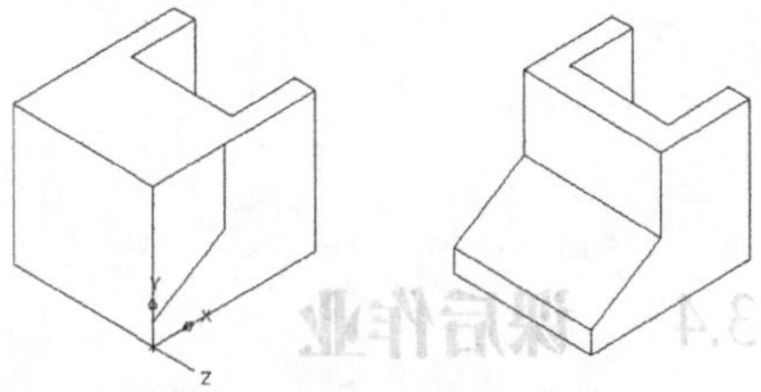

图13-23　压印及拉伸实体表面（2）

3. 用同样的方法形成斜面上的长槽。

13.3　课堂实训——创建固定圈模型

练习13-13 根据固定圈零件图创建实体模型，如图 13-24 所示。

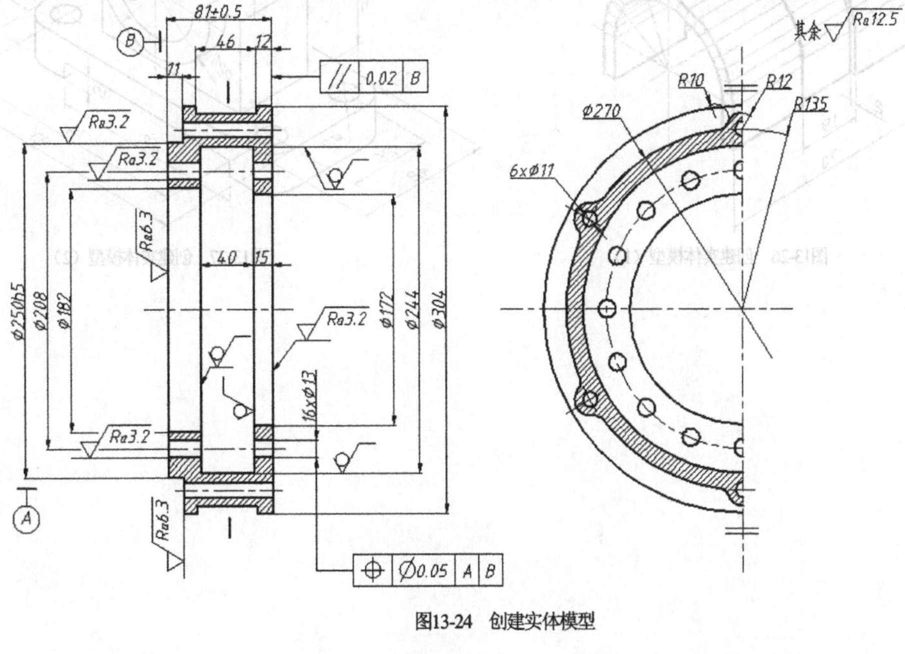

图13-24　创建实体模型

主要作图步骤如图 13-25 所示。

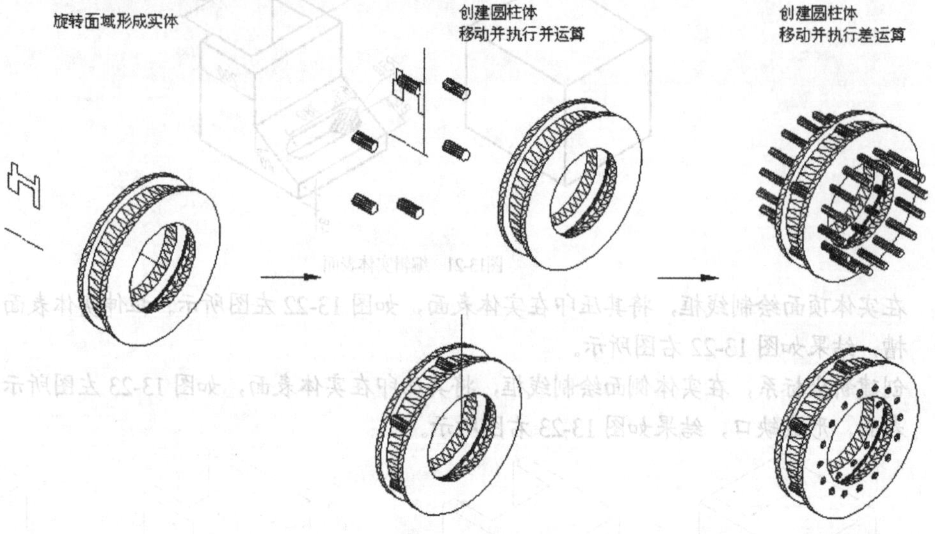

图13-25　主要作图步骤

13.4　课后作业

1. 创建图 13-26 所示的实体模型。
2. 创建图 13-27 所示的实体模型。

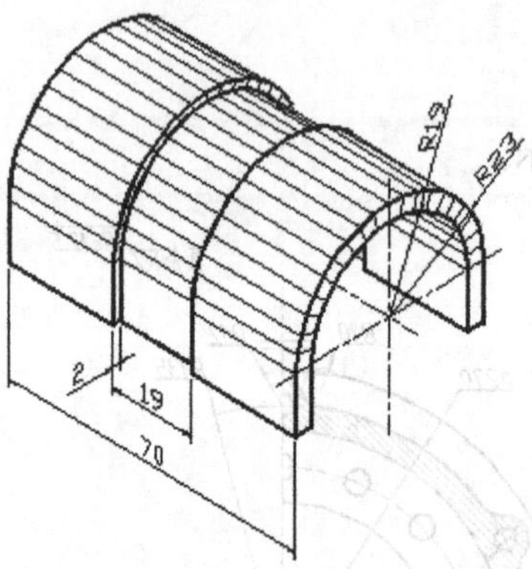

图13-26　创建实体模型（1）

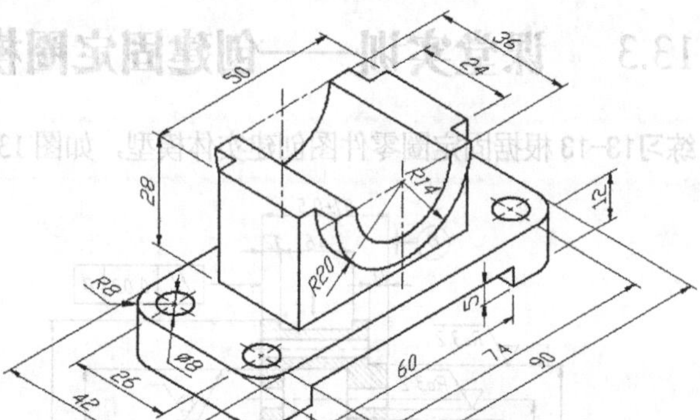

图13-27　创建实体模型（2）